Python 3.x
网络爬虫
从零基础到项目实战

史卫亚 ◎编著

北京大学出版社
PEKING UNIVERSITY PRESS

内 容 提 要

本书介绍了如何使用 Python 来编写网络爬虫程序，内容包括网络爬虫简介、发送请求、提取数据、使用多个线程和进程进行并发抓取、抓取动态页面中的内容、与表单进行交互、处理页面中的验证码问题及使用 Scrapy 和分布式进行数据抓取，并在最后介绍了使用本书讲解的数据抓取技术对几个真实的网站进行抓取的实例，旨在帮助读者活学活用书中介绍的技术。

本书提供了与图书内容全程同步的教学录像。此外，还赠送了大量相关学习资料，以便读者扩展学习。

本书适合任何想学习 Python 爬虫的读者，无论您是否从事计算机相关专业，是否接触过 Python，均可以通过学习本书快速掌握 Python 爬虫的开发方法和技巧。

图书在版编目(CIP)数据

Python 3.x网络爬虫从零基础到项目实战 / 史卫亚编著. — 北京：北京大学出版社，2020.5
ISBN 978-7-301-31282-7

Ⅰ.①P… Ⅱ.①史… Ⅲ.①软件工具 – 程序设计 Ⅳ.①TP311.561

中国版本图书馆CIP数据核字(2020)第040197号

书　　　名	Python 3.x网络爬虫从零基础到项目实战
	PYTHON 3.X WANGLUO PACHONG CONG LING JICHU DAO XIANGMU SHIZHAN
著作责任者	史卫亚　编著
责 任 编 辑	吴晓月 王继伟
标 准 书 号	ISBN 978-7-301-31282-7
出 版 发 行	北京大学出版社
地　　　址	北京市海淀区成府路205 号　100871
网　　　址	http://www.pup.cn　　　新浪微博：@ 北京大学出版社
电 子 信 箱	pup7@ pup.cn
电　　　话	邮购部 010-62752015　发行部 010-62750672　编辑部 010-62570390
印 刷 者	天津中印联印务有限公司
经 销 者	新华书店
	787毫米×1092毫米　16开本　38.25印张　889千字
	2020年5月第1版　2021年11月第2次印刷
印　　　数	4001-6000册
定　　　价	108.00 元

前言
Preface

为什么要写这本书

大数据已经渗透到当今每一个行业和业务职能领域，成为重要的生产要素。人们对于海量数据的不断挖掘和运用，预示着爬虫工作者在互联网数据公司的地位将越来越重要。爬虫工作者不仅要精通数据抓取和分析，还要掌握搜索引擎和相关检索的算法，对内存、性能、分布式算法都要有一定的了解，并针对工作进程编排合理的布局。

为了帮助初级开发者快速掌握这些实用技术，本书以"理论＋案例"的形式对各个知识点进行了详细的讲解，力争能让读者以实践的方式快速掌握。

读者对象

- 有 Python、数据库和 Web 基础的学生
- 初中级 Python 开发人员
- 想学习爬虫技术的高级 Python 程序员、互联网架构师
- 大中专院校及培训学校的教师和学生

本书特色

● 案例完整

本书中的所有案例都是通过"理论讲解＋环境搭建＋完整代码及分析＋运行结果"这种完善的结构进行讲解的。此外，复杂的案例配有项目结构图，有难度的案例还分析了底层源码，并且对于所有案例的讲解，都考虑到了读者可能会遇到的各种问题。例如，在讲解数据存储时考虑到部分读者可能没有数据基础，故本书非常详细地讲解了如何在虚拟机上安装数据库及数据库的常用操作，并且对数据库的讲解又仅限于爬虫所能涉及的范围，确保讲解的重点没有偏离。

如果你希望通过阅读本书能够快速实现某些功能，那么直接模仿书中的操作步骤、照着书中的源码做即可。

如果你希望深入学习书中的某些技术，可以仔细阅读书中的知识点、图解、源码及分析过程，并通过书中的运行结果来加深理解。当然，动手实践书中的相关案例也是不可或缺的。

如果你希望成为 Python 爬虫高手，就需要细心研读书中的每句讲解，亲自实践书中的所有案例，并将这些知识运用到自己的实际工作中。

● 案例经典实用

本书中的案例大多是由真实项目简化而来的，既体现了所述知识点的精华，又屏蔽了无关技术的干扰。此外，本书在案例讲解时，也充分考量了相关知识的各种实际应用场景，将同一个技术在多个场景

下的不同角色都做了充分的讲解。

- ● **进阶必学技术一网打尽**

  本书讲解的爬虫分析、发送请求、数据提取、数据存储、并发爬虫和分布式爬虫等技术是每一位爬虫程序员在进阶路上的必学知识。这些知识虽然学习起来比较难懂，但却是前进路上不可回避的问题。本书将这些技术的核心要点进行了深入细致的讲解，可以帮助读者尽快取得技术上的突破。

- ● **系统讲解前沿稀缺知识**

  本书中介绍的 Selenium 和 Scrapy 等技术，均被国内外各大互联网公司大量使用，但目前这些技术的相关资料却少之又少，实战型的书籍更是匮乏。本书对这些学习资源相对稀缺，但同时又是经典必学的知识进行了较为系统的讲解，非常有助于读者快速提升自己已有的知识体系。

- ● **文字通俗易懂**

  本书的作者不仅有着多年的开发经验，还承担过多年的技术讲师及教学管理工作，非常擅长用清晰易懂的文字阐述各种难点技术。相信读者能够以一种较为轻松的阅读体验，学习完本书中介绍的所有技术。

本书的编写思路

书中分发送请求、数据提取和反反爬三部分对爬虫相关的系列技术做了系统的讲解，几乎所有的知识点都配有详细的代码案例、运行流程的解读及运行结果。

本书的前两章介绍了 Python 爬虫需要具备的基础知识、Python 中爬虫相关的模块，以及从宏观的角度介绍了爬虫项目的架构设计和系统分析。之后讲解了全书所涉及的数据提取、并发和分布式等技术。最后以多个项目实战作为对所有知识点的总结。总体思路遵循了"宏观掌握—基础功底—应用框架—项目实战"的讲解顺序。

相信读者可以通过阅读本书，快速掌握爬虫及反反爬的实用技术，切实提高自己的技术功底。也希望读者能够将其中的部分技术用于自己的日常开发工作中，对已有项目进行升级改造，进而提高项目的质量和后续的开发效率。

本书团队及致谢

本书由河南工业大学史卫亚老师组织编写并担任主编，承担全书 1~21 章内容的编写。

在此向孔长征主任、左琨经理和岳福丽编辑及相关的出版社工作人员表示感谢，感谢他们在计算机图书方面的专业性经验给我带来的诸多灵感，也感谢他们在我编写本书时给予的指导和帮助。

提示：

如果你想学习本书的内容，但却没有掌握相关的基础知识，那么请加入 QQ 群"编程语言学习交流群"（829094243），联系管理员免费获取基础知识的学习视频或资料（若加入 QQ 群时，系统提示此群已满，请根据验证信息加入新群）。另外，读者也可以关注封底"博雅读书社"微信公众号，找到"资源下载"栏目，输入图书 77 页的资源下载码，根据提示获取。

史卫亚

河南工业大学

目录
Contents

第1章

爬虫基础

互联网上有浩瀚的数据资源，要想爬取这些数据就离不开爬虫。本章学习关于 Python 爬虫的一些技术内容。

本章重点讲解以下内容。

- ♦ 爬虫的相关概念
- ♦ Python 语法的一些基础知识
- ♦ 网页相关的知识，包括 HTML 和 HTTP

1.1 认识爬虫

网络爬虫又称为网页蜘蛛、网络机器人，通俗来讲，网络爬虫就是一段程序，通过这段程序可以在网站上获取需要的信息，如文字、视频、图片等。此外，网络爬虫还有些不常用的名称，如蚂蚁、自动索引、模拟程序或蠕虫等。

爬虫的设计思路如下。

（1）明确需要爬取的网页的 URL 地址。

（2）通过 HTTP 请求来获取对应的 HTML 页面。

（3）提取 HTML 中的内容。这里有两种情况：如果是有用的数据，就保存起来；如果是需要继续爬取的页面，就重新指定第（2）步。

为了更方便地理解爬虫，下面介绍大数据时代获取数据的方式。

1.1.1 大数据时代获取数据的方式

随着社会的高速发展，科技发达，信息畅通，人们之间的交流越来越密切，生活也越来越方便，大数据就是这个高科技时代的产物。那么在大数据时代，获取数据的方式有哪些？

（1）企业产生的数据：百度搜索指数、腾讯公司业绩数据、阿里巴巴集团财务及运营数据、新浪微博微指数等。

（2）数据平台购买的数据：数据平台包括数据堂、国云数据市场、贵阳大数据交易所等。

（3）政府 / 机构公开的数据：国家统计局数据、中国人民银行调查统计司统计数据、世界银行公开数据、联合国数据库、纳斯达克综合指数、新浪美股实时行情等。这些数据通常都是由各地政府统计上报，或者由行业内专业的网站、机构等提供。

（4）数据管理咨询公司的数据：麦肯锡、埃森哲、尼尔森、中国互联网络信息中心、艾瑞咨询等数据管理咨询公司，通常拥有庞大的数据团队，一般通过市场调研、问卷调查、固定的样本检测、与各行各业的公司合作、专家对话来获取数据，并根据客户需求制定商业解决方案。

（5）爬取网络数据：如果数据市场上没有需要的数据，或者价格太高不愿意购买，那么可以利用爬虫技术，获取网站上的数据。

第 5 种方式就是本书要重点介绍的内容。

1.1.2 爬虫的分类

爬虫有很多种类型，根据使用场景的不同，可以将爬虫分为通用爬虫和聚焦爬虫两种。

1. 通用爬虫

随着网络技术的迅速发展，万维网成为大量信息的载体，如何有效地提取并利用这些信息成为一个巨大的挑战。搜索引擎的核心就是通用爬虫，例如，传统的通用搜索引擎谷歌、百度等，作为一个辅助人们检索信息的工具成为用户访问万维网的入口和指南。

通用爬虫是搜索引擎爬取系统的重要组成部分，主要目的是将互联网上的网页下载到本地，形成一个互联网内容的镜像备份。

通用爬虫是从互联网中搜集网页、采集信息。采集的网页信息可以为搜索引擎建立索引提供支持，它决定着整个引擎系统的内容是否丰富，信息是否及时，因此其性能的优劣直接影响着搜索引擎的效果。搜索引擎网络爬虫的基本工作流程如下。

（1）爬取网页。

如图 1-1 所示，取一部分种子 URL，将这些种子放入待爬取 URL 队列。取出待爬取 URL，解析 DNS 得到主机的 IP，并将 URL 对应的网页下载下来，存储到已下载的网页库中，再将这些 URL 放入已爬取的 URL 队列。分析已爬取的 URL 队列中的 URL，分析其中的其他 URL，并且将其中需要继续爬取的 URL 放入待爬取的 URL 队列，从而进入下一个循环。

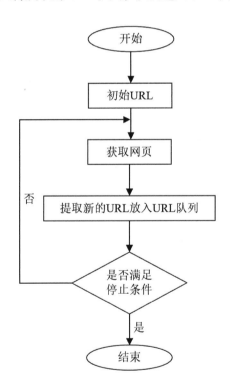

图1-1 搜索引擎网络爬虫的基本工作流程

在图 1-1 中，搜索引擎获取新网站的 URL，是输入了一定的规则，如标注为 nofollow 的链接或 Robots 协议。

提示
Robots 协议也称为爬虫协议、机器人协议等，其全称为网络爬虫排除标准（Robots Exclusion Protocol）。网站通过 Robots 协议告诉搜索引擎哪些页面可以爬取，哪些页面不能爬取，例如，淘宝网：https://www.taobao.com/robots.txt，腾讯网：http://www.qq.com/robots.txt。

（2）数据存储。

搜索引擎通过爬虫爬取到的网页，将数据存入原始页面数据库。其中的页面数据与用户浏览器得到的 HTML 是一致的。搜索引擎网络爬虫在爬取页面的同时，也做重复内容检测，一旦遇到访问权重很低的网站上有大量抄袭、采集或复制的内容，就有可能不再继续爬行。

（3）预处理。

搜索引擎将爬虫爬取的页面进行预处理，如提取文字、中文分词、索引处理等。

除 HTML 文件外，搜索引擎通常还能爬取和索引以文字为基础的多种文件类型，如 PDF、Word、WPS、XLS、PPT、TXT 文件等。

（4）提供检索服务，网站排名。

搜索引擎在对信息进行组织和处理后，为用户提供关键字检索服务，将用户检索相关的信息展示给用户。同时会根据页面的 PageRank 值（链接的访问量排名）来进行网站排名，Rank 值高的网站在搜索结果中会排名较前。

通用爬虫虽然功能很强大，但是也存在一定的局限性。

（1）不同领域、不同背景的用户往往具有不同的检索目的和需求，通用搜索引擎所返回的结果包含大量用户不关心的网页。

（2）通用搜索引擎的目标是尽可能地扩大网络覆盖范围，有限的搜索引擎服务器资源与无限的网络数据资源之间的矛盾将进一步加深。

（3）网络技术的不断发展，万维网数据形式越来越丰富，如图片、数据库、音频、视频等不同数据大量出现，通用搜索引擎往往对这些信息含量密集且具有一定结构的数据无能为力，不能很快地发现和获取。

（4）通用搜索引擎大多提供基于关键字的检索，难以支持根据语义信息提出的查询。

2. 聚焦爬虫

为了解决通用爬虫的局限性，定向爬取相关网页资源的聚焦爬虫应运而生。聚焦爬虫是一个自动下载网页的程序，它根据既定的爬取目标，有选择地访问万维网上的网页与相关的链接，获取所需信息。与通用爬虫不同的是，聚焦爬虫并不追求大的覆盖范围，而将目标定为爬取与某一特定主题内容相关的网页，为面向主题的用户查询获取数据资源。

 第 2~21 章介绍的网络爬虫，就是聚焦爬虫。

1.2 Python环境

在 1.1 节中了解了关于爬虫的一些基础知识和爬虫爬取页面的简单流程，那用什么语言来实现这一过程呢？答案是 Python 语言。

Python 是一种计算机程序设计语言。相较于 C、Java、Basic、JavaScript 等语言，Python 语言编写灵活、开发效率较高。此外，Python 语言中 HTTP 请求处理和 HTML 解析相关的工具非常丰富，而且还有强大的爬虫框架 Scrapy 及高效成熟的 scrapy-redis 分布式组件。对于初学者和完成普通任务而言，Python 语言相对来说简单易用。

搭建 Python 开发环境包括 Python 的安装和 PyCharm 的安装。

1.2.1　Python的安装

Python 是跨平台的，它可以在 Windows、Mac OS 和 Linux 系统平台上运行。在 Windows 系统平台上写的 Python 程序，放在 Linux 系统平台上也是能够运行的。

首先要下载和安装 Python。安装后，会得到 Python 解释器，一个命令行交互环境，还有一个简单的集成开发环境。

提示　这里使用的是 Python 3.5.x 版本。

1. 下载Python

在 Python 官网可以查看 Python 最新源码、二进制文档、新闻资讯等内容。

在 Python 官网首页选择【Docs】选项，可以下载 Python 相关的文档，包括 HTML、PDF 和 PostScript 等格式的文档。

在 Python 官网首页选择【Downloads】选项，可以下载 Python 的各个平台的版本，如图 1-2 所示。这里选择【Python 3.5.0】版本，然后单击【Download】链接。

Release version	Release date		Click for more
Python 3.5.2	2016-06-27	Download	Release Notes
Python 2.7.12	2016-06-25	Download	Release Notes
Python 3.4.4	2015-12-21	Download	Release Notes
Python 3.5.1	2015-12-07	Download	Release Notes
Python 2.7.11	2015-12-05	Download	Release Notes
Python 3.5.0	2015-09-13	Download	Release Notes
Python 2.7.10	2015-05-23	Download	Release Notes
Python 3.4.3	2015-02-25	Download	Release Notes

图1-2　选择Python版本

此时即可跳转到如图 1-3 所示的界面。在这个界面中需要根据使用的系统平台，选择合适的下载链接。

（1）Linux 平台可以选择下载 Source release。

（2）Mac OS 平台可以选择下载 Mac OS X。

（3）Windows 平台可以选择下载 Windows。

Version	Operating System	Description	MD5 Sum	File Size	GPG
Gzipped source tarball	Source release		a56c0c0b45d75a0ec9c6dee933c41c36	20053428	SIG
XZ compressed source tarball	Source release		d149d2812f10cbe04c042232e7964171	14808460	SIG
Mac OS X 32-bit i386/PPC installer	Mac OS X	for Mac OS X 10.5 and later	9f2e59d52cc3d80ca8ab2c63293976fa	25603201	SIG
Mac OS X 64-bit/32-bit installer	Mac OS X	for Mac OS X 10.6 and later	6f61f6b23ed3a4c5a51ccba0cb0959d0	23932028	SIG
Windows help file	Windows		c4c62a5d0b0a3bf504f65ff55dd9f06e	7677806	SIG
Windows x86-64 embeddable zip file	Windows	for AMD64/EM64T/x64	09a9bcabcbf8c616c21b1e5a6eaa9129	7992653	SIG
Windows x86-64 executable installer	Windows	for AMD64/EM64T/x64	facc4c9fb6f359b0ca45db0e11455421	29495840	SIG
Windows x86-64 web-based installer	Windows	for AMD64/EM64T/x64	066e3f30ae25ec5d73f5759529faf9bd	911720	SIG
Windows x86 embeddable zip file	Windows		6701f6eba0697949bc9031e887e27b32	7196321	SIG
Windows x86 executable installer	Windows		1e87ad24225657a3de447171f0eda1df	28620792	SIG
Windows x86 web-based installer	Windows		2d2686317f9ca85cd28b24cd66bbda41	886128	SIG

图1-3　选择平台

> **提示**
>
> 根据操作系统本身，注意选择 32 位还是 64 位。

2. 安装Python

下面分别介绍在 Windows、Linux、Mac OS 平台上的安装方法。

（1）在 Windows 平台上安装 Python。这里以 Windows 7 的 64 位系统、Python 3.5.x 版本为例。

01 在图 1-3 所示的界面中选择【Windows x86-64 executable installer】链接进行下载，弹出如图 1-4 所示的下载窗口，单击【立即下载】按钮，下载完成后可以得到如图 1-5 所示的下载文件。

图1-4　下载窗口

图1-5　下载的文件

02 双击图 1-5 所示的文件，弹出如图 1-6 所示的窗口，选中【Add Python 3.5 to PATH】复选框，这样就可以在任何目录下执行 Python 和 pip 命令了，选择【Customize installation】选项，自定义安装，弹出如图 1-7 所示的窗口。

图1-6　添加环境变量

03 在图 1-7 所示的窗口中选中所有特征，单击【Next】按钮，弹出如图 1-8 所示的窗口。

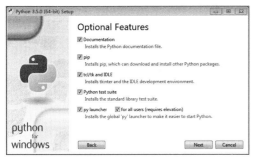

图1-7 选择特征

04 在图 1-8 所示的窗口中选中【Install for all users】复选框，单击【Browse】按钮，选择安装的路径，例如，这里安装到【D:\tools\Python35】，单击【Install】按钮，进行安装，弹出如图 1-9 所示的窗口。

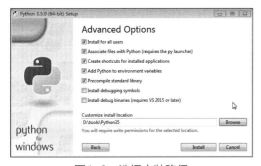

图1-8 选择安装路径

05 在图 1-9 所示的窗口中可以看到安装的进度，等待安装成功即可。

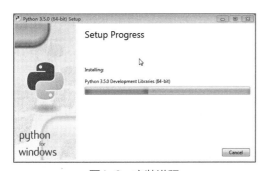

图1-9 安装进程

06 安装成功后，会弹出如图 1-10 所示的窗口，单击【Close】按钮，完成安装。

图1-10 安装成功

07 使用【Win+R】组合键打开 CMD 窗口，输入【python】命令，得到如图 1-11 所示的结果，表示 Python 3.5 安装成功，可以正常使用了。

图1-11 测试

（2）在 Linux 平台上安装 Python。

大部分 Linux 平台已经内置了 Python 2 和 Python 3。这里以 Ubuntu 16.04 为例，使用图 1-12 所示的命令查看 Python 的版本。

图1-12 Ubuntu 16.04查看Python的版本

（3）在 Mac OS 平台上安装 Python。

如果 Mac OS 平台是 10.9 及以上的版本，那么系统平台自带的 Python 版本是 2.7，并没有默认安装 Python 3.5。如果需要安装 Python 3.5，就在图 1-3 所示的界面中选择【Mac OS X 64-bit/32-bit installer】链接下载软件，双击运行并根据系统提示进行安装。安装成功后，使用图 1-13 所示的命令查看 Python 的版本。

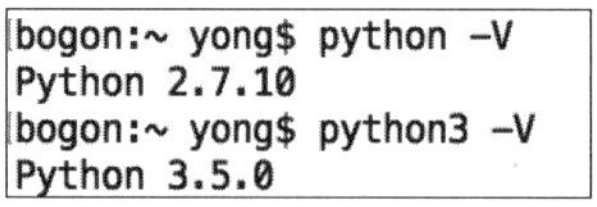

```
bogon:~ yong$ python -V
Python 2.7.10
bogon:~ yong$ python3 -V
Python 3.5.0
```

图1-13　Mac OS查看Python的版本

> **提示**　本书使用的系统平台是 Ubuntu 16.04，默认已经安装好了 Python 3.5.x 的解析器，不需要手动再安装。

1.2.2　PyCharm的安装

为了更好地开发 Python 项目，需要选择一个优秀的集成开发环境，这里使用的是 PyCharm。PyCharm 是由 JetBrains 打造的一款 Python IDE，支持 Mac OS、Windows、Linux 系统。

PyCharm 的功能包括调试、语法高亮、Project 管理、代码跳转、智能提示、自动完成、单元测试、版本控制等。

在 PyCharm 官网首页选择【DOWNLOAD NOW】选项，在跳转的页面中选择【Previous versions】选项，得到下载界面，如图 1-14 所示，在该界面中选择下载【PROFESSIONAL】版本。

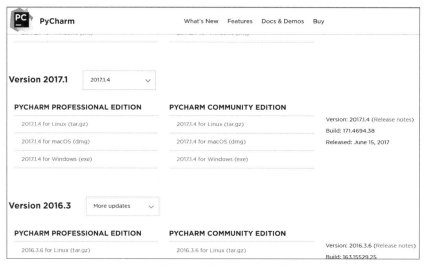

图1-14　PyCharm下载地址

因为本书后续使用的是 Ubuntu 16.04 操作系统，所以下面了解一下在 Ubuntu 平台上安装 PyCharm 的具体操作步骤。

❶ 如图 1-15 所示，运行如下命令实现下载 PyCharm，这里下载的是 PyCharm 2017.1.4，下载存储到家目录中。

```
$ wget https://download.jetbrains.com/python/pycharm-professional-2017.
1.4.tar.gz
```

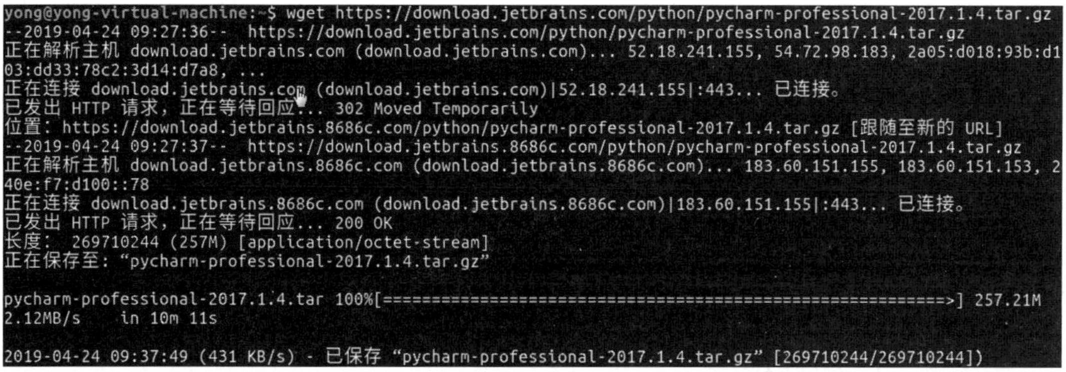

图1-15　下载

❷ 如图 1-16 所示，运行如下命令实现解压，默认解压到家目录中。

```
$ tar -zxvf ./pycharm-professional-2017.1.4.tar.gz
```

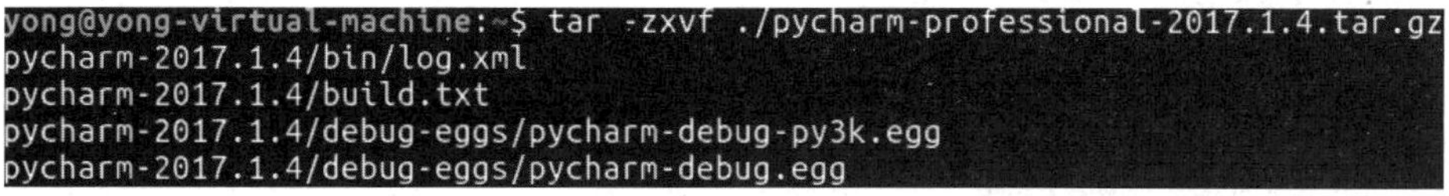

图1-16　解压

❸ 如图 1-17 所示，运行如下命令实现将解压包移动到 /usr/local/ 下，方便管理软件。

```
$ sudo mv ./pycharm-2017.1.4/ /usr/local/
```

图1-17　移动

❹ 如图 1-18 所示，运行如下命令实现创建软链接，方便调用。

```
$ sudo ln -sf /usr/local/pycharm-2017.1.4/bin/pycharm.sh /usr/local/sbin/
pycharm
```

图1-18　创建软链接

❺ 如图 1-19 所示，运行如下命令启动 PyCharm，弹出如图 1-20 所示的窗口。

```
$ pycharm
```

图1-19　打开PyCharm

9

❻ 在图 1-20 所示的窗口中选中【Do not import settings】单选按钮，不导入任何设置，单击【OK】按钮，弹出如图 1-21 所示的窗口。

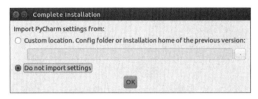

图1-20　是否导入设置

❼ 在图 1-21 所示的窗口中单击【Accept】按钮，弹出如图 1-22 所示的窗口。

图1-21　协议

❽ 在图 1-22 所示的窗口中选中【Evaluate for free】单选按钮，弹出如图 1-23 所示的窗口。

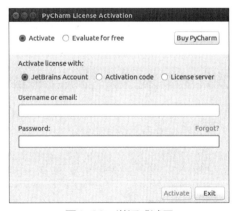

图1-22　激活或试用

❾ 在图 1-23 所示的窗口中单击【Evaluate】

按钮，弹出如图 1-24 所示的窗口。

图1-23　免费试用30天

❿ 在图 1-24 所示的窗口中单击【Accept】按钮，弹出如图 1-25 所示的窗口。

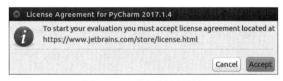

图1-24　是否接受协议

⓫ 在图 1-25 所示的窗口中单击【OK】按钮，弹出如图 1-26 所示的窗口。

图1-25　试用30天

⓬ 在图 1-26 所示的窗口中选择【Create

New Project 】选项，创建新的项目，弹出如图 1-27
所示的窗口。

图1-26　创建项目

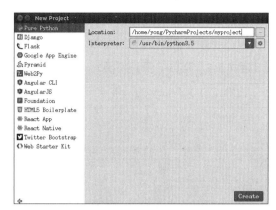

图1-27　新项目

❸ 在图 1-27 所示的窗口中选择左侧的
【 Pure Python 】选项，创建普通的 Python 项目，
单击右侧的▢按钮选择项目的路径，单击▾按
钮选择项目的 Python 解析器，最后单击【 Create 】
按钮，弹出如图 1-28 所示的窗口。

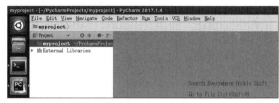

图1-28　项目界面

现在 PyCharm 已经安装成功了，了解了下
面的 Python 基础语法，就可以使用 PyCharm 工
具写代码了。

1.3 Python语法

在正式编写代码前，先来了解一下 Python 的基础语法，包括变量、逻辑、集合、字符串、函数、
文件操作、面向对象和类库。

1.3.1　变量

计算机程序不仅可以处理各种数值，还可以处理文本、图形、音频、视频、网页等各种各样的
数据，不同的数据，需要定义不同的数据类型。在 Python 中，能够直接处理的数据类型有以下几种。

1. 整数

Python 可以处理任意大小的整数，当然包括负整数，在程序中的表示方法与数学上的写法相同，
如 120、−70、0 等。

计算机由于使用二进制，因此，有时用十六进制表示整数比较方便，十六进制用 0x 前缀及数字 0~9 和字母 a~f 表示，如 0xcd011、0xf44a66 等都是十六进制数字。

【范例1.3-1】整数（源码路径：ch01/1.3/1.3-1.py）

范例文件 1.3-1.py 的具体实现代码如下。

```
"""整数"""

# 定义一个变量，名称是num，指向的值是120
num1 = 120
# 获取变量的值
print(num1)
# 获取变量的类型
print(type(num1))

num2 = 0x12fa3
print(num2)
print(type(num2))
```

【运行结果】

```
120
<class 'int'>
77731
<class 'int'>
```

【范例分析】

（1）num1 = 120，这里的等号是赋值符号，表示将右侧的整数值 120 赋值给左侧的变量 num1。

（2）type() 函数是获取变量指向的值的类型，这里是 int 型整数。

（3）0x 开头的数字表示十六进制的整数，0b 开头的数字表示二进制的整数，0o 开头的数字表示八进制的整数。打印（print）这些数字时，自动转换为十进制，然后输出结果。

 提示　在打印十六进制的数值时，自动转换为十进制。

2. 浮点数

浮点数也就是小数。整数和浮点数在计算机内部存储的方式是不同的，整数运算永远是精确的，而浮点数运算则可能因四舍五入产生误差。

【范例1.3-2】浮点数（源码路径：ch01/1.3/1.3-2.py）

范例文件 1.3-2.py 的具体实现代码如下。

```
"""浮点数"""

score = 88.5
```

```
print(score)
print(type(score))
```

【运行结果】

```
88.5
<class 'float'>
```

【范例分析】

这里的 float 表示浮点数类型。

3. 字符串

字符串是以单引号 ' 或双引号 " 引起来的任意文本，如 'abc'、"abc" 等。需要注意的是，" 或 ""
本身只是一种表示方式，不是字符串的一部分，因此，字符串 'abc' 只有 a、b、c 这 3 个字符。如果 '
本身也是一个字符，就可以用 "" 引起来，例如，"I'm OK" 包含的字符是 I、'、m、空格、O、K 这
6 个字符。

如果字符串内部既包含 ' 又包含 " 怎么办？可以用转义字符 \ 来标识。

如果字符串中有很多字符都需要转义，就需要加很多 \，为了简化，Python 还允许用 r 表示内
部的字符串默认不转义。

【范例1.3-3】字符串（源码路径：ch01/1.3/1.3-3.py）

范例文件 1.3-3.py 的具体实现代码如下。

```
"""字符串"""

name = 'TOM'
print(name)
print(type(name))

msg = 'I\'m \"OK\"!'
print(msg)

msg = 'Hi\nTOM'
print(msg)
```

【运行结果】

```
TOM
<class 'str'>
I'm "OK"!
Hi
TOM
```

【范例分析】

这里的 str 表示字符串类型，另外，\ 表示转义，\n 表示转义换行符。

4. 布尔值

布尔值和布尔代数的表示完全一致，一个布尔值只有 True 和 False 两种值，要么是 True，要么是 False，在 Python 中，可以直接用 True、False 表示布尔值（注意大小写），也可以通过布尔运算计算出来。布尔值可以用 and、or 和 not 运算。and 运算是与运算，只有所有都为 True，and 运算结果才是 True。or 运算是或运算，只要其中一个为 True，or 运算结果就是 True。not 运算是非运算，它是一个单目运算符，把 True 变成 False，False 变成 True。

【范例1.3-4】布尔值（源码路径：ch01/1.3/1.3-4.py）

范例文件 1.3-4.py 的具体实现代码如下。

```
"""布尔值"""

# 定义变量赋值
ret = True
print(ret)
print(type(ret))

# 存储计算后的结果
ret = 1 > 10
print(ret)

# 存储逻辑运算后的结果
ret = True and False
print(ret)

ret = 1 > 0 or 2 < 100
print(ret)
print(not ret)
```

【运行结果】

```
True
<class 'bool'>
False
False
True
False
```

【范例分析】

这里的 bool 表示布尔类型，只有 True 和 False 两个值，可以用来存储判断结果。

> 提示
>
> 如果有多个逻辑运算，那么建议使用小括号来明确标识运算顺序。

5. 空值

空值是 Python 中一个特殊的值，用 None 表示。None 不能理解为 0，因为 0 是有意义的，而 None 是一个特殊的空值。

【范例1.3-5】空值（源码路径：ch01/1.3/1.3-5.py）

范例文件 1.3-5.py 的具体实现代码如下。

```
"""空值"""

ret = None
print(ret)
print(type(ret))
```

【运行结果】

```
None
<class 'NoneType'>
```

【范例分析】

这里的 NoneType 表示空值类型。

此外，Python 还提供了列表、字典等多种数据类型，后面会陆续讲到。

变量的概念基本上和初中代数的方程变量是一致的，只是在计算机程序中，变量不仅可以是数字，还可以是任意数据类型。

变量在程序中用一个变量名表示，变量名必须是大小写英文、数字和 _ 的组合，且不能用数字开头。

【范例1.3-6】变量（源码路径：ch01/1.3/1.3-6.py）

范例文件 1.3-6.py 的具体实现代码如下。

```
"""变量"""

# 此时ret是int类型
ret = 12
print(ret)
print(type(ret))

# 此时ret是str类型
ret = 'hello'
print(ret)
print(type(ret))
```

【运行结果】

```
12
<class 'int'>
```

```
hello
<class 'str'>
```

【范例分析】

Python 是一个弱类型语言，不需要事先定义变量的类型，就可以直接赋值。变量的类型是根据当时指向的值来决定的。

1.3.2 逻辑控制

Python 的逻辑控制语句包括判断语句和循环语句。

1. 判断语句

只有某些条件满足，才能做某件事情，而不满足时不允许做，这就是所谓的判断。

Python 判断语句是通过一条或多条语句的执行结果（True 或 False）来决定执行的代码块。

（1）if 语句。语法如下。

```
if 条件:
    语句块
```

（2）if…else 语句。语法如下。

```
if 条件:
    语句块
else:
    语句块
```

（3）if 嵌套语句。语法如下。

```
if 条件1:
    满足条件1 做的事情1
    满足条件1 做的事情2
    ...(省略)...
    if 条件2:
        满足条件2 做的事情1
        满足条件2 做的事情2
        ...(省略)...
```

（4）elif 语句。语法如下。

```
if 条件:
    语句块
elif 条件:
    语句块
elif 条件:
    语句块
...
else:
```

语句块

【范例1.3-7】判断语句（源码路径：ch01/1.3/1.3-7.py）

范例文件 1.3-7.py 的具体实现代码如下。

```python
"""判断语句"""

# 1.if语句
age = 20
if age >= 18:
    print('adult')

# 2.if…else语句
age = 8
if age >= 18:
    print('adult')
else:
    print('teenager')

# 3.elif语句
age = 3
if age >= 18:
    print('adult')
elif age >= 6:
    print('teenager')
else:
    print('kid')

# 4.if嵌套语句，如输入数字10
num = int(input('输入一个数字：'))
if num % 2 == 0:
    if num % 3 == 0:
        print('你输入的数字可以整除 2 和 3')
    else:
        print('你输入的数字可以整除 2，但不能整除 3')
else:

    if num % 3 == 0:
        print('你输入的数字可以整除 3，但不能整除 2')
    else:
        print('你输入的数字不能整除 2 和 3')
```

【运行结果】

```
adult
teenager
kid
输入一个数字：10
你输入的数字可以整除 2，但不能整除 3
```

【范例分析】

（1）if 后的条件如果为真，就运行 if 里的代码块，否则运行 else 里的代码块。

（2）input 用来获取控制台的输入，返回字符串类型，所以需要转换成数字类型之后，才可以与数字进行判断。

 提示 嵌套使用，注意左对齐，避免语法报错。

2. 循环语句

通常情况下，需要多次重复执行的代码，都可以用循环的方式来完成。

循环不是必须要使用的，但是为了提高代码的重复使用率，有经验的开发者都会采用循环。

Python 中的循环语句有以下两种。

（1）while 循环语句。语法如下。

```
while 条件:
    语句块
```

【范例1.3-8】while循环语句（源码路径：ch01/1.3/1.3-8.py）

范例文件 1.3-8.py 的具体实现代码如下。

```
"""while循环语句"""

"""打印1~30之间能被2整除并能被3整除的数字"""

i = 1

while i < 31:
    if i % 2 == 0 and i % 3 == 0:
        print(i)
    i += 1
```

【运行结果】

```
6
12
18
24
30
```

【范例分析】

while 循环条件为真，进入循环，运行循环的代码块。在循环的代码块中有一个 if 判断，根据条件打印 i 的值。

（2）for 循环语句。语法如下。

```
for i in 集合:
    语句块
else:
    语句块
```

【范例1.3-9】for循环语句（源码路径：ch01/1.3/1.3-9.py）

范例文件 1.3-9.py 的具体实现代码如下。

```
"""for循环语句"""

"""打印1~30之间能被2整除并能被3整除的数字"""

for i in range(1, 31):
    if i % 2 == 0 and i % 3 == 0:
        print(i)
    i += 1
```

【运行结果】

```
6
12
18
24
30
```

【范例分析】

range(1, 31) 使用 for 循环，可以依次获取一个 1~30 之间的值，31 是取不到的。

> 内置 range() 函数，它会在一定范围内生成数列，可以迭代。

循环里还有两个关键字：continue 和 break。continue 可以用来结束本次循环，进入下一次循环；break 可以用来结束整个循环。

【范例1.3-10】continue和break（源码路径：ch01/1.3/1.3-10.py）

范例文件 1.3-10.py 的具体实现代码如下。

```
"""continue和break"""

n = 0
while n < 10:
    n = n + 1
    # 如果n是偶数，则执行continue语句
    if n % 2 == 0:
        # continue语句会直接继续下一轮循环，后续的print()语句不会执行
```

```
        continue
    print(n)


print('*'*100)

n = 1
while n <= 100:
    # 当n = 11时，条件满足，执行break语句
    if n > 10:
        # break语句会结束当前循环
        break
    print(n)
    n = n + 1
```

【运行结果】

```
1
3
5
7
9
************************************************************************************************
**************************
1
2
3
4
5
6
7
8
9
10
```

【范例分析】

break 是结束整个循环，continue 是结束本次循环内容而进入下一次循环。

 提示 break 和 continue 只能作用于当前所在的这一层循环，不能作用于其他外部循环。

1.3.3 集合容器

Python 常用的集合容器有 list、tuple、dict 和 set，下面对这些容器一一进行介绍。

1. list

list（列表）是可变的，这是它区别于字符串和元组的最重要的特点，一句话概括，即列表可以修改，而字符串和元组不能修改。

Python 中 list 的方法如表 1-1 所示。

表1-1　list的方法

编号	方法	描述
1	list.append(x)	把一个元素添加到列表的结尾，相当于a[len(a):]=[x]
2	list.extend(L)	通过添加指定列表的所有元素来扩充列表，相当于a[len(a):]=L
3	list.insert(i, x)	在指定位置插入一个元素。第一个参数是准备插入到其前面的那个元素的索引，例如，a.insert(0, x)会插入到整个列表之前，而a.insert(len(a), x)相当于a.append(x)
4	list.remove(x)	删除列表中值为x的第一个元素。如果没有这样的元素，就会返回一个错误
5	list.pop([i])	从列表的指定位置移除元素，并将其返回。如果没有指定索引，则a.pop()返回最后一个元素。元素随即从列表中被移除。（方法中i两边的方括号表示这个参数是可选的，而不是要求你输入一对方括号，你会经常在Python库参考手册中遇到这样的标记）
6	list.clear()	移除列表中的所有项，等于dela[:]
7	list.index(x)	返回列表中第一个值为x的元素的索引。如果没有匹配的元素，就会返回一个错误
8	list.count(x)	返回x在列表中出现的次数
9	list.sort()	对列表中的元素进行排序
10	list.reverse()	倒排列表中的元素
11	list.copy()	返回列表的浅复制，等于a[:]

【范例1.3-11】list的使用（源码路径：ch01/1.3/1.3-11.py）

范例文件 1.3-11.py 的具体实现代码如下。

```
"""list的使用"""

# 定义一个列表
a = [66.25, 333, 333, 1, 1234.5]
# 统计
print(a.count(333), a.count(66.25), a.count('x'))
# 插入
a.insert(2, -1)
```

```
# 追加
a.append(333)
print(a)
# 查询索引
print(a.index(333))
# 删除
a.remove(333)
print(a)
# 反向
a.reverse()
print(a)
# 排序
a.sort()
print(a)
```

【运行结果】

```
2 1 0
[66.25, 333, -1, 333, 1, 1234.5, 333]
1
[66.25, -1, 333, 1, 1234.5, 333]
[333, 1234.5, 1, 333, -1, 66.25]
[-1, 1, 66.25, 333, 333, 1234.5]
```

【范例分析】

这里 a = [66.25, 333, 333, 1, 1234.5] 表示定义了一个列表 a，存储了一些值，然后调用了列表的一些功能方法。

 提示 类似 insert、remove 或 sort 等修改列表的方法没有返回值。

2. tuple

tuple（元组）是不可变的，可以理解为只读的列表，列表的查询方法元组都有。

【范例1.3-12】tuple的使用（源码路径：ch01/1.3/1.3-12.py）

范例文件 1.3-12.py 的具体实现代码如下。

```
"""tuple的使用"""

# 定义一个元组
a = (66.25, 333, 333, 1, 1234.5)
# 统计
print(a.count(333), a.count(66.25), a.count('x'))
# 查询索引
print(a.index(333))
```

【运行结果】

```
2 1 0
1
```

【范例分析】

小括号内存储的值是元组的元素，元组相当于只读的列表，所以列表的查询方法元组都可以使用，如 count、index 等。

> 提示　如果元组中只有一个值 100，就需要这样定义：a =(100,)。

3. dict

列表和元组是存储值的，而 dict（字典）是存储键值对的。

Python 中 dict 的方法如表 1-2 所示。

表1-2　dict的方法

编号	方法	描述
1	dict[key] = value	如果此key不存在，就是往字典里新增一个键值对，否则就是修改。由于一个key只能对应一个value，因此，多次对一个key放入value，后面的值会把前面的值冲掉
2	dict.pop(key)	根据键，删除指定的值，并将此值返回
3	del dict[key]	根据键，删除指定的值
4	dict.clear()	清空字典中的键值对
5	value = dict[key]	根据键查询值
6	dict.get(key, [default])	根据键查询值，如果查询不到，就返回默认值
7	len(dict)	计算字典元素个数，即键的总数
8	str(dict)	输出字典可打印的字符串表示
9	dict.keys()	以列表返回一个字典所有的键
10	dict.values()	以列表返回一个字典所有的值
11	dict.items()	以列表返回可遍历的(键,值) 元组数组
12	key in dict	如果键在字典中存在，则返回True，否则返回False
13	dict.copy()	返回一个新的字典，内容一样，地址不同

编号	方法	描述
14	dict.fromkeys(seq[, val]))	创建一个新字典，以序列 seq 中元素做字典的键，val 为字典所有键对应的初始值
15	dict.setdefault(key, default=None)	与get()类似，但如果键不存在于字典中，则会添加键并将值设为default。如果键在字典中，则返回这个键所对应的值。如果键不在字典中，则向字典中插入这个键，并且以default为这个键的值，同时返回default。default的默认值为None
16	dict.update(dict2)	把字典dict2的键值对更新到dict中

【范例1.3-13】dict的使用（源码路径：**ch01/1.3/1.3-13.py**）

范例文件 1.3-13.py 的具体实现代码如下。

```
"""dict的使用"""

# 定义字典
stu = {'sid': 1, 'sname': 'TOM', 'sage': 22}
print(stu)
# 根据键获取值
sname = stu['sname']
print(sname)
sage = stu.get('sage')
print(sage)
# 修改
stu['age'] = 23
print(stu)
# 删除
del stu['sage']
print(stu)
# 复制
stu2 = stu.copy()
print(stu2)
# 获取所有的键
print(stu.keys())
# 遍历字典
for k, v in stu.items():
    print(k, v)
```

【运行结果】

```
{'sname': 'TOM', 'sid': 1, 'sage': 22}
TOM
22
{'sname': 'TOM', 'sid': 1, 'age': 23, 'sage': 22}
```

```
{'sname': 'TOM', 'sid': 1, 'age': 23}
{'sname': 'TOM', 'sid': 1, 'age': 23}
dict_keys(['sname', 'sid', 'age'])
sname TOM
sid 1
age 23
```

【范例分析】

定义了一个字典，存储了 3 组键值对，然后调用了字典的一些功能方法。

 提示　字典的键是唯一的，也是无序的。

4. set

set（集合）与字典类似，也是无序的，但是只存储值，没有键，所以经常使用 set 完成去重的功能。

Python 中 set 的方法如表 1-3 所示。

表1-3　set的方法

编号	方法	描述
1	set.add(value)	新增一个值，然后再去重
2	set.remove(value)	删除一个值
3	set3 = set1 | set2	计算set1和set2的并集
4	set3 = set1 & set2	计算set1和set2的交集
5	set3 = set1 − set2	计算set1和set2的差集

【范例1.3-14】set的使用（源码路径：ch01/1.3/1.3-14.py）

范例文件 1.3-14.py 的具体实现代码如下。

```
"""set的使用"""

# 定义set
set1 = {1, 2, 3, 2, 2, 3}
print(set1)
set2 = {2, 3, 4}
print(set1)

# 新增
set1.add(110)
set1.add(1)
print(set1)
```

```
# 移除
set1.remove(110)
print(set1)

# 并集
set3 = set1 | set2
print(set3)
```

【运行结果】

```
{1, 2, 3}
{1, 2, 3}
{1, 2, 3, 110}
{1, 2, 3}
{1, 2, 3, 4}
```

【范例分析】

（1）set 与字典类似，使用的也是大括号，但不同的是，set 只存储唯一的值，所以这里 set1 = {1, 2, 3, 2, 2, 3}，最后打印出来 set1 的值为 {1, 2, 3}。

（2）set 还可以计算交集、并集和差集。

1.3.4 字符串

在最新的 Python 3.x 版本中，字符串是以 Unicode 编码的，也就是说，Python 的字符串支持多语言。

1. 定义字符串

创建字符串时，只需为变量分配一个值即可，例如：

```
var1 = 'Hello World!'
var2 = "hi,pitter"
print(var1)  # 打印Hello World!
print(var2)  # 打印hi,pitter
```

2. 访问字符串中的值

Python 不支持单字符类型，单字符在 Python 中也是作为一个字符串使用的。

Python 访问子字符串，可以在方括号中写入下标来截取字符串，例如：

```
ret1 = var1[2]
print(ret1)   # 打印1

ret2 = var2[2:4]
```

```
print(ret2)    # 打印,p
```

提示　Python 中的下标也支持负数，如 -1 标识最后一个值。

3. 字符串拼接

可以截取字符串的一部分并与其他字段拼接，得到一个新的字符串，例如：

```
ret3 = var1[2] + var2[2:4]
print(ret3)    # 打印1,p
```

4. 转义字符

有时，需要在字符中使用特殊字符，Python 用反斜杠（\）转义字符，如表 1-4 所示。

表1-4　转义字符

编号	转义字符	描述
1	\（在行尾时）	续行符
2	\\	反斜杠符号
3	\'	单引号
4	\"	双引号
5	\a	响铃
6	\b	退格（Backspace）
7	\e	转义
8	\000	空
9	\n	换行
10	\v	纵向制表符
11	\t	横向制表符
12	\r	回车
13	\f	换页
14	\oyy	八进制数yy代表的字符，例如，\o12代表换行

编号	转义字符	描述
15	\xyy	十六进制数yy代表的字符，例如，\x0a代表换行
16	\other	其他的字符以普通格式输出

5. 字符串运算符

字符串运算符如表 1-5 所示，表 1-5 中实例变量 a 值为字符串 "Hello"，b 值为 "Python"。

表1-5　字符串运算符

编号	字符串运算符	描述	举例
1	+	字符串连接	a + b，输出结果：HelloPython
2	*	重复输出字符串	a*2，输出结果：HelloHello
3	[]	通过索引获取字符串中的字符	a[1]，输出结果：e
4	[:]	截取字符串中的一部分，遵循左闭右开原则，str[0, 2]是不包含第3个字符的	a[1:4]，输出结果：ell
5	in	成员运算符，如果字符串中包含给定的字符，则返回True	'H' in a，输出结果：True
6	not in	成员运算符，如果字符串中不包含给定的字符，则返回True	'M' not in a，输出结果：True
7	r	原始字符串，所有的字符串都是直接按照字面的意思来使用，没有转义特殊或不能打印的字符。原始字符串除在字符串的第一个引号前加上字母r（可以大小写）外，与普通字符串有着几乎相同的语法	print(r'\n')
8	%	格式化字符串	print("我叫%今年%d岁!" % ('小明', 10))，输出结果：我叫小明今年10岁!

> **提示**　Python 2.6 开始，新增了一种格式化字符串的函数 str.format()，它增强了字符串格式化的功能。例如，print(' 我叫 {} 今年 {} 岁 !'.format(' 小明 ', 10))，输出结果：我叫小明今年10 岁！

6. 字符串内建函数

字符串提供了丰富的功能函数，如表 1-6 所示。

表1-6　字符串内建函数

编号	字符串内建函数	描述
1	capitalize()	将字符串的第一个字符转换为大写
2	center(width, fillchar)	返回一个指定的宽度width居中的字符串，fillchar为填充的字符，默认为空格
3	count(str, beg= 0, end=len(string))	返回str在string中出现的次数，如果beg或end指定，则返回指定范围内str出现的次数
4	encode(encoding='UTF-8', errors='strict')	以encoding指定的编码格式编码字符串，如果出错，则默认报一个ValueError的异常，除非errors指定的是'ignore'或'replace'
5	endswith(suffix, beg=0, end=len(string))	检查字符串是否以suffix结束，如果beg或end指定，则检查指定的范围内是否以suffix结束，如果是，则返回True，否则返回False
6	expandtabs(tabsize=8)	将字符串string中的tab符号转为空格，tab符号默认的空格数是8
7	find(str, beg=0, end=len(string))	检测str是否包含在字符串中，如果指定范围beg和end，则检查是否包含在指定范围内，如果包含，则返回开始的索引值，否则返回–1
8	index(str, beg=0, end=len(string))	与find()方法一样，只不过如果str不在字符串中，则会报一个异常
9	isalnum()	如果字符串至少有一个字符，并且所有字符都是字母或数字，则返回True，否则返回False
10	isalpha()	如果字符串至少有一个字符，并且所有字符都是字母，则返回True，否则返回False
11	isdigit()	如果字符串只包含数字，则返回True，否则返回False
12	islower()	如果字符串中包含至少一个区分大小写的字符，并且所有这些（区分大小写的）字符都是小写，则返回True，否则返回False
13	isnumeric()	如果字符串中只包含数字字符，则返回True，否则返回False
14	isspace()	如果字符串中只包含空白，则返回True，否则返回False

续表

编号	字符串内建函数	描述
15	istitle()	如果字符串是标题化的（见title()），则返回True，否则返回False
16	isupper()	如果字符串中包含至少一个区分大小写的字符，并且所有这些（区分大小写的）字符都是大写，则返回True，否则返回False
17	join(seq)	以指定字符串作为分隔符，将seq中所有的元素（的字符串表示）合并为一个新的字符串
18	len(string)	返回字符串长度
19	ljust(width[, fillchar])	返回一个原字符串左对齐，并使用fillchar填充至长度width的新字符串，fillchar默认为空格
20	lower()	转换字符串中所有大写字符为小写
21	lstrip()	截掉字符串左边的空格或指定字符
22	maketrans()	创建字符映射的转换表，对于接受两个参数的最简单的调用方式，第一个参数是字符串，表示需要转换的字符；第二个参数也是字符串，表示转换的目标
23	max(str)	返回字符串str中最大的字母
24	min(str)	返回字符串str中最小的字母
25	replace(old, new [, max])	将字符串中的str1替换成str2，如果max指定，则替换不超过max次
26	rfind(str, beg=0, end=len(string))	类似于find()函数，不过是从右边开始查找
27	rindex(str, beg=0, end=len(string))	类似于index()函数，不过是从右边开始
28	rjust(width, [, fillchar])	返回一个原字符串右对齐，并使用fillchar（默认空格）填充至长度width的新字符串
29	rstrip()	删除字符串末尾的空格
30	split(str="", num=string.count(str))	num=string.count(str)以str为分隔符截取字符串，如果num有指定值，则仅截取num+1个子字符串
31	splitlines([keepends])	按照行('\r', '\r\n', \n')分隔，返回一个包含各行作为元素的列表，如果参数keepends为False，则不包含换行符；如果为True，则保留换行符

编号	字符串内建函数	描述
32	startswith(substr, beg=0, end=len(string))	检查字符串是否以指定子字符串substr开头,如果是,则返回True,否则返回False。如果beg和end指定值,则在指定范围内检查
33	strip([chars])	在字符串上执行lstrip()和rstrip()
34	swapcase()	将字符串中的大写转换为小写,小写转换为大写
35	title()	返回"标题化"的字符串,就是说所有单词都是以大写开始,其余字母均为小写
36	translate(table, deletechars="")	根据str给出的表(包含256个字符)转换string的字符,要过滤掉的字符放到deletechars参数中
37	upper()	转换字符串中的小写字母为大写字母
38	zfill (width)	返回长度为width的字符串,原字符串右对齐,前面填充0
39	isdecimal()	检查字符串是否只包含十进制字符,如果是,则返回True,否则返回False

【范例1.3-15】字符串的使用(源码路径:ch01/1.3/1.3-15.py)

范例文件 1.3-15.py 的具体实现代码如下。

```python
"""字符串的使用"""

# 定义字符串
strs = 'this is string example!!!'
# 首字母大写
print("strs.capitalize() : ", strs.capitalize())


strs = "[www.baidu.com]"
# 居中对齐
print("strs.center(40, '*') : ", strs.center(40, '*'))

strs = "www.baidu.com www.sina.com"
sub = 'a'
# 统计
print("strs.count('a') : ", strs.count(sub))
sub = 'bai'
print("strs.count('com', 0, 10) : ", strs.count(sub, 0, 10))
```

```python
strs = "Python教程";
# 编码
str_utf8 = strs.encode("UTF-8")
str_gbk = strs.encode("GBK")
print(str)
print("UTF-8 编码: ", str_utf8)
print("GBK 编码: ", str_gbk)
# 解码
print("UTF-8 解码: ", str_utf8.decode('UTF-8', 'strict'))
print("GBK 解码: ", str_gbk.decode('GBK', 'strict'))

strs = 'String example....wow!!!'
suffix = '!!!'
# 判断结尾
print(strs.endswith(suffix))
print(strs.endswith(suffix, 20))
suffix = 'run'
print(strs.endswith(suffix))
print(strs.endswith(suffix, 0, 19))

strs = "this is\tstring example....wow!!!"
print("原始字符串: " + strs)
# 空格替换
print("替换 \\t 符号: " + strs.expandtabs())
print("使用16个空格替换 \\t 符号: " + strs.expandtabs(16))

str1 = "String example....wow!!!"
str2 = "exam";
# 查找
print(str1.find(str2))
print(str1.find(str2, 5))
print(str1.find(str2, 10))

str1 = "String example....wow!!!"
str2 = "exam";
# 查找
print(str1.index(str2))
print(str1.index(str2, 5))
# 找不到会报异常
# print(str1.index(str2, 10))

strs = "python2019"
# 判断字母数字
print(strs.isalnum())
strs = "www.baidu.com"
print(strs.isalnum())

strs = "python2019"
# 判断字母
```

```
print(strs.isalpha())
strs = "python"
print(strs.isalpha())

strs = "python2019"
# 判断数字
print(strs.isdigit())
strs = "2019"
print(strs.isdigit())

strs = "Python example....wow!!!"
# 判断大小写
print(strs.islower())
strs = "python example....wow!!!"
print(strs.islower())

strs = "Python2019"
# 判断数字
print(strs.isnumeric())
strs = "23443434"
print(strs.isnumeric())

strs = "          "
# 判断空格
print(strs.isspace())
strs = "Python example....wow!!!"
print(strs.isspace())

strs = "This Is String Example...Wow!!!"
# 判断title格式
print(strs.istitle())
strs = "This is string example....wow!!!"
print(strs.istitle())

strs = "THIS IS STRING EXAMPLE....WOW!!!"
# 判断大写
print(strs.isupper())
strs = "THIS is string example....wow!!!"
print(strs.isupper())

s1 = "-"
s2 = ""
seq = ("r", "u", "n", "o", "o", "b")
# 合并集合
print(s1.join(seq))
print(s2.join(seq))

strs = "python"
# 字符串长度
```

```
print(len(strs))

strs = "Python example....wow!!!"
# 对齐
print(strs.ljust(50, '*'))

strs = "Python EXAMPLE....WOW!!!"
# 转换大小写
print(strs.lower())
print(strs.upper())

strs = "     this is string example....wow!!!     ";
# 裁剪
print(strs.lstrip());
strs = "88888888this is string example....wow!!!8888888";
print(strs.lstrip('8'));

intab = "aeiou"
outtab = "12345"
# 转换
trantab = strs.maketrans(intab, outtab)
strs = "this is string example....wow!!!"
print(strs.translate(trantab))

strs = "python"
# 最大值最小值
print("最大字符: " + max(strs))
print("最小字符: " + min(strs))

strs = "www.baidu.com"
print("旧地址: ", str)
# 替换
print("新地址: ", strs.replace("baidu", "sina"))
strs = "this is string example....wow!!!"
print(strs.replace("is", "was", 3))

str1 = "this is really a string example....wow!!!"
str2 = "is"
# 查找
print(str1.rfind(str2))
print(str1.rfind(str2, 0, 10))
print(str1.rfind(str2, 10, 0))
print(str1.find(str2))
print(str1.find(str2, 0, 10))
print(str1.find(str2, 10, 0))

str1 = "this is really a string example....wow!!!"
str2 = "is"
# 查找
```

```
print(str1.rindex(str2))

strs = "this is string example....wow!!!"
# 对齐
print(strs.rjust(50, '*'))

strs = "      this is string example....wow!!!      "
# 裁剪
print(strs.rstrip())
strs = "*****this is string example....wow!!!*****"
print(strs.rstrip('*'))

strs = "this is string example....wow!!!"
# 分隔
print(strs.split())
print(strs.split('i', 1))
print(strs.split('w'))

strs = 'ab c\n\nde fg\rkl\r\n'.splitlines()
print(strs)
# 按换行符分隔
strs = 'ab c\n\nde fg\rkl\r\n'.splitlines(True)
print(strs)

str = "this is string example....wow!!!"
# 判断开头
print(str.startswith('this'))
print(str.startswith('string', 8))
print(str.startswith('this', 2, 4))

str = "*****this is **string** example....wow!!!*****"
# 裁剪
print(str.strip('*'))

str = "this is string example....wow!!!"
# 填充0
print("str.zfill : ", str.zfill(40))
print("str.zfill : ", str.zfill(50))
```

【运行结果】

```
strs.capitalize() :  This is string example!!!
strs.center(40, '*') :  ************[www.baidu.com]*************
strs.count('a') :  2
strs.count('com', 0, 10) :  1
<class 'str'>
UTF-8 编码：  b'Python\xe6\x95\x99\xe7\xa8\x8b'
GBK 编码：  b'Python\xbd\xcc\xb3\xcc'
UTF-8 解码：  Python教程
```

```
GBK 解码： Python教程
True
True
False
False
原始字符串: this is string example....wow!!!
替换 \t 符号: this is string example....wow!!!
使用16个空格替换 \t 符号: this is           string example....wow!!!
7
7
-1
7
7
True
False
False
True
False
True
False
True
False
True
True
False
True
False
True
False
r-u-n-o-o-b
runoob
6
Python example....wow!!!***************************
python example....wow!!!
PYTHON EXAMPLE....WOW!!!
this is string example....wow!!!
this is string example....wow!!!8888888
th3s 3s str3ng 2x1mpl2....w4w!!!
最大字符: y
最小字符: h
旧地址: <class 'str'>
新地址: www.sina.com
thwas was string example....wow!!!
5
5
-1
2
2
```

```
-1
5
*******************this is string example....wow!!!
      this is string example....wow!!!
*****this is string example....wow!!!
['this', 'is', 'string', 'example....wow!!!']
['th', 's is string example....wow!!!']
['this is string example....', 'o', '!!!']
['ab c', '', 'de fg', 'kl']
['ab c\n', '\n', 'de fg\r', 'kl\r\n']
True
True
False
this is **string** example....wow!!!
str.zfill :  00000000this is string example....wow!!!
str.zfill :  0000000000000000000this is string example....wow!!!
```

【范例分析】

字符串是最常见的类型，提供了很多的功能方法，可以对照语法一一实现。

1.3.5　函数

函数是组织好的，可重复使用的，用来实现单一或相关联功能的代码段。

函数能提高应用的模块性和代码的重复利用率。Python 提供了许多内建函数，如 print()，但是也可以自己创建函数，这被称为用户自定义函数。

1. 定义和调用函数

可以定义一个有自己想要功能的函数，语法如下。

```
# 定义函数
def 函数名(形参)：
     函数体
     return[表达式]
# 调用函数
函数名(实参)
```

以下是简单的规则。

（1）函数代码块以 def 关键词开头，后接函数标识符名称和圆括号 ()，最后以冒号结束。

（2）任何传入参数和自变量必须放在圆括号中，圆括号之间可以用于定义参数。

（3）函数的第一行语句可以选择性地使用文档字符串——用于存放函数说明。

（4）函数内容缩进。

（5）return[表达式] 为结束函数，选择性地返回一个值给调用方。不带表达式的 return 相当于返回 None。

【范例1.3-16】定义和调用函数（源码路径：ch01/1.3/1.3-16.py）

范例文件 1.3-16.py 的具体实现代码如下。

```
"""定义和调用函数"""
def area(width, height):
    return width * height

def print_welcome(name):
    print("Welcome", name)

print_welcome("Runoob")
w = 4
h = 5
print("width =", w, " height =", h, " area =", area(w, h))
```

【运行结果】

```
Welcome Runoob
width = 4  height = 5  area = 20
```

【范例分析】

（1）定义函数 area()，有两个参数 width 和 height，调用时传入 4 和 5，4 赋值给 width 参数，5 赋值给 height 参数，函数返回二者的乘积，结果是 20。

（2）定义函数 print_welcome()，有一个参数 name，调用时传入 "Runoob"，结果打印出来。

 提示   函数必须先定义，然后才可以调用。

2. 参数

以下是调用函数时可使用的参数类型。

（1）必需参数。

必需参数必须以正确的顺序传入函数。调用时的数量必须和声明时的一样。

（2）关键字参数。

关键字参数和函数调用关系紧密，函数调用使用关键字参数来确定传入的参数值。

使用关键字参数允许函数调用时参数的顺序与声明时不一致，因为 Python 解释器能够用参数名匹配参数值。

（3）默认参数。

调用函数时，如果没有传递参数，则会使用默认参数。

（4）不定长参数。

如果需要一个函数能处理比当初声明时更多的参数，那么这些参数就称为不定长参数，与上述两种参数不同，其声明时不会命名。

【范例1.3-17】函数的参数（源码路径：ch01/1.3/1.3-17.py）

范例文件 1.3-17.py 的具体实现代码如下。

```
"""函数的参数"""

def printme(a, b):
    print(a, b)

# 调用printme()函数，必须传入参数，如果不传入参数，则会报错
printme(10, 20)

# 关键字传参
printme(b=10, a=20)

def printme(a, b=100):
    print(a, b)

# 第二个参数使用默认值
printme(10)
# 两个参数都赋值
printme(10, 20)

def printme(*args):
    print(args)

# 参数传递后，得到一个元组对象
printme(1, 2, 3)
def printme(**kwargs):
    print(kwargs)

# 参数传递后，得到一个字典对象
printme(a=10, b=20)
```

【运行结果】

```
10 20
20 10
10 100
10 20
(1, 2, 3)
{'b': 20, 'a': 10}
```

【范例分析】

（1）函数 printme(a, b) 在调用时，必须给 a 和 b 两个参数赋值。

（2）函数 printme(a, b=100) 在调用时，至少给 a 赋值，因为 b 有默认值，如果不给 b 赋值，b 就使用默认值；如果给 b 赋值，b 就不再使用默认值了。另外，默认值必须定义在非默认值后面。

（3）函数 printme(*args) 和函数 printme(**kwargs) 表示不定长的参数，可以是 0 个，也可以是多个。不同的是，**kwargs 传入时必须用键值对形式，而 *args 只需要传入值即可。

3. 匿名函数

Python 使用 lambda 来创建匿名函数。

所谓匿名，意即不再使用 def 语句这样标准的形式定义一个函数。

（1）lambda 只是一个表达式，函数体比 def 简单很多。

（2）lambda 的主体是一个表达式，而不是一个代码块。仅仅能在 lambda 表达式中封装有限的逻辑。

（3）lambda 函数拥有自己的命名空间，且不能访问自己参数列表之外或全局命名空间中的参数。

（4）虽然 lambda 函数看起来只能写一行，却不等同于 C 或 C++ 的内联函数，后者的目的是调用小函数时不占用栈内存从而增加运行效率。

语法如下：

```
lambda [arg1 [, arg2, ..., argn]]: expression
```

【范例1.3-18】匿名函数（源码路径：ch01/1.3/1.3-18.py）

范例文件 1.3-18.py 的具体实现代码如下。

```
"""匿名函数"""

# 可写函数说明
sum = lambda arg1, arg2: arg1 + arg2

# 调用sum()函数
print("相加后的值为 : ", sum( 10, 20 ))
print("相加后的值为 : ", sum( 20, 20 ))
```

【运行结果】

```
相加后的值为 :    30
相加后的值为 :    40
```

【范例分析】

lambda arg1, arg2: arg1 + arg2 表示一个匿名函数，其中函数的参数是 arg1 和 arg2，函数的返回值是 arg1 + arg2。

提示　　为了简写，匿名函数一般在函数作为参数时使用。

4. 全局变量和局部变量

定义在函数内部的变量拥有一个局部作用域，定义在函数外部的变量拥有全局作用域。

局部变量只能在其被声明的函数内部访问，而全局变量可以在整个程序范围内访问。调用函数时，所有在函数内声明的变量名称都将被加入到作用域中。

在函数内部不能直接修改全局变量，除非使用 global 声明。

下面看两个例子。

【范例1.3-19】全局和局部变量（源码路径：ch01/1.3/1.3-19.py）

范例文件 1.3-19.py 的具体实现代码如下。

```
"""全局和局部变量"""

# var1是全局变量，函数内部和外部都能访问
var1 = 1
def fun1():
    # var2是局部变量，只能在函数内部访问
    var2 = 2
    print('inner...', var1)
    print('inner...', var2)


print(var1)
fun1()
print(var2)
```

【运行结果】

```
1
inner... 1
inner... 2
Traceback (most recent call last):
  File "/home/yong/PycharmProjects/unit01/demo05_函数.py", line 74, in
<module>
    print(var2)
NameError: name 'var2' is not defined
```

【范例分析】

（1）var1 是定义在函数外部的，是全局变量，所以在函数内部和外部都能够访问。

（2）var2 是定义在函数内部的，是局部变量，所以在函数内部可以访问而外部不能访问。

【范例1.3-20】全局和局部变量（源码路径：ch01/1.3/1.3-20.py）

范例文件 1.3-20.py 的具体实现代码如下。

```
"""全局和局部变量"""

num = 1
def fun1():
```

```
    # 需要使用global关键字声明才可以在函数内部修改，否则报错
    global num
    print(num)
    num = 123
    print(num)
fun1()
print(num)
```

【运行结果】

```
1
123
123
```

【范例分析】

num 是定义在函数外部的，是全局变量。在函数内部如 fun1 中直接修改全局变量 num，是不允许的，除非使用 global 关键字声明，这样才可以在函数内部修改全局变量。

1.3.6 文件操作

读写文件是经常要使用的，在后面章节中，爬虫的数据有时也需要存储到文件中。Python 使用内置的 open() 函数打开 个文件，并返回可以读写的文件对象。步骤如下。

（1）打开文件，或者新建一个文件。

（2）读 / 写数据。

（3）关闭文件。

语法如下。

```
def open(file, mode='r', buffering=None, encoding=None, errors=None, newline =
None, closefd=True):
```

open() 函数一般只设置 3 个参数，说明如表 1-7 所示。

表1-7　open()函数的3个参数

编号	参数	描述
1	file	必选参数。文件的路径
2	mode	文件读写的模式，具体如表1-8所示
3	encoding	编码格式，一般设置成UTF-8

mode 参数的说明如表 1-8 所示。

表1-8 mode参数

编号	参数	描述
1	r	以只读方式打开文件。文件的指针将会放在文件的开头。这是默认模式
2	w	打开一个文件只用于写入。如果该文件已存在,则将其覆盖。如果该文件不存在,则创建新文件
3	a	打开一个文件用于追加。如果该文件已存在,则文件指针将会放在文件的结尾。也就是说,新的内容将会被写入到已有内容之后。如果该文件不存在,则创建新文件进行写入
4	rb	以二进制格式打开一个文件用于只读。文件指针将会放在文件的开头。这是默认模式
5	wb	以二进制格式打开一个文件只用于写入。如果该文件已存在,则将其覆盖。如果该文件不存在,则创建新文件
6	ab	以二进制格式打开一个文件用于追加。如果该文件已存在,则文件指针将会放在文件的结尾。也就是说,新的内容将会被写入到已有内容之后。如果该文件不存在,则创建新文件进行写入
7	r+	打开一个文件用于读写。文件指针将会放在文件的开头
8	w+	打开一个文件用于读写。如果该文件已存在,则将其覆盖。如果该文件不存在,则创建新文件
9	a+	打开一个文件用于读写。如果该文件已存在,则文件指针将会放在文件的结尾。文件打开时会是追加模式。如果该文件不存在,则创建新文件用于读写
10	rb+	以二进制格式打开一个文件用于读写。文件指针将会放在文件的开头
11	wb+	以二进制格式打开一个文件用于读写。如果该文件已存在,则将其覆盖。如果该文件不存在,则创建新文件
12	ab+	以二进制格式打开一个文件用于追加。如果该文件已存在,则文件指针将会放在文件的结尾。如果该文件不存在,则创建新文件用于读写

open 之后得到一个 file 对象,file 对象常用的函数如表 1-9 所示。

表1-9 file对象常用的函数

编号	参数	描述
1	file.close()	关闭文件。关闭后文件不能再进行读写操作
2	file.flush()	刷新文件内部缓冲,直接把内部缓冲区的数据立刻写入文件,而不是被动地等待输出缓冲区写入

续表

编号	参数	描述
3	file.fileno()	返回一个整型的文件描述符（file descriptor FD整型），可以用在如os模块的read()方法等一些底层操作上
4	file.isatty()	如果文件连接到一个终端设备，则返回True，否则返回False
5	file.next()	返回文件下一行
6	file.read([size])	从文件读取指定的字节数，如果未给定或为负，则读取所有
7	file.readline([size])	读取整行，包括"\n"字符
8	file.readlines([sizeint])	读取所有行并返回列表，如果给定sizeint>0，则返回总和大约为sizeint字节的行，实际读取值可能比sizeint大，因为需要填充缓冲区
9	file.seek(offset)	设置文件当前位置
10	file.tell()	返回文件当前位置
11	file.truncate([size])	从文件的首行首字符开始截断，截断文件为size个字符，无size表示从当前位置截断；截断之后后面的所有字符被删除，其中Windows系统下的换行代表两个字符大小
12	file.write(str)	将字符串写入文件，返回的是写入的字符长度
13	file.writelines(sequence)	向文件写入一个序列字符串列表，如果需要换行，则要自己加入每行的换行符

下面看 3 个例子。

【范例1.3-21】写文件（源码路径：ch01/1.3/1.3-21.py）

范例文件 1.3-21.py 的具体实现代码如下。

```
"""写文件"""

file = open('./data/file.txt', 'w', encoding='utf-8')
file.write('hello')
file.write('\n')
file.writelines(['write', 'file'])
file.close()
```

【运行结果】

运行后，打开 file 文件，查看结果如下。

```
hello
writefile
```

【范例分析】

（1）这里的 w 表示写（write），如果文件不存在，则会创建一个文件；如果文件存在，则会覆盖这个文件重写。

（2）使用 open() 函数得到一个文件对象，使用 write() 方法可以写一个字符串，使用 writelines() 方法可以写一个集合的内容到文件中。使用完毕后，用 close() 方法释放资源。

w 只表示写，下面了解一下如何同时具备读写两个功能。

【范例1.3-22】读写文件（源码路径：ch01/1.3/1.3-22.py）

范例文件 1.3-22.py 的具体实现代码如下。

```python
"""读写文件"""

# 打开文件，读写
fo = open('./data/file.txt', 'r+')
print('文件名: ', fo.name)

str = '\nwww.python.org'
# 在文件末尾写入一行
fo.seek(0, 2)
line = fo.write( str )

# 读取文件所有内容
fo.seek(0)
for index in range(3):
    line = next(fo)
    print('文件行号 %d - %s' % (index, line))

# 关闭文件
fo.close()
```

【运行结果】

运行后，打开 file 文件，查看结果如下。

```
hello
writefile
www.python.org
```

打印结果如下。

```
文件名:  ./data/file.txt
文件行号 0 - hello

文件行号 1 - writefile

文件行号 2 - www.python.org
```

【范例分析】

（1）这里的 r+ 表示可读可写，seek 是移动读写的位置，seek(0) 表示开头，seek(0, 2) 表示结尾。

（2）使用 next 每次获取一行数据。使用完毕后，用 close() 方法释放资源。

但是每次都这么写关闭文件实在太烦琐，所以，Python 引入了 with 语句来自动调用 close() 方法。

【范例1.3-23】简写（源码路径：ch01/1.3/1.3-23.py）

范例文件 1.3-23.py 的具体实现代码如下。

```
"""简写"""

with open('./data/file.txt', 'r', encoding='utf-8') as file:
    print(file.read())
```

【运行结果】

```
hello
writefile
www.python.org
```

【范例分析】

with 只适用于上下文管理器的调用，在 width 结束后，自动关闭对应的资源对象，如这里的 file 对象。

1.3.7　面向对象

面向对象编程（Object Oriented Programming，OOP）是一种程序设计思想。OOP 把对象作为程序的基本单元，一个对象包含了数据和操作数据的函数。

面向过程的程序设计把计算机程序视为一系列的命令集合，即一组函数的顺序执行。为了简化程序设计，面向过程把函数继续切分为子函数，即把大块函数通过切割成小块函数来降低系统的复杂度。

而面向对象的程序设计把计算机程序视为一组对象的集合，而每个对象都可以接收其他对象发送的消息，并处理这些消息，计算机程序的执行就是一系列消息在各个对象之间的传递。

在 Python 中，所有数据类型都可以视为对象，当然也可以自定义对象。自定义的对象数据类型就是面向对象中的类（Class）的概念。

这里以一个例子来说明面向过程和面向对象在程序流程上的不同之处。

假设要处理学生的个人信息表，为了表示一个学生的个人信息，面向过程的程序可以用一个 dict 表示。

【范例1.3-24】处理学生信息可以通过函数实现（源码路径：ch01/1.3/1.3-24.py）

范例文件 1.3-24.py 的具体实现代码如下。

```
"""处理学生信息可以通过函数实现"""

stu1 = {'name': 'jack', 'age': 22}
stu2 = {'name': 'bom', 'age': 21}


def show(stu):
    print('%s: %s' % (stu['name'], stu['age']))

show(stu1)
show(stu2)
```

【运行结果】

```
jack: 22
bom: 21
```

【范例分析】

（1）定义了两个字典对象 stu1 和 stu2，定义了一个函数 show()。

（2）在调用 show 时分别传入 stu1 和 stu2，然后通过字典的键获取值，打印出来。

如果采用面向对象的程序设计思想，那么首先思考的不是程序的执行流程，而是 Student 这种数据类型应该被视为一个对象，这个对象拥有 name 和 age 这两个属性。如果要打印一个学生的信息，那么首先必须创建出这个学生对应的对象，然后给对象发一个 print_stu 消息，让对象自己把自己的数据打印出来。

【范例1.3-25】处理学生信息可以通过OOP实现（源码路径：ch01/1.3/1.3-25.py）

范例文件 1.3-25.py 的具体实现代码如下。

```
"""处理学生信息可以通过OOP实现"""

class Student(object):

    def __init__(self, name, age):
        self.name = name
        self.age = age

    def show(self):
        print('%s: %s' % (self.name, self.age))


stu1 = Student('jack', 22)
stu2 = Student('bom', 21)

stu1.show()
stu2.show()
```

【运行结构】

运行结果与通过函数实现是一样的。

【范例分析】

（1）这里创建了一个类 Student，在魔法方法 __init__() 中定义并添加了两个实例属性 name 和 age，在实例方法 show() 中，打印实例属性 name 和 age。

（2）stu1 = Student('jack', 22)，等号左侧表示创建对象，将 jack 赋值给属性 name，将 22 赋值给属性 age。然后 stu1 指向这个对象，同理，stu2 也是如此。

（3）stu1.show() 表示调用 stu1 对象的实例方法 show()，打印 name 和 age。

> **提示**　　形如 __ 方法名 __() 这样的方法称为魔法方法，因为它们像魔法一样神奇，有一些特殊的功能。

面向对象的设计思想是从自然界中来的，因为在自然界中，类（Class）和实例（Instance）的概念是很自然的。Class 是一种抽象概念，如上面定义的 Class 是 Student，是指学生这个概念，而 Instance 则是一个个具体的 Student，例如，stu1 和 stu2 是两个具体的 Student。

所以，面向对象的设计思想是抽象出 Class，根据 Class 创建 Instance。

面向对象的抽象程度又比函数要高，因为一个 Class 既包含数据，又包含操作数据的方法。

面向对象有 3 个特征：封装、继承和多态，下面会详细讲解。

1. 类和对象

面向对象最重要的概念就是类和实例对象，必须牢记类是抽象的模板，如 Student 类，而实例是根据类创建出来的一个个具体的"对象"，每个对象都拥有相同的方法，但各自的数据可能不同。

（1）定义类。

仍以 Student 类为例，在 Python 中，定义类是通过 class 关键字实现的。定义类的语法如下。

```
"""定义类"""
class Student(object):
    pass
```

class 后面是类名，即 Student，类名通常是大写字母开头的单词，紧接着是 (object)，表示该类是从哪个类继承下来的，继承的概念会在后面讲解，通常如果没有合适的继承类，就使用 object 类，这是所有类最终都会继承的类。

（2）创建对象。

定义好了 Student 类，就可以根据 Student 类创建出 Student 的实例，创建实例是通过类名 () 实现的。

【范例1.3-26】创建对象（源码路径：ch01/1.3/1.3-26.py）

范例文件 1.3-26.py 的具体实现代码如下。

```
"""创建对象"""

# 创建对象
stu1 = Student()
print(stu1)

stu2 - Student()
print(stu2)


# 设置属性
stu1.name = 'jack'
print(stu1.name)
```

【运行结果】

```
<__main__.Student object at 0x7f2a0a369f98>
<__main__.Student object at 0x7f2a0a369fd0>
jack
```

【范例分析】

（1）每次实例化都会得到一个新的对象，地址是不同的。变量 stu1 指向的就是一个 Student 的实例，后面的 0x7f2a0a369f98 是内存地址，每个 object 的地址都不一样，而 Student 本身则是一个类。

（2）可以自由地给一个实例变量绑定属性，给实例 stu1 绑定一个 name 属性。

由于类可以起到模板的作用，因此，可以在创建实例时，把一些认为必须绑定的属性强制填写进去。通过定义一个特殊的 __init__() 方法，在创建实例时，就把 name、age 等属性绑上去。

【范例1.3-27】创建对象并给属性赋值（源码路径：ch01/1.3/1.3-27.py）

范例文件 1.3-27.py 的具体实现代码如下。

```
"""创建对象并给属性赋值"""

class Student(object):
    def __init__(self, name, score):
        self.name = name
        self.score = score

    def show(self):
        print('%s: %s' % (self.name, self.score))
```

```
stu1 = Student('jack', 88)
stu1.show()
stu2 = Student('bom', 55)
stu2.show()
```

【运行结果】

```
jack: 88
bom: 55
```

【范例分析】

（1）Student('jack', 88) 会先调用 __init__() 方法，将参数传入，并给属性赋值。

（2）__init__() 方法的第一个参数始终是 self，表示创建的实例本身，因此，在 __init__() 方法内部，就可以把各种属性绑定到 self，因为 self 就指向创建的实例本身。

2. 封装

面向对象编程的一个重要特点就是数据封装。在上面的 Student 类中，每个实例就拥有各自的 name 和 age 这些数据。可以通过函数来访问这些数据，例如，打印一个学生的信息，代码如下。

```
class Student(object):

    def __init__(self, name, age):
        self.name – name
        self.age = age

    def show(self):
        print('%s: %s' % (self.name, self.age))
```

但是，既然 Student 实例本身就拥有这些数据，要访问这些数据，就没有必要从外面的函数去访问，可以直接在 Student 类的内部定义访问数据的函数，这样，就把"数据"给封装起来了。这些封装数据的函数与 Student 类本身是关联起来的，称之为类的方法。

封装的另一个好处是可以给 Student 类增加新的方法，如 get_grade()。

【范例1.3-28】封装（源码路径：ch01/1.3/1.3-28.py）

范例文件 1.3-28.py 的具体实现代码如下。

```
"""封装"""

class Student(object):
    def __init__(self, name, score):
        self.name = name
        self.score = score

    def show(self):
        print('%s: %s' % (self.name, self.score))
```

```
    def get_grade(self):
        if self.score >= 90:
            return 'A'
        elif self.score >= 60:
            return 'B'
        else:
            return 'C'

stu1 = Student('jack', 88)
stu2 = Student('bom', 55)

print(stu1.get_grade())
print(stu2.get_grade())
```

【运行结果】

```
B
C
```

【范例分析】

（1）通过 get_grade() 方法获取的是分数的等级，并不是直接给用户返回分数。

（2）通过在实例上调用方法，直接操作了对象内部的数据，但无须知道方法内部的实现细节，这就是封装的优点。

3. 继承

在 OOP 程序设计中，当定义一个 class 时，可以从某个现有的 class 继承，新的 class 称为子类，而被继承的 class 称为基类、父类或超类。

下面看一个例子。例如，已经编写了一个名为 Animal 的类，它有两个子类，分别是 Cat 和 Dog。

【范例1.3-29】继承（源码路径：ch01/1.3/1.3-29.py）

范例文件 1.3-29.py 的具体实现代码如下。

```
"""继承"""


# 父类
class Animal(object):
    def __init__(self, name):
        self.name = name

    def run(self):
        print('{} run...'.format(self.name))


# 子类
class Cat(Animal):
    # 重写父类的方法
```

```
    def __init__(self, name, color):
        # 调用父类的方法
        super().__init__(name)
        self.color = color

    def show(self):
        print('name={},color={}'.format(self.name, self.color))

# 子类
class Dog(Animal):
    def run(self):
        print('{} run fast...'.format(self.name))

# 创建对象
cat = Cat('feifei', '白')
# 调用方法
cat.run()
cat.show()

dog = Dog('wangwang')
dog.run()
```

【运行结果】

```
feifei run...
name=feifei,color=白
wangwang run fast...
```

【范例分析】

（1）class Animal(object) 表示 Animal 继承了 object，其实所有的类都默认继承 object。

（2）class Dog(Animal) 表示 Dog 继承了 Animal。同理，Cat 也是。

（3）cat.run()，虽然 cat 对象所在的类 Cat 没有定义 run() 方法，但是它的父类 Animal 定义了 run() 方法，表示 cat 也拥有了 run() 方法，所以才可以调用。

（4）dog.run()，dog 对象所在的类 Dog 定义了 run() 方法，但是它的父类 Animal 也定义了 run() 方法，表示 dog 中重写了父类的 run() 方法，结果是调用 dog 自己的 run() 方法。

（5）子类也可以调用父类的方法，如 super().__init__(name)，表示在子类 Cat 中调用了 __init__() 方法时，再调用父类 Animal 的 __init__() 方法，传递参数。

继承的最大好处是子类获得了父类的全部功能。由于 Animal 实现了 run() 方法和 name 属性，因此，Dog 和 Cat 作为它的子类，什么也没做，就自动拥有了 run() 方法和 name 属性。

继承的第二个好处需要我们对代码做一点改进。Dog 重写了 run() 方法，Cat 重写了 __init__() 方法。这样功能又得到了扩展。

4. 多态

要理解什么是多态，首先要对数据类型再作一点说明。当定义一个 class 时，实际上就定义了一种数据类型。判断一个变量是否为某个类型可以用 isinstance() 函数判断。

【范例1.3-30】多态（源码路径：ch01/1.3/1.3-30.py）

范例文件 1.3-30.py 的具体实现代码如下。

```
"""多态"""

# 父类
class Animal(object):
    def __init__(self, name):
        self.name = name

    def run(self):
        print('{} run...'.format(self.name))


# 子类
class Cat(Animal):
    # 重写父类的方法
    def __init__(self, name, color):
        # 调用父类的方法
        super().__init__(name)
        self.color = color

    def show(self):
        print('name={},color={}'.format(self.name, self.color))


# 子类
class Dog(Animal):
    def run(self):
        print('{} run fast...'.format(self.name))


# 创建对象
cat = Cat('feifei', '白')
dog = Dog('wangwang')

# a是list类型
a = list()
# b是Animal类型
b = Animal('xx')
# c是Dog类型
c = Dog('yy')

print(isinstance(a, list))
```

```
print(isinstance(b, Animal))
print(isinstance(c, Dog))
print(isinstance(c, Animal))
print(isinstance(b, Dog))
```

【运行结果】

```
True
True
True
True
False
```

【范例分析】

看来 c 不仅是 Dog，还是 Animal。不过仔细想想，这是有道理的，因为 Dog 是从 Animal 继承下来的，当创建了一个 Dog 的实例 c 时，认为 c 的数据类型是 Dog，但 c 同时也是 Animal，Dog 本来就是 Animal 的一种。所以，在继承关系中，如果一个实例的数据类型是某个子类，那么它的数据类型也可以被看作是父类。但是，反过来就不行了。

要理解多态的好处，还需要再编写一个函数，这个函数接受一个 Animal 类型的变量。

【范例1.3-31】多态的好处（源码路径：**ch01/1.3/1.3-31.py**）

范例文件 1.3-31.py 的具体实现代码如下。

```
"""多态的好处"""

# 父类
class Animal(object):
    def __init__(self, name):
        self.name = name

    def run(self):
        print('{} run...'.format(self.name))


# 子类
class Cat(Animal):
    # 重写父类的方法
    def __init__(self, name, color):
        # 调用父类的方法
        super().__init__(name)
        self.color = color

    def show(self):
        print('name={},color={}'.format(self.name, self.color))


# 子类
```

```
class Dog(Animal):
    def run(self):
        print('{} run fast...'.format(self.name))


def run_twice(animal):
    animal.run()
    animal.run()


# 传入Animal的实例
run_twice(Animal('a'))
# 传入Dog的实例
run_twice(Dog('b'))
# 传入Cat的实例
run_twice(Cat('c', 'white'))


# 定义一个Tortoise类型，也从Animal派生
class Tortoise(Animal):
    def run(self):
        print('Tortoise is running slowly...')

# 传入Tortoise的实例
run_twice(Tortoise('c'))
```

【运行结果】

```
a run...
a run...
b run fast...
b run fast...
c run...
c run...
Tortoise is running slowly...
Tortoise is running slowly...
```

【范例分析】

（1）新增一个 Animal 的子类，不必对 run_twice() 做任何修改。实际上，任何依赖 Animal 作为参数的函数或方法都可以不加修改地正常运行，原因就在于多态。

（2）多态的好处就是，当需要传入 Dog、Cat、Tortoise……时，只需要接收 Animal 类型就可以了，因为 Dog、Cat、Tortoise……都是 Animal 类型，然后按照 Animal 类型进行操作即可。由于 Animal 类型有 run() 方法，因此，传入的任意类型，只要是 Animal 类或子类，就会自动调用实际类型的 run() 方法，这就是多态的意思。

（3）对于一个变量，只需要知道它是 Animal 类型，无须确切地知道它的子类型，就可以放心地调用 run() 方法，而具体调用的 run() 方法是作用在 Animal、Dog、Cat 还是 Tortoise 对象上，由运行时该对象的确切类型决定，这就是多态真正的威力：调用方只管调用，不管细节，而当新增一种 Animal 的子类时，只要确保 run() 方法编写正确，不用管原来的代码是如何调用的。这就是著名的"开闭"原则：对扩展开放（允许新增 Animal 子类），对修改封闭（不需要修改依赖 Animal 类型的 run_twice() 等函数）。

1.3.8 类库

Python 之所以自称"内置电池（Batteries Included）"，就是因为内置了许多非常有用的模块，无须额外安装和配置，即可直接使用。

下面将介绍一些常用的内建模块。

1. os模块

os 模块提供了非常丰富的方法，用来处理文件和目录。

【范例1.3-32】os模块（源码路径：ch01/1.3/1.3-32.py）

范例文件 1.3-32.py 的具体实现代码如下。

```python
"""os模块"""

import os

# 打开文件
path = '/var/'
dirs = os.listdir(path)
# 输出所有文件和文件夹
for file in dirs:
    print(file)


path = '/home/yong/a/b/c'
# 创建多级目录
os.makedirs(path)
# 判断路径是否存在
print(os.path.exists(path))
```

【运行结果】

```
tmp
cache
opt
local
```

```
snap
mail
lock
metrics
spool
log
crash
run
backups
lib
True
```

【范例分析】

（1）listdir() 方法表示得到此目录下所有文件和文件夹，是一个列表类型。

（2）makedirs() 方法可以创建多级目录。

（3）exists() 方法判断路径是否存在。

2. datetime模块

datetime 模块提供了各种对日期和时间的处理方法。

【范例1.3-33】datetime模块（源码路径：ch01/1.3/1.3-33.py）

范例文件 1.3-33.py 的具体实现代码如下。

```python
"""datetime模块"""

from datetime import datetime

# 获取当前datetime
now = datetime.now()
print(now)

# 创建指定日期对象
date1 = datetime(2018, 10, 20, 5, 33, 44)
print(date1)

# 转时间戳
print(date1.timestamp())

# 日期转字符串
print(date1.strftime('%Y-%m-%d'))

# 字符串转日期
data2 = datetime.strptime('2018-10-20', '%Y-%m-%d')
print(type(data2))
print(data2)
```

【运行结果】

```
2019-01-25 11:30:49.506319
2018-10-20 05:33:44
1539984824.0
2018-10-20
<class 'datetime.datetime'>
2018-10-20 00:00:00
```

【范例分析】

（1）datetime() 方法传入指定的时间参数，得到一个新的日期对象。

（2）timestamp() 方法获取的是时间戳。

（3）strftime() 方法是日期转字符串类型，这里有一些特殊符号，%Y 表示年，%m 表示月，%d 表示日，其他符号请参考开发文档。

（4）strptime() 方法是字符串转日期类型，相当于 strftime 的逆操作。

3. hashlib模块

hashlib 模块提供了常见的摘要算法，如 MD5、SHA1 等，常用于密码加密等功能。

【范例1.3-34】hashlib模块（源码路径：ch01/1.3/1.3-34.py）

范例文件 1.3-34.py 的具体实现代码如下。

```
"""hashlib模块"""

import hashlib

# MD5
md5 = hashlib.md5()
md5.update('123abc'.encode('utf-8'))
print(md5.hexdigest())

# SHA1
sha1 = hashlib.sha1()
sha1.update('123abc'.encode('utf-8'))
print(sha1.hexdigest())
```

【运行结果】

```
a906449d5769fa7361d7ecc6aa3f6d28
4be30d9814c6d4e9800e0d2ea9ec9fb00efa887b
```

【范例分析】

MD5 是最常见的摘要算法，速度很快，生成结果是固定的 128 位，通常用一个 32 位的十六进制字符串表示。SHA1 的结果是 160 位，通常用一个 40 位的十六进制字符串表示。比 SHA1 更安全的算法是 SHA256 和 SHA512，不过越安全的算法不仅越慢，而且摘要长度更长。

4. random模块

random 模块用于生成随机数。

【范例1.3-35】random模块（源码路径：ch01/1.3/1.3-35.py）

范例文件 1.3-35.py 的具体实现代码如下。

```python
"""random模块"""

import random

# 0~1之间的随机数
print(random.random())

# 指定范围之内的随机数
print(random.randint(10, 20))

# 随机获取列表中的一个值
print(random.choice([120, 110, 119]))
```

【运行结果】

```
0.7882418861511941
10
120
```

【范例分析】

（1）random() 方法返回 0~1 之间的随机数，1 是取不到的。

（2）randint() 方法返回一个指定范围内的随机数，如这里的 10~20 之间。

（3）choice() 方法的参数是一个列表，表示随机获取列表中的一个值。

5. json模块

json 模块使用 Python 语言来编码和解码 JSON 对象。

默认实现中，JSON 和 Python 之间的数据转换对应关系如表 1-10 所示。

表1-10　JSON和Python之间的数据转换对应关系

编号	JSON	Python
1	object	dict
2	array	list
3	string	str
4	number (int)	int
5	number (real)	float

续表

编号	JSON	Python
6	true	True
7	false	False
8	null	None

【范例1.3-36】json模块（源码路径：ch01/1.3/1.3-36.py）

范例文件 1.3-36.py 的具体实现代码如下。

```python
"""json模块"""

import json

data = [{'a': 1, 'b': 2, 'c': 3, 'd': 4, 'e': 5}]
# 将字典转换为JSON格式的字符串
ret = json.dumps(data)
print(ret)
print(type(ret))

# 将JSON格式的字符串转换为字典格式
ret2 = json.loads(ret)
print(ret2)
print(type(ret2))
```

【运行结果】

```
[{"b": 2, "d": 4, "e": 5, "c": 3, "a": 1}]
<class 'str'>
[{'b': 2, 'd': 4, 'e': 5, 'c': 3, 'a': 1}]
<class 'list'>
```

【范例分析】

（1）dumps() 方法将字典转换为 JSON 格式的字符串。

（2）loads() 方法将 JSON 格式的字符串转换为字典格式。

json 模块也可以与文件交互，使用 dump() 方法和 load() 方法。

6. csv模块

csv 模块使用 Python 语言来读写 CSV 文件。最重要的是 writer() 方法和 reader() 方法，返回的对象完成读写的功能。

【范例1.3-37】csv模块（源码路径：ch01/1.3/1.3-37.py）

范例文件 1.3-37.py 的具体实现代码如下。

```python
"""csv模块"""

import csv

with open('./data/file.csv', 'w', encoding='utf-8') as file:
    # 创建write对象
    writer = csv.writer(file)
    # 写一行数据
    writer.writerow(['sid', 'sname'])
    writer.writerow(['1', 'a'])
    writer.writerow(['2', 'b'])
    # 写多行数据
    writer.writerows([['3', 'c'], ['4', 'd']])

with open('./data/file.csv', 'r', encoding='utf-8') as file:
    # 创建reader对象
    reader = csv.reader(file)
    # 迭代获取每一行数据
    for i in reader:
        print(i)
```

【运行结果】

```
['sid', 'sname']
['1', 'a']
['2', 'b']
['3', 'c']
['4', 'd']
```

生成的文件内容如下。

```
$ cat ./file.csv
sid,sname
1,a
2,b
3,c
4,d
```

【范例分析】

首先创建一个文件对象作为 csv.writer 的参数，得到 writer 对象，然后调用 writerow() 方法写一行数据，参数是一维列表，如果使用 writerows() 方法可以一次写多行数据，则参数是二维列表。

1.4 网页结构

在 1.3 节中了解了 Python 的基础语法，可以进行 Python 编程了，但是还不能写爬虫代码，因为还需要了解网页的相关内容。

网页作为数据的载体，在爬虫中需要分析网页结构，才能更好地提取需要的信息数据。

下面了解一下关于网页的一些内容，包括 HTML、CSS、JavaScript 和 JQuery。

1.4.1 HTML

HTML 是用来描述网页的一种语言。

HTML（Hyper Text Markup Language）指的是超文本标记语言，不是一种编程语言。HTML 使用标记标签来描述网页。

Web 浏览器的作用是读取 HTML 文档，并以网页的形式显示出它们。浏览器不会显示 HTML 标签，而是使用标签来解释页面的内容。

【范例1.4-1】HTML页面（源码路径：ch01/1.4/1.4-1.html）

范例文件 1.4-1.html 的具体实现代码如下。

```
<html>

<head>
    <title>我的第一个HTML页面</title>
    <meta charset="utf-8"/>
</head>

<body>
    <p>body元素的内容会显示在浏览器中。</p>
    <p>title元素的内容会显示在浏览器的标题栏中。</p>
</body>
</html>
```

【运行结果】

运行结果如图 1-29 所示。

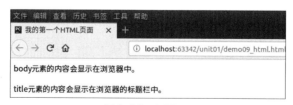

图1-29　HTML

【范例分析】

（1）<html> 与 </html> 之间的文本描述网页。

（2）<title> 与 </title> 之间的文本是网页的标题。

（3）<meta /> 设置编码格式。

（4）<body> 与 </body> 之间的文本是可见的页面内容。

（5）<p> 与 </p> 之间的文本被显示为段落。

1.4.2　CSS

CSS（Cascading Style Sheets）是指层叠样式表，定义如何显示 HTML 元素，样式通常存储在样式表中，是为了解决内容与表现分离的问题。

【范例1.4-2】CSS样式（源码路径：ch01/1.4/1.4-2.html）

范例文件 1.4-2.html 的具体实现代码如下。

```
<html>
<head>
    <style type="text/css">
        h1 {
            color: red
        }

        p {
            color: blue
        }
    </style>
</head>

<body>
<h1>header 1</h1>
<p>A paragraph.</p>
</body>
</html>
```

【运行结果】

运行结果如图 1-30 所示。

图1-30　CSS

【范例分析】

（1）<style> 与 </style> 之间的文本是样式表，给 h1 标签和 p 标签定义了样式。

（2）<h1> 与 </h1> 之间的文本是标题文字。

> **提示**
>
> 一般 CSS 样式会单独存到一个文件（扩展名为 .css）中，然后链接到 HTML 页面。

1.4.3　JavaScript

JavaScript（简称"JS"）是属于网络的脚本语言，被数百万计的网页用来改进设计、验证表单、检测浏览器、创建 Cookies，以及更多的应用。

【范例1.4-3】JavaScript时钟效果（源码路径：ch01/1.4/1.4-3.html）

范例文件 1.4-3.html 的具体实现代码如下。

```html
<html>
<head>
    <script type="text/javascript">
        function startTime() {
            var today = new Date()
            var h = today.getHours()
            var m = today.getMinutes()
            var s = today.getSeconds()
            m = checkTime(m)
            s = checkTime(s)
            document.getElementById('txt').innerHTML = h + ":" + m + ":" + s

            t = setTimeout('startTime()', 500)
        }

        function checkTime(i) {
            if (i < 10) {
                i = "0" + i
            }
            return i
        }
    </script>
</head>

<body onload="startTime()">
<div id="txt"></div>
</body>
</html>
```

【运行结果】

运行结果如图 1-31 所示。

图1-31　JavaScript

【范例分析】

（1）<script> 与 </script > 之间的文本是 JavaScript 代码。

（2）startTime() 是定义的一个函数。

（3）通过 new Date() 得到一个日期对象，并获取此对象的时分秒。

（4）使用 document 的方法获取对应的标签，设置显示时分秒。

（5）setTimeout 是定时器，每隔 1 秒获取一次时间。

> 一般 JavaScript 样式会单独存到一个文件（扩展名为 .js）中，然后链接到 HTML 页面。

1.4.4　JQuery

JQuery 是一个 JavaScript 库，极大地简化了 JavaScript 编程。

【范例1.4-4】JQuery手风琴效果（源码路径：ch01/1.4/1.4-4.html）

范例文件 1.4-4.html 的具体实现代码如下。

```html
<!DOCTYPE html>
<html lang="en">
<head>
    <meta charset="UTF-8">
    <style type="text/css">
        ul, li, div, span {
            margin: 0;
            padding: 0;
        }

        li {
            list-style: none;
        }

        span {
            display: block;
```

```
                border-bottom: 1px solid black;
                background-color: orange;
            }

        .wrap {
            width: 400px;
            height: 500px;
            border: 1px solid black;
        }

        .wrap li {
            width: 400px;
            height: 40px;
            overflow: hidden;
        }

        ul li.checked {
            height: 340px;
        }

        .wrap li span {
            height: 39px;
            line-height: 39px;
            text-indent: 20px;
        }

        .wrap li div {
            height: 300px;
            line-height: 300px;
            text-align: center;
            font-size: 50px;
        }
    </style>
    <script src="http://code.jquery.com/jquery-1.3.1.min.js" type="application/
javascript"></script>
    <script type="application/javascript">
        $(function () {
            $("ul li span").mouseover(function () {
                $(this).parent().animate({height: 340}, 500);
                $(this).parent().siblings().animate({height: 40}, 500);
            })
        })
    </script>
</head>
<body>
<ul class="wrap">
    <li class="checked">
        <span>选项1</span>
```

```
            <div>1</div>
        </li>
        <li>
            <span>选项2</span>
            <div>2</div>
        </li>
        <li>
            <span>选项3</span>
            <div>3</div>
        </li>
        <li>
            <span>选项4</span>
            <div>4</div>
        </li>
        <li>
            <span>选项5</span>
            <div>5</div>
        </li>
</ul>
</body>
</html>
```

【运行结果】

运行结果如图 1-32 所示。

图1-32　JQuery

【范例分析】

（1）<script> 与 </script > 之间的文本是 JavaScript 代码，通过 src 引入了 JQuery 文件，使用 JQuery 必须先引入 JQuery。

（2）<style> 与 </style > 之间的文本是 CSS 代码，控制样式。

（3）鼠标指针位于元素上方时，会发生 mouseover 事件。

（4）使用 animate() 方法控制 CSS 样式，有一个变化的动画效果。

> **提示**
>
> 一般 JQuery 样式会单独存到一个文件（扩展名为 .js）中，然后链接到 HTML 页面。

1.5 HTTP协议

在 1.4 节中了解的网页其实是前端静态网页，并没有与后端服务器进行交互。如果想了解网页前后端交互，就必须先掌握 HTTP 协议。

HTTP（Hyper Text Transfer Protocol）是超文本传输协议，是互联网上应用最为广泛的一种网络协议。所有的 WWW 文件都必须遵守这个协议。设计 HTTP 最初的目的是提供一种发布和接收 HTML 页面的方法。

HTTP 协议工作于客户端 / 服务器端架构之上。浏览器作为 HTTP 客户端通过 URL 向 HTTP 服务器端即 Web 服务器发送所有请求。Web 服务器根据接收到的请求，向客户端发送响应信息。

下面详细了解一下 HTTP 请求、HTTP 响应和抓包工具的使用。

1.5.1 HTTP请求

客户端发送一个 HTTP 请求到服务器的请求消息包括以下格式。

（1）请求行。

（2）请求头部。

（3）空行。

（4）请求数据。

【范例1.5-1】HTTP请求（源码路径：ch01/1.5/1.5-1.html）

范例文件 1.5-1.html 的具体实现代码如下。

```
"""HTTP请求"""

POST / HTTP1.1
Host: www.xx.com
User-Agent: Mozilla/4.0 (compatible; MSIE 6.0; Windows NT 5.1; SV1;
.NET CLR 2.0.50727; .NET CLR 3.0.04506.648; .NET CLR 3.5.21022)
```

```
Content-Type: application/x-www-form-urlencoded
Content-Length: 40
Connection: Keep-Alive

name=Professional%20Ajax&publisher=Wiley
```

【范例分析】

（1）第一部分：请求行，第 1 行，指明了是 post 请求，以及 HTTP1.1 版本。

（2）第二部分：请求头部，第 2~7 行，包括 5 个键值对。

（3）第三部分：空行，第 8 行的空行。

（4）第四部分：请求数据，第 9 行。

1.5.2　HTTP响应

通常情况下，服务器接收并处理客户端发过来的请求后会返回一个 HTTP 的响应消息。

HTTP 响应也由四部分组成，具体如下。

（1）状态行。

（2）消息报头。

（3）空行。

（4）响应正文。

【范例1.5-2】HTTP响应（源码路径：ch01/1.5/1.5-2.html）

范例文件 1.5-2.html 的具体实现代码如下。

```
"""HTTP响应"""

HTTP/1.1 200 OK
Date: Fri, 22 May 2009 06:07:21 GMT
Content-Type: text/html; charset=UTF-8

<html>
    <head></head>
    <body>
        <!--body goes here-->
    </body>
</html>
```

【范例分析】

（1）第一部分：状态行，由 HTTP 协议版本号、状态码和状态消息三部分组成。

（2）第二部分：消息报头，用来说明客户端要使用的一些附加信息。第二行和第三行为消息报头，包括两个键值对。

（3）第三部分：空行，消息报头后面的空行是必需的。

（4）第四部分：响应正文，服务器返回给客户端的文本信息。空行后面的 html 部分为响应正文。

1.5.3　常见的请求头

请求头都是一些键值对，表示不同的含义。常见的请求头信息如表 1-11 所示。

表1-11　常见的请求头信息

编号	协议头	描述	示例
1	Accept	可接受的响应内容类型	Accept: text/plain
2	Accept-Charset	可接受的字符集	Accept-Charset: utf-8
3	Accept-Encoding	可接受的响应内容的编码方式	Accept-Encoding: gzip, deflate
4	Accept-Language	可接受的响应内容语言列表	Accept-Language: en-US
5	Accept-Datetime	可接受的按照时间来表示的响应内容版本	Accept-Datetime: Sat, 26 Dec 2015 17:30:00 GMT
6	Authorization	用于表示HTTP协议中需要认证资源的认证信息	Authorization: Basic OSdjJGRpbjp GVuIANlc2SdDE==
7	Cache-Control	用来指定当前的请求/回复中的，是否使用缓存机制	Cache-Control: no-cache
8	Connection	客户端（浏览器）想要优先使用的连接类型	Connection: keep-alive Connection: Upgrade
9	Cookie	由之前服务器通过Set-Cookie设置的一个HTTP协议Cookie	Cookie: Version=1; Skin=new;
10	Content-Length	以八进制表示的请求体的长度	Content-Length: 348
11	Content-MD5	请求体的内容的二进制MD5散列值，以Base64编码的结果	Content-MD5: oD8dH2sgSW50Z WdyaIEd9D==
12	Content-Type	请求体的MIME类型	Content-Type: application/x-www-form-urlencoded
13	Date	发送该消息的日期和时间	Date: Dec, 26 Dec 2015 17:30:00 GMT
14	Expect	表示客户端要求服务器做出特定的行为	Expect: 100-continue
15	From	发起此请求的用户的邮件地址	From: user@it.com

编号	协议头	描述	示例
16	Host	表示服务器的域名及服务器所监听的端口号。如果所请求的端口是对应的服务的标准端口（80），则端口号可以省略	Host: www.it.com:80 Host: www.it.com
17	If-Match	仅当客户端提供的实体与服务器上对应的实体相匹配时，才进行对应的操作。主要用于像PUT这样的方法中，仅当从用户上次更新某个资源后，该资源未被修改的情况下，才更新该资源	If-Match: "9jd00cdj34pss9ejqiw39d82f20d0ikd"
18	If-Modified-Since	允许在对应的资源未被修改的情况下返回304未修改	If-Modified-Since: Dec, 26 Dec 2015 17:30:00 GMT
19	If-None-Match	允许在对应的内容未被修改的情况下返回304未修改（304NotModified），参考超文本传输协议的实体标记	If-None-Match: "9jd00cdj34pss9ejqiw39d82f20d0ikd"
20	If-Range	如果该实体未被修改过，则返回所缺少的那一个或多个部分，否则返回整个新的实体	If-Range: "9jd00cdj34pss9ejqiw39d82f20d0ikd"
21	If-Unmodified-Since	仅当该实体自某个特定时间以来未被修改的情况下，才发送回应	If-Unmodified-Since: Dec, 26 Dec 2015 17:30:00 GMT
22	Max-Forwards	限制该消息可被代理及网关转发的次数	Max-Forwards: 10
23	Origin	发起一个针对跨域资源共享的请求（该请求要求服务器在响应中加入一个Access-Control-Allow-Origin的消息头，表示访问控制所允许的来源）	Origin: http://www.it.com
24	Pragma	与具体的实现相关，这些字段可能在请求回应链中的任何时候产生	Pragma: no-cache
25	Proxy-Authorization	用于向代理进行认证的认证信息	Proxy-Authorization: Basic IOoDZRgDOi0vcGVuIHNlNidJi2==
26	Range	表示请求某个实体的一部分，字节偏移以0开始	Range: bytes=500-999

续表

编号	协议头	描述	示例
27	Referer	表示浏览器所访问的前一个页面，可以认为是之前访问页面的链接将浏览器带到了当前页面。Referer其实是Referrer这个单词，但RFC制作标准时给拼错了，后来也就将错就错使用Referer了	Referer: http://it.com/xx
28	TE	浏览器预期接受的传输时的编码方式：可使用回应协议头TransferEncoding中的值（还可以使用"trailers"表示数据传输时的分块方式）用来表示浏览器希望在最后一个大小为0的块之后还接收到一些额外的字段	TE: trailers, deflate
29	User-Agent	浏览器的身份标识字符串	User-Agent: Mozilla/……
30	Upgrade	要求服务器升级到一个高版本协议	Upgrade: HTTP/2.0, SHTTP/1.3, IRC/6.9, RTA/x11
31	Via	告诉服务器，这个请求是由哪些代理发出的	Via: 1.0 fred, 1.1 itbilu.com.com (Apache/1.1)
32	Warning	一个一般性的警告，表示在实体内容体中可能存在错误	Warning: 199 Miscellaneous warning

1.5.4 常见的响应头

与请求头类似，响应头也都是一些键值对，表示不同的含义。常见的响应头信息如表1-12所示。

表1-12 常见的响应头信息

编号	协议头	描述	示例
1	Access-Control-Allow-Origin	指定哪些网站可以跨域资源共享	Access-Control-Allow-Origin: *
2	Accept-Patch	指定服务器所支持的文档补丁格式	Accept-Patch: text/example; charset=utf-8
3	Accept-Ranges	服务器所支持的内容范围	Accept-Ranges: bytes
4	Age	响应对象在代理缓存中存在的时间，以秒为单位	Age: 12
5	Allow	对于特定资源的有效动作	Allow: GET, HEAD

续表

编号	协议头	描述	示例
6	Cache-Control	通知从服务器到客户端内的所有缓存机制，表示它们是否可以缓存这个对象及缓存有效时间。其单位为秒	Cache-Control: max-age=3600
7	Connection	针对该连接所预期的选项	Connection: close
8	Content-Disposition	对已知MIME类型资源的描述，浏览器可以根据这个响应头决定是否返回资源的动作，如将其下载或打开	Content-Disposition: attachment; filename="fname.ext"
9	Content-Encoding	响应资源所使用的编码类型	Content-Encoding: gzip
10	Content-Language	响应内容所使用的语言	Content-Language: zh-cn
11	Content-Length	响应消息体的长度	Content-Length: 348
12	Content-Location	所返回的数据的一个候选位置	Content-Location: /index.htm
13	Content-MD5	响应内容的二进制MD5散列值，以Base64方式编码	Content-MD5: IDK0iSsgSW50Z Wd0DiJUi==
14	Content-Range	如果是响应部分消息，则表示属于完整消息的哪个部分	Content-Range: bytes 21010 47021/ 47022
15	Content-Type	当前内容的MIME类型	Content-Type: text/html; charset= utf-8
16	Date	此条消息被发送时的日期和时间	Date:Tue, 15 Nov 1994 08:12:31 GMT
17	ETag	对于某个资源的某个特定版本的一个标识符，通常是一个消息散列	ETag: "737060cd8c284d8af7ad3 082f209582d"
18	Expires	指定一个日期/时间，超过该时间则认为此回应已经过期	Expires: Thu, 01 Dec 1994 16:00:00 GMT
19	Last-Modified	所请求的对象的最后修改日期	Last-Modified: Dec, 26 Dec 2015 17:30:00 GMT
20	Link	用来表示与另一个资源之间的类型关系，此类型关系在RFC 5988中定义	Link:; rel="alternate"
21	Location	用于在进行重定向或在创建了某个新资源时使用	Location: http://www.itbilu.com/ nodejs
22	P3P	P3P策略相关设置	P3P: CP="This is not a P3P policy!

续表

编号	协议头	描述	示例
23	Pragma	与具体的实现相关，这些响应头可能在请求/回应链中的不同时候产生不同的效果	Pragma: no-cache
24	Proxy-Authenticate	要求在访问代理时提供身份认证信息	Proxy-Authenticate: Basic
25	Public-Key-Pins	用于防止中间攻击，声明网站认证中传输层安全协议的证书散列值	Public-Key-Pins: maxage=2592000; pin-sha256="……";
26	Refresh	用于重定向或当一个新的资源被创建时，默认会在5秒后刷新重定向	Refresh: 5; url=http://itbilu.com
27	Retry-After	如果某个实体临时不可用，那么此协议头用于告知客户端稍后重试。其值可以是一个特定的时间段（以秒为单位）或一个超文本传输协议日期	示例1：Retry-After: 120 示例2：Retry-After: Dec, 26 Dec 2015 17:30:00 GMT
28	Server	服务器的名称	Server: nginx/1.6.3
29	Set-Cookie	设置HTTP Cookie	Set-Cookie: UserID=itbilu; Max-Age=3600; Version=1
30	Status	通用网关接口的响应头字段，用来说明当前HTTP连接的响应状态	Status: 200 OK
31	Trailer	用于说明传输中分块编码的编码信息	Trailer: Max-Forwards
32	Transfer-Encoding	用表示实体传输给用户的编码形式。包括chunked、compress、deflate、gzip、identity	Transfer-Encoding: chunked
33	Upgrade	要求客户端升级到另一个高版本协议	Upgrade: HTTP/2.0, SHTTP/1.3, RC/6.9, RTA/x11
34	Vary	告知下游的代理服务器，应当如何对以后的请求协议头进行匹配，以决定是否可使用已缓存的响应内容而不是重新从原服务器请求新的内容	Vary: *

续表

编号	协议头	描述	示例
35	Via	告知代理服务器的客户端，当前响应是通过什么途径发送的	Via: 1.0 fred, 1.1 itbilu.com (nginx/1.6.3)
36	Warning	一般性警告，告知在实体内容体中可能存在错误	Warning: 199 Miscellaneous warning
37	WWW-Authenticate	表示在请求获取这个实体时应当使用的认证模式	WWW-Authenticatc: Basic

> **提示**
> 响应状态代码由3位数字组成，第一个数字定义了响应的类别，且有以下5种可能取值。
> （1）1xx：指示信息——表示请求已接收，继续处理。
> （2）2xx：成功——表示请求已被成功接收、理解、接受。
> （3）3xx：重定向——要完成请求必须进行更进一步的操作。
> （4）4xx：客户端错误——请求有语法错误或请求无法实现。
> （5）5xx：服务器端错误——服务器未能实现合法的请求。

1.5.5　HTTP和HTTPS

HTTP 是互联网上应用最为广泛的一种网络协议，是一个客户端与服务器端请求和应答的标准（TCP），是用于从 WWW 服务器传输超文本到本地浏览器的传输协议。它可以使浏览器更加高效，使网络传输减少。

HTTPS 是以安全为目标的 HTTP 通道，简单来说，HTTPS 是 HTTP 的安全版，即 HTTP 下加入 SSL 层，HTTPS 的安全基础是 SSL，因此加密的详细内容就需要 SSL。

HTTPS 协议的主要作用可以分为两种：一种是建立一个信息安全通道，来保证数据传输的安全；另一种就是确认网站的真实性。

HTTP 协议传输的数据都是未加密的，也就是明文的，因此使用 HTTP 协议传输隐私信息非常不安全，为了保证这些隐私数据能加密传输，于是网景公司设计了 SSL（Secure Sockets Layer）协议，用于对 HTTP 协议传输的数据进行加密，从而诞生了 HTTPS。简单来说，HTTPS 协议是由 SSL+HTTP 协议构建的可进行加密传输、身份认证的网络协议，要比 HTTP 协议安全。

HTTPS 和 HTTP 的区别主要如下。

（1）HTTPS 协议需要到 CA 申请证书，一般免费证书较少，因而需要一定费用。

（2）HTTP 是超文本传输协议，信息是明文传输；HTTPS 是具有安全性的 SSL 加密传输协议。

（3）HTTP 和 HTTPS 使用的是完全不同的连接方式，用的端口也不一样，前者是 80，后者是 443。

（4）HTTP 的连接很简单，是无状态的；HTTPS 协议是由 SSL+HTTP 协议构建的可进行加密传输、身份认证的网络协议，比 HTTP 协议安全。

1.5.6 抓包工具Fiddler

如果想更好地了解请求和响应的数据，那么就需要借助抓包工具了。而 Fiddler 就是比较常用的一种抓包工具。

Fiddler 可以将网络传输发送与接收的数据包进行截获、重发、编辑、转存等操作，也可以用来检测网络安全。

1. 下载安装

Fiddler 默认仅支持 Windows 平台。Windows 8 之后用 Fiddler for .NET4，而 Windows 8 之前用 Fiddler for .NET2 比较好。

访问 Fiddler 官方网址，如图 1-33 所示。

图1-33　下载Fiddler

输入并选择相应信息后，单击【Download for Windows】按钮，下载软件安装即可。

> 提示
> 如果要在 Linux 平台上使用，则需要 Mono 框架的支持。

2. 工作原理

当浏览器访问服务器时，会形成一个请求，此时，Fiddler 就处于请求之间；当浏览器发送请求时，会先经过 Fiddler，然后再到服务器。当服务器有返回数据给浏览器显示时，也会先经过 Fiddler，然后数据才到浏览器中显示，这样一个过程，Fiddler 就爬取到了请求和响应的整个过程。

3. 抓包简介

Fiddler 是通过改写 HTTP 代理，让数据从它那通过，来监控并截取数据。当然，Fiddler 很强大，在打开它的一瞬间，它就已经设置好了浏览器的代理了。当关闭时，它又把代理还原了。

Fiddler 开始工作了，抓到的数据包就会显示在列表中，如图 1-34 所示。

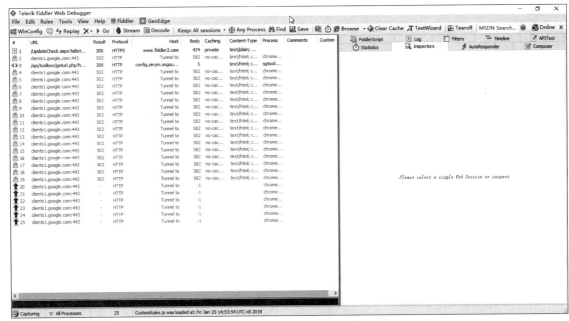

图1-34　抓到的数据包信息

（1）说明。

列表页面字段选项的含义如表 1-13 所示。

表1-13　列表页面字段选项的含义

编号	名称	描述
1	#	爬取HTTP Request的顺序，从1开始，以此递增
2	Result	HTTP状态码
3	Protocol	请求使用的协议，如HTTP、HTTPS、FTP等
4	Host	请求地址的主机名
5	URL	请求资源的位置
6	Body	该请求的大小
7	Caching	请求的缓存过期时间或缓存控制值
8	Content-Type	请求响应的类型
9	Process	发送此请求的进程：进程ID
10	Comments	允许用户为此会话添加备注
11	Custom	允许用户设置自定义值

列表页面图标的含义如表 1-14 所示。

表1-14 列表页面图标的含义

编号	图标	描述
1	⬆	请求已经发往服务器
2	⬇	已从服务器下载响应结果
3	⬍	请求从断点处暂停
4	⬍	响应从断点处暂停
5	ⓘ	请求使用 HTTP 的 head 方法，即响应没有内容（Body）
6	▤	请求使用 HTTP 的 post 方法
7	🔒	请求使用 HTTP 的 connect 方法，使用 HTTPS 协议建立连接隧道
8	▣	响应是 HTML 格式
9	▤	响应是一张图片
10	▤	响应是脚本格式
11	▤	响应是 CSS 格式
12	▤	响应是 XML 格式
13	{js on}	响应是 JSON 格式
14	♫	响应是一个音频文件
15	▤	响应是一个视频文件
16	◈	响应是一个 Silverlight
17	▤	响应是一个 Flash
18	▤	响应是一个字体
19	▤	普通响应成功
20	▤	响应是 HTTP/300、301、302、303 或 307 重定向
21	◈	响应是 HTTP/304（无变更）：使用缓存文件

续表

编号	图标	描述
22	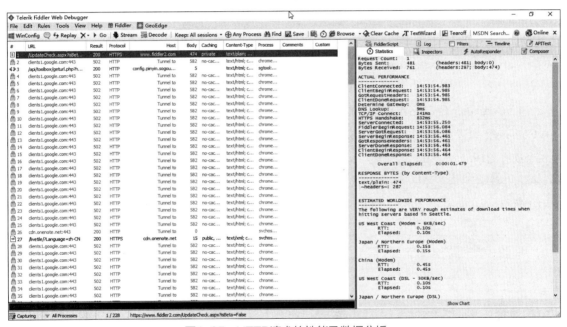	响应需要客户端证书验证
23		服务器端错误
24		会话被客户端、Fiddler 或服务器端终止

（2）Statistics 请求的性能数据分析。

任意选择一个请求选项，就可以看到 Statistics 关于 HTTP 请求的性能及数据分析，如图 1-35 所示。

图1-35　HTTP请求的性能及数据分析

（3）Inspectors 查看数据内容。

Inspectors 用于查看会话的内容，上半部分是请求的内容，下半部分是响应的内容，如图 1-36 所示。

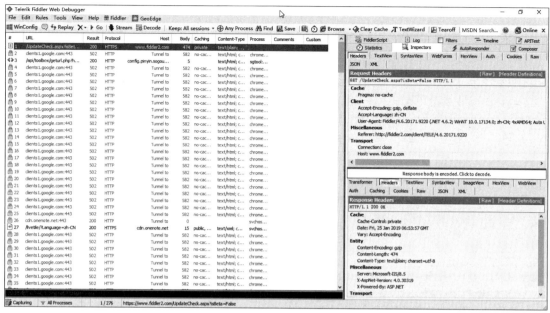

图1-36　Inspectors 查看数据内容

（4）Composer 自定义请求发送服务器。

Composer 允许自定义请求发送到服务器，可以手动创建一个新的请求，也可以在会话表中拖曳一个现有的请求。

Parsed 模式下只需要提供简单的 URLS 地址即可，也可以在 RequestBody 中定制一些属性，如模拟浏览器 User-Agent，如图 1-37 所示。

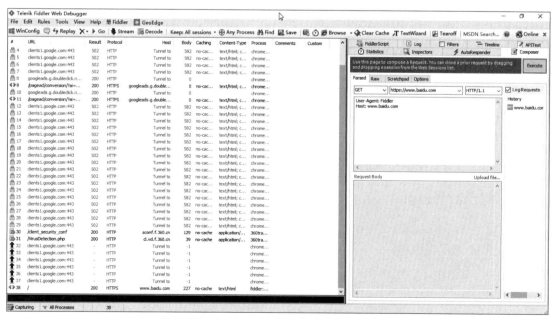

图1-37　Composer 自定义请求发送服务器

（5）Filters 请求过滤规则。

Filters 是过滤请求用的，左侧的窗口不断地更新，当想看系统的请求时，刷新一下浏览器，出现一大片不知道从哪来的请求，它还一直刷新屏幕。这时就可以通过过滤规则来过滤掉那些不想看到的请求。

选中【Use Filters】复选框开启过滤器，这里有两个最常用的过滤条件：Zone 和 Host。Zone 指定只显示内网或互联网的内容；Host 指定显示某个域名下的会话。如图 1-38 所示。

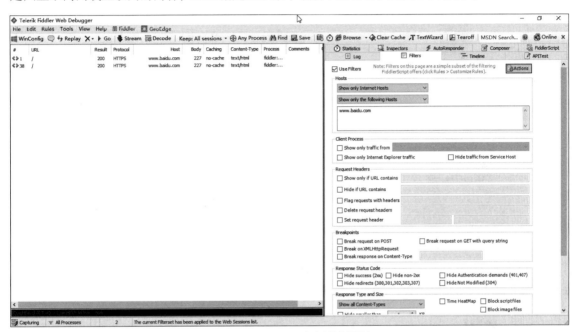

图1-38　Filters请求过滤规则

4. Fiddler设置解密HTTPS的网络数据

Fiddler 可以通过伪造 CA 证书来欺骗浏览器和服务器。Fiddler 的大概原理就是在浏览器面前 Fiddler 伪装成一个 HTTPS 服务器，而在真正的 HTTPS 服务器面前 Fiddler 又伪装成浏览器，从而实现解密 HTTPS 数据包的目的。

解密 HTTPS 需要手动开启，步骤如下。

❶ 执行菜单栏中的【Tools】→【Telerik Fiddler Options】→【HTTPS】命令。

❷ 选中【Decrypt HTTPS Traffic】复选框。

❸ 如果要爬取所有请求，则选中【from all processes】单选按钮。如果只爬取 Web 请求，则选中【from browsers only】单选按钮。

❹ 单击【Actions】按钮，出现警告框，单击【Yes/ 是】按钮。

❺ 最后单击【OK】按钮，设置完毕。

5. Fiddler爬取iPhone/Android数据包

想要 Fiddler 爬取移动端设备的数据包，其实很简单，先来说说移动设备怎么去访问网络，如

图 1-39 所示。

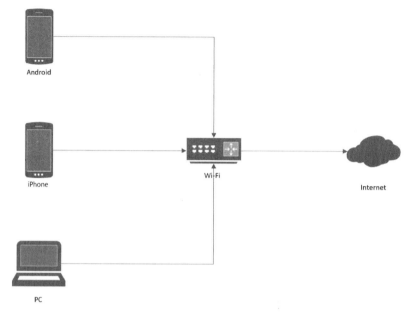

图1-39　移动设备访问网络的流程

从图 1-39 中可以看出，移动端的数据包都是通过 Wi-Fi 传出夫的，所以我们可以把自己的计算机开启热点，将手机连上计算机，Fiddler 开启代理后，让这些数据通过 Fiddler，Fiddler 就可以抓到这些包，然后发给路由器，如图 1-40 所示。

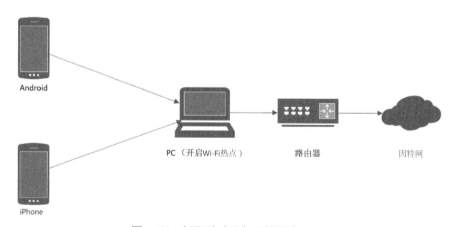

图1-40　抓取移动设备网络的流程

步骤如下。

❶ 打开 Wi-Fi 热点，让手机连上。

❷ 打开 Fiddler，执行菜单栏中的【Tools】→【Telerik Fiddler Options】命令。

❸ 单击【Connections】标签，设置代理端口为【8888】，选中【Allow remote computers to connect】复选框，单击【OK】按钮，如图 1-41 所示。

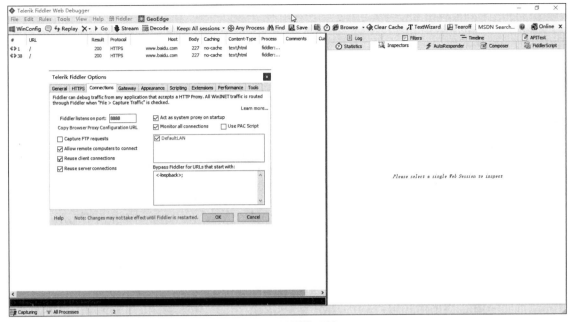

图1-41　设置代理端口

❹ 这时在 Fiddler 中单击右上角的【Online】按钮，就可以看到本机无线网卡的 IP 了（如果没有，则重启 Fiddler，或者可以在 CMD 窗口中使用 "ipconfig" 命令找到自己的网卡 IP），例如，这里的 IP 是 "192.168.137.1"。

❺ 在手机端连接 PC 的 Wi-Fi，连接成功后，设置代理 IP 与端口（代理 IP 就是 192.168.137.1，端口是 Fiddler 的代理端口 8888），如笔者的手机，设置如图 1-42 所示，点击保存。

图1-42　设置代理IP

❻ 访问网页输入代理 IP 和端口，下载 Fiddler 的 证 书，点 击 如 图 1-43 所 示 的 【FiddlerRoot certificate】超链接进行下载。

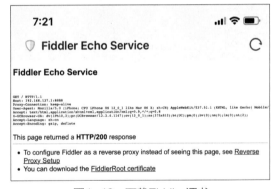

图1-43　下载Fiddler证书

❼ 点击如图 1-44 所示的【安装】，安装下载的证书。

图1-44　安装Fiddler证书

❽ 安装完证书，可以用手机访问应用，就

可以看到抓取到的数据包了。如图 1-45 所示选中的数据包是通过 UC 浏览器访问的。

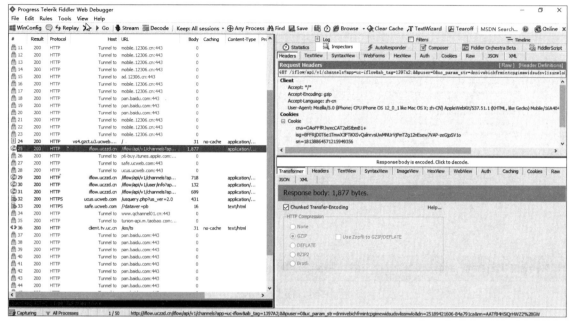

图1-45　查看数据包

1.6 本章小结

　　本章学习了爬虫相关的基础知识，首先介绍了爬虫的原理和分类；然后介绍了 Python 环境的搭建，并详细介绍了 Python 的一些基础语法和一些常用类库；之后介绍了 Web 相关的内容；最后介绍了 HTTP 协议和抓包工具 Fiddler 的使用。

1.7 实战练习

　　（1）实现一个猜拳游戏。
　　（2）实现文件的复制功能。

第2章
开始爬虫

在第 1 章中已经了解了爬虫的相关知识,本章就开始实现爬虫。

爬虫的核心是模拟浏览器向服务器发送请求获取响应,Python 提供了 urllib 库可以实现这些功能,使用者只需要按照要求传入对应的参数即可。为了简化使用,在 urllib 库的基础上做了包装,得到了一个 requests 模块,这样实现爬虫就更简单了。

本章重点讲解以下内容。

- ♦ 了解 urllib 模块实现爬虫
- ♦ 使用 requests 模块实现爬虫
- ♦ 使用 re 模块提取数据
- ♦ 爬百度贴吧

2.1 urllib模块

在 Python 2 版本中，有 urllib 和 urlib2 两个模块可以用来实现 request 的发送。而在 Python 3 中，已经不存在 urllib2 这个模块了，统一为 urllib。urllib 模块有如下 4 个子模块。

（1）urllib.request：可以用来发送 request 和获取 request 的结果。

（2）urllib.error：包含了 urllib.request 产生的异常。

（3）urllib.parse：用来解析和处理 URL。

（4）urllib.robotparse：用来解析页面的 robots.txt 文件。

下面来感受一下 urllib 的强大之处，以 http://httpbin.org/anything 为例，将这个网页抓取下来。

【范例2.1-1】urllib的使用（源码路径：**ch02/2.1/2.1-1.py**）

范例文件 2.1-1.py 的具体实现代码如下。

```python
"""urllib的使用"""

import urllib.request


# 向指定URL发送请求，获取响应
response = urllib.request.urlopen('http://httpbin.org/anything')
# 获取响应内容
content = response.read().decode('utf-8')
print(content)

print(type(response))

# 响应码
print(response.status)
# 响应头信息
print(response.headers)
```

【运行结果】

```
{
  "args": {},
  "data": "",
  "files": {},
  "form": {},
  "headers": {
    "Accept-Encoding": "identity",
    "Connection": "close",
    "Host": "httpbin.org",
    "User-Agent": "Python-urllib/3.5"
  },
  "json": null,
  "method": "GET",
```

```
  "origin": "219.156.65.116",
  "url": "http://httpbin.org/anything"
}

<class 'http.client.HTTPResponse'>
200
Connection: close
Server: gunicorn/19.9.0
Date: Thu, 14 Feb 2019 01:16:41 GMT
Content-Type: application/json
Content-Length: 323
Access-Control-Allow-Origin: *
Access-Control-Allow-Credentials: true
Via: 1.1 vegur
```

【范例分析】

（1）http://httpbin.org/ 是一个 HTTP 的测试工具，http://httpbin.org/anything 是返回的这一次的请求信息。

（2）urllib.request.urlopen 打开一个 URL，也就是发送请求，默认的请求信息如运行结果所示，这里需要注意的是，User-Agent 的值默认为 Python-urllib/3.5，在爬虫时这样会让对方知道这次请求是一个 Python 程序，可能会被封禁，所以后续需要指定 User-Agent 的值为真实浏览器的 User-Agent。

（3）urllib.request.urlopen 的返回值是一个响应对象 response，可以通过 read() 方法获取响应的所有字节。另外，response 还可以获取关于响应的一些其他信息，如响应码 status、响应头信息 headers。

再来看一个例子，抓取指定关键词的百度贴吧的 HTML 内容。

【范例2.1-2】爬百度贴吧（源码路径：ch02/2.1/2.1-2.py）

范例文件 2.1-2.py 的具体实现代码如下。

```
"""爬百度贴吧"""

import urllib.request
import urllib.parse

url = 'http://www.baidu.com/s'
word = {'wd': '篮球'}
# 转换成URL编码格式（字符串）
word = urllib.parse.urlencode(word)
# URL首个分隔符就是?
newurl = url + '?' + word
# 请求头
headers = {
    'User-Agent': 'Mozilla/5.0 (Windows NT 10.0; WOW64) AppleWebKit/537.36
```

```
(KHTML, like Gecko) Chrome/51.0.2704.103 Safari/537.36'
}
# 请求对象
request = urllib.request.Request(newurl, headers=headers)
try:
    # 发送请求，获取响应
    response = urllib.request.urlopen(request)
    # 获取响应内容
    print(response.read().decode('utf-8'))
except urllib.error.URLError as ex:
    print('请求错误')
```

【运行结果】

```
<!DOCTYPE html>
<!--STATUS OK-->
…<省略部分输出>…
    <script type="text/javascript">_WWW_SRV_T =992.8;</script>


</html>
```

【范例分析】

（1）中文在这里需要 urllib.parse.urlencode 进行 URL 编码。

（2）request = urllib.request.Request(newurl, headers=headers) 表示构造了一个 Request 的对象，参数有 url 和 headers，headers 只设置了一个 User-Agent，是为了伪装浏览器的身份。

（3）urllib.request.urlopen 表示打开 request，发送请求。

（4）response.read().decode('utf-8') 表示获取响应内容并解码。

 提示　urllib 还有很多功能，这里不做过多讲解，直接使用更高级的 requests 模块。

通过上面的两个案例，已经了解了 urllib 模块的强大，但是它也有一个缺点，就是代码相对烦琐。能否简化呢？那就需要使用下面讲解的 requests 模块。

2.2 requests模块

在 2.1 节中已经了解了 urllib 的一些功能，而 requests 模块是在 urllib 的基础上做了封装，让使用者更加方便地调用。requests 模块属于第三方的模块，需要单独安装后才能使用。下面讲解 requests 模块如何安装和使用。

2.2.1 安装

1. 安装虚拟环境

使用 Python 进行项目开发时，由于不同的项目需要，可能会配置多个开发环境，不同开发环境之间的项目依赖包如果混合在一起，则可能会引起意想不到的错误。通过虚拟环境隔离不同开发环境，方便不同开发环境的共存。安装虚拟环境的具体操作步骤如下。

❶ virtualenv 是 Python 的虚拟环境包，如图 2-1 所示，运行如下命令实现安装 virtualenv。

```
sudo apt-get install virtualenv
```

图2-1　安装virtualenv

❷ virtualenvwrapper 是 virtualenv 的扩展包，用于更方便地管理虚拟环境，如图 2-2 所示，运行如下命令实现安装 virtualenvwrapper。

```
sudo apt-get install virtualenvwrapper
```

图2-2　安装virtualenvwrapper

2. 配置虚拟环境

安装好之后，此时还不能使用 virtualenvwrapper，实际上需要运行 virtualenvwrapper.sh 文件才行。配置虚拟环境的具体操作步骤如下。

01 如图 2-3 所示，运行如下命令实现查看 virtualenvwrapper 的安装路径。

```
sudo find / -name virtualenvwrapper.sh
```

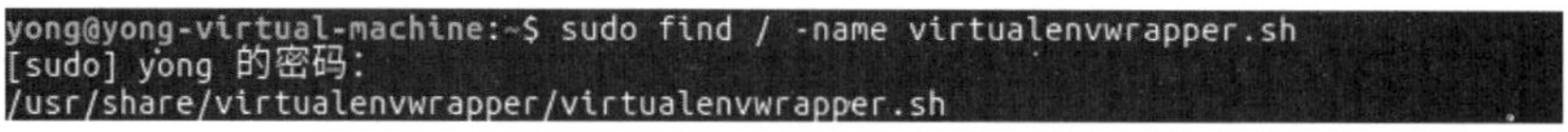

图2-3　查看virtualenvwrapper的安装路径

02 如图 2-4 所示，运行如下命令实现创建目录用来存放虚拟环境。

```
mkdir ~/.myvirtualenvs
```

图2-4　创建目录用来存放虚拟环境

03 如图 2-5 所示，运行如下命令实现编辑家目录下的 .bashrc 文件。

```
vim ~/.bashrc
```

图2-5　编辑家目录下的.bashrc文件

04 如图 2-6 所示，在文件 .bashrc 结尾添加如下两行代码。

```
export WORKON_HOME=/home/yong/.myvirtualenvs
source /usr/share/virtualenvwrapper/virtualenvwrapper.sh
```

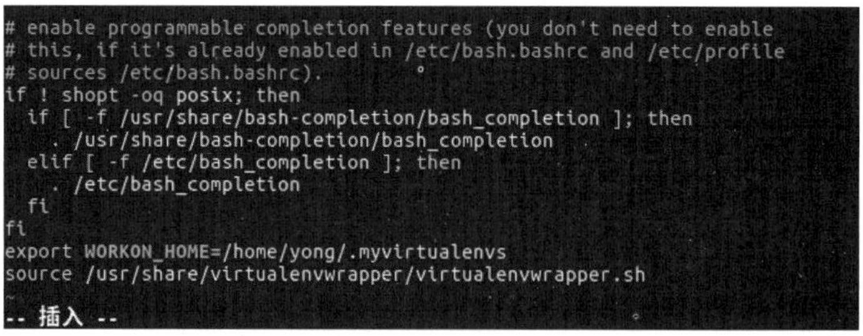

图2-6　在文件.bashrc结尾添加两行代码

05 如图 2-7 所示，刷新运行 .bashrc 文件中的内容。

```
source ~/.bashrc
```

图2-7　刷新运行.bashrc文件中的内容

此时 virtualenvwrapper 就可以使用了。

配置好 virtualenvwrapper，就可以使用它的功能管理虚拟环境了。常用的一些代码指令如下。

```
workon:                  列出虚拟环境列表
lsvirtualenv:            列出虚拟环境列表
mkvirtualenv:            新建虚拟环境
workon [虚拟环境名称]:     切换/进入虚拟环境
rmvirtualenv :           删除虚拟环境
deactivate:              离开虚拟环境
```

3. 创建虚拟环境

安装好虚拟环境后，就可以创建相互隔离的虚拟环境了。创建爬虫的虚拟环境的具体操作步骤如下。

01 如图 2-8 所示，运行如下命令实现进入本地虚拟环境的目录文件夹。

```
cd ~/.myvirtualenvs/
```

图2-8　进入本地虚拟环境的目录文件夹

02 如图 2-9 所示，运行如下命令实现创建 Python 3 的虚拟环境。

```
mkvirtualenv -p /usr/bin/python3  virtualenv_spider
```

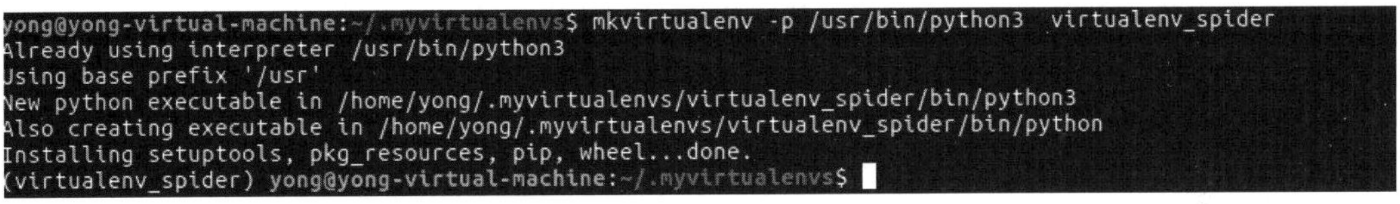

图2-9　创建Python 3的虚拟环境

此时左侧的小括号显示已经进入了爬虫的虚拟环境。

4. 安装requests模块

创建好虚拟环境后，进入虚拟环境，就可以使用 pip 命令安装 requests 模块了。在虚拟环境下安装模块的具体操作步骤如下。

01 如图 2-10 所示，运行如下命令实现进入指定的虚拟环境。

```
workon virtualenv_spider
```

图2-10　进入指定的虚拟环境

02 如图 2-11 所示，运行如下命令实现在虚拟环境中安装 requests 包。

```
pip install requests
```

91

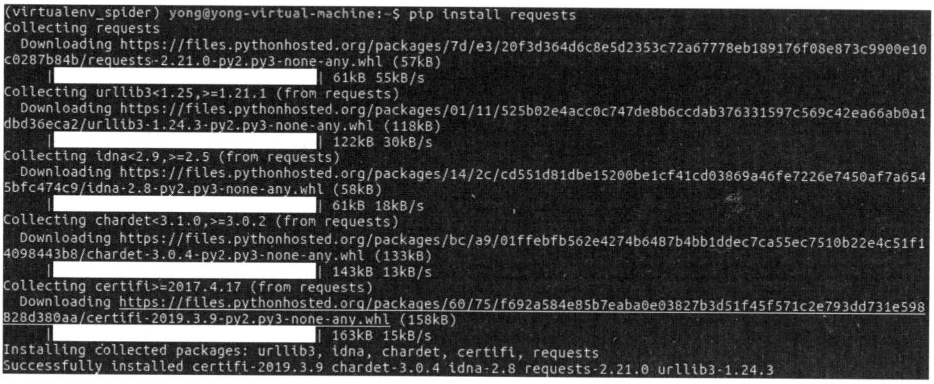

```
(virtualenv_spider) yong@yong-virtual-machine:~$ pip install requests
Collecting requests
  Downloading https://files.pythonhosted.org/packages/7d/e3/20f3d364d6c8e5d2353c72a67778eb189176f08e873c9900e10c0287b84b/requests-2.21.0-py2.py3-none-any.whl (57kB)
    |████████████████████████████████| 61kB 55kB/s
Collecting urllib3<1.25,>=1.21.1 (from requests)
  Downloading https://files.pythonhosted.org/packages/01/11/525b02e4acc0c747de8b6ccdab376331597c569c42ea66ab0a1dbd36eca2/urllib3-1.24.3-py2.py3-none-any.whl (118kB)
    |████████████████████████████████| 122kB 30kB/s
Collecting idna<2.9,>=2.5 (from requests)
  Downloading https://files.pythonhosted.org/packages/14/2c/cd551d81dbe15200be1cf41cd03869a46fe7226e7450af7a6545bfc474c9/idna-2.8-py2.py3-none-any.whl (58kB)
    |████████████████████████████████| 61kB 18kB/s
Collecting chardet<3.1.0,>=3.0.2 (from requests)
  Downloading https://files.pythonhosted.org/packages/bc/a9/01ffebfb562e4274b6487b4bb1ddec7ca55ec7510b22e4c51f14098443b8/chardet-3.0.4-py2.py3-none-any.whl (133kB)
    |████████████████████████████████| 143kB 13kB/s
Collecting certifi>=2017.4.17 (from requests)
  Downloading https://files.pythonhosted.org/packages/60/75/f692a584e85b7eaba0e03827b3d51f45f571c2e793dd731e598828d380aa/certifi-2019.3.9-py2.py3-none-any.whl (158kB)
    |████████████████████████████████| 163kB 15kB/s
Installing collected packages: urllib3, idna, chardet, certifi, requests
Successfully installed certifi-2019.3.9 chardet-3.0.4 idna-2.8 requests-2.21.0 urllib3-1.24.3
```

图2-11　在虚拟环境中安装requests包

此时 requests 模块已经安装成功了。

2.2.2　快速开始

在 2.2.1 小节中已经成功安装了 requests 模块，下面将介绍 requests 模块的基础功能。

1. 发出请求

常用的请求方式有两种，分别是 get 和 post，对应着 requests.get() 和 requests.post() 方法。它们的语法如下。

```
requests.get(url, params=None, **kwargs)
requests.post(url, data=None, json=None, **kwargs)
```

url 是请求的地址，如果发送 get 请求，则使用 params 传参；如果发送 post 请求，则使用 data 传参。返回值是本次请求对应的响应对象。

其他参数后面再进行讲解。

【范例2.2-1】使用requests发送请求和携带参数（源码路径：ch02/2.2/2.2-1.py）

范例文件 2.2-1.py 的具体实现代码如下。

```
"""使用requests发送请求和携带参数"""


# 导入模块
import requests

# 发送get请求
r = requests.get('https://httpbin.org/get')
print(r.text)

# 发送post请求，并携带参数
r = requests.get('https://httpbin.org/get', params={'key1': 'value1',
 'key2': 'value2'})
print(r.text)
```

```
# 发送post请求，并传递参数
r = requests.post('https://httpbin.org/post', data={'key': 'value'})
print(r.text)

# 其他HTTP请求类型：put、delete、head和options
r = requests.put('https://httpbin.org/put', data={'key': 'value'})
print(r.text)

r = requests.delete('https://httpbin.org/delete')
print(r.text)

r = requests.head('https://httpbin.org/get')
print(r.text)

r = requests.options('https://httpbin.org/get')
print(r.text)
```

【运行结果】

```
{
  "args": {},
  "headers": {
    "Accept": "*/*",
    "Accept-Encoding": "gzip, deflate",
    "Connection": "close",
    "Host": "httpbin.org",
    "User-Agent": "python-requests/2.21.0"
  },
  "origin": "219.156.65.116",
  "url": "https://httpbin.org/get"
}
…<省略部分输出>…
{
  "args": {},
  "data": "",
  "files": {},
  "form": {},
  "headers": {
    "Accept": "*/*",
    "Accept-Encoding": "gzip, deflate",
    "Connection": "close",
    "Content-Length": "0",
    "Host": "httpbin.org",
    "User-Agent": "python-requests/2.21.0"
  },
  "json": null,
  "origin": "219.156.65.116",
  "url": "https://httpbin.org/delete"
}
```

【范例分析】

（1）requests 可以很方便地完成发送各种请求，封装了对应的方法，常用的是 get 和 post，如果需要传递参数，则 get 使用 params，post 使用 data。

（2）requests 得到响应对象 r，r.text 表示获取的是解码之后的内容，而 r.content 表示获取的是字节。

 提示　如果参数中含有中文，则自动进行 urlencode 编码，不需要使用者再手动实现编码。

2. 响应内容

使用 requests 发送请求，得到一个响应对象，代码如下。

```
>>> import requests

>>> r = requests.get('https://api.github.com/events')
>>> r.text
u'[{"repository": {"open_issues": 0, "url": "https://github.com/...
>>> r.content
b'[{"repository": {"open_issues": 0, "url": "https://github.com/...
```

上面的代码中 r 表示获取的响应对象，r.text 将自动解码来自服务器的内容。大多数 unicode 字符集都是可以成功解码的。r.content 是返回的字节类型。

当发出请求时，requests 会根据 HTTP 标头对响应的编码进行有根据的猜测。访问时使用由请求猜测的文本编码 r.text。可以使用 r.encoding 属性找出请求正在使用的编码，并进行更改，代码如下。

```
>>> r.encoding
'utf-8'
>>> r.encoding = 'ISO-8859-1'
```

如果更改编码，则请求将在调用 r.text 时使用 r.encoding 的新值重新进行编码。如果希望在任何可以应用特殊逻辑来计算内容编码的情况下执行此操作，例如，HTML 和 XML 可以在其正文中指定其编码，在这种情况下，就应该使用 r.content 来查找编码，然后设置 r.encoding 为相应的编码。这样就能使用正确的编码解析 r.text 了。

如果需要，那么请求也可以使用自定义编码。如果已创建自己的编码并将其注册到 codecs 模块，则只需使用编解码器名称作为 r.encoding 的值，然后由 requests 来处理编码。

 提示　如果返回的是文本，那么通常使用 r.content.decoe('utf-8') 手动指定编码格式进行解码，这样更加直观方便。

3. 自定义headers

如果想将 HTTP 标头添加到请求中，则只需将 dict 传递给 headers 参数即可，代码如下。

```
>>> url = 'https://api.github.com/some/endpoint'
>>> headers = {'user-agent': 'my-app/0.0.1'}
>>> r = requests.get(url, headers=headers)
```

4. 更复杂的post请求

　　如果希望发送一些表单编码数据（类似于 HTML 表单），则只需将字典传递给 data 参数即可。
在发出请求时，数据字典将自动进行表单编码，代码如下。

```
>>> payload = {'key1': 'value1', 'key2': 'value2'}
>>> r = requests.post("https://httpbin.org/post", data=payload)
>>> print(r.text)
{
  ...
  "form": {
    "key2": "value2",
    "key1": "value1"
  },
  ...
}
```

　　data 参数中一个键可以有多个值，这可以通过创建 data 元组列表或以列表作为值的字典来完成。
当表单具有使用相同键的多个元素时，这尤其有用，代码如下。

```
>>> payload_tuples = [('key1', 'value1'), ('key1', 'value2')]
>>> r1 = requests.post('https://httpbin.org/post', data=payload_tuples)
>>> payload_dict = {'key1': ['value1', 'value2']}
>>> r2 = requests.post('https://httpbin.org/post', data=payload_dict)
>>> print(r1.text)
{
  ...
  "form": {
    "key1": [
      "value1",
      "value2"
    ]
  },
  ...
}
>>> r1.text == r2.text
True
```

　　有时可能希望发送非表单编码的数据。如果传递的是 string 而不是 dict，则该数据将直接发布。
例如，GitHub API v3 接受 JSON 编码的 post / patch 数据，代码如下。

```
>>> import json

>>> url = 'https://api.github.com/some/endpoint'
>>> payload = {'some': 'data'}
```

```
>>> r = requests.post(url, data=json.dumps(payload))
```

dict 也可以使用 json 参数（在版本 2.4.2 中添加）直接传递，它将自动进行编码，代码如下。

```
>>> url = 'https://api.github.com/some/endpoint'
>>> payload = {'some': 'data'}

>>> r = requests.post(url, json=payload)
```

在请求中使用 json 参数，会将 header 中的 Content-Type 更改为 application/json。文件上传也必须使用 post 请求，代码如下。

```
>>> url = 'https://httpbin.org/post'
>>> files = {'file': open('report.xls', 'rb')}

>>> r = requests.post(url, files=files)
>>> r.text
{
  ...
  "files": {
    "file": "<censored...binary...data>"
  },
  ...
}
```

> **提示** 建议以二进制模式打开文件。这是因为请求可能会尝试为您提供 Content-Length 标头，如果是，则此值将被设置为文件中的字节数。如果以文本模式打开文件，则可能会出现错误。

文件上传也可以显式设置文件名，content_type 和 header，代码如下。

```
>>> url = 'https://httpbin.org/post'
>>> files = {'file': ('report.xls', open('report.xls', 'rb'),
'application/vnd.ms-excel', {'Expires': '0'})}

>>> r = requests.post(url, files=files)
>>> r.text
{
  ...
  "files": {
    "file": "<censored...binary...data>"
  },
  ...
}
```

如果需要，则可以发送要作为文件接收的字符串，代码如下。

```
>>> url = 'https://httpbin.org/post'
```

```
>>> files = {'file': ('report.csv', 'some,data,to,send\nanother,
row,to,send\n')}
>>> r = requests.post(url, files=files)
>>> r.text
{
  ...
  "files": {
    "file": "some,data,to,send\\nanother,row,to,send\\n"
  },
  ...
}
```

> 提示　如果要将非常大的文件作为请求发布，则可能需要流式传输请求。默认情况下，requests 不支持此功能，但有一个单独的包 requests-toolbelt 可以。

5. 响应状态代码

通过响应对象的 status_code 属性可以查看响应状态代码，代码如下。

```
>>> r = requests.get('https://httpbin.org/get')
>>> r.status_code
200
```

请求还附带内置状态代码查找对象，以便于参考，代码如下。

```
>>> r.status_code == requests.codes.ok
True
```

如果发出错误的请求（4×× 客户端错误或 5×× 服务器错误响应），则可以使用以下命令提出 Response.raise_for_status()。

```
>>> bad_r = requests.get('https://httpbin.org/status/404')
>>> bad_r.status_code
404

>>> bad_r.raise_for_status()
Traceback (most recent call last):
  File "requests/models.py", line 832, in raise_for_status
    raise http_error
requests.exceptions.HTTPError: 404 Client Error
```

但是，如果 status_code 为 200，则调用 raise_for_status() 时会得到 None。

6. 响应头

通过响应对象可以查看服务器的响应头，是一个字典类型，代码如下。

```
>>> r.headers
{
```

```
  'content-encoding': 'gzip',
  'transfer-encoding': 'chunked',
  'connection': 'close',
  'server': 'nginx/1.0.4',
  'x-runtime': '148ms',
  'etag': '"e1ca502697e5c9317743dc078f67693f"',
  'content-type': 'application/json'
}
```

根据 RFC 7230, HTTP 标头名称不区分大小写。因此，可以使用所需的任何大写字母访问标头，代码如下。

```
>>> r.headers['Content-Type']
'application/json'

>>> r.headers.get('content-type')
'application/json'
```

7. Cookie

如果响应包含一些 Cookie，则可以快速访问它们，代码如下。

```
>>> url = 'http://example.com/some/cookie/setting/url'
>>> r = requests.get(url)

>>> r.cookies['example_cookie_name']
'example_cookie_value'
```

要将自己的 Cookie 发送到服务器，可以使用 cookies 参数，代码如下。

```
>>> url = 'https://httpbin.org/cookies'
>>> cookies = dict(cookies_are='working')

>>> r = requests.get(url, cookies=cookies)
>>> r.text
'{"cookies": {"cookies_are": "working"}}'
```

Cookie 以一个 RequestsCookieJar 对象的形式返回，其作用类似于 dict，但还提供了更完整的界面，适用于多个域或路径。Cookie 包也可以传递给请求，代码如下。

```
>>> jar = requests.cookies.RequestsCookieJar()
>>> jar.set('tasty_cookie', 'yum', domain='httpbin.org', path=
'/cookies')
>>> jar.set('gross_cookie', 'blech', domain='httpbin.org', path=
'/elsewhere')
>>> url = 'https://httpbin.org/cookies'
>>> r = requests.get(url, cookies=jar)
>>> r.text
'{"cookies": {"tasty_cookie": "yum"}}'
```

8. 重定向和历史

默认情况下，Requests 将为除 head 外的所有动词执行位置重定向。可以使用 Response 对象的 history 属性来跟踪重定向。该 Response.history 列表包含为完成请求而创建的 Response 对象。该列表从最旧的响应到最新的响应排序。

例如，GitHub 将所有 HTTP 请求重定向到 HTTPS，代码如下。

```
>>> r = requests.get('http://github.com/')
>>> r.url
'https://github.com/'
>>> r.status_code
200
>>> r.history
[<Response [301]>]
```

如果使用的是 get、options、post、put、patch 或 delete，则可以使用 allow_redirects 参数禁用重定向处理，代码如下。

```
>>> r = requests.get('http://github.com/', allow_redirects=False)
>>> r.status_code
301
>>> r.history
[]
```

如果使用的是 head，则还可以启用重定向，代码如下。

```
>>> r.url
'https://github.com/'

>>> r.history
[<Response [301]>]
```

9. 超时

可以使用 timeout 参数告知请求在给定秒数后停止等待响应。几乎所有生产代码都应该在几乎所有请求中使用此参数。如果不这样做，则可能会导致程序无限期挂起，代码如下。

```
>>> requests.get('https://github.com/', timeout=0.001)
Traceback (most recent call last):
  File "<stdin>", line 1, in <module>
requests.exceptions.Timeout: HTTPConnectionPool(host='github.com', port=
80): Request timed out. (timeout=0.001)
```

 提示　timeout 不是整个响应下载的时间限制。相反，如果服务器在 timeout 秒数内没有发出响应（更准确地说，如果在 timeout 秒数内在底层套接字上没有接收到任何字节），则会引发异常。如果未明确指定超时，则请求不会超时。

10. 错误和异常

如果出现网络问题（如 DNS 故障、拒绝连接等），则请求将引发 ConnectionError 异常。

如果 HTTP 请求返回不成功的状态代码，则 Response.raise_for_status() 将会引发 HTTPError 异常。

如果请求超时，则会引发超时异常。

如果请求超过配置的最大重定向数，则会引发 TooManyRedirects 异常。

请求显式引发的所有异常都继承自 requests.exceptions.RequestException。

2.2.3 高级用法

在 2.2.2 小节中已经了解了 requests 模块的一些基础功能，下面介绍 requests 模块的一些更高级的功能。

1. 会话对象

Session 对象允许跨请求保留某些参数。它也会在同一个 Session 实例发出的所有请求之间保持 Cookie。因此，如果向同一主机发送多个请求，则将重用底层 TCP 连接，从而带来显著的性能提升。

Session 对象具有主要的 Requests API 的所有方法。Session 对象可以在请求中保留一些 Cookie，代码如下。

```
s = requests.Session()

url1 = 'https://httpbin.org/cookies/set/sessioncookie/123456789'
url2 = 'https://httpbin.org/cookies'

s.get(url1)
r = s.get(url2)

print(r.text)
# '{"cookies": {"sessioncookie": "123456789"}}'
```

上面的代码使用 Session 对象 s 向 url1 发送请求，对应的响应中会设置一些 Cookie，保存到了 s 中，下次使用 s 向 url2 发送请求，会将同一 domain 下的 Cookie 发送给 url2 对应的服务器。这样就实现了 Cookie 的保留。

Session 对象还可用于向请求方法提供默认数据。这是通过向 Session 对象上的属性提供数据来完成的，代码如下。

```
s = requests.Session()
s.auth = ('user', 'pass')
s.headers.update({'x-test': 'true'})

# x-test和x-test2都被以headers的形式发送了
s.get('https://httpbin.org/headers', headers={'x-test2': 'true'})
```

传递给请求方法的任何字典都将与设置的会话级值合并。方法级参数覆盖会话参数。

但需要注意的是，即使使用会话，方法级参数也不会在请求之间保持不变。此示例仅发送带有第一个请求的 Cookie，但不发送第二个请求，代码如下。

```
s = requests.Session()

r = s.get('https://httpbin.org/cookies', cookies={'from-my': 'browser'})
print(r.text)
# '{"cookies": {"from-my": "browser"}}'

r = s.get('https://httpbin.org/cookies')
print(r.text)
# '{"cookies": {}}'
```

如果要手动将 Cookie 添加到会话中，则可使用 Cookie 实用程序功能来操作 Session.cookies。

会话也可以用作上下文管理器，代码如下。

```
with requests.Session() as s:
    s.get('https://httpbin.org/cookies/set/sessioncookie/123456789')
```

这将确保一旦 with 退出块就关闭会话，即使发生未处理的异常也是如此。

2. 请求和响应对象

每当调用 requests.get() 都会做两件事。第一件事是构建一个 Request 对象，该对象将被发送到服务器以请求或查询某些资源。第二件事是获取 Response 对象，一旦 Request 从服务器获得响应，就会生成一个 Response 对象。该 Response 对象包含服务器返回的所有信息，还包含 Request 最初创建的对象。以下是从维基百科服务器获取一些非常重要信息的简单请求。

```
>>> r = requests.get('https://en.wikipedia.org/wiki/Monty_Python')
```

如果想要访问服务器发回的 headers，则可以这样做，代码如下。

```
>>> r.headers
{'content-length': '56170', 'x-content-type-options': 'nosniff', 'x-cache':
'HIT from cp1006.eqiad.wmnet, MISS from cp1010.eqiad.wmnet', 'content-
encoding': 'gzip', 'age': '3080', 'content-language': 'en', 'vary': 'Accept-
Encoding, Cookie', 'server': 'Apache', 'last-modified': 'Wed, 13 Jun 2012
01:33:50 GMT', 'connection': 'close', 'cache-control': 'private, s-maxage=0,
max-age=0, must-revalidate', 'date': 'Thu, 14 Jun 2012 12:59:39 GMT', 'content-
type': 'text/html; charset=UTF-8', 'x-cache-lookup': 'HIT from cp1006.eqiad.
wmnet:3128, MISS from cp1010.eqiad.wmnet:80'}
```

但是，如果想要获取发送服务器的 headers，则只需访问请求，然后访问请求的 headers，代码如下。

```
>>> r.request.headers
{'Accept-Encoding': 'identity, deflate, compress, gzip',
```

```
'Accept': '*/*', 'User-Agent': 'python-requests/1.2.0'}
```

3. 准备好的请求

当从 API 调用或会话调用中接收一个 Response 对象时，request 属性实际上是使用了 PreparedRequest。在某些情况下，可能希望在发送请求之前对正文或标题（或其他任何内容）做一些额外的处理，代码如下。

```
from requests import Request, Session

s = Session()

req = Request('POST', url, data=data, headers=headers)
prepped = req.prepare()

# do something with prepped.body
prepped.body = 'No, I want exactly this as the body.'

# do something with prepped.headers
del prepped.headers['Content-Type']

resp = s.send(prepped,
    stream=stream,
    verify=verify,
    proxies=proxies,
    cert=cert,
    timeout=timeout
)

print(resp.status_code)
```

由于没有对该 Request 对象执行任何特殊操作，因此可以立即准备并修改该 PreparedRequest 对象，然后把它和其他参数一起发送到 requests.* 或 Session.*。

但是，上面的代码将失去拥有 Requests Session 对象的一些优势，尤其 Session 级别的状态，如 Cookie 将不会应用于这样的请求。为了得到一个带有状态的 PreparedRequest，可以用 Session. prepare_request() 取代 Request.prepare() 的调用，代码如下。

```
from requests import Request, Session

s = Session()
req = Request('GET',  url, data=data, headers=headers)

prepped = s.prepare_request(req)

# do something with prepped.body
prepped.body = 'Seriously, send exactly these bytes.'

# do something with prepped.headers
```

```
prepped.headers['Keep-Dead'] = 'parrot'

resp = s.send(prepped,
    stream=stream,
    verify=verify,
    proxies=proxies,
    cert=cert,
    timeout=timeout
)

print(resp.status_code)
```

当使用准备好的请求流时，它并不会考虑到用户环境。如果通过设置环境变量来更改请求行为，就可能会带来一些问题。例如，REQUESTS_CA_BUNDLE 不会考虑指定的自签名 SSL 证书。结果是抛出 SSL: CERTIFICATE_VERIFY_FAILED。可以通过将环境设置合并到会话中来解决此问题，代码如下。

```
from requests import Request, Session

s = Session()
req = Request('GET', url)

prepped = s.prepare_request(req)

# Merge environment settings into session
settings = s.merge_environment_settings(prepped.url, None, None, None,
None)
resp = s.send(prepped, **settings)

print(resp.status_code)
```

4. SSL证书验证

请求验证 HTTPS 请求的 SSL 证书，就像 Web 浏览器一样。默认情况下，启用 SSL 验证，如果无法验证证书，则 Requests 将抛出 SSLError，代码如下。

```
>>> requests.get('https://github.com')
<Response [200]>

>>> requests.get('https://requestb.in')
requests.exceptions.SSLError: hostname 'requestb.in' doesn't match either
 of '*.herokuapp.com', 'herokuapp.com'
```

由于该域名（https://requestb.in）没有设置 SSL，因此会引发 SSLError 异常。可以将 verify 路径传递给具有受信任 CA 证书的 CA_BUNDLE 文件或目录，代码如下。

```
>>> requests.get('https://github.com', verify='/path/to/certfile')
```

> **提示**　如果 verify 设置为目录的路径，则必须使用 OpenSSL 附带的 c_rehash 实用程序处理该目录。

此可信 CA 的列表也可以通过 REQUESTS_CA_BUNDLE 环境变量指定。

如果 verify 设置为 False，则请求也可以忽略对 SSL 证书的验证，代码如下。

```
>>> requests.get('https://kennethreitz.org', verify=False)
<Response [200]>
```

默认情况下，verify 设置为 True。选项 verify 仅适用于主机证书。

5. 客户端证书

可以指定本地证书作为客户端证书，可以是单个文件（包含私钥和证书）或一个包含两个文件路径的元组，代码如下。

```
>>> requests.get('https://kennethreitz.org', cert=('/path/client.cert',
'/path/client.key'))
<Response [200]>
```

上面的代码是每次发送请求都需要设定 cert 的路径，也可以设置持久的，只需要设置一次，以后可以直接使用，代码如下。

```
s = requests.Session()
s.cert = '/path/client.cert'
```

> **提示**　当登录 12306 时会提示用户安装证书。当访问有证书验证要求的站点时，就使用上面的代码。

如果指定了错误的路径或无效的证书，则 Requests 将抛出 SSLError，代码如下。

```
>>> requests.get('https://kennethreitz.org', cert='/wrong_path/
client.pem')
SSLError: [Errno 336265225] _ssl.c:347: error:140B0009:SSL routines:SSL_
CTX_use_PrivateKey_file:PEM lib
```

> **提示**　本地证书的私钥必须未加密。目前，请求不支持使用加密密钥。Requests 默认附带了一套它信任的根证书，来自 Mozilla trust store。然而，它们在每次 Requests 更新时才会更新。这意味着如果固定使用某一版本的 Requests，则证书有可能已经太旧了。从 Requests 2.4.0 版之后，如果系统中装了 certifi 包，则 Requests 会试图使用它里面的证书。这样用户就可以在不修改代码的情况下更新他们的可信任证书了。

6. 正文内容工作流程

默认情况下，当发出请求时，会立即下载响应正文。可以覆盖此行为并推迟下载响应正文，直到使用参数访问该 Response.content 属性 stream，代码如下。

```
tarball_url = 'https://github.com/requests/requests/tarball/master'
r = requests.get(tarball_url, stream=True)
```

此时只下载了响应头，并且连接保持打开状态，因此允许以有条件的方式进行内容检索，代码如下。

```
if int(r.headers['content-length']) < TOO_LONG:
  content = r.content
  ...
```

可以使用 Response.iter_content() 方法和 Response.iter_lines() 方法进一步控制工作流程。另外，也可以从底层 urllib3 读取未解码的 urllib3.HTTPResponse 的 Response.raw。

如果在发出请求时设置 stream 为 True，则请求无法将连接释放回连接地，除非消耗了所有的数据或调用了 Response.close。这可能导致连接效率低下。如果在使用 stream=True 的同时还在部分读取请求正文（或根本没有读取请求正文），就应该在 with 声明中提出请求以确保它始终关闭，代码如下。

```
with requests.get('https://httpbin.org/get', stream=True) as r:
    # Do things with the response here
```

7. 保持连接

归功于 urllib3，keep-alive 在会话中 100% 自动保持连接，在会话中发出的任何请求都将自动重用相应的连接。

需要注意的是，只有在读取了所有正文数据后，才会将连接释放回连接池中以供重用，所以一定要设置 stream 为 False 或读取 Response 对象的 content 属性。

8. 流媒体上传

请求支持流式上传，允许发送大型流或文件而无须将其读入内存。要使用流式上传，只需提供一个类文件对象，代码如下。

```
with open('massive-body', 'rb') as f:
    requests.post('http://some.url/streamed', data=f)
```

9. 块编码请求

请求还支持传出和传入请求的分块传输编码。要发送块编码请求，只需提供一个生成器（或任何没有长度的迭代器），代码如下。

```
def gen():
    yield 'hi'
    yield 'there'

requests.post('http://some.url/chunked', data=gen())
```

对于分块编码请求，最好使用 Response.iter_content() 对其数据进行迭代。在理想情况下，必须设置 stream=True，这样就可以通过调用 iter_content 并将 chunk_size 参数设为 None，从而进行分块的迭代。如果要设置块的最大体积，则可以将 chunk_size 参数设置为任何整数。

10. post多部分编码文件

可以在一个请求中发送多个文件。例如，假设要将多个图像文件上传到一个 HTML 表单，可以使用一个多文件字段"images"，代码如下。

```
<input type="file" name="images" multiple="true" required="true"/>
```

要实现，只需将文件设到一个元组的列表中，其中元组结构为 (form_field_name, file_info)，代码如下。

```
>>> url = 'https://httpbin.org/post'
>>> multiple_files = [
        ('images', ('foo.png', open('foo.png', 'rb'), 'image/png')),
        ('images', ('bar.png', open('bar.png', 'rb'), 'image/png'))]
>>> r = requests.post(url, files=multiple_files)
>>> r.text
{
  ...
  'files': {'images': 'data:image/png;base64,iVBORw ....'}
  'Content-Type': 'multipart/form-data; boundary=
3131623adb2043caaeb5538cc7aa0b3a',
  ...
}
```

11. 事件挂钩

请求有一个钩子系统，可以使用它来操纵部分请求过程或信号事件处理。可以通过将字典传递给 request 参数来基于每个请求分配一个钩子函数，代码如下。

```
def print_url(r, *args, **kwargs):
    print(r.url)
>>> requests.get('https://httpbin.org/', hooks={'response': print_url})
https://httpbin.org/
<Response [200]>
```

可以为单个请求添加多个挂钩，如一次调用两个钩子，代码如下。

```
def record_hook(r, *args, **kwargs):
    r.hook_called = True
    return r

>>> r = requests.get('https://httpbin.org/', hooks={'response': [print_url,
record_hook]})
>>> r.hook_called
True
```

还可以向 Session 实例添加挂钩。然后，每次向会话发出请求时，都会调用添加的任何挂钩，代码如下。

```
>>> s = requests.Session()
>>> s.hooks['response'].append(print_url)
>>> s.get('https://httpbin.org/')
 https://httpbin.org/
 <Response [200]>
```

一个 Session 可以有多个钩子，它们将按照添加的顺序调用。

12. 自定义验证

请求允许使用自己指定的身份验证机制。

任何作为 auth 参数传递给请求方法的可调用对象，都有机会在调度请求之前修改它。

自定义的身份验证机制是作为子类 AuthBase 来实现的，并且很容易定义。请求在 requests.auth 中提供了两种常见的身份验证方案：HTTPBasicAuth 和 HTTPDigestAuth。

例如，有一个 Web 服务，只有在 X-Pizza 标头设置为密码值时才会响应，代码如下。

```
from requests.auth import AuthBase

class PizzaAuth(AuthBase):
    """Attaches HTTP Pizza Authentication to the given Request object."""
    def __init__(self, username):
        # setup any auth-related data here
        self.username = username

    def __call__(self, r):
        # modify and return the request
        r.headers['X-Pizza'] = self.username
        return r
```

然后，可以使用 PizzaAuth 提出请求，代码如下。

```
>>> requests.get('http://pizzabin.org/admin', auth=PizzaAuth('kenneth'))
<Response [200]>
```

13. 流式请求

获取 Response.iter_lines() 后可以轻松地遍历流，代码如下。

```
import json
import requests

r = requests.get('https://httpbin.org/stream/20', stream=True)

for line in r.iter_lines():

    # filter out keep-alive new lines
    if line:
        decoded_line = line.decode('utf-8')
```

```
        print(json.loads(decoded_line))
```

当使用 decode_unicode = True 时，如果服务器没有提供编码，则需要设计编码，代码如下。

```
r = requests.get('https://httpbin.org/stream/20', stream=True)

if r.encoding is None:
    r.encoding = 'utf-8'

for line in r.iter_lines(decode_unicode=True):
    if line:
        print(json.loads(line))
```

iter_lines 不保证重进入时的安全性。多次调用此方法会导致某些接收的数据丢失。如果需要在多个位置调用它，就应该使用生成的迭代器对象，代码如下。

```
lines = r.iter_lines()
# Save the first line for later or just skip it

first_line = next(lines)

for line in lines:
    print(line)
```

14. 代理

如果需要使用代理，则可以通过为任何请求方法提供 proxies 参数来配置各个请求，代码如下。

```
import requests

proxies = {
  'http': 'http://10.10.1.10:3128',
  'https': 'http://10.10.1.10:1080',
}

requests.get('http://example.org', proxies=proxies)
```

还可以通过环境变量 HTTP_PROXY 和 HTTPS_PROXY 来配置代理，代码如下。

```
$ export HTTP_PROXY="http://10.10.1.10:3128"
$ export HTTPS_PROXY="http://10.10.1.10:1080"

$ python
>>> import os
>>> proxies = {
  'http': os.getenv(' HTTP_PROXY '),
  'https': os.getenv(' HTTPS_PROXY '),
}
```

如果代理需要使用 HTTP Basic Auth，则可以使用 http://user:password@host/syntax 语法，代码如下。

```
proxies = {'http': 'http://user:pass@10.10.1.10:3128/'}
```

2.2.4　认证

许多 Web 服务都需要身份验证，并且有许多不同的类型。下面介绍请求中可用的各种身份验证形式。

1. 基本认证

许多需要身份验证的 Web 服务都接受 HTTP Basic Auth。这是最简单的类型，并且 Requests 直接支持它。使用 HTTP Basic Auth 发出请求非常简单，代码如下。

```
>>> from requests.auth import HTTPBasicAuth
>>> requests.get('https://api.github.com/user', auth=HTTPBasicAuth('user',
 'pass'))
<Response [200]>
```

事实上，HTTP Basic Auth 很常见，以至于 Requests 提供了一种简写的使用方式，代码如下。

```
>>> requests.get('https://api.github.com/user', auth=('user', 'pass'))
<Response [200]>
```

像这样在元组中提供凭证与前一个 HTTP Basic Auth 示例是完全相同的。

2. netrc身份验证

如果参数没有给出身份验证方法 auth，则 Requests 将尝试从用户的 netrc 文件中获取 URL 主机名的身份验证凭据。netrc 文件覆盖使用 headers = 设置的原始 HTTP 身份验证标头。如果找到主机名的凭据，则使用 HTTP Basic Auth 发送请求。

3. 摘要认证

另一种非常流行的 HTTP 身份验证形式是摘要式身份验证，请求对它的支持也是开箱即用的，代码如下。

```
>>> from requests.auth import HTTPDigestAuth
>>> url = 'https://httpbin.org/digest-auth/auth/user/pass'
>>> requests.get(url, auth=HTTPDigestAuth('user', 'pass'))
<Response [200]>
```

4. OAuth 1身份验证

对于多个 Web API，一种常见的身份验证形式是 OAuth。requests-oauthlib 库允许请求用户轻松进行 OAuth 1 身份验证请求，代码如下。

```
>>> from requests.auth import HTTPDigestAuth
>>> url = 'https://httpbin.org/digest-auth/auth/user/pass'
>>> requests.get(url, auth=HTTPDigestAuth('user', 'pass'))
<Response [200]>
```

有关 OAuth 流程如何工作的更多信息，请参阅 OAuth 官方网站。

5. OAuth 2和OpenID Connect身份验证

requests-oauthlib 库还处理 OAuth 2，这是支持 OpenID Connect 的身份验证机制。有关各种 OAuth 2 凭据管理流程的详细信息，请参阅 requests-oauthlib OAuth 2 文档。

6. 其他认证

请求旨在允许轻松快速地插入其他形式的身份验证。开源社区的成员经常为更复杂或不太常用的身份验证形式编写身份验证处理程序。在请求组织下汇集了一些最好的，包括 Kerberos 和 NTLM。

如果想使用这些形式的任何一种身份验证，则可以直接访问它们的 GitHub 页面并按照说明进行操作。

7. 新的身份验证形式

如果无法找到所需的身份验证形式的良好实现，则可以自己实现它。请求可以轻松添加自己的身份验证形式。

要想实现，可以从 AuthBase 继承一个子类，并实现 __call__() 方法，代码如下。

```
>>> import requests
>>> class MyAuth(requests.auth.AuthBase):
...     def __call__(self, r):
...         # Implement my authentication
...         return r
...
>>> url = 'https://httpbin.org/get'
>>> requests.get(url, auth=MyAuth())
<Response [200]>
```

当身份验证处理程序附加到请求时，将在请求设置期间调用该处理程序。因此，__call__() 方法必须执行使身份验证生效所需的任何操作。某些形式的身份验证还会添加挂钩以提供进一步的功能。

2.3 re模块

在 2.2 节中已经了解如何使用 requests 发送请求并获取响应内容，那接下来如何从响应的字符串中提取需要的数据信息呢？ re 模块可以解决这个问题。

首先需要了解正则表达式，正则表达式通常被用来检索、替换那些符合某个模式（规则）的文本。re 模块使 Python 语言拥有全部的正则表达式功能。

2.3.1　正则表达式的语法

正则表达式由一些普通字符和一些元字符组成。普通字符包括大小写的字母和数字，而元字符则具有特殊的含义。

要想用好正则表达式，正确理解元字符是最重要的事情。所有的元字符如表 2-1 所示。

表2-1　正则表达式元字符

编号	元字符	描述
1	\	将下一个字符标记为一个特殊字符，或者一个向后引用，或者一个八进制转义符。例如，"\\n"匹配\n。"\n"匹配换行符。序列"\\"匹配"\"，而"\("则匹配"("，即相当于多种编程语言中都有的"转义字符"的概念
2	^	匹配输入字行首。如果设置了RegExp对象的Multiline属性，则^也匹配"\n"或"\r"之后的位置
3	$	匹配输入行尾。如果设置了RegExp对象的Multiline属性，则$也匹配"\n"或"\r"之前的位置
4	*	匹配前面的子表达式任意次。例如，zo*能匹配"z"，也能匹配"zo"及"zoo"。*等价于{0,}
5	+	匹配前面的子表达式一次或多次（大于等于1次）。例如，"zo+"能匹配"zo"及"zoo"，但不能匹配"z"。+等价于{1,}
6	?	匹配前面的子表达式零次或一次。例如，"do(es)?"可以匹配"do"或"does"。?等价于{0,1}
7	{n}	n是一个非负整数。匹配确定的n次。例如，"o{2}"不能匹配"Bob"中的"o"，但能匹配"food"中的两个o
8	{n,}	n是一个非负整数。至少匹配n次。例如，"o{2,}"不能匹配"Bob"中的"o"，但能匹配"foooood"中的所有o。"o{1,}"等价于"o+"，"o{0,}"则等价于"o*"
9	{n,m}	m和n均为非负整数，其中n<=m。最少匹配n次且最多匹配m次。例如，"o{1,3}"将匹配"fooooood"中的前三个o为一组，后三个o为一组。"o{0,1}"等价于"o?"。需要注意的是，在逗号和两个数之间不能有空格
10	?	当该字符紧跟在任何一个其他限制符（*、+、?、{n}、{n,}、{n,m}）后面时，匹配模式是非贪婪的。非贪婪模式尽可能少地匹配所搜索的字符串，而默认的贪婪模式则尽可能多地匹配所搜索的字符串。例如，对于字符串"oooo"，"o+"将尽可能多地匹配"o"，得到结果["oooo"]，而"o+?"将尽可能少地匹配"o"，得到结果['o', 'o', 'o', 'o']
11	.（点）	匹配除"\n"和"\r"外的任何单个字符。要匹配包括"\n"和"\r"在内的任何字符，请使用像"[\s\S]"的模式

编号	元字符	描述
12	(pattern)	匹配pattern并获取这一匹配。所获取的匹配可以从产生的Matches集合得到，在VBScript中使用SubMatches集合，在JScript中则使用$0…$9属性。要匹配圆括号字符，请使用 "\(" 或 "\)"
13	(?:pattern)	非获取匹配，匹配pattern但不获取匹配结果，不进行存储供以后使用。这在使用或字符 "(|)" 来组合一个模式的各个部分时很有用。例如，"industr(?:y|ies)" 就是一个比 "industry|industries" 更简略的表达式
14	(?=pattern)	非获取匹配，正向肯定预查，在任何匹配pattern的字符串开始处匹配查找字符串，该匹配不需要获取供以后使用。例如，"Windows(?=95|98|NT|2000)" 能匹配 "Windows2000" 中的 "Windows"，但不能匹配 "Windows3.1" 中的 "Windows"。预查不消耗字符，也就是说，在一个匹配发生后，在最后一次匹配之后立即开始下一次匹配的搜索，而不是从包含预查的字符之后开始
15	(?!pattern)	非获取匹配，正向否定预查，在任何不匹配pattern的字符串开始处匹配查找字符串，该匹配不需要获取供以后使用。例如，"Windows(?!95|98|NT|2000)" 能匹配 "Windows3.1" 中的 "Windows"，但不能匹配 "Windows2000" 中的 "Windows"
16	(?<=pattern)	非获取匹配，反向肯定预查，与正向肯定预查类似，只是方向相反。例如，"(?<=95|98|NT|2000)Windows" 能匹配 "2000Windows" 中的 "Windows"，但不能匹配 "3.1Windows" 中的 "Windows"。Python的正则表达式没有完全按照正则表达式规范实现，所以一些高级特性建议使用其他语言，如Java、Scala等
17	(?<!patte_n)	非获取匹配，反向否定预查，与正向否定预查类似，只是方向相反。例如，"(?<!95|98|NT|2000)Windows" 能匹配 "3.1Windows" 中的 "Windows"，但不能匹配 "2000Windows" 中的 "Windows"。Python的正则表达式没有完全按照正则表达式规范实现，所以一些高级特性建议使用其他语言，如Java、Scala等
18	x|y	匹配x或y。例如，"z|food" 能匹配 "z" 或 "food"（此处请谨慎）。"[zf]ood" 则匹配 "zood" 或 "food"
19	[xyz]	字符集合。匹配所包含的任意一个字符。例如，"[abc]" 可以匹配 "plain" 中的 "a"
20	[^xyz]	负值字符集合。匹配未包含的任意字符。例如，"[^abc]" 可以匹配 "plain" 中的 "plin"
21	[a-z]	字符范围。匹配指定范围内的任意字符。例如，"[a-z]" 可以匹配 "a" 到 "z" 范围内的任意小写字母字符。需要注意的是，只有连字符在字符组内部，并且出现在两个字符之间时，才能表示字符的范围；如果出现在字符组的开头，则只能表示连字符本身

续表

编号	元字符	描述
22	[^a-z]	负值字符范围。匹配任何不在指定范围内的任意字符。例如，"[^a-z]"可以匹配任何不在"a"到"z"范围内的任意字符
23	\b	匹配一个单词的边界，也就是指单词和空格间的位置（即正则表达式的"匹配"有两种概念，一种是匹配字符，另一种是匹配位置，这里的\b就是匹配位置的）。例如，"er\b"能匹配"never"中的"er"，但不能匹配"verb"中的"er"；"\b1_"能匹配"1_23"中的"1_"，但不能匹配"21_3"中的"1_"
24	\B	匹配非单词边界。"er\B"能匹配"verb"中的"er"，但不能匹配"never"中的"er"
25	\cx	匹配由x指明的控制字符。例如，\cM匹配一个Control-M或回车符。x的值必须为A~Z或a~z之一，否则将c视为一个原义的"c"字符
26	\d	匹配一个数字字符。等价于[0-9]。grep要加上-P，perl正则支持
27	\D	匹配一个非数字字符。等价于[^0-9]。grep要加上-P，perl正则支持
28	\f	匹配一个换页符，等价于\x0c和\cL
29	\n	匹配一个换行符，等价于\x0a和\cJ
30	\r	匹配一个回车符，等价于\x0d和\cM
31	\s	匹配任何不可见字符，包括空格、制表符、换页符等。等价于[\f\n\r\t\v]
32	\S	匹配任何可见字符。等价于[^ \f\n\r\t\v]
33	\t	匹配一个制表符。等价于\x09和\cI
34	\v	匹配一个垂直制表符。等价于\x0b和\cK
35	\w	匹配包括下划线的任何单词字符。类似但不等价于"[A-Za-z0-9_]"，这里的"单词"字符使用Unicode字符集
36	\W	匹配任何非单词字符。等价于"[^A-Za-z0-9_]"
37	\xn	匹配n，其中n为十六进制转义值。十六进制转义值必须为确定的两个数字长。例如，"\x41"匹配"A"，"\x041"则等价于"\x04&1"。正则表达式中可以使用ASCII编码
38	\num	匹配num，其中num是一个正整数。对所获取的匹配的引用。例如，"(.)\1"匹配两个连续的相同字符
39	\n	标识一个八进制转义值或一个向后引用。如果\n之前至少n个获取的子表达式，则n为向后引用。否则，如果n为八进制数字（0~7），则n为一个八进制转义值

编号	元字符	描述
40	\nm	标识一个八进制转义值或一个向后引用。如果\nm之前至少有nm个获得子表达式，则nm为向后引用。如果\nm之前至少有n个获取，则n为一个后跟文字m的向后引用。如果前面的条件都不满足，若n和m均为八进制数字（0~7），则\nm将匹配八进制转义值nm
41	\nml	如果n为八进制数字（0~7），且m和l均为八进制数字（0~7），则匹配八进制转义值nml
42	\un	匹配n，其中n是一个用4个十六进制数字表示的Unicode字符。例如，\u00A9匹配版权符号（©）
43	\p{P}	小写p是property的意思，表示Unicode属性，用于Unicode正则表达式的前缀。中括号内的P表示Unicode字符集7个字符属性之一，即标点字符 其他6个属性分别为L：字母；M：标记符号（一般不会单独出现）；Z：分隔符（如空格、换行等）；S：符号（如数学符号、货币符号等）；N：数字（如阿拉伯数字、罗马数字等）；C：其他字符
44	\< \>	匹配词（word）的开始（\<）和结束（\>）。例如，正则表达式\<the\>能匹配字符串"for the wise"中的"the"，但不能匹配字符串"otherwise"中的"the"。需要注意的是，这个元字符不是所有的软件都支持
45	()	将(和)之间的表达式定义为"组"（group），并且将匹配这个表达式的字符保存到一个临时区域（一个正则表达式中最多可以保存9个），它们可以用 \1 到\9 的符号来引用
46	|	将两个匹配条件进行逻辑"或"（or）运算。例如，正则表达式(him|her)能匹配"it belongs to him"和"it belongs to her"，但不能匹配"it belongs to them."。需要注意的是，这个元字符不是所有的软件都支持

2.3.2 模块内容

re 模块的功能就是通过使用正则表达式对字符串进行操作。下面介绍 re 模块的一些常用功能。

1. re.match()

re.match() 函数尝试从字符串的起始位置匹配一个模式，如果不是起始位置匹配成功，match() 就返回 None。

re.match() 函数的语法如下。

```
re.match(pattern, string, flags=0)
```

re.match() 函数的参数说明如表 2-2 所示。

表2-2 re.match()函数的参数说明

编号	参数	描述
1	pattern	匹配的正则表达式
2	string	要匹配的字符串
3	flags	标志位，用于控制正则表达式的匹配方式，如是否区分大小写、多行匹配等。re.I：使匹配对大小写不敏感；re.L：做本地化识别（locale-aware）匹配；re.M：多行匹配，影响^和$；re.S：使.匹配包括换行在内的所有字符；re.U：根据Unicode字符集解析字符，这个标志影响\w、\W、\b、\B；re.X：该标志通过提供更灵活的格式以便将正则表达式写得更易于理解

匹配成功，re.match() 方法返回一个匹配的对象，否则返回 None。

可以使用 group(num) 或 groups() 匹配对象函数来获取匹配表达式，如表 2-3 所示。

表2-3 group(num) 和 groups()

编号	匹配对象的方法	描述
1	group(num=0)	匹配的整个表达式的字符串，group()可以一次输入多个组号，在这种情况下它将返回一个包含那些组所对应值的元组
2	groups()	返回一个包含所有小组字符串的元组，从 1 到 所含的小组号

【范例2.3-1】match()方法（源码路径：ch02/2.3/2.3-1.py）

范例文件 2.3-1.py 的具体实现代码如下。

```
""" match()方法"""

import re

# match在起始位置匹配
ret = re.match('www', 'www.example.com')
print(type(ret))
# 获取匹配的内容
print(ret.group())
# 获取匹配内容在原字符串中的下标
print(ret.span())
# 匹配不成功，返回None
print(re.match('com', 'www.example.com'))

line = "Cats are smarter than dogs"
matchObj = re.match(r'(.*) are (.*?) .*', line, re.M | re.I)
if matchObj:
    print("matchObj.group() : ", matchObj.group())
    # 获取第一组的内容
    print("matchObj.group(1) : ", matchObj.group(1))
```

```
    print("matchObj.group(2) : ", matchObj.group(2))
else:
    print("No match!!")
```

【运行结果】

```
<class '_sre.SRE_Match'>
www
(0, 3)
None
matchObj.group() :  Cats are smarter than dogs
matchObj.group(1) :  Cats
matchObj.group(2) :  smarter
```

【范例分析】

（1）re.match() 方法是从头开始匹配，re.match('www', 'www.example.com') 表示字符串 'www.example.com' 从头匹配 'www'，可以获取 'www' 的值。

（2）re.match() 方法返回的是一个 Match 对象，可以通过它的 group() 方法获取匹配的内容，如果正则表达式中有分组，则 group 可以传递参数下标获取对应分组的值，下标是从 1 开始的，表示第 1 个分组匹配的值。

2. re.search()

re.search() 函数扫描整个字符串并返回第一个成功的匹配。

re.search() 函数的语法如下。

```
re.search(pattern, string, flags=0)
```

re.search() 函数的参数说明如表 2-4 所示。

表2-4　re. search()函数的参数说明

编号	参数	描述
1	pattern	匹配的正则表达式
2	string	要匹配的字符串
3	flags	标志位，用于控制正则表达式的匹配方式，如是否区分大小写、多行匹配等

匹配成功，re.search() 方法返回一个匹配的对象，否则返回 None。

可以使用 group(num) 或 groups() 匹配对象函数来获取匹配表达式。

【范例2.3-2】search()方法（源码路径：ch02/2.3/2.3-2.py）

范例文件 2.3-2.py 的具体实现代码如下。

```
"""search()方法"""

import re

# search查找第一次出现
ret = re.search('www', 'www.aaa.com www.bbb.com')
print(type(ret))
print(ret.group())
print(ret.span())
# 匹配不成功，返回None
print(re.search('cn', 'www.aaa.com www.bbb.com'))


line = "Cats are smarter than dogs";
searchObj = re.search(r'(.*) are (.*?) .*', line, re.M | re.I)
if searchObj:
    print("searchObj.group() : ", searchObj.group())
    print("searchObj.group(1) : ", searchObj.group(1))
    print("searchObj.group(2) : ", searchObj.group(2))
else:
    print("Nothing found!!")
```

【运行结果】

```
<class '_sre.SRE_Match'>
www
(0, 3)
None
searchObj.group() :  Cats are smarter than dogs
searchObj.group(1) :  Cats
searchObj.group(2) :  smarter
```

【范例分析】

（1）re.search 查找第一次出现的位置，如果查找不到，则返回 None。

（2）如果查找成功，则返回 Match 对象，使用方法与 match 一样。

3. re.sub()

re.sub() 函数用于替换字符串中的匹配项。

re.sub() 函数的语法如下。

```
re.sub(pattern, repl, string, count=0, flags=0)
```

re.sub() 函数的参数说明如表 2-5 所示。

表2-5　re. sub()函数的参数说明

编号	参数	描述
1	pattern	正则表达式中的模式字符串
2	repl	替换的字符串，也可为一个函数
3	string	要被查找替换的原始字符串
4	count	模式匹配后替换的最大次数，默认 0 表示替换所有的匹配

【范例2.3-3】sub()方法（源码路径：ch02/2.3/2.3-3.py）

范例文件 2.3-3.py 的具体实现代码如下。

```python
"""sub()方法"""

import re

phone = "2004-959-559" # 这是一个国外电话号码

# 删除字符串中的Python注释
num = re.sub(r'#.*$', "", phone)
print("电话号码是: ", num)

# 删除非数字(-)的字符串
num = re.sub(r'\D', "", phone)
print("电话号码是 : ", num)

# 将匹配的数字乘以2
def double(matched):
    value = int(matched.group('value'))
    return str(value * 2)


s = 'A23G4HFD567'
print(re.sub('(?P<value>\d+)', double, s))
```

【运行结果】

```
电话号码是:  2004-959-559
电话号码是 :  2004959559
A46G8HFD1134
```

【范例分析】

（1）re.sub 用于替换，用正则表达式匹配到的值替换成需要的。

（2）re.sub(r'\D', "", phone) 首先用正则表达式去匹配 phone 中的内容，是全局匹配，匹配成功的内容替换成空字符串。

4. re.findall()

re.findall() 函数在字符串中找到正则表达式所匹配的所有子串，并返回一个列表，如果没有找到匹配的，则返回空列表。

re.findall() 函数的语法如下。

```
re.findall(pattern, string, flags=0)
```

re.findall() 函数的参数说明如表 2-6 所示。

表2-6　re. findall()函数的参数说明

编号	参数	描述
1	pattern	正则表达式中的模式字符串
2	string	待匹配的字符串
3	flags	标志位，用于控制正则表达式的匹配方式，如是否区分大小写、多行匹配等

【范例2.3-4】findall()方法（源码路径：ch02/2.3/2.3-4.py）

范例文件 2.3-4.py 的具体实现代码如下。

```
"""findall()方法"""

import re

# 查找数字
result1 = re.findall(r'\d+', 'baidu 123 google 456')
result2 = re.findall(r'\d+', 'baidu88oob123google456')

print(result1)
print(result2)
```

【运行结果】

```
['123', '456']
['88', '123', '456']
```

【范例分析】

（1）re.findall 表示使用正则表达式匹配所有的信息，并将匹配成功的字符串返回，得到一个列表类型。

（2）re.findall(r'\d+', 'baidu 123 google 456') 是获取所有的数字字符串 123, 456 组成一个长度为 2 的列表。

5. re.finditer()

re.finditer() 函数与 re.findall() 函数类似，在字符串中找到正则表达式所匹配的所有子串，并把它们作为一个迭代器返回。

re.finditer() 函数的语法如下。

```
re.finditer(pattern, string, flags=0)
```

re.finditer() 函数的参数说明如表 2-7 所示。

表2-7　re. finditer()函数的参数说明

编号	参数	描述
1	pattern	正则表达式中的模式字符串
2	string	待匹配的字符串
3	flags	标志位，用于控制正则表达式的匹配方式，如是否区分大小写、多行匹配等

【范例2.3-5】finditer()方法（源码路径：ch02/2.3/2.3-5.py）

范例文件 2.3-5.py 的具体实现代码如下。

```python
""" finditer()方法"""

import re

# 返回一个迭代器，可以循环访问，每次获取一个Match对象
it = re.finditer(r"\d+", "12a32bc43jf3")
for match in it:
    print(match.group())
```

【运行结果】

```
12
32
43
3
```

【范例分析】

（1）finditer 与 findall 类似，只是返回的是一个迭代器，需要使用循环获取每一个值。

（2）循环每次获取的值是一个正则表达式匹配到的 Match 对象，需要再调用 group() 方法才可以获取值。

6. re.compile()

re.compile() 函数用于编译正则表达式，生成一个正则表达式（Pattern）对象，供 match() 和 search() 等函数使用。一般如果一个正则表达式使用多次，则可以先编译再使用。如果只调用一次，就不使用这个编译方法了，直接使用就行了。

re.compile() 函数的语法如下。

```
re.compile(pattern[, flags])
```

re.compile() 函数的参数说明如表 2-8 所示。

表2-8　re. compile()函数的参数说明

编号	参数	描述
1	pattern	正则表达式中的模式字符串
2	flags	标志位，用于控制正则表达式的匹配方式，如是否区分大小写、多行匹配等

【范例2.3-6】compile()方法（源码路径：ch02/2.3/2.3-6.py）

范例文件 2.3-6.py 的具体实现代码如下。

```python
"""compile()方法"""

import re

# 用于匹配至少一个数字
pattern = re.compile(r'\d+')
# 查找头部，没有匹配
m = pattern.match('one12twothree34four')
print(m)
# 从'e'的位置开始匹配，没有匹配
m = pattern.match('one12twothree34four', 2, 10)
print(m)
# 从'1'的位置开始匹配，正好匹配，返回一个Match对象
m = pattern.match('one12twothree34four', 3, 10)
print(m)
# 可省略0
print(m.group(0))
```

【运行结果】

```
None
None
<_sre.SRE_Match object; span=(3, 5), match='12'>
12
```

【范例分析】

（1）re.compile 先将正则表达式进行编译，返回的是编译后的对象，然后可以调用 match()、search()、sub()、findall()、finditer() 等方法。

（2）这里的 match 比单独使用 re.match 增加了一些参数，例如，pattern.match('one12twothree34four', 2, 10)，这里的 2 和 10 表示匹配的范围，如果直接使用 re.match 是不能设置的，就只能从头到尾匹配。

7. 贪婪和非贪婪

Python 中的数量词默认是贪婪的（在少数语言中也可能是默认非贪婪），总是尝试匹配尽可能多的字符。

非贪婪则相反，总是尝试匹配尽可能少的字符。

在 *、?、+、{m，n} 后面加上 "?"，可以使贪婪变成非贪婪。

【范例2.3-7】贪婪和非贪婪（源码路径：ch02/2.3/2.3-7.py）

范例文件 2.3-7.py 的具体实现代码如下。

```
"""贪婪和非贪婪"""

import re

img = '<img data-original="https://rpic.douyucdn.cn/appCovers/2016/11/13/
1213973_201611131917_small.jpg" src="https://rpic.douyucdn.cn/appCovers/
2016/11/13/1213973_201611131917_small.jpg" style="display: inline;">'

# 默认贪婪模式
src1 = re.findall(r'src="(.*)"', img)
print(src1)
# 设置非贪婪模式
src2 = re.findall(r'src="(.*?)"', img)
print(src2)
```

【运行结果】

```
https://rpic.douyucdn.cn/appCovers/2016/11/13/1213973_201611131917_small.
jpg" style="display: inline;
https://rpic.douyucdn.cn/appCovers/2016/11/13/1213973_201611131917_small.
jpg
```

【范例分析】

（1）正则表达式匹配默认是贪婪的，如 re.findall(r'src="(.*)"', img) 表示从 src 开始到 " 结束。前面 jpg" 处有 "，后面 inline;" 处也有 "，那正则表达式就贪婪地匹配到最后的 inline;" 处的 "。

（2）非贪婪就是在满足条件的基础上最少的匹配。只需要在数量词，如这里的 * 后加 ? 即可。所以，匹配到 jpg" 处的 "，小括号表示分组，配合 findall 返回匹配成功后分组的值。

2.4 项目案例：爬百度贴吧

在 2.1~2.3 节中已经了解了 urllib 模块、requests 模块和 re 模块，下面通过一个项目案例来更好地理解这些知识点。

爬取指定关键词的百度贴吧中的所有帖子，并且将这些帖子中每个"楼层"发布的图片下载到本地。

2.4.1　分析网站

访问贴吧首页，输入任意关键词，如篮球，单击【进入贴吧】按钮，如图 2-12 所示。

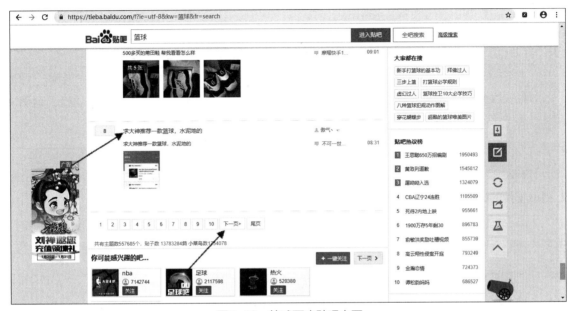

图2-12　篮球百度贴吧主页

在图 2-12 中，单击一个标题，进入详情页面，如图 2-13 所示。

图2-13　篮球百度贴吧详情页

1. 提取标题信息和URL

选中其中一个帖子的标题（如图 12-12 中的箭头所指）并右击，在弹出的快捷菜单中选择【检查】

选项，观察源码。重复这个步骤，多找几个标题观察，包括其他页码中的，得到如下内容。

```
<a rel="noreferrer" href="/p/6011413641" title="求大神推荐一款篮球，水泥地的
" target="_blank" class="j_th_tit ">求大神推荐一款篮球，水泥地的</a>

<a rel="noreferrer" href="/p/6017013734" title="你们篮球都是在哪里买的啊，超市
还是网上？ 想买一个篮球" target="_blank" class="j_th_tit ">你们篮球都是在哪里
买的啊， 超市 还是网上？ 想买一个篮球</a>
……
```

如果获取到这一页响应的 HTML 内容 content，就可以使用正则表达式提取 href 属性的值和 a 标签中的文字内容，代码如下。

```
re.findall(r'<a rel="noreferrer" href="(/p/\d+?)" title=".+?"
target="_blank" class="j_th_tit ">(.+?)</a>', content)
```

2. 提取图片的URL

单击某一标题，进入详情页面，找一张图片，在其上右击，在弹出的快捷菜单中选择【检查】选项，观察源码。重复这个步骤，多找几个标题下的图片观察，包括其他页码中的，得到如下内容。

```
<img class="BDE_Image" src="https://imgsa.baidu.com/forum/w%3D580/sign=
043958f26d59252da3171d0c0499032c/43d1572c11dfa9ec57d3ecff6fd0f703908fc1
58.jpg" size="1281178" width="400" height="267">

<img class="BDE_Image" src="https://imgsa.baidu.com/forum/w%3D580/sign=
c403f2c6df1b0ef46ce89856edc651a1/7dbd6c81800a19d8dcff3eed3efa828ba71e46
58.jpg" size="2474435" width="313" height="178">

<img class="BDE_Image" pic_type="0" width="490" height="845" src="https://
imgsa.baidu.com/forum/w%3D580/sign=bdba92dad4f9d72a17641015e428282a/bbd36
2d9f2d3572cb6296a398713632763d0c30b.jpg">
……
```

如果获取到这一页响应的 HTML 内容 content，就可以使用正则表达式提取 src 属性的值，代码如下。

```
re.findall(r'<img class="BDE_Image".*?src="(.*?)".*?>', content)
```

3. 下一页的URL

选中【下一页】按钮（如图 2-12 中的箭头所指）并右击，在弹出的快捷菜单中选择【检查】选项，观察源码。然后进入尾页，重复上次的操作，得到如下内容。

```
<a href="//tieba.baidu.com/f?kw=%E7%AF%AE%E7%90%83&amp;ie=utf-8&amp;pn=50"
 class="next pagination-item ">下一页&gt;</a>

<a href="//tieba.baidu.com/f?kw=%E7%AF%AE%E7%90%83&amp;ie=utf-8&amp;pn=50"
```

```
class="next pagination-item ">下一页&gt;</a>
```

如果获取到这一页响应的 HTML 内容 content，就可以使用正则表达式提取 href 属性的值，代码如下。

```
re.findall(r'<a href="(.*?)" .*?>下一页&gt;</a>', content)
```

那么返回的集合中就是下一页的 URL，如果集合不为空，则使用下标获取即可。否则就是最后一页了，那爬虫就可以停止了。

4. 总结

爬百度贴吧的思路如下。

（1）向起始 URL 发 get 请求得到响应。

（2）从（1）的响应中使用正则表达式提取每个贴吧标题和对应的 URL，发送请求，获取响应。

（3）在（2）的响应中使用正则表达式提取每个 img 的 URL，发送请求，获取响应。

（4）将（3）的响应内容保存为图片。

（5）从（1）的响应中使用正则表达式提取下一页的 URL，如果能提取到，则重复上述步骤；如果提取不到，则爬虫结束。

2.4.2 开始爬取

按照上面的思路实现代码即可。

【范例2.4-1】爬百度贴吧（源码路径：ch02/2.4/2.4-1.py）

范例文件 2.4-1.py 的具体实现代码如下。

```python
"""爬百度贴吧"""

import requests
import re
import time
import random


class TiebaSpider:
    """贴吧爬虫"""

    def __init__(self):
        """初始化参数"""
        self.kw = input('关键词>')
        self.base_url = 'http://tieba.baidu.com/f'
        self.headers = {"User-Agent": "Mozilla/5.0 (compatible; MSIE 9.0;
Windows NT 6.1 Trident/5.0;"}
        self.page_num = 1
        self.title = ''
```

```python
    def parse_text(self, url, params=None):
        """发送请求，获取响应内容"""

        # 休眠，避免被对方反爬检测到
        time.sleep(random.randint(1, 5))

        req = requests.get(url, headers=self.headers, params=params)
        return req.text

    def parse_byte(self, url, params=None):
        """发送请求，获取响应内容"""

        time.sleep(random.random() * 2)
        req = requests.get(url, headers=self.headers, params=params)
        return req.content

    def page(self, content):
        """解析每一页"""

        print('第{}页爬取中...'.format(self.page_num))
        self.page_num += 1

        url_title = re.findall(
            r'<a rel="noreferrer" href="(/p/\d+?)" title=".+?" target=
"_blank" class="j_th_tit ">(.+?)</a>', content)
        for url, title in url_title:
            self.title = title
            self.detail('https://tieba.baidu.com' + url)

            # 保存标题
            self.save_title()

        # 判断下一页
        next_url = re.findall(r'<a href="(.*?)" .*?>下一页&gt;</a>', content)
        if next_url:
            next_url = 'https:' + next_url[0]
            content = self.parse_text(url=next_url)
            self.page(content)
        else:
            print('爬虫结束...')

    def detail(self, url):
        """每一个帖子的详情"""
        content = self.parse_text(url=url)
        urls = re.findall(r'<img class="BDE_Image".*?src="(.*?)".*?>',
content)
        for url in urls:
            self.save_img(url=url)
```

```
    def save_title(self):
        """保存帖子的标题"""
        with open('./data/tieba/tieba_{}.txt'.format(self.kw), 'a',
encoding='utf-8') as file:
            file.write(self.title)
            file.write('\n')

    def save_img(self, url):
        """保存图片"""
        content = self.parse_byte(url=url)
        image_path = './data/tieba/images/{}_{}'.format(self.title,
url[url.rfind('/') + 1:])
        with open(image_path, 'wb') as file:
            file.write(content)

    def start(self):
        """开始爬虫"""
        print('爬虫开始...')
        content = self.parse_text(url=self.base_url, params={'kw': self.kw,
'ie': 'utf-8', 'fr': 'search'})
        self.page(content)


if __name__ == '__main__':
    spider = TiebaSpider()
    spider.start()
```

【运行结果】

　　爬取的贴吧标题内容如下。

```
$ cat ./tieba_篮球.txt -n
1【百度篮球吧2017版吧规】 感言
2 你们篮球都是在哪里买的啊， 超市还是网上？ 想买一个篮球
3 98年的小姐姐来吧里混个眼熟
4 苦练投篮3个月了，还是投不了3分，求指点！
5 斯伯丁和乔丹哪款好？？
6 ESPN评选：NBA里最让人讨厌的六个球星（球迷：看着就烦）
7 ******太坑了
8 迈出轴心脚上篮这么简单的东西为什么这么多人觉得走步？
9 穿李宁怎么了？今天野球场水泥地，有一个******，装着双欧文5，打
10 我不管我最帅
…<省略以下输出>…
```

　　爬取的贴吧图片内容如下。

```
$ ls ./images/
500多买的莆田鞋 帮我看看怎么样_7b8265380cd79123d262c992a0345982b3b7805c.jpg
500多买的莆田鞋 帮我看看怎么样_87d1d539b6003af30d388186382ac65c1138b65c.jpg
```

```
500多买的莆田鞋    帮我看看怎么样_9e2cb9389b504fc2b5ddede3e8dde71191ef6d5c.jpg
500多买的莆田鞋    帮我看看怎么样_c7c4a7efce1b9d16949fc787fedeb48f8d5464fa.jpg
500多买的莆田鞋    帮我看看怎么样_e00dd9f9d72a60590e92bcfc2534349b023bba5c.jpg
74-600y这款篮球怎么样啊！！！求大神_07ff5266d0160924d8f72374d30735fae7cd3495.
jpg
74-600y这款篮球怎么样啊！！！求大神_12ce7cd98d1001e9364e9460bf0e7bec54e79775.
jpg
74-600y这款篮球怎么样啊！！！求大神_91a6462309f790524917c7510bf3d7ca7bcbd55c.
jpg
98年的小姐姐来吧里混个眼熟_be2642a7d933c8953712ea9cdc1373f0830200ef.jpg
B站那个胡郝都20了吧还没接触ncaa?练d3都打不了吗?回_f2ab8226cffc1e175eabc9d34790
f603738de93b.jpg
…<省略以下输出>…
```

【范例分析】

详见 2.4.1 小节。

2.5 本章小结

本章学习了爬虫的实现过程，首先介绍了如何发送请求并获取响应，这里主要是使用 requests 模块实现的；然后介绍了正则表达式的概念，并使用 Python 中的 re 模块完成了使用正则表达式操作字符串提取需要的信息；最后介绍了爬百度贴吧的案例，通过这个案例，加深了对爬虫的理解，并实现了爬虫的功能。

2.6 实战练习

（1）使用正则表达式提取如下英文中的单词。

```
hello    world    hi tom
```

（2）爬猫眼电影 TOP100。

第3章
更多数据提取的方式

在第 2 章中已经了解了如何发送请求获取响应，并使用正则表达式提取数据。但是正则表达式提取数据最重要也最容易出错的是正则表达式的书写，这也相对比较烦琐。本章将介绍 Python 中更加快捷的方式来提高提取数据的效率和正确性。

本章重点讲解以下内容。

- 使用 XPath 提取数据
- 使用 BS4 提取数据
- 使用 JsonPath 提取数据
- 提取数据的方式对比
- 爬腾讯招聘网

3.1 XPath和LXml

有的读者想，我正则表达式用得不好，处理 HTML 文档很累，有没有其他的方法？答案是有，那就是 XPath，可以先将 HTML 文件转换成 XML 文档，然后用 XPath 语法查找 HTML 节点或元素。

XPath（XML Path Language）是一门在 XML 文档中查找信息的语言，可用来在 XML 文档中对元素和属性进行遍历。

下面将详细介绍 XML、XPath 和 LXml。

3.1.1 XML

XML 被设计用来传输和存储数据，下面了解一下 XML 的语法。

下面看一个简单的示例。示例 XML 存储了一个便签数据，代码如下。

```
<?xml version="1.0" encoding="ISO-8859-1"?>
<note>
<to>George</to>
<from>John</from>
<heading>Reminder</heading>
<body>Don't forget the meeting!</body>
</note>
```

第一行是 XML 声明，它定义了 XML 的版本（1.0）和所使用的编码（ISO-8859-1 = Latin-1/西欧字符集）。下一行描述文档的根元素 note。接下来 4 行描述根的 4 个子元素（to、from、heading 和 body）。最后一行定义根元素的结尾。

XML 文档形成一种树形结构。XML 文档必须包含根元素。根元素是所有其他元素的父元素。

XML 文档中的元素形成了一棵文档树。这棵树从根部开始，并扩展到树的最底端。所有元素均可拥有子元素。父、子及同胞等术语用于描述元素之间的关系。父元素拥有子元素。相同层级上的子元素成为同胞（兄弟或姐妹）。所有元素均可拥有文本内容和属性。

3.1.2 XPath

XPath 使用路径表达式在 XML 文档中选取节点。节点是通过沿着路径或 step 来选取的，下面了解一下 XPath 的语法。

表 3-1 列出了 XPath 部分常用的路径表达式。

表3-1　XPath部分常用的路径表达式

编号	表达式	描述
1	nodename	选取此节点的所有子节点

编号	表达式	描述
2	/	从根节点选取
3	//	从匹配选择的当前节点选择文档中的节点，而不考虑它们的位置
4	.	选取当前节点
5	..	选取当前节点的父节点
6	@	选取属性

例如，这里有一个 XML，代码如下。

```xml
<?xml version="1.0" encoding="ISO-8859-1"?>
<bookstore>
<book>
  <title lang="eng">Harry Potter</title>
  <price>29.99</price>
</book>
<book>
  <title lang="eng">Learning XML</title>
  <price>39.95</price>
</book>
</bookstore>
```

在上面的 XML 中使用路径表达式，如表 3-2 所示。

表3-2　使用路径表达式

编号	路径表达式	描述
1	bookstore	选取bookstore元素的所有子节点
2	/bookstore	选取根元素bookstore。如果路径起始于正斜杠（/），则此路径始终代表到某元素的绝对路径
3	bookstore/book	选取属于bookstore的子元素的所有book元素
4	//book	选取所有book子元素，而不管它们在文档中的位置
5	bookstore//book	选择属于bookstore元素的后代的所有book元素，而不管它们位于bookstore之下的什么位置
6	//@lang	选取名为lang的所有属性
7	bookstore/book[1]	选取属于bookstore子元素的第一个book元素

续表

编号	路径表达式	描述
8	/bookstore/book[last()]	选取属于bookstore子元素的最后一个book元素
9	/bookstore/book[last()−1]	选取属于bookstore子元素的倒数第二个book元素
10	/bookstore/book[position()<3]	选取最前面的两个属于bookstore元素的子元素的book元素
11	//title[@lang]	选取所有拥有名为lang的属性的title元素
12	//title[@lang='eng']	选取所有title元素，且这些元素拥有值为eng的lang属性
13	/bookstore/book[price>35.00]	选取bookstore元素的所有book元素，且其中的price元素的值必须大于35.00
14	/bookstore/*	选取bookstore元素的所有子元素
15	//*	选取文档中的所有元素
16	//title[@*]	选取所有带有属性的title元素
17	//book/title | //book/price	选取book元素的所有title和price元素
18	//title | //price	选取文档中的所有title和price元素
19	/bookstore/book/title | //price	选取属于bookstore元素的book元素的所有title元素，以及文档中所有的price元素
20	*	匹配任何元素节点
21	@*	匹配任何属性节点
22	node()	匹配任何类型的节点

> **提示**
>
> 更多 XPath 的用法，请参考 W3School。

3.1.3 LXml

XML 被设计用来传输和存储数据，HTML 被设计用来显示数据。二者都是树形结构，所以可以先将 HTML 文件转换成 XML 文档，然后用 XPath 语法查找 HTML 节点或元素。这样的工作在 Python 中有一个模块可以实现，就是 LXml。下面就来了解一下 LXml 的安装和使用。

1. LXml的安装

LXml 是一个 HTML/XML 解析器，主要的功能是如何解析和提取 HTML/XML 数据。

LXml 与正则表达式一样，也是用 C 语言实现的，是一款高性能的 Python HTML/XML 解析器，可以利用之前学习的 XPath 语法，来快速定位特定元素及节点信息。

安装方法如图 3-1 所示，运行如下命令可以实现安装 LXml。

```
pip install lxml -i https://pypi.tuna.tsinghua.edu.cn/simple
```

```
(virtualenv_spider) yong@yong-virtual-machine:~$ pip install lxml -i https://pypi.tuna.tsinghua.edu.cn/simple
Looking in indexes: https://pypi.tuna.tsinghua.edu.cn/simple
Collecting lxml
  Downloading https://pypi.tuna.tsinghua.edu.cn/packages/5d/c9/39689d56ccb58e8212ca3c9ef68246bb481040cbd4d602295488ed13019b/lxml-4.3.3-cp35-cp35m-manylinux1_x86_64.whl (5.6MB)
    |                                 | 5.6MB 492kB/s
Installing collected packages: lxml
Successfully installed lxml-4.3.3
```

图3-1　安装LXml

使用参数 -i 指定下载源为清华大学的下载源，提高下载速度。

2. LXml的使用

使用 LXml 可以解析 HTML 代码。

【范例3.1-1】将字符串解析为HTML文档（源码路径：ch03/3.1/3.1-1.py）

范例文件 3.1-1.py 的具体实现代码如下。

```python
"""将字符串解析为HTML文档"""

from lxml import etree

text = '''
<div>
    <ul>
        <li class="item-0"><a href="link1.html">first item</a></li>
        <li class="item-1"><a href="link2.html">second item</a></li>
        <li class="item-inactive"><a href="link3.html">third item</a>
</li>
        <li class="item-1"><a href="link4.html">fourth item</a></li>
        <li class="item-0"><a href="link5.html">fifth item</a>
    </ul>
</div>
'''

# 利用etree.HTML，将字符串解析为HTML文档
html = etree.HTML(text)

# 按字符串序列化为HTML文档
result = etree.tostring(html).decode('utf-8')

print(result)
```

【运行结果】

```
<html><body><div>
    <ul>
        <li class="item-0"><a href="link1.html">first item</a></li>
        <li class="item-1"><a href="link2.html">second item</a></li>
        <li class="item-inactive"><a href="link3.html">third item</a>
</li>
        <li class="item-1"><a href="link4.html">fourth item</a></li>
        <li class="item-0"><a href="link5.html">fifth item</a>
    </li></ul>
 </div>
</body></html>
```

【范例分析】

（1）LXml 可以自动修正 HTML 代码，范例中不仅补全了 li 标签，还添加了 body、html 标签。

（2）除直接读取字符串外，LXml 还支持从文件中读取内容。

新建一个 hello.html 文件，代码如下。

```
<!-- hello.html -->

<div>
    <ul>
        <li class="item-0"><a href="link1.html">first item</a></li>
        <li class="item-1"><a href="link2.html">second item</a></li>
        <li class="item-inactive"><a href="link3.html"><span class=
"bold">third item</span></a></li>
        <li class="item-1"><a href="link4.html">fourth item</a></li>
        <li class="item-0"><a href="link5.html">fifth item</a></li>
    </ul>
</div>
```

再利用 etree.parse() 方法来读取文件。

【范例3.1-2】读文件（源码路径：ch03/3.1/3.1-2.py）

范例文件 3.1-2.py 的具体实现代码如下。

```
"""读文件"""

from lxml import etree

# 读取外部文件hello.html
html = etree.parse('./data/hello.html')
# pretty_print=True表示格式化，如左对齐和换行
result = etree.tostring(html, pretty_print=True).decode('utf-8')

print(result)
```

【运行结果】

```
<div>
    <ul>
        <li class="item-0"><a href="link1.html">first item</a></li>
        <li class="item-1"><a href="link2.html">second item</a></li>
        <li class="item-inactive"><a href="link3.html"><span class=
"bold">third item</span></a></li>
        <li class="item-1"><a href="link4.html">fourth item</a></li>
        <li class="item-0"><a href="link5.html">fifth item</a></li>
    </ul>
</div>
```

【范例分析】

（1）html = etree.parse('./data/hello.html') 表示读取外部文件 hello.html。

（2）pretty_print=True 表示格式化，如左对齐和换行。

3. XPath实例测试

LXml 提供了可以使用 XPath 路径表达式的功能。

【范例3.1-3】XPath实例测试（源码路径：ch03/3.1/3.1-3.py）

范例文件 3.1-3.py 的具体实现代码如下。

```python
"""XPath实例测试"""

from lxml import etree

html = etree.parse('./data/hello.html')
# 获取所有的<li>标签对象
result = html.xpath('//li')
print(result)

# 获取<li>标签的所有class属性
result = html.xpath('//li/@class')
print(result)

# 获取<li>标签下href为link1.html的<a>标签
result = html.xpath('//li/a[@href="link1.html"]')
print(result)

# 获取<li>标签下的所有<span>标签
result = html.xpath('//li//span')
print(result)

# 获取<li>标签下的<a>标签中的所有class属性
result = html.xpath('//li/a//@class')
print(result)

# 获取最后一个<li>标签中的<a>标签的href属性
```

```
result = html.xpath('//li[last()]/a/@href')
print(result)

# 获取倒数第二个li元素下的a标签中的文本
result = html.xpath('//li[last()-1]/a/text()')
print(result)

# 获取class值为bold的标签名
result = html.xpath('//*[@class="bold"]')
print(result[0].tag)
```

【运行结果】

```
[<Element li at 0x7f601afc6c08>, <Element li at 0x7f601afc6d08>, <Element
li at 0x7f601afc6d48>, <Element li at 0x7f601afc6d88>, <Element li at
0x7f601afc6dc8>]
['item-0', 'item-1', 'item-inactive', 'item-1', 'item-0']
[<Element a at 0x7f601afc6e08>]
[<Element span at 0x7f601afc6c08>]
['bold']
['link5.html']
['fourth item']
span
```

【范例分析】

（1）使用 XPath 的路径表达式提取对应的元素节点对象。

（2）提取的元素节点对象是列表类型，可以根据下标获取对应的对象。

4. XPath插件

为了方便地使用 XPath 提取信息，可以在浏览器上安装对应的插件 XPath Helper。XPath Helper 可以支持在网页中单击元素生成 Xpath，整个抓取使用了 Xpath、正则表达式、消息中间件、多线程调度框架的 Chrome 插件。

安装步骤如下。

❶ 通过百度搜索 XPath Helper，下载到本地，如图 3-2 所示。

图3-2　下载XPath Helper

❷ 使用解压工具，将其内容解压，得到一个文件夹，如图 3-3 所示。

图3-3　解压XPath Helper

❸ 打开 Chrome 浏览器，单击右上角的三个点，选择【更多工具】→【扩展程序】→【加载已解压的扩展程序】选项，找到如图 3-3 所示的文件夹即可。安装成功后，如图 3-4 所示。

图3-4　成功安装XPath Helper

❹ 成功安装 XPath Helper 之后，打开 Chrome 浏览器，单击右上角的 XPath 图标 🗷 就可以使用了。在腾讯招聘网站测试获取招聘信息，如图 3-5 所示。

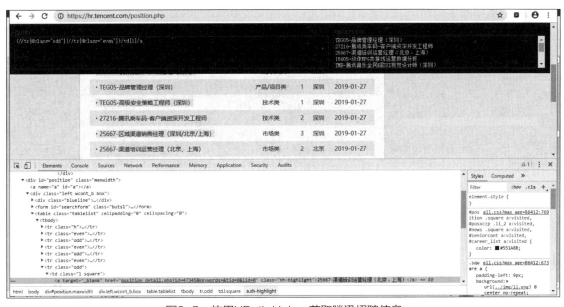

图3-5　使用XPath Helper获取腾讯招聘信息

左侧的黑框是输入的 XPath 的提取语法，从【Elements】选项中可以看到 HTML。

右侧的黑框是提取的部分结果预览，其中的数字是 XPath 提取到的数量。

3.2 BeautifulSoup4

在 3.1 节中已经了解了使用 LXml 提取 HTML 数据信息，简单方便，但是需要使用者熟记 XPath 的语法。大多数人都了解 CSS 选择器，那接下来介绍一个使用 CSS 选择器语法来提取

HTML 数据信息的方式——BeautifulSoup。

与 LXml 一样，BeautifulSoup 也是一个 HTML/XML 解析器，主要的功能也是如何解析和提取 HTML/XML 数据。

LXml 只会局部遍历，而 BeautifulSoup 是基于 HTML DOM 的，会载入整个文档，解析整个 DOM 树，因此时间和内存开销都会大很多，所以性能要低于 LXml。

BeautifulSoup 用来解析 HTML 比较简单，API 非常人性化，支持 CSS 选择器、Python 标准库中的 HTML 解析器，也支持 LXml 的 XML 解析器。下面就来了解一下 BeautifulSoup 的安装和使用。

3.2.1 安装

BeautifulSoup3 目前已经停止开发，推荐现在的项目使用 BeautifulSoup4（BS4），更为方便的是，官网也提供了它的中文开发说明文档。

安装方法如图 3-6 所示，运行如下命令可以实现安装 BeautifulSoup4。

```
pip install beautifulsoup4 -i https://pypi.tuna.tsinghua.edu.cn/simple
```

```
(virtualenv_spider) yong@yong-virtual-machine:~$ pip install beautifulsoup4 -i https://pypi.tuna.tsinghua.edu.cn/simple
Looking in indexes: https://pypi.tuna.tsinghua.edu.cn/simple
Collecting beautifulsoup4
  Downloading https://pypi.tuna.tsinghua.edu.cn/packages/1d/5d/3260694a59df0ec52f8b4883f5d23b130bc237602a1111fa670cac12051c/beautifulsoup4-4.7.1-py3-none-any.whl (94kB)
    |████████████████████████████████| 102kB 1.2MB/s
Collecting soupsieve>=1.2 (from beautifulsoup4)
  Downloading https://pypi.tuna.tsinghua.edu.cn/packages/b9/a5/7ea40d0f8676bde6e464a6435a48bc5db09b1a8f4f06d41dd997b8f3c616/soupsieve-1.9.1-py2.py3-none-any.whl
Installing collected packages: soupsieve, beautifulsoup4
Successfully installed beautifulsoup4-4.7.1 soupsieve-1.9.1
```

图3-6　安装BeautifulSoup4

使用参数 -i 指定下载源为清华大学的下载源，提高下载速度。

3.2.2 使用

利用 BS4 来解析 HTML 代码。

【范例3.2-1】将字符串解析为HTML文档（源码路径：ch03/3.2/3.2-1.py）

范例文件 3.2-1.py 的具体实现代码如下。

```
"""将字符串解析为HTML文档"""

from bs4 import BeautifulSoup

html = """
<html><head><title>The Dormouse's story</title></head>
<body>
<p class="title" name="dromouse"><b>The Dormouse's story</b></p>
<p class="story">Once upon a time there were three little sisters; and
their names were
```

```
<a href="http://example.com/elsie" class="sister" id="link1"><!-- Elsie -->
</a>,
<a href="http://example.com/lacie" class="sister" id="link2">Lacie</a>
and
<a href="http://example.com/tillie" class="sister" id="link3">Tillie</a>;
and they lived at the bottom of a well.</p>
<p class="story">...</p>
"""

# 创建BeautifulSoup对象解析HTML，并使用LXml作为XML解析器
soup = BeautifulSoup(html, 'lxml')

# 格式化输出soup对象的内容
print(soup.prettify())
```

【运行结果】

```
<html>
 <head>
  <title>
   The Dormouse's story
  </title>
 </head>
 <body>
  <p class="title" name="dromouse">
   <b>
    The Dormouse's story
   </b>
  </p>
  <p class="story">
   Once upon a time there were three little sisters; and their names were
   <a class="sister" href="http://example.com/elsie" id="link1">
    <!-- Elsie -->
   </a>
   ,
   <a class="sister" href="http://example.com/lacie" id="link2">
    Lacie
   </a>
   and
   <a class="sister" href="http://example.com/tillie" id="link3">
    Tillie
   </a>
   ;
and they lived at the bottom of a well.
  </p>
  <p class="story">
   ...
  </p>
```

```
    </body>
</html>
```

【范例分析】

（1）通过 soup = BeautifulSoup(html, 'lxml') 方式指定 LXml 解析器。

（2）如果没有显式地指定解析器，则默认使用这个系统的最佳可用 HTML 解析器。如果在另一个系统中或在不同的虚拟环境中运行这段代码，那么使用不同的解析器将造成行为不同。

（3）从结果来看，效果与 LXml 解析基本相同。

BeautifulSoup 将复杂 HTML 文档转换成一个复杂的树形结构，每个节点都是 Python 对象。

【**范例3.2-2**】**BS4实例测试（源码路径：ch03/3.2/3.2-2.py）**

范例文件 3.2-2.py 的具体实现代码如下。

```python
"""BS4实例测试"""


from bs4 import BeautifulSoup
import re

html = """
<html><head><title>The Dormouse's story</title></head>
<body>
<p class="title" name="dromouse"><b>The Dormouse's story</b></p>
<p class="story">Once upon a time there were three little sisters; and
their names were
<a href="http://example.com/elsie" class="sister" id="link1"><!-- Elsie -->
</a>,
<a href="http://example.com/lacie" class="sister" id="link2">Lacie</a>
and
<a href="http://example.com/tillie" class="sister" id="link3">Tillie</a>;
and they lived at the bottom of a well.</p>
<p class="story">...</p>
"""


# 创建对象
soup = BeautifulSoup(html, 'lxml')

# 获取Tag对象
# 查找的是在所有内容中的第一个符合要求的标签
print(soup.title)
print(type(soup.title))
print(soup.p)
# 标签的名称
print(soup.p.name)
# 标签的属性，可获取，也可以设置
print(soup.p.attrs)
```

```
print(soup.p.attrs['class'])

# 文本
print(soup.p.string)

# contents属性得到子节点，列表类型
print(soup.body.contents)
# children属性得到子节点，可迭代对象
print(soup.body.children)
# descendants属性得到子孙节点，可迭代对象
print(soup.body.descendants)

# find_all查找所有符合要求的，name是按照标签名称查找
print(soup.find_all(name='b'))
print(soup.find_all(name=['a', 'b']))
print(soup.find_all(name=re.compile("^b")))

# find_all查找所有符合要求的，可以按照属性查找，如这里的id、class
# 因为class是关键字，所以使用class_代替class
print(soup.find_all(id='link2'))
print(soup.find_all(class_='sister'))

# select查找所有符合要求的，支持选择器
print(soup.select('title'))
print(soup.select('.sister'))
print(soup.select('#link1'))
print(soup.select('p #link1'))
print(soup.select('a[class="sister"]'))

# 获取内容
print(soup.select('title')[0].get_text())
```

【运行结果】

```
<title>The Dormouse's story</title>
<class 'bs4.element.Tag'>
<p class="title" name="dromouse"><b>The Dormouse's story</b></p>
p
{'name': 'dromouse', 'class': ['title']}
['title']
The Dormouse's story
['\n', <p class="title" name="dromouse"><b>The Dormouse's story</b></p>,
 '\n', <p class="story">Once upon a time there were three little sisters;
 and their names were
<a class="sister" href="http://example.com/elsie" id="link1"><!-- Elsie -->
</a>,
<a class="sister" href="http://example.com/lacie" id="link2">Lacie</a>
and
```

```
<a class="sister" href="http://example.com/tillie" id="link3">Tillie</a>;and
 they lived at the bottom of a well.</p>, '\n', <p class="story">...</p>,
'\n']
<list_iterator object at 0x7f63d4783c18>
<generator object descendants at 0x7f63d5856728>
[<b>The Dormouse's story</b>]
[<b>The Dormouse's story</b>, <a class="sister" href="http://example.com/
elsie" id="link1"><!-- Elsie --></a>, <a class="sister" href="http://example.com/
lacie" id="link2">Lacie</a>, <a class="sister" href="http://example.com/
tillie" id="link3">Tillie</a>]
[<body>
<p class="title" name="dromouse"><b>The Dormouse's story</b></p>
<p class="story">Once upon a time there were three little sisters; and
their names were
<a class="sister" href="http://example.com/elsie" id="link1"><!-- Elsie -->
</a>,
<a class="sister" href="http://example.com/lacie" id="link2">Lacie</a>
and
<a class="sister" href="http://example.com/tillie" id="link3">Tillie</a>;
and they lived at the bottom of a well.</p>
<p class="story">...</p>
</body>, <b>The Dormouse's story</b>]
[<a class="sister" href="http://example.com/lacie" id="link2">Lacie</a>]
[<a class="sister" href="http://example.com/elsie" id="link1"><!-- Elsie -->
</a>, <a class="sister" href="http://example.com/lacie" id="link2">
Lacie</a>, <a class="sister" href="http://example.com/tillie" id="link3">
Tillie</a>]
[<title>The Dormouse's story</title>]
[<a class="sister" href="http://example.com/elsie" id="link1"><!-- Elsie-->
</a>, <a class="sister" href="http://example.com/lacie" id="link2">
Lacie</a>, <a class="sister" href="http://example.com/tillie" id="link3">
Tillie</a>]
[<a class="sister" href="http://example.com/elsie" id="link1"><!-- Elsie -->
</a>]
[<a class="sister" href="http://example.com/elsie" id="link1"><!-- Elsie -->
</a>]
[<a class="sister" href="http://example.com/elsie" id="link1"><!-- Elsie -->
</a>, <a class="sister" href="http://example.com/lacie" id="link2">
Lacie</a>, <a class="sister" href="http://example.com/tillie" id="link3">
Tillie</a>]
The Dormouse's story
```

【范例分析】

（1）使用 CSS 选择器提取对应的元素节点对象。

（2）提取的元素节点对象是列表类型，可以根据下标获取对应的对象。

3.3 | JsonPath

在 3.1~3.2 节中已经了解了 XPath 和 BS4 这两种方式是提取 HTML 格式的数据信息，但是有一些异步请求，返回的并不是 HTML 格式的信息，而是 JSON 格式的字符串。如果要操作的数据是 JSON 格式的字符串，那么就有如下 3 种方法可以提取。

（1）使用正则表达式直接提取。

（2）json 模块将 JSON 格式的字符串转换为字典格式，通过键值对提取数据。

（3）使用 JsonPath 直接提取。

前两种方式已经了解了，下面看一下第 3 种方式 JsonPath。

3.3.1　安装

JsonPath 对于 JSON 来说，相当于 XPath 对于 XML，在官网中也提供了说明文档。

安装方法如图 3-7 所示，运行如下命令可以实现安装 JsonPath。

```
pip install jsonpath -i https://pypi.tuna.tsinghua.edu.cn/simple
```

图3-7　安装JsonPath

使用参数 -i 指定下载源为清华大学的下载源，提高下载速度。

3.3.2　使用

JsonPath 结构清晰，可读性高，复杂度低，非常容易匹配，对比 XPath 的用法，如表 3-3 所示。

表3-3　JsonPath对比XPath

编号	XPath	JsonPath	描述
1	/	$	根节点
2	.	@	当前节点
3	/	. or []	子节点
4	..	n/a	父节点，JsonPath不支持

编号	XPath	JsonPath	描述
5	//	..	不管位置，选择所有符合条件的
6	*	*	匹配所有元素节点
7	@	n/a	获取属性，JsonPath不支持
8	[]	[]	下标操作
9	|	[,]	多选
10	n/a	[start:end:step]	切片，XPath不支持
11	[]	?()	过滤
12	n/a	()	表达式脚本操作，XPath不支持
13	()	n/a	分组操作，JsonPath不支持

下面看一个例子。

这里有一个 JSON 文件，存储商店里所有的书籍，代码如下。

```
{ "store": {
    "book": [
      { "category": "reference",
        "author": "Nigel Rees",
        "title": "Sayings of the Century",
        "price": 8.95
      },
      { "category": "fiction",
        "author": "Evelyn Waugh",
        "title": "Sword of Honour",
        "price": 12.99
      },
      { "category": "fiction",
        "author": "Herman Melville",
        "title": "Moby Dick",
        "isbn": "0-553-21311-3",
        "price": 8.99
      },
      { "category": "fiction",
        "author": "J. R. R. Tolkien",
        "title": "The Lord of the Rings",
        "isbn": "0-395-19395-8",
        "price": 22.99
      }
    ],
```

```
  "bicycle": {
    "color": "red",
    "price": 19.95
  }
 }
}
```

下面使用 JsonPath 提取需要的数据。

【范例3.3-1】使用JsonPath提取数据（源码路径：ch03/3.3/3.3-1.py）

范例文件 3.3-1.py 的具体实现代码如下。

```python
"""使用JsonPath提取数据"""

from jsonpath import jsonpath

json_str = {
    "store": {
        "book": [
            {"category": "reference",
             "author": "Nigel Rees",
             "title": "Sayings of the Century",
             "price": 8.95
             },
            {"category": "fiction",
             "author": "Evelyn Waugh",
             "title": "Sword of Honour",
             "price": 12.99
             },
            {"category": "fiction",
             "author": "Herman Melville",
             "title": "Moby Dick",
             "isbn": "0-553-21311-3",
             "price": 8.99
             },
            {"category": "fiction",
             "author": "J. R. R. Tolkien",
             "title": "The Lord of the Rings",
             "isbn": "0-395-19395-8",
             "price": 22.99
             }
        ],
        "bicycle": {
            "color": "red",
            "price": 19.95
        }
    }
}
```

```
# 所有书籍的作者
print(jsonpath(json_str, '$.store.book[*].author'))
# 所有作者
print(jsonpath(json_str, '$..author'))
# 商店里的所有东西
print(jsonpath(json_str, '$.store.*'))
# 商店里的所有价格
print(jsonpath(json_str, '$.store..price'))
# 第三本书
print(jsonpath(json_str, '$..book[2]'))
# 最后一本书
print(jsonpath(json_str, '$..book[(@.length-1)]'))
print(jsonpath(json_str, '$..book[-1:]'))

# 前两本书
print(jsonpath(json_str, '$..book[0,1]'))
print(jsonpath(json_str, '$..book[:2]'))
# 使用isbn属性过滤所有书籍
print(jsonpath(json_str, '$..book[?(@.isbn)]'))
# 过滤价格是10以上的书籍
print(jsonpath(json_str, '$..book[?(@.price<10)]'))
# 所有成员
print(jsonpath(json_str, '$..*'))
```

【运行结果】

```
-----> 0 4
-----> 1 4
-----> 2 4
-----> 3 4
['Nigel Rees', 'Evelyn Waugh', 'Herman Melville', 'J. R. R. Tolkien']
['Nigel Rees', 'Evelyn Waugh', 'Herman Melville', 'J. R. R. Tolkien']
[{'color': 'red', 'price': 19.95}, [{'category': 'reference', 'title':
'Sayings of the Century', 'author': 'Nigel Rees', 'price': 8.95}, {'category':
'fiction', 'title': 'Sword of Honour', 'author': 'Evelyn Waugh', 'price':
12.99}, {'isbn': '0-553-21311-3', 'category': 'fiction', 'title': 'MobyDick',
'author': 'Herman Melville', 'price': 8.99}, {'isbn': '0-395-19395-8',
'category': 'fiction', 'title': 'The Lord of the Rings', 'author': 'J. R. R.
Tolkien', 'price': 22.99}]]
[19.95, 8.95, 12.99, 8.99, 22.99]
-----> 2 4
[{'isbn': '0-553-21311-3', 'category': 'fiction', 'title': 'Moby Dick',
'author': 'Herman Melville', 'price': 8.99}]
-----> 3 4
[{'isbn': '0-395-19395-8', 'category': 'fiction', 'title': 'The Lord of
the Rings', 'author': 'J. R. R. Tolkien', 'price': 22.99}]
-----> 3 4
[{'isbn': '0-395-19395-8', 'category': 'fiction', 'title': 'The Lord of
the Rings', 'author': 'J. R. R. Tolkien', 'price': 22.99}]
```

```
-----> 0 4
-----> 1 4
[{'category': 'reference', 'title': 'Sayings of the Century', 'author':
'Nigel Rees', 'price': 8.95}, {'category': 'fiction', 'title': 'Sword of
Honour', 'author': 'Evelyn Waugh', 'price': 12.99}]
-----> 0 4
-----> 1 4
[{'category': 'reference', 'title': 'Sayings of the Century', 'author':
'Nigel Rees', 'price': 8.95}, {'category': 'fiction', 'title': 'Sword of
Honour', 'author': 'Evelyn Waugh', 'price': 12.99}]
-----> 2 4
-----> 3 4
[{'isbn': '0-553-21311-3', 'category': 'fiction', 'title': 'Moby Dick',
'author': 'Herman Melville', 'price': 8.99}, {'isbn': '0-395-19395-8',
'category': 'fiction', 'title': 'The Lord of the Rings', 'author': 'J. R.
R. Tolkien', 'price': 22.99}]
-----> 0 4
-----> 2 4
[{'category': 'reference', 'title': 'Sayings of the Century', 'author':
'Nigel Rees', 'price': 8.95}, {'isbn': '0-553-21311-3', 'category':
'fiction', 'title': 'Moby Dick', 'author': 'Herman Melville',
'price': 8.99}]
-----> 0 4
-----> 1 4
-----> 2 4
-----> 3 4
[{'bicycle': {'color': 'red', 'price': 19.95}, 'book': [{'category': 'reference',
'title': 'Sayings of the Century', 'author': 'Nigel Rees', 'price': 8.95},
{'category': 'fiction', 'title': 'Sword of Honour', 'author': 'EvelynWaugh',
'price': 12.99}, {'isbn': '0-553-21311-3', 'category': 'fiction', 'title': 'Moby
Dick', 'author': 'Herman Melville', 'price': 8.99}, {'isbn':'0-395-19395-8',
'category': 'fiction', 'title': 'The Lord of the Rings', 'author': 'J. R.
R. Tolkien', 'price': 22.99}]}, {'color': 'red', 'price': 19.95}, [{'category':
'reference', 'title': 'Sayings of the Century', 'author': 'Nigel Rees',
'price': 8.95}, {'category': 'fiction', 'title': 'Sword of Honour', 'author':
'Evelyn Waugh', 'price': 12.99}, {'isbn': '0-553-21311-3', 'category':
'fiction', 'title': 'Moby Dick', 'author': 'Herman Melville', 'price': 8.99},
{'isbn': '0-395-19395-8', 'category': 'fiction', 'title': 'The Lord of the
Rings', 'author': 'J. R. R. Tolkien', 'price': 22.99}], 'red', 19.95,
{'category': 'reference', 'title': 'Sayings of the Century', 'author':
'Nigel Rees', 'price': 8.95}, {'category': 'fiction', 'title': 'Sword of
'author': 'Evelyn Waugh', 'price': 12.99}, '0-553-21311-3', 'category':
'fiction', 'title': 'Moby {'isbn': Dick', 'author': 'Herman Melville',
'price': 8.99}, {'isbn': '0-395-19395-8', 'category': 'fiction', 'title':
'The Lord of the Rings', 'author': 'J. R. R. Tolkien', 'price': 22.99},
'reference', 'Sayings of the Century', 'Nigel Rees', 8.95, 'fiction', 'Sword
of Honour', 'Evelyn Waugh', 12.99, '0-553-21311-3', 'fiction', 'Moby Dick',
'Herman Melville', 8.99, '0-395-19395-8', 'fiction', 'The Lord of the
Rings', 'J. R. R. Tolkien', 22.99]
```

【范例分析】

（1）使用 JsonPath 的语法提取元素节点对象。

（2）提取的元素节点对象是列表类型，可以根据下标获取对应的对象。

> **提示** 类似"-----> 3 4"这些是打印的日志信息。

3.4 性能和选择

目前提取数据，已经介绍了如下 4 种方式。

（1）正则表达式（re 模块）。

（2）LXml。

（3）BeautifulSoup4。

（4）JsonPath。

那么如何进行选择呢？

正则表达式是通用的，速度也是最快的，但是正则表达式的书写难度相对较大。一般用于提取一些简单的文本数据，如手机号、网址、邮箱等。

XPath 和 BeautifulSoup4 都可用来提取 HTML 字符串中的数据，XPath 可以局部操作，而 BeautifulSoup4 会载入整个 DOM 文档，因此时间和内存开销都会大很多，所以性能要低于 LXml。但是 BeautifulSoup4 可以使用选择器，语法相对简单。

JsonPath 只用来提取符合 JSON 格式的数据。

3.5 项目案例：爬腾讯招聘网

目前已经了解了数据提取的 4 种方式，下面通过一个项目案例来更好地理解这些知识点。

爬取指定腾讯招聘信息，并且将该信息存储到文件中。

3.5.1 分析网站

访问腾讯招聘信息网站，如图 3-8 所示。

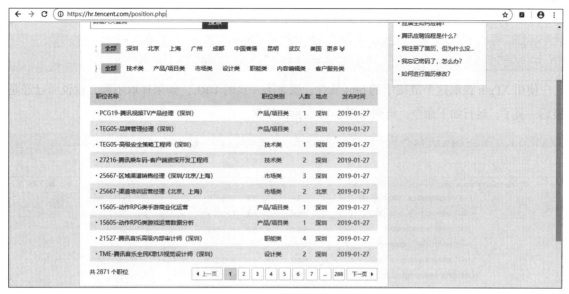

图3-8　腾讯招聘信息网站

1. 提取职位详情URL

在图 3-8 所示的界面中，任意选择一条职位并右击，在弹出的快捷菜单中选择【检查】选项，分析规律。使用 XPath 提取数据详情页的链接，运行如下命令，得到如图 3-9 所示的结果。

```
(//tr[@class="odd"]|//tr[@class="even"])/td[1]/a/@href
```

图3-9　使用XPath提取数据详情页的链接

2. 提取下一页的URL

与爬百度贴吧类似，首先查看第一页中的文字是下一页的 a 标签的 href 属性，然后将网站跳转到最后一页，再分析两个 a 标签，代码如下。

```
<a href="position.php?&amp;start=10#a" id="next" class="">下一页</a>
<a href="javascript:;" class="noactive" id="next">下一页</a>
```

使用 XPath 提取这个链接中的 href 属性，就是下一页的 URL，如果提取不到，就说明已经是最后一页了。运行如下命令，得到如图 3-10 所示的结果。

```
//a[contains(text(),"下一页")]/@href
```

图3-10　提取下一页的URL

3. 提取详情页信息

在图 3-10 所示的界面中，单击任意一个职位名称，进入详情页，在页面中右击，在弹出的快捷菜单中选择【检查】选项，使用 XPath 提取需要的数据，代码如下。

```
职位名称
//*[@id="sharetitle"]/text()

工作地点
//tr[@class="c bottomline"]/td[1]/text()

职位类别
//tr[@class="c bottomline"]/td[2]/text()

招聘人数
//tr[@class="c bottomline"]/td[3]/text()

工作职责
//ul[@class="squareli"][1]//text()
```

工作职责
```
//ul[@class="squareli"][2]//text()
```

4. 总结

爬腾讯招聘网的思路如下。

（1）向起始 URL 发 get 请求得到响应。

（2）从（1）的响应中使用详情页对应的 URL，发送请求，获取响应。

（3）在（2）的响应中使用正则表达式提取详情信息。

（4）从（1）的响应中使用正则表达式提取下一页的 URL，如果能提取到，则重复上述步骤；如果提取不到，则爬虫结束。

3.5.2　开始爬取

按照上面的思路实现代码即可。

【范例3.5-1】爬腾讯招聘网（源码路径：ch03/3.5/3.5-1.py）

范例文件 3.5-1.py 的具体实现代码如下。

```python
"""爬腾讯招聘网"""

from lxml import etree
import requests
import time
import random
import json


class TencentSpider:
    """贴吧爬虫"""

    def __init__(self):
        """初始化参数"""
        self.star_url = 'https://hr.tencent.com/position.php'
        self.prefix_url = 'https://hr.tencent.com/'
        self.headers = {
            "User-Agent": "Mozilla/5.0 (Windows NT 10.0; Win64; x64)
AppleWebKit/537.36 (KHTML, like Gecko) Chrome/71.0.3578.98 Safari/537.36"}
        self.page_num = 1

    def parse_text(self, url, params=None):
        """发送请求，获取响应内容"""

        # 休眠，避免被对方反爬检测到
        # time.sleep(random.randint(1, 5))
```

```python
        req = requests.get(url, headers=self.headers, params=params)
        return req.text

    def page(self, content):
        """解析每一页"""

        print('第{}页爬取中...'.format(self.page_num))
        self.page_num += 1

        # 解析HTML
        html = etree.HTML(content)
        # 获取所有的详情URL
        url_list = html.xpath('(//tr[@class="odd"]|//tr[@class="even"])/
td[1]/a/@href')
        # 遍历
        for url in url_list:
            # 处理详情
            self.detail(self.prefix_url + url)

        # 判断下一页
        next_url = html.xpath('//a[contains(text(),"下一页")]/@href')[0]
        if next_url != 'javascript:;':
            content = self.parse_text(self.prefix_url + next_url)
            self.page(content)
        else:
            print('爬虫结束...')

    def detail(self, url):
        """每一个招聘信息的详情"""

        # 存储信息
        item = {}

        content = self.parse_text(url=url)
        html = etree.HTML(content)

        # 获取字段信息
        item['position_name'] = html.xpath('//*[@id="sharetitle"]/text()')[0]
        item['position_location'] = html.xpath('//tr[@class="c bottomline"]/
td[1]/text()')[0]
        item['position_type'] = html.xpath('//tr[@class="c bottomline"]/
td[2]/text()')[0]
        item['position_person'] = html.xpath('//tr[@class="c bottomline"]/
td[3]/text()')[0]

        squareli = html.xpath('//ul[@class="squareli"]')

        item['position_duty'] = ''.join(squareli[0].xpath('.//text()'))
```

```
        item['position_require'] = ''.join(squareli[1].xpath('.//text()'))

        # 保存
        self.save(item)

    def save(self, item):
        """保存帖子的标题"""
        with open('./data/tencent.json', 'a', encoding='utf-8') as file:
            file.write(json.dumps(item, ensure_ascii=False))
            file.write('\n')

    def start(self):
        """开始爬虫"""
        print('爬虫开始...')
        content = self.parse_text(url=self.star_url)
        self.page(content)


if __name__ == '__main__':
    spider = TencentSpider()
    spider.start()
```

【运行结果】

爬取的部分结果如下。

```
$ cat ./tencent.json -n
1 {"position_person": "1人", "position_name": "PCG19-腾讯视频TV产品经理（深
圳）", "position_location": "深圳", "position_type": "产品/项目类", "position_
duty": "产品规划: 参与制定腾讯视频TV端APP（云视听极光）产品的发展方向和版本规划; 产
品策划: 进行竞品和市场分析、用户需求挖掘（定量和定性）, 完成产品需求文档撰写、推动需求
和设计评审; 项目管理: 推动版本的开发测试, 并完成版本上线及数据结果跟踪; 数据分析和用户
增长: 负责TV端核心运营数据的挖掘分析, 提升用户留存和活跃。", "position_require": "本科
或以上学历; 2年以上互联网产品经理经验, 具备有成功的产品规划和开发项目执行经验, 具备内容
类产品经验优先; 具备敏锐的数据洞察能力、建模能力和缜密的逻辑思考能力; 富有激情, 追求卓
越, 自驱力强, 关注细节, 学习能力强, 乐于分享, 良好的协作能力。"}
2 {"position_person": "1人", "position_name": "TEG05-品牌管理经理（深圳）",
"position_location": "深圳", "position_type": "产品/项目类", "position_duty":
"负责腾讯安全产品品牌规划和执行, 重点负责金融、政府行业客户合作、沟通执行及合作项目推
广; 基于对腾讯现有安全产品的充分理解, 合理制定推广和品牌传播策略与方案, 组织推动项目执行,
并跟踪、分析执行数据效果; 参与设计实施产品、客户、品牌调研等项目, 找寻客户洞察和市场机
会; 与内外部合作伙伴建立良好的合作关系, 主导或参与其他跨部门联合项目等; ", "position_
require": "3年品牌管理经验, 有专业的营销知识和策划能力; 合作拓展和沟通能力佳, 逻辑清
晰, 职业度高, 具备出色的沟通表达和提案能力、项目管理能力; 要求责任心强, 具备敏捷执行能
力和积极的学习心态; 热爱互联网、金融行业, 了解云计算产业生态, 有金融、政府、媒体资源和
营销经验者优先。"}
···<省略以下输出>···
```

【范例分析】

详见 3.5.1 小节。

3.6 本章小结

本章学习了数据的提取方式，首先介绍了 XPath 如何提取 HTML 数据，这里介绍 XPath 提取的语法和如何使用 LXml 模块；然后对比 XPath 介绍了使用 BeautifulSoup4 如何提取 HTML 数据，接着介绍了使用 JsonPath 如何提取 JSON 数据；之后介绍了 4 种提取方式的区别和如何选择使用及性能的差异；最后介绍了使用 XPath 提取腾讯招聘信息，通过这个案例，加深了对爬虫提取数据的理解。

3.7 实战练习

使用 BS4 提取数据的方式爬腾讯招聘网。

第4章

并发

当爬虫的数据量越来越大时，除要考虑存储的方式外，还要考虑爬虫的速度问题。第 2~3 章中的爬虫都是串行爬取，只有当一次爬取完后才能进行下一次爬取，这样极大地限制了爬取的速度和效率。本章首先讲解并发爬虫的概念，然后通过案例对串行爬虫和并发爬虫的性能进行对比，最后通过综合案例"爬豆瓣电影 Top 250"讲解并发爬取的方法和技巧。

本章将介绍使用多线程、多进程和协程这 3 种方式下载网页，并将它们与串行下载的性能进行比较。

本章重点讲解以下内容。

- 进程
- 线程
- 协程
- 并发爬虫
- 爬豆瓣电影 Top 250

4.1 100万个网页

目前在进行单个爬虫抓取网页信息时，是按照一次抓取一个 URL 的方式进行网页抓取的，这样不仅效率低，还浪费了 CPU 的资源。如果对于数据量比较少的小型网站，那么还可以勉强应付，但对于拥有数据量比较多的大型网站，或者要爬 100 万个 URL，这样的爬虫就显得力不从心了。如果可以同时下载多个网页，也就是并发的爬取，那么下载时间将会得到显著改善，爬虫的效率会大大增加。

目前使用的爬虫方式都是一个页面接着一个页面下载，假设现在有 100 万个 URL 要下载爬取，并以每秒一个 URL 的速度昼夜不停地下载，耗时也要超过 10 天，这样的结果在项目的要求周期内一般是无法完成的。所以，对于数据量比较大的爬虫，应该考虑并发，以提高爬虫的效率。

Python 有 3 种方式可以完成并发，分别是多线程、多进程和协程。关于这 3 个概念，后续会详细讲解，这也是 Python 中比较重要的内容。

去哪里找 100 万个 URL 呢？可以访问 Alexa。Alexa Internet 公司是亚马逊公司的一家子公司，Alexa 是一家专门发布网站世界排名的网站。以搜索引擎起家的 Alexa 创建于 1996 年 4 月（美国），目的是让互联网网友在分享虚拟世界资源的同时，更多地参与互联网资源的组织。Alexa 每天在网上搜集超过 1000GB 的信息，不仅给出多达几十亿的网址链接，而且为其中的每一个网站进行了排名。可以说，Alexa 是当前拥有 URL 数量庞大，且排名信息发布最详尽的网站。

因为在国内是无法直接访问其官网的，所以，Alexa 中国免费提供 Alexa 中文排名官方数据查询、网站访问量查询、网站浏览量查询及排名变化趋势数据查询。这个网站的中文网站排行榜中有很多 URL，理论上可以通过爬虫将这些 URL 先爬下来，然后发送请求进行下载。

可以访问"中文网站排行榜——网站排名大全"网站，如图 4-1 所示，然后爬上面的 URL，发送请求进行下载。

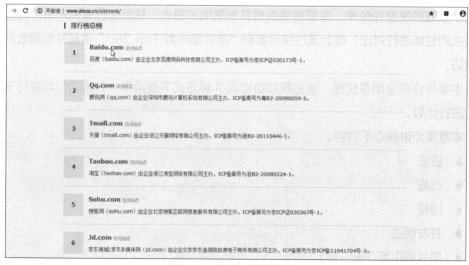

图4-1　中文网站排行榜

爬下来 100 万个 URL 或更多，然后测试，因为 URL 过多，测试时间会很长。所以，这里以爬豆瓣电影 Top 250 案例作为讲解。

下面将爬豆瓣电影 Top 250 网站，如图 4-2 所示。

图4-2　豆瓣电影Top 250

分析步骤如下。

❶ 分析这个网站，确认这是使用的 Chrome 浏览器，如图 4-3 所示，因为每个浏览器都有不同的操作。

图4-3　Chrome浏览器

❷ 单击浏览器右上角的三个点，选择【更多工具】→【开发者工具】→【NetWork】选项，可以监听网络请求和响应，如图 4-4 所示。

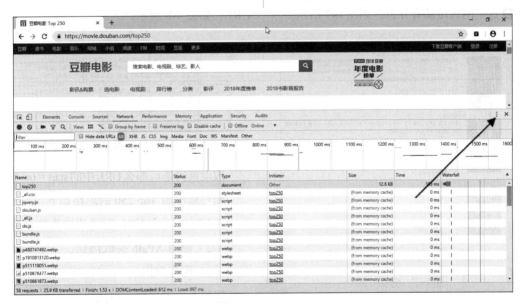

图4-4　NetWork

❸ 单击箭头指向的三个点，然后选择【Search】选项，如图 4-5 所示。

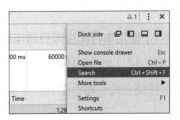

图4-5　Search

❹ 输入当前网页的内容（中文除外），如图 4-6 所示。

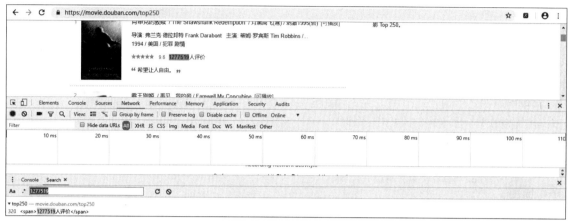

图4-6　输入搜索内容

由此可以发现，搜索的 1277519 正是请求对应的响应中的内容，然后多次重复其他内容，最终可以确定，要爬取的电影信息就在这个请求对应的响应中。也就是说，如果没有特别的反爬，则只需向这个 URL 发送请求，获取响应，然后提取里面的信息就可以完成爬虫程序了。

❺ 这个网页尾部有分页，如图 4-7 所示。

图4-7　分页

单击图 4-7 中的分页，发现分页对应的

URL，如图 4-8 所示。

页码	网址
1	https://movie.douban.com/top250?start=0&filter=
2	https://movie.douban.com/top250?start=25&filter=
3	https://movie.douban.com/top250?start=50&filter=
4	https://movie.douban.com/top250?start=75&filter=
5	https://movie.douban.com/top250?start=100&filter=
6	https://movie.douban.com/top250?start=125&filter=
7	https://movie.douban.com/top250?start=150&filter=
8	https://movie.douban.com/top250?start=175&filter=
9	https://movie.douban.com/top250?start=200&filter=
10	https://movie.douban.com/top250?start=225&filter=

图4-8　页码对应的URL

假设页码是 n，那么 URL 中的 start = $(n-1)*25$。

爬豆瓣电影 Top 250 的思路如下。

（1）向 10 个 URL 发送请求获取响应。

（2）使用 XPath 提取信息。

（3）保存数据。

按照上面的思路实现代码即可。

【范例4.1-1】使用串行爬虫爬豆瓣电影Top 250（源码路径：ch04/4.1/4.1-1.py）

范例文件 4.1-1.py 的具体实现代码如下。

```
"""使用串行爬虫爬豆瓣电影Top 250"""
```

```python
# 导入模块
import requests
import time
import random
from lxml import etree
from queue import Queue


class DouBanSpider:
    """爬虫类"""

    def __init__(self):
        """构造方法"""

        # headers: 这是主要设置User-Agent伪装成真实浏览器
        self.headers = {"User-Agent": "Mozilla/5.0 (Windows NT 10.0;
WOW64; Trident/7.0; rv:11.0) like Gecko"}
        # baseURL: 基础URL
        self.baseURL = "https://movie.douban.com/top250"
        # dataQueue: 队列存储数据
        self.dataQueue = Queue()
        # num数字编号
        self.num = 1

    def loadPage(self, url):
        """向URL发送请求，获取响应内容"""

        # 随机休眠0~1秒，避免爬虫过快，会导致爬虫被封禁
        time.sleep(random.random())
        return requests.get(url, headers=self.headers).content

    def parsePage(self, url):
        """根据起始URL提取所有的URL"""

        # 获取URL对应的响应内容
        content = self.loadPage(url)
        # XPath处理得到对应的element对象
        html = etree.HTML(content)

        # 所有的电影节点
        node_list = html.xpath("//div[@class='info']")

        # 遍历
        for node in node_list:
            # 每部电影的标题
            title = node.xpath(".//span[@class='title']/text()")[0]
            # 每部电影的评分
            score = node.xpath(".//span[@class='rating_num']/text()")[0]
            # 将数据存储到队列中
```

```
            self.dataQueue.put(score + "\t" + title)

        # 只有在第一页时才获取所有URL组成的列表，其他页就不再获取
        if url == self.baseURL:
            return [self.baseURL + link for link in html.xpath("//div[
@class='paginator']/a/@href")]

    def startWork(self):
        """爬虫入口"""

        # 第一个页面的请求，需要返回所有页面链接，并提取第一页的电影信息
        link_list = self.parsePage(self.baseURL)

        # 循环发送每个页面的请求，并获取所有电影信息
        for link in link_list:
            self.parsePage(link)

        # 循环get队列的数据，直到队列为空再退出
        while not self.dataQueue.empty():
            print(self.num)
            print(self.dataQueue.get())
            self.num += 1


if __name__ == "__main__":
    # 创建爬虫对象
    spider = DouBanSpider()
    # 开始时间
    start = time.time()
    # 开始爬虫
    spider.startWork()
    # 结束时间
    stop = time.time()
    # 打印结果
    print("\n[LOG]: %f seconds..." % (stop - start))
```

【运行结果】

```
1
9.6     肖申克的救赎
2
9.6     霸王别姬
3
…<省略中间部分输出>…
8.6     疯狂的麦克斯4：狂暴之路
250
9.1     迁徙的鸟

[LOG]: 9.308677 seconds...
```

【范例分析】

这是使用串行爬虫爬豆瓣电影 Top 250，爬取一页的电影信息后，再爬取下一页的信息。

 提示   这里将爬取的数据打印到控制台中，第 5 章会介绍如何持久化保存爬取的信息。

下面的这段代码就是循环解析这里的 URL 地址，一个解析完后再解析下一个，这就是串行爬虫。

```
# 循环发送每个页面的请求，并获取所有电影信息
for link in link_list:
    self.parsePage(link)
```

串行爬虫虽然也能使用，但是仅仅局限于小型数据的爬取，如果要爬大规模的电子商城数据，那么就太困难了。由于时间通常是限制因素，规模抓取要求爬虫以很高的速度抓取网页但又不能拖累数据质量。因此，对速度的这种要求使得爬取大规模产品数据变得极具挑战性。

怎样提高爬虫的效率呢？可以使用多任务爬虫，如果要实现多任务爬虫，就需要先了解实现多任务的一些技术。

4.2 进程

在 4.1 节中了解了串行爬虫是有局限性的，如果打破这种局限性，就需要开启多任务。而多任务的实现有进程、线程和协程 3 种方式。

下面先了解进程的概念和使用方法。

4.2.1 进程的概念

通俗地理解：编写完毕的代码，在没有运行时，称为程序。正在运行着的代码，称为进程。进程除包含代码外，还有需要运行的环境等，所以它与程序是有区别的。

进程是计算机中的程序关于某数据集合上的一次运行活动，是系统进行资源分配和调度的基本单位，是操作系统结构的基础。程序是指令、数据及其组织形式的描述，进程是程序的实体。

进程是操作系统中最基本、最重要的概念。它是多道程序系统出现后，为了刻画系统内部出现的动态情况，描述系统内部各道程序活动规律引进的一个概念。因此，所有多道程序设计操作系统都建立在进程的基础上。

进程是具有独立功能的程序关于某个数据集合上的一次运行活动，是系统进行资源分配和调度的独立单位。

进程是程序的一次执行过程，是对 CPU 的抽象，也是对正在运行程序的抽象。每个进程都具有独立的地址空间。操作系统通过调度将 CPU 的控制权交给某个进程。进程有一个标识符 PID（唯一整数），进程名不唯一。

Python 中有以下两种创建进程的方式。

（1）使用 fork() 方法创建进程。

（2）使用 multiprocessing 模块的 Process 创建进程。

4.2.2　进程的状态

进程相当于有生命周期的，这里称为有状态的，状态会发生变化。

进程的状态可分为 5 种，如图 4-9 所示。

（1）创建状态：为该进程分配运行时所必需的资源，把该进程转入就绪状态并插入就绪队列。引入创建状态是为了保证进程的调度必须是在创建工作完成之后。

（2）就绪（Ready）状态：指进程已处于准备好运行的状态，以及进程已经分配到需要的系统资源，只要获得 CPU 就可以执行。

（3）执行（Running）状态：指进程获得了 CPU，正在执行。在单处理机系统中，最多只有一个进程处于该状态。

（4）阻塞（Block）状态：指正在执行的进程，在执行过程中发生了某事件（如 I/O 请求、申请缓冲区失败等）。

（5）终止状态：等待操作系统做善后处理，将其相关资源清空，并将资源空间返还系统。当一个进程达到了自然结束点，或者出现了无法克服的错误，或者被操作系统终结，它将进入终止状态。进入终止状态的进程不能再执行，但在操作系统中保存的状态码和一些计时统计数据供其他进程收集。

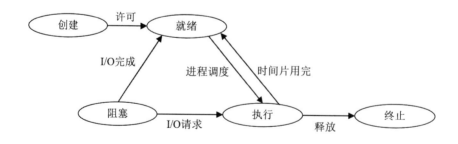

图4-9　进程的5种状态

有以下几种情况可导致进程进入阻塞状态。

（1）终端用户的需要。当终端用户在运行程序期间发现有可疑问题，希望暂停程序的运行以便研究其执行情况或做一定的修改。

（2）父进程请求。

（3）符合调节的需要。

（4）操作系统的需要。有时希望挂起某些进程以便检查运行中的资源使用情况或进行记账，分别使用挂起原语（Suspend）和激活原语（Active）对进程进行挂起或激活。

4.2.3 进程的分类

根据进程运行方式的不同，可以将其分为以下 3 种类型。

（1）普通进程：默认情况下，进程是在前台运行的，这时就把 shell 给占据了，无法进行其他操作。

（2）守护进程：如果一个进程总是以后台方式启动，并且不能受到 shell 退出影响而结束，那么通常的做法是将其创建为守护进程（daemon）。守护进程指的是系统长期运行的后台进程，类似 Windows 服务。守护进程信息通过 ps -a 无法查看到，需要用到 -x 参数，当使用这条命令时，往往还附上 -j 参数以查看作业控制信息，其中 TPGID 一栏为 -1 就是守护进程。

（3）后台进程：后台进程的文件描述符也是继承于父进程，如 shell，所以它也可以在当前终端下显示输出数据。但是守护进程变成了进程组长，其文件描述符号和控制终端没有关联，是与控制台无关的。基本上任何一个程序都可以在后台运行，但守护进程是具有特殊要求的程序，如果要脱离自己的父进程，成为自己的会话组长等，就要在代码中显式地写出来。换句话说，守护进程肯定是后台进程，否则不成立。

4.2.4 使用fork()创建进程

Python 的 os 模块封装了常见的系统调用，其中包括 fork()，可以在 Python 程序中轻松创建子进程。

【范例4.2-1】使用os模块的fork()创建进程（源码路径：ch04/4.2/4.2-1.py）

范例文件 4.2-1.py 的具体实现代码如下。

```python
"""使用os模块的fork()创建进程"""

# 导入模块
import os

# 创建子进程
pid = os.fork()
# 判断
if pid == 0:
    print('if...')
else:
    print('else...')
```

【运行结果】

```
else...
if...
```

【范例分析】

如果运行多次，则可能会得到其他的结果。是不是很奇怪？为什么与之前了解到的 if…else 结果不一样呢？

下面分析 pid = os.fork() 这句代码。

（1）程序执行到 os.fork() 时，操作系统会创建一个新的进程（子进程），然后复制父进程的所有信息到子进程中。

（2）父进程和子进程都会从 fork() 函数中得到一个返回值，在子进程中这个值一定是 0，而在父进程中这个值是子进程的 PID。

在 UNIX/Linux 操作系统中，提供了一个 fork() 函数，它非常特殊。普通函数，调用一次，返回一次，但是 fork() 函数调用一次，返回两次，因为操作系统自动把当前进程（称为父进程）复制了一份（称为子进程），然后分别在父进程和子进程内返回。

子进程始终返回 0，而父进程返回子进程的 ID。

这样做的理由是，一个父进程可以 fork() 出很多子进程，所以父进程要记下每个子进程的 ID，而子进程只需调用 getppid() 函数就可以拿到父进程的 ID。

【范例4.2-2】获取当前进程的编号和其父进程的编号（源码路径：ch04/4.2/4.2-2.py）

范例文件 4.2-2.py 的具体实现代码如下。

```python
"""获取当前进程的编号和其父进程的编号"""

# 导入模块
import os

# 创建子进程
rpid = os.fork()
# 判断
if rpid < 0:
    print("fork调用失败。")
elif rpid == 0:
    print("我是子进程（%s），我的父进程是（%s）" % (os.getpid(), os.getppid()))
else:
    print("我是父进程（%s），我的子进程是（%s）" % (os.getpid(), rpid))

print("父子进程都可以执行这里的代码")
```

【运行结果】

```
我是父进程（3511），我的子进程是（3512）
父子进程都可以执行这里的代码
```

我是子进程（3512），我的父进程是（3511）
父子进程都可以执行这里的代码

【范例分析】

（1）os.getpid() 是获取当前进程的进程编号。

（2）os.getppid() 是获取当前进程的父进程的进程编号。

4.2.5 使用multiprocessing创建进程

如果打算编写多进程的服务程序，那么 UNIX/Linux 系统无疑是正确的选择。由于 Windows 系统没有 fork() 调用，那么在 Windows 系统上无法用 Python 编写多进程的程序吗？

Python 是跨平台的，自然也应该提供一个跨平台的多进程支持。multiprocessing 模块就是跨平台版本的多进程模块。multiprocessing 是一个使用类似 threading 模块的 API 支持生成进程的软件包。该 multiprocessing 软件包提供本地和远程并发，通过使用子进程而不是线程有效地支持全局解释器锁。因此，multiprocessing 模块允许程序员充分利用给定机器上的多个处理器，可以在 UNIX 和 Windows 系统上运行。

multiprocessing 模块提供了一个 Process 类，可以用来创建进程对象，主要有以下两种方式。

（1）直接实例化 Process。

（2）继承 Process，并重写 run() 方法。

使用 Process 类创建进程对象的第 1 种方式是直接实例化 Process，相对比较简单，只需传入对应的参数即可，具体步骤如下。

（1）直接实例化 Process 类。

（2）指定 target 参数。

（3）根据需要，看是否给 target 的函数传递参数。

【范例4.2-3】启动一个子进程并等待其结束（源码路径：ch04/4.2/4.2-3.py）

范例文件 4.2-3.py 的具体实现代码如下。

```python
"""启动一个子进程并等待其结束"""

# 导入模块
from multiprocessing import Process
import os


# 子进程要执行的代码
def run_proc(name):
    print('子进程运行中, name= %s ,pid=%d...' % (name, os.getpid()))

if __name__ == '__main__':
```

```
print('父进程 %d.' % os.getpid())
p = Process(target=run_proc, args=('test',))
print('子进程将要执行')
p.start()
p.join()
print('子进程已结束')
```

【运行结果】

```
父进程 92583.
子进程将要执行
子进程运行中, name= test ,pid=92584...
子进程已结束
```

【范例分析】

（1）创建子进程时，只需传入一个执行函数和函数的参数，创建一个 Process 实例，用 start()
方法启动，这样创建进程比 fork() 还要简单。

（2）join() 方法可以等待子进程结束后再继续往下运行，通常用于进程间的同步。

Process 类的构造函数如下。

```
class multiprocessing.Process(group=None, target=None, name=None, args=),
kwargs={}, *, daemon=None)
```

在使用时，应始终使用关键字参数调用构造函数，避免参数传递错误。参数的描述，如表 4-1
所示。

表4-1　Process类的构造函数的参数描述

编号	参数	描述
1	group	应该始终为None，它仅用于兼容 threading.Thread
2	target	run()方法调用的可调用对象。它默认为None，意味着什么都没有被调用
3	name	进程名称，该名称是一个字符串，仅用于识别目的。它没有语义，可以为多个进程指定相同的名称。初始名称由构造函数设置。如果没有为构造函数提供显式名称，则构造 "Process-N_1: N_2: …: N_k" 形式的名称，其中每个N_k是其父级的第N个子级
4	args	目标调用的参数元组
5	kwargs	目标调用的关键字参数字典
6	daemon	将守护进程标志设置为True或False。如果为None（默认值），则该标志将从创建的进程继承

如果子类重写构造函数，则必须确保 Process.__init__() 在对进程执行任何其他操作之前调

用基类构造函数，以初始化参数。

Process 对象有一些属性，如表 4-2 所示。

表4-2　Process对象的一些属性

编号	属性	描述
1	name	进程的名称。该名称是一个字符串，仅用于识别目的。它没有语义，可以为多个进程指定相同的名称。初始名称由构造函数设置。如果没有为构造函数提供显式名称，则构造 "Process-N_1：N_2：…：N_k" 形式的名称，其中每个N_k是其父级的第N个子级
2	daemon	进程的守护进程标志，一个布尔值。必须在start()调用之前设置它。初始值继承自创建过程。当进程退出时，它会尝试终止其所有守护进程的子进程。需要注意的是，不允许守护进程创建子进程。否则，守护进程会在子进程退出时终止子进程。此外，这些不是UNIX守护程序或服务，它们是正常进程，如果非守护进程已退出，则它们将被终止（并且不加入）
3	pid	返回进程ID。在产生该进程之前，这将是 None
4	exitcode	子进程的退出代码。如果流程尚未终止，那么这将是None。负值–N表示子进程被信号N终止
5	authkey	进程的身份验证密钥（字节字符串）。当multiprocessing初始化时，主进程使用os.urandom()分配一个随机字符串。当创建Process对象时，它将继承其父进程的身份认证密钥，尽管可以通过将authkey设置为另一个字节字符串来更改
6	sentinel	系统对象的数字句柄，当进程结束时将变为"就绪"。如果要使用multiprocessing.connection.wait()一次等待多个事件，则可以使用此值，否则调用join()更简单。在Windows系统中，这是一个操作系统句柄，可以与WaitForSingleObject和WaitForMultipleObjects系列API调用一起使用。在UNIX系统中，这是一个文件描述符，可以使用来自select模块的原语

Process 对象有一些方法，如表 4-3 所示。

表4-3　Process对象的一些方法

编号	方法	描述
1	run()	表示进程活动的方法。可以在子类中重写此方法。标准run()方法调用传递给对象构造函数的可调用对象作为目标参数（如果有），分别从args和kwargs参数中获取顺序和关键字参数
2	start()	启动进程的活动。每个进程对象最多只能调用一次，它安排对象的run()方法在一个单独的进程中调用

续表

编号	方法	描述
3	join([timeout])	如果可选参数timeout为None（缺省值），则该方法将阻塞，直到调用join()方法的进程终止。如果timeout是一个正数，则它最多会阻塞timeout秒。需要注意的是，如果进程终止或方法超时，则该方法返回None。检查进程的exitcode以确定它是否终止。一个进程可以被join多次。进程无法join自身，因为这会导致死锁。尝试在启动进程之前join进程是错误的
4	is_alive()	返回进程是否存活。粗略地说，从start()方法返回到子进程终止之前，进程对象仍处于活动状态
5	terminate()	终止流程。在Unix系统中，这是使用SIGTERM信号完成的；在Windows上使用TerminateProcess()。需要注意的是，不会执行退出处理程序和finally子句等；进程的后代进程将不会被终止——它们将简单地变成孤立的 如果在关联进程使用管道或队列时使用此方法，则管道或队列可能会损坏，并可能无法被其他进程使用。类似地，如果进程已获得锁或信号量等，则终止它可能导致其他进程死锁

> **提示**　需要注意的是，start()、join()、is_alive()、terminate() 和 exitcode 方法只能由创建进程对象的进程调用。

为了更好地理解第 1 种创建进程的方式，下面看两个例子。

【范例4.2-4】实例化Process对象创建进程（源码路径：ch04/4.2/4.2-4.py）

范例文件 4.2-4.py 的具体实现代码如下。

```python
"""实例化Process对象创建进程"""

# 导入模块
import os
from multiprocessing import Process
from time import sleep

# 子进程要执行的代码
def run_proc(name, age, **kwargs):
    for i in range(10):
        print('子进程运行中, name= %s,age=%d ,pid=%d...' % (name, age,
os.getpid()))
        print(kwargs)
        sleep(0.5)

if __name__ == '__main__':
    print('父进程 %d.' % os.getpid())
    # 创建进程对象，并指定功能函数、参数
```

```
p = Process(target=run_proc, args=('test', 18), kwargs={"m": 20})
print('子进程将要执行')
# 启动进程
p.start()
sleep(1)
# 终止进程
p.terminate()
# 当前进程阻塞
p.join()
print('子进程已结束')
```

【运行结果】

```
父进程 21378.
子进程将要执行
子进程运行中, name= test,age=18 ,pid=21379...
{'m': 20}
子进程运行中, name= test,age=18 ,pid=21379...
{'m': 20}
子进程已结束
```

【范例分析】

（1）这里是创建 Process 对象，并指定 target 函数。

（2）start 之后，就启动了一个新的进程运行。

【范例4.2-5】获取pid和ppid（源码路径：**ch04/4.2/4.2-5.py**）

范例文件 4.2-5.py 的具体实现代码如下。

```python
"""获取pid和ppid"""

# 导入模块
import time
import os
from multiprocessing import Process


# 两个子进程将会调用的两个方法
def worker_1(interval):
    print("worker_1,父进程(%s),当前进程(%s)" % (os.getppid(), os.getpid()))
    t_start = time.time()
    time.sleep(interval)    # 程序将会被挂起interval秒
    t_end = time.time()
    print("worker_1,执行时间为'%0.2f'秒" % (t_end - t_start))


def worker_2(interval):
    print("worker_2,父进程(%s),当前进程(%s)" % (os.getppid(), os.getpid()))
    t_start = time.time()
    time.sleep(interval)
```

```
    t_end = time.time()
    print("worker_2,执行时间为'%0.2f'秒" % (t_end - t_start))


if __name__ == '__main__':
    # 输出当前程序的ID
    print("进程ID: %s" % os.getpid())

    # 创建两个进程对象，target指向这个进程对象要执行的对象名称，
    # args后面的元组中，是要传递给worker_1()方法的参数，
    # 因为worker_1()方法只有一个interval参数，这里传递一个整数2给它，
    # 如果不指定name参数，则默认的进程对象名称为Process-N，N为一个递增的整数
    p1 = Process(target=worker_1, args=(2,))
    p2 = Process(target=worker_2, name="yongGe", args=(1,))

    # 使用"进程对象名称.start()"来创建并执行一个子进程，
    # 这两个进程对象在start后，就会分别执行worker_1()和worker_2()方法中的内容
    p1.start()
    p2.start()

    # 同时父进程仍然往下执行，如果p2进程还在执行，那么将返回True
    print("p2.is_alive=%s" % p2.is_alive())

    # 输出p1和p2进程的别名和PID
    print("p1.name=%s" % p1.name)
    print("p1.pid=%s" % p1.pid)
    print("p2.name=%s" % p2.name)
    print("p2.pid=%s" % p2.pid)

    # join括号中不携带参数，表示父进程在这个位置要等待p1进程执行完成后，
    # 再继续执行下面的语句，一般用于进程间的数据同步，如果不写这一句，
    # 下面的is_alive判断将会是True，在shell（CMD）中调用这个程序时
    # 可以完整地看到这个过程，大家可以尝试着将下面的这条语句改成p1.join(1)，
    # 因为p2需要2秒以上才可能执行完成，父进程等待1秒很可能不让p1完全执行完成，
    # 所以下面的print会输出True，即p1仍然在执行
    p1.join()
    print("p1.is_alive=%s" % p1.is_alive())
```

【运行结果】

```
进程ID: 19866
p2.is_alive=True
p1.name=Process-1
p1.pid=19867
p2.name=yongGe
p2.pid=19868
worker_1,父进程(19866),当前进程(19867)
worker_2,父进程(19866),当前进程(19868)
worker_2,执行时间为'1.00'秒
worker_1,执行时间为'2.00'秒
```

```
p1.is_alive=False
```

【范例分析】

（1）os.getpid() 是获取当前进程的编号。

（2）os.getppid() 是获取当前进程的父进程的编号。

现在已经了解了创建进程的第 1 种方式，下面介绍第 2 种方式，继承 Process 创建进程对象，具体步骤如下。

（1）继承 Process。

（2）重写 run() 方法。

（3）实例化这个子类。

【范例4.2-6】继承Process创建进程（源码路径：ch04/4.2/4.2-6.py）

范例文件 4.2-6.py 的具体实现代码如下。

```python
"""继承Process创建进程"""

# 导入包
import time
import os
from multiprocessing import Process


# 继承Process类
class Process_Class(Process):
    # 因为Process类本身也有__init__()方法，这个子类相当于重写了这个方法，
    # 但这样就会带来一个问题，这里并没有完全的初始化一个Process类，
    # 所以就不能使用从这个类继承的一些方法和属性，
    # 最好的方法就是将继承类本身传递给Process.__init__()方法，完成这些初始化操作
    def __init__(self, interval):
        Process.__init__(self)
        self.interval = interval

    # 重写Process类的run()方法
    def run(self):
        print("子进程(%s) 开始执行，父进程为 (%s)" % (os.getpid(), os.getppid()))
        t_start = time.time()
        time.sleep(self.interval)
        t_stop = time.time()
        print("(%s)执行结束，耗时%0.2f秒" % (os.getpid(), t_stop - t_start))


if __name__ == "__main__":
    t_start = time.time()
    print("当前程序进程(%s)" % os.getpid())
    # 创建进程对象
    p1 = Process_Class(2)
```

```
# 对一个不包含target属性的Process类执行start()方法,
# 就会运行这个类中的run()方法, 所以这里会执行p1.run()
p1.start()
# 当前进程阻塞, 直到p1结束
p1.join()
t_stop = time.time()
print("(%s)执行结束, 耗时%0.2f" % (os.getpid(), t_stop - t_start))
```

【运行结果】

```
当前程序进程(12084)
子进程(8140) 开始执行, 父进程为 (12084)
(8140)执行结束, 耗时2.00秒
(12084)执行结束, 耗时2.30
```

【范例分析】

（1）Process_Class 继承了 Process 并重写了 run() 方法。

（2）p1 = Process_Class(2) 表示 p1 是 Process_Class 类的对象。

（3）p1.start 表示进程开始启动进入就绪队列。

目前已经了解了使用 multiprocessing 模块提供的 Process 类来创建进程对象的两种方式，其对比如下。

（1）直接实例化指定 target 函数，代码简单，如果做一些小的测试，那么建议使用。

（2）继承类符合面向对象继承的思想，如果业务逻辑复杂，那么建议使用继承类，也更好理解。

4.2.6　进程池Pool

当需要创建的子进程数量不多时，可以直接利用 multiprocessing 中的 Process 动态生成多个进程，但如果是上百甚至上千个目标，手动去创建进程的工作量巨大，此时就可以用到 multiprocessing 模块提供的 Pool 方法。

初始化 Pool 时，可以指定一个最大进程数，当有新的请求提交到 Pool 中时，如果池还没有满，就会创建一个新的进程来执行该请求；但如果池中的进程数已经达到指定的最大值，那么该请求就会等待，直到池中有进程结束，才会创建新的进程来执行。

【范例4.2-7】进程池的实现（源码路径：ch04/4.2/4.2-7.py）

范例文件 4.2-7.py 的具体实现代码如下。

```
"""进程池的实现"""

# 导入模块
import os
import time
import random
from multiprocessing import Pool
```

```
# 功能函数
def worker(msg):
    # 开始时间
    t_start = time.time()
    print("%s开始执行,进程号为%d" % (msg, os.getpid()))
    # random.random()随机生成0~1之间的浮点数
    time.sleep(random.random() * 2)
    # 结束时间
    t_stop = time.time()
    print(msg, "执行完毕，耗时%0.2f" % (t_stop - t_start))


if __name__ == '__main__':
    # 定义一个进程池，最大进程数为3
    po = Pool(3)
    # 循环添加任务
    for i in range(0, 10):
        # Pool.apply_async(要调用的目标，(传递给目标的参数元组,))
        # 每次循环将会用空闲出来的子进程去调用目标
        po.apply_async(worker, (i,))
print("----start----")
# 关闭进程池，关闭后po不再接收新的请求
po.close()
# 等待po中所有子进程执行完成，必须放在close语句之后
    po.join()
    print("-----end-----")
```

【运行结果】

```
----start----
0开始执行,进程号为11556
1开始执行,进程号为10640
2开始执行,进程号为1184
2 执行完毕，耗时0.90
3开始执行,进程号为1184
1 执行完毕，耗时1.13
4开始执行,进程号为10640
0 执行完毕，耗时1.66
5开始执行,进程号为11556
3 执行完毕，耗时1.71
6开始执行,进程号为1184
4 执行完毕，耗时1.64
7开始执行,进程号为10640
7 执行完毕，耗时0.54
8开始执行,进程号为10640
5 执行完毕，耗时1.98
9开始执行,进程号为11556
6 执行完毕，耗时1.05
```

```
9 执行完毕，耗时0.34
8 执行完毕，耗时1.01
-----end-----
```

【范例分析】

（1）po = Pool(3) 表示定义一个进程池，最大进程数为 3。

（2）po.apply_async(worker, (i,)) 表示异步添加任务 worker 和对应的参数 i。

（3）po.close() 表示关闭进程池，这里的关闭并不是不用了，而是关闭后 po 不再接收新的请求。

（4）po.join() 表示等待 po 中所有子进程执行完成，必须放在 close 语句之后。

multiprocessing.Pool 对象有一些属性，如表 4-4 所示。

表4-4　multiprocessing.Pool的一些属性

编号	方法	描述
1	apply_async(func[, args[, kwds]])	使用非阻塞方式调用func（并行执行，堵塞方式必须等待上一个进程退出才能执行下一个进程），args为传递给func的参数列表，kwds为传递给func的关键字参数列表
2	apply(func[, args[, kwds]])	使用阻塞方式调用func
3	close()	关闭Pool，使其不再接受新的任务
4	terminate()	不管任务是否完成，立即终止
5	join()	主进程阻塞，等待子进程的退出，必须在close或terminate之后使用

apply 是阻塞式添加任务的。

【范例4.2-8】阻塞式任务（源码路径：ch04/4.2/4.2-8.py）

范例文件 4.2-8.py 的具体实现代码如下。

```python
"""阻塞式任务"""

# 导入模块
import os
import time
import random
from multiprocessing import Pool


# 功能函数
def worker(msg):
    # 开始时间
    t_start = time.time()
```

```
    print("%s开始执行,进程号为%d" % (msg, os.getpid()))
    # random.random()随机生成0~1之间的浮点数
    time.sleep(random.random() * 2)
    # 结束时间
    t_stop = time.time()
    print(msg, "执行完毕，耗时%0.2f" % (t_stop - t_start))


if __name__ == '__main__':
    # 定义一个进程池，最大进程数为3
    po = Pool(3)
    # 循环添加任务
    for i in range(0, 10):
        po.apply(worker, (i,))

print("----start----")
# 关闭进程池，关闭后po不再接收新的请求
po.close()
# 等待po中所有子进程执行完成，必须放在close语句之后
    po.join()
    print("-----end-----")
```

【运行结果】

```
0开始执行,进程号为7840
0 执行完毕，耗时1.26
1开始执行,进程号为11704
1 执行完毕，耗时1.93
2开始执行,进程号为9528
2 执行完毕，耗时0.87
3开始执行,进程号为7840
3 执行完毕，耗时1.37
4开始执行,进程号为11704
4 执行完毕，耗时0.24
5开始执行,进程号为9528
5 执行完毕，耗时1.40
6开始执行,进程号为7840
6 执行完毕，耗时0.91
7开始执行,进程号为11704
7 执行完毕，耗时0.02
8开始执行,进程号为9528
8 执行完毕，耗时0.32
9开始执行,进程号为7840
9 执行完毕，耗时0.44
----start----
-----end-----
```

【范例分析】

（1）通过上面两个代码，可以看出 apply_async 和 apply 的区别。

175

（2）前者是异步，3 个进程并发的执行任务，执行完一个后，分配下一个任务再继续，直到所有任务完成。

（3）后者是非异步，只能一个进程来执行任务，这次执行完毕，下一次进程执行下一个任务。

4.2.7　进程间通信

Process 之间有时需要通信，操作系统提供了很多机制来实现进程间的通信。这里使用队列，队列是先进先出（FIFO），即队列的修改是以先进先出的原则进行的。新来的成员总是加入队尾（不能从中间插入），每次离开的成员总是队列头上的（不允许中途离队）。

可以使用 multiprocessing 模块的 Queue 实现多进程之间的数据传递，Queue 本身是一个消息列队程序。下面用一个例子来演示 Queue 的工作原理。

【范例4.2-9】Queue的一些方法（源码路径：ch04/4.2/4.2-9.py）

范例文件 4.2-9.py 的具体实现代码如下。

```python
"""Queue的一些方法"""

from multiprocessing import Queue

# 初始化一个Queue对象，最多可接收3条put消息
q = Queue(3)
# put是入队
q.put("消息1")
q.put("消息2")
# full是判断队列是否放满了，这里是False
print(q.full())
q.put("消息3")
# True
print(q.full())  # True

# 因为消息列队已满，所以下面的try都会抛出异常，
# 第一个try会等待2秒后再抛出异常，第二个try会立刻抛出异常
try:
    q.put("消息4", True, 2)
except:
    print("消息列队已满，现有消息数量:%s" % q.qsize())

try:
    q.put_nowait("消息4")
except:
    print("消息列队已满，现有消息数量:%s" % q.qsize())

# 推荐的方式，先判断消息列队是否已满，再写入
if not q.full():
```

```
    q.put_nowait("消息4")

# 读取消息时，先判断消息列队是否为空，再读取
if not q.empty():
    for i in range(q.qsize()):
        print(q.get_nowait())
```

【运行结果】

```
False
True
消息列队已满，现有消息数量:3
消息列队已满，现有消息数量:3
消息1
消息2
消息3
```

【范例分析】

（1）Queue 主要使用 put 和 get 来存取数据。

（2）put 和 get 的特点是先进先出。

初始化 Queue() 对象时，如果括号中没有指定最大可接收的消息数量，或者数量为负值，那么就代表可接受的消息数量没有上限（直到内存的尽头）。Queue() 对象有一些方法，如表4-5所示。

表4-5　Queue()对象的一些方法

编号	方法	描述
1	qsize()	返回当前队列包含的消息数量
2	empty()	如果队列为空，则返回True，否则返回False
3	full()	如果队列满了，则返回True，否则返回False
4	get([block[, timeout]])	获取队列中的一条消息，然后将其从队列中移除，block默认值为True。如果block使用默认值，且没有设置timeout（单位秒），那么消息队列如果为空，则此时程序将被阻塞（停在读取状态），直到从消息队列读到消息为止；如果设置了timeout，则会等待timeout秒，如果还没读取到任何消息，则抛出Queue.Empty异常。如果block值为False，且消息列队为空，则会立刻抛出Queue.Empty异常
5	get_nowait()	相当于Queue.get(False)

续表

编号	方法	描述
6	put(item, [block[, timeout]])	将item消息写入队列，block默认值为True。如果block使用默认值，且没有设置timeout（单位秒），那么消息队列如果已经没有空间可写入，则此时程序将被阻塞（停在写入状态），直到从消息队列腾出空间为止；如果设置了timeout，则会等待timeout秒，如果还没空间，则抛出Queue.Full异常。如果block值为False，且消息队列没有空间可写入，则会立刻抛出Queue.Full异常
7	put_nowait(item)	相当于Queue.put(item, False)

为了更好地理解 Queue 的使用，下面看一个例子。

在父进程中创建两个子进程，一个往 Queue 中写数据，另一个从 Queue 中读数据。

【范例4.2-10】使用Queue完成通信（源码路径：ch04/4.2/4.2-10.py）

范例文件 4.2-10.py 的具体实现代码如下。

```python
"""使用Queue完成通信"""

# 导入模块
import os
import time
import random
from multiprocessing import Process, Queue


# 写数据进程执行的代码
def write(q):
    for value in ['A', 'B', 'C']:
        print('Put %s to queue...' % value)
        q.put(value)
        time.sleep(random.random())


# 读数据进程执行的代码
def read(q):
    while True:
        if not q.empty():
            value = q.get(True)
            print('Get %s from queue.' % value)
            time.sleep(random.random())
        else:
            break
```

```
if __name__ == '__main__':
    # 父进程创建Queue，并传给各个子进程
    q = Queue()
    pw = Process(target=write, args=(q,))
    pr = Process(target=read, args=(q,))
    # 启动子进程pw，写入
    pw.start()
    # 等待pw结束
    pw.join()
    # 启动子进程pr，读取
    pr.start()
    pr.join()

    print('所有数据都写入并读完')
```

【运行结果】

```
Put A to queue...
Put B to queue...
Put C to queue...
Get A from queue.
Get B from queue.
Get C from queue.
所有数据都写入并读完
```

【范例分析】

（1）pw 进程和 pr 进程使用的是同一个队列参数。

（2）pw 启动后，开始写。pr 启动后，开始读。

（3）pr 读到的信息与 pw 写的一致，表示一次通信完成。

进程池中的进程通信也需要使用 Queue，但是是另外一个 Queue，是 multiprocessing.Manager() 中的 Queue()，而不是 multiprocessing.Queue()，如果使用错误，就会得到一条错误信息，代码如下。

```
RuntimeError: Queue objects should only be shared between processes
through inheritance
```

下面的实例演示了进程池中的进程是如何通信的。

【范例4.2-11】进程池使用的Queue（源码路径：ch04/4.2/4.2-11.py）

范例文件 4.2-11.py 的具体实现代码如下。

```
"""进程池使用的Queue"""

# 导入模块
import os
import time
import random
# 修改import中的Queue为Manager
```

```
from multiprocessing import Manager, Pool


# 写数据进程执行的代码
def reader(q):
    print("reader启动(%s),父进程为(%s)" % (os.getpid(), os.getppid()))
    for i in range(q.qsize()):
        print("reader从Queue获取到消息:%s" % q.get(True))


# 读数据进程执行的代码
def writer(q):
    print("writer启动(%s),父进程为(%s)" % (os.getpid(), os.getppid()))
    for i in "yongGe":
        q.put(i)


if __name__ == "__main__":
    print("(%s) start" % os.getpid())
    # 使用Manager中的Queue来初始化
    q = Manager().Queue()
    po = Pool()
    # 使用阻塞模式创建进程,这样就不需要在reader中使用死循环了,
    # 可以让writer执行完成后,再用reader去读取
    po.apply(writer, (q,))
    po.apply(reader, (q,))
    po.close()
    po.join()
    print("(%s) End" % os.getpid())
```

【运行结果】

```
(9384) start
writer启动(11448),父进程为(9384)
reader启动(11992),父进程为(9384)
reader从Queue获取到消息: y
reader从Queue获取到消息: o
reader从Queue获取到消息: n
reader从Queue获取到消息: g
reader从Queue获取到消息: G
reader从Queue获取到消息: e
(9384) End
```

【范例分析】

（1）进程池使用来自 Manager 中的 Queue。

（2）其他功能与进程中使用 Queue 一致。

4.3 线程

在 4.2 节中已经了解了多任务，并且使用多进程实现了多任务。下面介绍如何使用线程完成多任务，以及线程与进程的区别。

4.3.1 线程的概念

进程能够完成多任务，如在一台电脑上能够同时运行多个 QQ。线程能够完成多任务，如一个 QQ 中可以打开多个聊天窗口。

进程是系统进行资源分配和调度的一个独立单位；线程是进程的一个实体，是 CPU 调度和分派的基本单位，它是比进程更小的能独立运行的基本单位。线程基本上不拥有系统资源，只拥有一些在运行中必不可少的资源（如程序计数器、一组寄存器和栈），但是它可与同属一个进程的其他的线程共享进程所拥有的全部资源。

一个程序至少有一个进程，一个进程至少有一个线程。线程的划分尺度小于进程（资源比进程少），使得多线程程序的并发性高。进程在执行过程中拥有独立的内存单元，而多个线程共享内存，从而极大地提高了程序的运行效率。线程不能独立执行，必须依存在进程中。

4.3.2 线程的状态

类似进程，线程也有 5 种状态，状态转换的过程如图 4-10 所示。

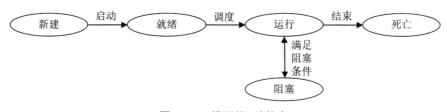

图4-10　线程的5种状态

线程的 5 种状态与进程类似，具体解释可参照 4.2.2 小节。

4.3.3 创建线程

Python 的 thread 模块是比较底层的模块，Python 的 threading 模块对 thread 做了一些包装，可以更加方便地被使用。与使用 multiprocessing 模块中的 Process 类创建进程对象相似。

threading 模块提供了一个 Thread 类来代表一个进程对象，类似创建进程，它也有两种方式。

（1）直接实例化 Thread。

（2）继承 Thread，并重写 run() 方法。

使用 Thread 类创建线程对象的第 1 种方式是直接实例化 Thread，相对比较简单，只需传入对应的参数即可，具体步骤如下。

（1）直接实例化 Thread 类。

（2）指定 target 参数。

（3）根据需要，看是否给 target 的函数传递参数。

下面看两个例子：单线程和多线程。

【范例4.3-1】单线程（源码路径：ch04/4.3/4.3-1.py）

范例文件 4.3-1.py 的具体实现代码如下。

```python
"""单线程"""

# 导入模块
import time


def sayHello():
    print("Hello...")
    # 休眠1秒
    time.sleep(1)


if __name__ == "__main__":
    # 开始时间
    t_start = time.time()

    # 循环调用5次
    for i in range(5):
        sayHello()

    # 结束时间
    t_stop = time.time()

    print("结束，耗时%0.2f秒" % (t_stop - t_start))
```

【运行结果】

```
Hello...
Hello...
Hello...
Hello...
Hello...
```

结束，耗时5.00秒

【范例分析】

默认只有一个主线程，从上往下依次运行代码。

【范例4.3-2】多线程（源码路径：ch04/4.3/4.3-2.py）

范例文件 4.3-2.py 的具体实现代码如下。

```python
"""多线程"""

# 导入模块
import time
import threading


def sayHello():
    print("Hello...")
    # 休眠1秒
    time.sleep(1)


if __name__ == "__main__":
    # 开始时间
    t_start = time.time()

    # 循环调用5次
    for i in range(5):
        # 创建线程
        t = threading.Thread(target=sayHello)
        # 启动线程，即让线程开始执行
        t.start()

    # 结束时间
    t_stop = time.time()

    print("结束，耗时%0.2f秒" % (t_stop - t_start))
```

【运行结果】

```
Hello...
Hello...
Hello...
Hello...
Hello...
结束，耗时0.00秒
```

【范例分析】

（1）threading.Thread(target=sayHello) 与进程类似，这里创建了一个线程对象，并指定了任务函数。在 start 之后进入就绪队列，任务函数等待被执行。

（2）通过结果可以明显看出，使用多线程并发的操作，花费时间要短很多。

（3）创建好的线程，需要调用 start() 方法来启动，这样线程对应的功能函数才会被执行。

Thread 类的构造函数如下。

```
class threading.Thread(group=None, target=None, name=None, args=(),
kwargs={}, *, daemon=None)
```

在使用时，应始终使用关键字参数调用构造函数，避免参数传递错误。参数的描述如表4-6所示。

表4-6　Thread类的构造函数的参数描述

编号	参数	描述
1	group	应该为None，在实现ThreadGroup类时为将来的扩展保留
2	target	run()方法调用的可调用函数对象。它默认为None，意味着什么都没有被调用
3	name	name是线程名称。默认情况下，唯一名称由"Thread-N"形式构成，其中N是小十进制数
4	args	目标调用的参数元组
5	kwargs	目标调用的关键字参数字典
6	daemon	将守护线程标志设置为True或False。如果设置为None（默认值），则该标志将从创建的线程继承

如果子类重写构造函数，则必须确保 Thread.__init__() 在对线程执行任何其他操作之前调用基类构造函数，以初始化参数。

Thread 对象有一些属性，如表 4-7 所示。

表4-7　Thread对象的一些属性

编号	属性	描述
1	name	字符串仅用于识别目的，它没有语义。多个线程可以赋予相同的名称，初始名称由构造函数设置
2	daemon	一个布尔值，指示此线程是否为守护程序线程（True）或不是（False）。必须在start()调用之前设置，否则会引发RuntimeError异常。它的初始值继承自创建线程；主线程不是守护程序线程，因此在主线程中创建的所有线程都默认为 daemon= False。当没有存活的非守护进程线程时，整个Python程序退出

续表

编号	属性	描述
3	ident	此线程的"线程标识符"，如果线程尚未启动，则为None，这是一个非零整数。当线程退出并创建另一个线程时，可以回收线程标识符。即使在线程退出后，该标识符也可用

Thread 对象有一些方法，如表 4-8 所示。

表4-8　Thread对象的一些方法

编号	方法	描述
1	run()	表示线程活动的方法，可以在子类中重写此方法。标准run()方法调用传递给对象构造函数的可调用对象作为目标参数（如果有），分别从args和kwargs参数中获取顺序和关键字参数
2	start()	启动线程的活动。每个线程对象最多只能调用一次。它安排对象的run()方法在一个单独的控制线程中调用。如果在同一个线程对象上多次调用此方法，则会引发RuntimeError异常
3	join([timeout])	等待线程终止。这将阻塞调用线程，直到调用其join()方法的线程终止。当timeout参数存在且不为None时，它应该是一个浮点数，用于指定操作的超时（以秒为单位）。由于join()总是返回None，所以必须在join()后调用is_alive()来判断是否发生了超时。如果线程还处于活动状态，则join()调用超时。当timeout参数不存在或为None时，这个操作将阻塞直到线程终止。一个线程可以被join()很多次。如果尝试加入当前线程，则会导致死锁，join()会引发RuntimeError异常。如果尝试join()一个尚未开始的线程，则也会引发相同的异常
4	is_alive()	返回线程是否存活。此方法在run()方法启动之前返回True，直到run()方法终止之后。模块函数enumerate()返回所有活动线程的列表
5	getName() setName()	旧的getter / setter API用于name，直接将其用作属性
6	isDaemon() setDaemon()	旧的getter / setter API用于daemon，直接将其用作属性

> **提示**　需要注意的是，start()、join()、is_alive()方法只能由创建线程对象的过程调用。在CPython中，由于Global Interpreter Lock的存在，在同一时刻只有一个线程可以执行Python代码（即使某些面向性能的库可能会克服此限制）。如果希望应用程序更好地利用多核计算机的计算资源，那么建议使用 multiprocessing 或 concurrent.futures.ProcessPoolExecutor。但是，如果要同时运行多个I/O绑定任务，则线程仍然是一个合适的模型。

为了更好地理解第 1 种创建线程的方式，下面看 3 个例子。

【范例4.3-3】实例化创建线程对象（源码路径：ch04/4.3/4.3-3.py）

范例文件 4.3-3.py 的具体实现代码如下。

```python
"""实例化创建线程对象"""

# 导入模块
import threading
import random
import time


# 功能函数-唱歌
def sing():
    # 循环
    for i in range(10):
        print("sing...%d" % i)
        # 休眠1秒
        time.sleep(random.random())


# 功能函数-跳舞
def dance():
    # 循环
    for i in range(10):
        print("跳舞...%d" % i)
        # 休眠1秒
        time.sleep(random.random())


if __name__ == '__main__':
    print('---开始---:%s' % time.ctime())

    # 创建线程对象t1，并执行功能函数sing
    t1 = threading.Thread(target=sing)
    # 创建线程对象t2，并执行功能函数dance
    t2 = threading.Thread(target=dance)

    # 启动t1
    t1.start()
    # 启动t2
    t2.start()

    # 当前线程阻塞，直到t1执行结束
    t1.join()
    # 当前线程阻塞，直到t2执行结束
    t2.join()

    print('---结束----:%s' % time.ctime())
```

【运行结果】

```
---开始---:Mon Dec 31 21:30:18 2018
sing...0
跳舞...0
sing...1
sing...2
跳舞...1
sing...3
跳舞...2
sing...4
跳舞...3
sing...5
sing...6
跳舞...4
跳舞...5
跳舞...6
sing...7
sing...8
sing...9
跳舞...7
跳舞...8
跳舞...9
---结束---:Mon Dec 31 21:30:25 2018
```

【范例分析】

（1）t1 和 t2 线程启动后，开始并发执行。

（2）在 join 时，主线程等待其结束后再运行。

【范例4.3-4】获取线程的个数（源码路径：ch04/4.3/4.3-4.py）

范例文件 4.3-4.py 的具体实现代码如下。

```python
"""获取线程的个数"""

# 导入模块
import threading
import random
import time


# 功能函数-唱歌
def sing():
    # 循环
    for i in range(10):
        print("sing...%d" % i)
        # 休眠0~1秒
        time.sleep(random.random())
```

```
#  功能函数-跳舞
def dance():
    # 循环
    for i in range(10):
        print("跳舞...%d" % i)
        # 休眠0~1秒
        time.sleep(random.random())


if __name__ == '__main__':
    print('---开始---:%s' % time.ctime())

    # 创建线程对象t1，并执行功能函数sing
    t1 = threading.Thread(target=sing)
    # 创建线程对象t2，并执行功能函数dance
    t2 = threading.Thread(target=dance)

    # 启动t1
    t1.start()
    # 启动t2
    t2.start()

    while True:
        lenqth = len(threading.enumerate())
        print('当前运行的线程数为：%d' % length)
        if length <= 1:
            break
        # 休眠0~1秒
        time.sleep(random.random())
    print('---结束---:%s' % time.ctime())
```

【运行结果】

```
---开始---:Tue Jan  1 20:19:41 2019
sing...0
当前运行的线程数为：3
跳舞...0
当前运行的线程数为：3
sing...1
跳舞...1
sing...2
当前运行的线程数为：3
sing...3
跳舞...2
当前运行的线程数为：3
当前运行的线程数为：3
sing...4
跳舞...3
当前运行的线程数为：3
```

```
sing...5
跳舞...4
跳舞...5
跳舞...6
当前运行的线程数为: 3
sing...6
sing...7
跳舞...7
当前运行的线程数为: 3
sing...8
跳舞...8
当前运行的线程数为: 3
sing...9
跳舞...9
当前运行的线程数为: 3
当前运行的线程数为: 3
当前运行的线程数为: 1
---结束---:Tue Jan  1 20:19:47 2019
```

【范例分析】

　　len(threading.enumerate()) 表示当前运行线程的个数。

【范例4.3-5】继承创建线程对象（源码路径：ch04/4.3/4.3-5.py）

　　范例文件 4.3-5.py 的具体实现代码如下。

```python
"""继承创建线程对象"""

# 导入模块
import threading
import time
import random


# 线程类，继承Thread，重写run()方法
class MyThread(threading.Thread):
    def run(self):
        for i in range(5):
            time.sleep(random.random())
            # name属性中保存的是当前线程的名称
            msg = "I'm " + self.name + ' @ ' + str(i)
            print(msg)


if __name__ == '__main__':
    # 创建线程对象
    t = MyThread()
    # 启动
    t.start()
```

【运行结果】

```
I'm Thread-1 @ 0
I'm Thread-1 @ 1
I'm Thread-1 @ 2
I'm Thread-1 @ 3
I'm Thread-1 @ 4
```

【范例分析】

（1）与进程类似，这里继承了 Thread 类，重写了 run() 方法。

（2）在线程对象 start 之后，会执行 run() 方法中的代码。

4.3.4 GIL

如果你拥有一个多核 CPU，那么你肯定在想，多核应该可以同时执行多个线程。

如果写一个死循环，那么会出现什么情况呢？

打开 Ubuntu 的 htop 命令，或者 Windows 的 Task Manager，都可以监控某个进程的 CPU 使用率。

可以监控到一个死循环线程会 100% 占用一个 CPU。

如果有两个死循环线程，那么在多核 CPU 中，可以监控到会占用 200% 的 CPU，也就是占用两个 CPU 核心。

如果把 N 核 CPU 的核心全部跑满，就必须启动 N 个死循环线程。

下面试着用 Python 写个死循环。

【范例4.3-6】死循环（源码路径：ch04/4.3/4.3-6.py）

范例文件 4.3-6.py 的具体实现代码如下。

```python
"""死循环"""

# 导入模块
import threading, multiprocessing


def loop():
    x = 0
    while True:
        x = x ^ 1


# multiprocessing.cpu_count()当前CPU的数量
for i in range(multiprocessing.cpu_count()):
    # 创建线程
    t = threading.Thread(target=loop)
    # 启动
    t.start()
```

【运行结果】

```
0
1
0
1
0
···<省略以下输出>···
```

【范例分析】

（1）启动与 CPU 核心数量相同的 N 个线程，在 4 核 CPU 上可以监控到 CPU 占用率仅有 102%，也就是仅使用了一核。

（2）但是用 C、C++ 或 Java 来改写相同的死循环，直接可以把全部核心跑满，4 核就跑到 400%，8 核就跑到 800%，为什么 Python 不行呢？因为 Python 的线程虽然是真正的线程，但解释器执行代码时，有一个 GIL 锁：Global Interpreter Lock，任何 Python 线程执行前，必须先获得 GIL 锁，然后每执行 100 条字节码，解释器就自动释放 GIL 锁，让其他线程有机会执行。这个 GIL 全局锁实际上把所有线程的执行代码都上了锁，所以多线程在 Python 中只能交替执行，即使 100 个线程跑在 100 核 CPU 上，也只能用到 1 个核。

GIL 是 Python 解释器设计的历史遗留问题，通常用的解释器是官方实现的 CPython，要真正利用多核，除非重写一个不带 GIL 的解释器。

所以，在 Python 中，可以使用多线程，但不要指望能有效利用多核。如果一定要通过多线程利用多核，那么只能通过 C 扩展来实现，但这样就失去了 Python 简单易用的特点。

综上所述，Python 虽然不能利用多线程实现多核任务，但可以通过多进程实现多核任务。多个 Python 进程有各自独立的 GIL 锁，互不影响。

4.4 锁

在 4.3.4 小节中介绍 GIL 时已经了解了锁的一些概念，锁是一把双刃剑，既可以让程序保证安全性，又可以降低程序的速度，甚至造成死锁。下面详细介绍锁的概念和使用。

4.4.1 同步的概念

同步不是一起的意思，是协同步调。

假设两个线程 t1 和 t2 都要对 num=0 进行增 1 运算，t1 和 t2 各对 num 修改 10 次，num 的最终结果应该为 20。

但是，由于是多线程访问，有可能出现如下情况。

在 num=0 时，t1 取得 num=0。此时系统把 t1 调度为 "sleeping" 状态，把 t2 转换为 "running" 状态，t2 也获得 num=0。然后 t2 对得到的值进行加 1 并赋给 num，使得 num=1。之后系统又把 t2 调度为 "sleeping"，把 t1 转换为 "running"。线程 t1 又把它之前得到的 0 加 1 后赋值给 num。这样，虽然 t1 和 t2 都完成了一次加 1 工作，但结果仍然是 num=1。

下面看多线程操作全局变量可能出现的问题。

【范例4.4-1】多线程造成的问题（源码路径：ch04/4.4/4.4-1.py）

范例文件 4.4-1.py 的具体实现代码如下。

```python
"""多线程造成的问题"""

# 导入模块
import time
from threading import Thread

# 全局变量
g_num = 0


# 功能函数1
def test1():
    global g_num
    for i in range(1000000):
        g_num += 1

    print("---test1---g_num=%d" % g_num)


# 功能函数2
def test2():
    global g_num
    for i in range(1000000):
        g_num += 1

    print("---test2---g_num=%d" % g_num)


if __name__ == '__main__':
    p1 = Thread(target=test1)
    p1.start()

    # time.sleep(3)  # 取消屏蔽之后，再次运行程序，结果会不一样

    p2 = Thread(target=test2)
    p2.start()

    print("---g_num=%d---" % g_num)
```

【运行结果】

```
---g_num=167807---
---test1---g_num=1297201
---test2---g_num=1278514
```

运行结果可能不一样，但是结果往往不是 2000000。

取消对 sleep 的注释之后，再次运行，结果如下。

```
---test1---g_num=1000000
---g_num=1011662---
---test2---g_num=2000000
```

【范例分析】

（1）g_num += 1 可以理解为 g_num = g_num+1，这里其实是两个操作：等号右侧是加 1 的计算和将加 1 的结果赋值给左侧的 g_num。

（2）例如，在线程 p1 中，g_num 此时是 100，加 1 后是 101，即将给 g_num 赋值，但此时失去了 CPU 的使用权，切换给其他线程了，如这里的 p2，此时 p2 执行 g_num += 1 了 100 次，将 g_num 改成了 200，这时 p2 失去了 CPU 的使用权，切换给 p1 了，p1 获取 CPU 的使用权后，还继续刚才的操作，将 101 赋值给 g_num，这就造成了数据的混乱。

其实问题产生的原因就是没有控制多个线程对同一资源（全局变量）的访问，对数据造成破坏，使得线程运行的结果不可预期。这种现象称为"线程不安全"。那么解决这样的问题，就需要使用互斥锁，下面进行详细介绍。

4.4.2　互斥锁

当多个线程几乎同时修改某一个共享数据时，需要进行同步控制。线程同步能够保证多个线程安全访问竞争资源，最简单的同步机制是引入互斥锁。

互斥锁为资源引入一个状态：锁定 / 非锁定。

当某个线程要更改共享数据时，先将其锁定，此时资源的状态为"锁定"，其他线程不能更改；直到该线程释放资源，将资源的状态变成"非锁定"，其他的线程才能再次锁定该资源。互斥锁保证了每次只有一个线程进行写入操作，从而保证了多线程情况下数据的正确性。

threading 模块中定义了 Lock 类，可以方便地处理锁定，使用方法如下。

```
# 创建锁
mutex = threading.Lock()
# 锁定
mutex.acquire([blocking])
# 释放
mutex.release()
```

下面介绍 acquire() 和 release() 这两个方法，如表 4-9 所示。

表4-9　acquire()方法和release()方法

编号	参数	描述
1	acquire(blocking= True, timeout=-1)	获取锁，阻止或非阻止。如果设定blocking为True，则当前线程会堵塞，直到获取到这个锁为止（如果没有指定，则默认为True）；如果设定blocking为False，则当前线程不会堵塞。在浮点型timeout参数设置为正值的情况下调用时，只要无法获得锁，将最多阻塞timeout指定的秒数。timeout参数被设置为-1时将无限的等待。当blocking为False时，timeout指定的值将被忽略。如果成功获取锁，则返回True，否则返回False（例如，超时到期）
2	release()	释放一个锁，这可以从任何线程调用，而不仅仅是已获得锁的线程。当锁被锁定时，将其重置为解锁状态并返回。如果阻止任何其他线程等待锁解锁，则只允许其中一个继续执行。在unlocked 锁上调用时，会引发RuntimeError异常

为了更好地理解锁的使用，下面使用互斥锁解决 4.4.1 小节中的问题。

【范例4.4-2】使用互斥锁解决多线程操作全局变量的问题（源码路径：ch04/4.4/4.4-2.py）

范例文件 4.4-2.py 的具体实现代码如下。

```python
"""使用互斥锁解决多线程操作全局变量的问题"""

# 导入模块
import time
from threading import Thread, Lock

# 全局变量
g_num = 0


# 功能函数1
def test1():
    global g_num
    for i in range(1000000):
        # True表示堵塞，即如果这个锁在上锁之前已经被上锁了，
        # 那么这个线程会在这里一直等待直到解锁为止
        # False表示非堵塞，即不管本次调用是否能够成功上锁，
        # 都不会卡在这里，而是继续执行下面的代码
        mutexFlag = mutex.acquire(True)
        if mutexFlag:
            g_num += 1
            mutex.release()

    print("---test1---g_num=%d" % g_num)
```

```
# 功能函数2
def test2():
    global g_num
    for i in range(1000000):
        mutexFlag = mutex.acquire(True)   # True表示堵塞
        if mutexFlag:
            g_num += 1
            mutex.release()

    print("---test2---g_num=%d" % g_num)


if __name__ == '__main__':
    # 创建一个互斥锁
    # 这个锁默认是未上锁的状态
    mutex = Lock()

    # 创建线程
    p1 = Thread(target=test1)
    # 启动
    p1.start()
```

【运行结果】

```
---g_num=17832---
---test1---g_num=1983553
---test2---g_num=2000000
```

【范例分析】

（1）在上面的例子中已经分析了，产生数据混乱的原因在于 g_num += 1 没有运行完毕，CPU 的使用权可能切换到其他线程了。现在将这行代码使用锁，p1 和 p2 使用同一个锁对象，比如 p1 先执行，mutex.acquire(True) 成功上锁返回 True，然后执行 if 中的 g_num += 1，此时如果 CPU 的使用权切换给了 p2，则 p2 在执行 mutex.acquire(True) 时会阻塞在那里，无法上锁，直到切换到 p1 为止，p1 调用了 mutex.release() 释放锁，则 p2 才可以获取锁。

（2）这样就保证了无论 p1 和 p2 哪一方获取锁，都可以完整地执行 g_num += 1 操作，然后释放锁。

（3）由此可以看到，加入互斥锁后，运行结果与预期相符。

上锁和解锁的过程如下。

（1）当一个线程调用锁的 acquire() 方法获得锁时，锁就进入 "locked" 状态。

（2）每次只有一个线程可以获得锁。如果此时另一个线程试图获得这个锁，该线程就会变为 "blocked" 状态，称为"阻塞"，直到拥有锁的线程调用锁的release()方法释放锁之后,锁进入"unlocked" 状态。

（3）线程调度程序从处于同步阻塞状态的线程中选择一个来获得锁，并使得该线程进入运行（running）状态。

锁的优缺点如下。

（1）优点：确保了某段关键代码只能由一个线程从头到尾完整地执行。

（2）缺点：阻止了多线程并发执行，包含锁的某段代码实际上只能以单线程模式执行，效率就大大地下降了。由于可以存在多个锁，且不同的线程持有不同的锁，因此在试图获取对方持有的锁时，可能会造成死锁。

4.4.3　死锁

在线程间共享多个资源时，如果两个线程分别占有一部分资源并同时等待对方的资源，就会造成死锁。

尽管死锁很少发生，但只要发生就会造成应用的停止响应。

【范例4.4-3】模拟死锁的发生（源码路径：ch04/4.4/4.4-3.py）

范例文件 4.4-3.py 的具体实现代码如下。

```python
"""模拟死锁的发生"""

# 导入模块
import threading
import time


# 线程类
class MyThread1(threading.Thread):
    def run(self):
        # 获取锁，如果成功，则返回True
        if mutexA.acquire():
            print(self.name + '----do1---up----')
            time.sleep(1)

            if mutexB.acquire():
                print(self.name + '----do1---down----')
                mutexB.release()
            mutexA.release()


# 线程类
class MyThread2(threading.Thread):
    def run(self):
        if mutexB.acquire():
            print(self.name + '----do2---up----')
            time.sleep(1)
            if mutexA.acquire():
```

```
                print(self.name + '----do2---down----')
                mutexA.release()
            mutexB.release()


# 创建两个不同的锁
mutexA = threading.Lock()
mutexB = threading.Lock()

if __name__ == '__main__':
    # 创建线程
    t1 = MyThread1()
    t2 = MyThread2()
    # 启动
    t1.start()
    t2.start()
```

【运行结果】

```
Thread-1----do1---up----
Thread-2----do2---up----
......
```

【范例分析】

（1）此时已经进入死锁状态，互相等待对方释放锁，然后上锁，但事与愿违。

（2）可以使用【Ctrl+C】组合键退出。

死锁一般并不是想要的结果，那么有没有避免出现死锁的办法呢？办法如下。

（1）设置加锁顺序。

（2）设置加锁时限。

（3）死锁检测。

简而言之，使用锁时一定要考虑周全，以避免死锁的发生。

4.4.4　同步的应用

在 4.4.1~4.4.3 小节中已经了解了同步的概念和锁的使用，使用锁可以让多个任务协同步调地去执行。

为了更好地理解同步，下面看两个例子。

【范例4.4-4】多个线程有序执行（源码路径：ch04/4.4/4.4-4.py）

范例文件 4.4-4.py 的具体实现代码如下。

```
"""多个线程有序执行"""
```

```
# 导入模块
from threading import Thread, Lock
from time import sleep


# 线程类
class Task1(Thread):
    def run(self):
        while True:
            if lock1.acquire():
                print("------Task 1 -----")
                sleep(0.5)
                lock2.release()


# 线程类
class Task2(Thread):
    def run(self):
        while True:
            if lock2.acquire():
                print("------Task 2 -----")
                sleep(0.5)
                lock3.release()


# 线程类
class Task3(Thread):
    def run(self):
        while True:
            if lock3.acquire():
                print("------Task 3 -----")
                sleep(0.5)
                lock1.release()


if __name__ == '__main__':
    # 使用Lock创建出的锁默认没有"锁上"
    lock1 = Lock()
    # 创建另外一把锁，并且"锁上"
    lock2 = Lock()
    lock2.acquire()
    # 创建另外一把锁，并且"锁上"
    lock3 = Lock()
    lock3.acquire()

    # 创建线程对象
    t1 = Task1()
    t2 = Task2()
    t3 = Task3()
```

```
# 启动
t1.start()
t2.start()
t3.start()
```

【运行结果】

```
------Task 1 -----
------Task 2 -----
------Task 3 -----
------Task 1 -----
------Task 2 -----
------Task 3 -----
------Task 1 -----
------Task 2 -----
------Task 3 -----
------Task 1 -----
------Task 2 -----
------Task 3 -----
------Task 1 -----
------Task 2 -----
......
```

【范例分析】

这里只有有序的上锁和有序的释放锁，才能保证线程有序的执行功能。

【范例4.4-5】模拟生产者-消费者模式（源码路径：ch04/4.4/4.4-5.py）

范例文件 4.4-5.py 的具体实现代码如下。

```
"""模拟生产者-消费者模式"""

# 导入模块
import threading
import time
from queue import Queue


# 线程类
class Producer(threading.Thread):
    def run(self):
        global queue
        count = 0
        while True:
            if queue.qsize() < 1000:
                for i in range(100):
                    count = count + 1
                    msg = '生成产品' + str(count)
                    queue.put(msg)
```

```
                         print(msg)
                    time.sleep(0.5)


# 线程类
class Consumer(threading.Thread):
    def run(self):
        global queue
        while True:
            if queue.qsize() > 100:
                for i in range(3):
                    msg = self.name + '消费了 ' + queue.get()
                    print(msg)
            time.sleep(1)


if __name__ == '__main__':
    # 创建队列，如果没有指定参数，则可以放多个内容
    queue = Queue()

    # 循环存入队列500个值
    for i in range(500):
        queue.put('初始产品' + str(i))

    # 循环创建2个生产者线程对象并启动
    for i in range(2):
        p = Producer()
        p.start()

    # 循环创建5个消费者线程对象并启动
    for i in range(5):
        c = Consumer()
        c.start()
```

【运行结果】

```
生成产品1
生成产品2
生成产品3
生成产品4
生成产品1
生成产品5
生成产品2
生成产品6
生成产品3
Thread-3消费了 初始产品0
生成产品7
生成产品4
Thread-4消费了 初始产品1
```

生成产品8
生成产品5
Thread-3消费了 初始产品2
Thread-4消费了 初始产品3
生成产品9
生成产品6
Thread-3消费了 初始产品4
Thread-4消费了 初始产品5
Thread-5消费了 初始产品6
生成产品10
生成产品7
Thread-5消费了 初始产品7
生成产品11
生成产品8
Thread-5消费了 初始产品8
Thread-6消费了 初始产品9
Thread-6消费了 初始产品10
Thread-6消费了 初始产品11
生成产品12
生成产品9
生成产品13
生成产品14
生成产品15
生成产品16
生成产品17
生成产品18
…<省略中间部分输出>…
生成产品67
生成产品34
生成产品68
生成产品35
生成产品36
生成产品37
生成产品38
生成产品39
生成产品40
生成产品41
生成产品42
……

【范例分析】

（1）queue = Queue() 表示创建队列，如果没有指定参数，则对存放的数量不限制。

（2）这里创建了 2 个生产者线程对象并启动，5 个消费者线程对象并启动。这 7 个线程通过队列 Queue 完成通信。

（3）由结果可以看出，这里 Queue 队列的 put() 和 get() 方法是线程安全的，因为内部已经使用锁实现了。

4.5 协程

在 4.2~4.3 节中已经了解了使用进程和线程完成多任务，还有一种特殊的方式就是协程。下面介绍如何使用协程完成多任务，以及它与线程、进程有什么区别。

4.5.1 协程的概念

协程又称为微线程。协程的概念很早就提出来了，但直到最近几年才在某些语言（如 Lua）中得到广泛应用。

子程序，或者称为函数，在所有语言中都是层级调用。例如，A 调用 B，B 在执行过程中又调用了 C，C 执行完毕返回，B 执行完毕返回，最后是 A 执行完毕。所以，子程序调用是通过栈实现的，一个线程就是执行一个子程序。子程序调用总是一个入口，一次返回，调用顺序是明确的。而协程的调用与子程序不同。

协程看上去也是子程序，但执行过程中，在子程序内部可中断，然后转而执行别的子程序，在适当的时候再返回来接着执行。

需要注意的是，在一个子程序中中断，去执行其他子程序，不是函数调用，有点类似 CPU 的中断。例如，下面例子中的子程序 A、B。

【范例4.5-1】先执行A，再执行B（源码路径：ch04/4.5/4.5-1.py）

范例文件 4.5-1.py 的具体实现代码如下。

```
"""先执行A，再执行B"""

def A():
    while True:
        print("--1--")


def B():
    while True:
        print("--2--")


if __name__ == '__main__':
    A()
    B()
```

【运行结果】

```
--1--
--1--
--1--
```

```
--1--
--1--
--1--
--1--
--1--
--1--
--1—
......
```

【范例分析】

这里先执行 A 方法，再执行 B 方法，因为 A 是死循环，所以一直打印 1。

假设由协程执行，在执行 A 的过程中，可以随时中断，去执行 B，B 也可能在执行过程中中断再去执行 A。但是在 A 中没有调用 B，所以协程的调用比函数调用理解起来要难一些。

A、B 的执行类似多线程，但协程的特点是一个线程执行，那与多线程相比，协程有哪些优势？

（1）协程的最大优势就是极高的执行效率。由于子程序切换不是线程切换，而是由程序自身控制，因此没有线程切换的开销。与多线程相比，线程数量越多，协程的性能优势就越明显。

（2）协程的第二个优势就是不需要多线程的锁机制，因为只有一个线程，也不存在同时写变量冲突，在协程中控制共享资源不加锁，只需判断状态就可以了，所以执行效率要比多线程高很多。

因为协程是一个线程执行，那怎样利用多核 CPU 呢？最简单的方法是多进程＋协程，既充分利用多核，又充分发挥协程的高效率，可获得极高的性能。

4.5.2 创建协程

Python 对协程的支持是通过 generator（生成器 yield）实现的。在 generator 中，不但可以通过 for 循环来迭代，还可以不断调用 next() 函数获取由 yield 语句返回的下一个值。

但是 Python 的 yield 不但可以返回一个值，还可以接收调用者发出的参数。

【范例4.5-2】A和B并发执行（源码路径：**ch04/4.5/4.5-2.py**）

范例文件 4.5-2.py 的具体实现代码如下。

```python
"""A和B并发执行"""

def A():
    while True:
        print("--1--")
        yield None


def B():
    while True:
        print("--2--")
        yield None
```

```
if __name__ == '__main__':
    # 因为A函数中有yield关键字，所以，这次调用A函数返回的是生成器对象
    a = A()
    b = B()
    while True:
        # 获取生成器对象的下一个值
        next(a)
        next(b)
```

【运行结果】

```
--1--
--2--
--1--
--2--
--1--
--2--
--1--
--2--
--1--
--2--
--1--
--2--
······
```

【范例分析】

（1）A 和 B 方法中都含有 yield，此时 A 和 B 都是生成器。

（2）使用 next() 函数，每次可以获取生成器的下一个值，next(a)，next(b) 表示先获取 a 的下一个值，然后获取 b 的下一个值。这样就相当于 A 和 B 在交替执行，完成了任务的切换。

传统的生产者 - 消费者模型是一个线程写消息，一个线程取消息，通过锁机制控制队列和等待，但一不小心就可能死锁。如果改用协程，则生产者生产消息后，直接通过 yield 跳转到消费者开始执行，待消费者执行完毕，切换回生产者继续生产，效率极高。

【范例4.5-3】生产者-消费者模型（源码路径：ch04/4.5/4.5-3.py）

范例文件 4.5-3.py 的具体实现代码如下。

```
"""生产者-消费者模型"""

def consumer():
    r = ''
    while True:
        n = yield r
        if not n:
            return
        print('[CONSUMER] Consuming %s...' % n)
        r = '200 OK'
```

```
# 含有yield的函数
def produce(c):
# 如果生成器yield有参数，如上面函数的中的 n = yield r，则第一次send必须是None
    c.send(None)
    n = 0
    while n < 5:
        n = n + 1
        print('[PRODUCER] Producing %s...' % n)
        r = c.send(n)
        print('[PRODUCER] Consumer return: %s' % r)
    c.close()


if __name__ == '__main__':
# 这里的c其实是生成器对象
c = consumer()
produce(c)
```

【运行结果】

```
[PRODUCER] Producing 1...
[CONSUMER] Consuming 1...
[PRODUCER] Consumer return: 200 OK
[PRODUCER] Producing 2...
[CONSUMER] Consuming 2...
[PRODUCER] Consumer return: 200 OK
[PRODUCER] Producing 3...
[CONSUMER] Consuming 3...
[PRODUCER] Consumer return: 200 OK
[PRODUCER] Producing 4...
[CONSUMER] Consuming 4...
[PRODUCER] Consumer return: 200 OK
[PRODUCER] Producing 5...
[CONSUMER] Consuming 5...
[PRODUCER] Consumer return: 200 OK
```

【范例分析】

（1）consumer() 函数是一个 generator。把一个 consumer 传入 produce 后，首先调用 c.send(None) 启动生成器。一旦生产了内容，就通过 c.send(n) 切换到 consumer 执行。consumer 通过 yield 拿到消息并进行处理，又通过 yield 把结果传回。produce 拿到 consumer 处理的结果，继续生产下一条消息。produce 决定不生产了，通过 c.close() 关闭 consumer，整个过程结束。

（2）整个流程无锁，由一个线程执行，produce 和 consumer 协作完成任务，所以称为"协程"，而非线程的抢占式多任务。

（3）最后套用 Donald Knuth（高德纳）的一句话总结协程的特点："子程序就是协程的一种特例。"

4.6 线程、进程、协程对比

在 4.1~4.5 节中已经了解了多任务实现的 3 种方式，也使用相应的代码进行了实现。下面将它们进行对比，以加深理解。

请理解如下的通俗描述。

有一个老板想要开个工厂生产某件商品（如剪子）。

他需要花一些财力物力制作一条生产线，这个生产线上有很多的器件及材料等为了能够生产剪子而准备的资源，将它们称为进程。

只有生产线是不能够进行生产的，所以老板要招聘工人进行生产，工人能够利用这些材料一步步地将剪子做出来，那么工人称为线程。

这个老板为了提高生产率，想到 3 种办法。

在这条生产线上多招些工人，一起来做剪子，这样效率就会成倍增长，即单进程多线程方式。

老板发现这条生产线上的工人并不是越多越好，因为一条生产线的资源及材料毕竟有限，所以老板又花了些财力物力购置了另外一条生产线，再招聘些工人，这样效率又再一步提高了，这就是多进程多线程方式。

老板发现，现在已经有了很多条生产线，并且每条生产线上已经有很多工人了（即程序是多进程的，每个进程中又有多个线程），为了再次提高效率，老板规定：如果某个员工在上班时临时没事或在等待某些条件（如等待另一个工人生产完某道工序之后他才能再次工作），那么这个工人就利用这个时间去做其他的事情。也就是说，如果一个线程等待某些条件，就可以充分利用这个时间去做其他事情，这就是协程方式。

将这 3 种实现多任务的方式总结如下。

（1）进程是操作系统资源分配的最小单位。

（2）线程是 CPU 调度的单位。

（3）进程切换需要的资源最大，效率很低。

（4）线程切换需要的资源一般，效率一般（当然在不考虑 GIL 的情况下）。

（5）协程切换需要的资源很小，效率高。

（6）在任务量较大时建议选择协程。

4.7 并发爬虫

　　既然已经了解了多任务，并可以使用进程、线程和协程实现。下面分别使用这 3 种方式完成多任务的爬虫，并观察下它们的性能如何。

4.7.1 多线程爬虫

　　下面的例子使用多线程的方式。

【范例4.7-1】多线程爬虫（源码路径：ch04/4.7/4.7-1.py）

　　范例文件 4.7-1.py 的具体实现代码如下。

```python
"""多线程爬豆瓣Top 250"""

# 导入模块
import requests
import random
import time
import threading
from lxml import etree
from queue import Queue


class DouBanSpider:
    """爬虫类"""

    def __init__(self):
        """构造方法"""

        # headers: 这是主要设置User-Agent伪装成真实浏览器
        self.headers = {"User-Agent": "Mozilla/5.0 (Windows NT 10.0;
WOW64; Trident/7.0; rv:11.0) like Gecko"}
        # baseURL: 基础URL
        self.baseURL = "https://movie.douban.com/top250"
        # dataQueue: 队列存储数据
        self.dataQueue = Queue()
        # num数字编号
        self.num = 1

    def loadPage(self, url):
        """向URL发送请求，获取响应内容"""

        # 随机休眠0~1秒，避免爬虫过快，会导致爬虫被封禁
        time.sleep(random.random())
        return requests.get(url, headers=self.headers).content
```

```python
    def parsePage(self, url):
        """根据起始URL提取所有的URL"""

        # 获取URL对应的响应内容
        content = self.loadPage(url)
        # XPath处理得到对应的element对象
        html = etree.HTML(content)

        # 所有的电影节点
        node_list = html.xpath("//div[@class='info']")

        # 遍历
        for node in node_list:
            # 每部电影的标题
            title = node.xpath(".//span[@class='title']/text()")[0]
            # 每部电影的评分
            score = node.xpath(".//span[@class='rating_num']/text()")[0]
            # 将数据存储到队列中
            self.dataQueue.put(score + "\t" + title)

        # 只有在第一页时才获取所有URL组成的列表，其他页就不再获取
        if url == self.baseURL:
            return [self.baseURL + link for link in html.xpath("//div[
@class='paginator']/a/@href")]

    def startWork(self):
        """开始"""

        # 第一个页面的请求，需要返回所有页面链接，并提取第一页的电影信息
        link_list = self.parsePage(self.baseURL)

        thread_list = []
        # 循环发送每个页面的请求，并获取所有电影信息
        for link in link_list:
            # self.parsePage(link)
            # 循环创建了9个线程，每个线程都执行一个任务
            thread = threading.Thread(target=self.parsePage, args=[link])
            thread.start()
            thread_list.append(thread)

        # 父线程等待所有子线程结束，自己再结束
        for thread in thread_list:
            thread.join()

        # 循环get队列的数据，直到队列为空时退出
        while not self.dataQueue.empty():
            print(self.num)
            print(self.dataQueue.get())
            self.num += 1
```

```
if __name__ == "__main__":
    # 创建爬虫对象
    spider = DouBanSpider()
    # 开始时间
    start = time.time()
    # 开始爬虫
    spider.startWork()
    # 结束时间
    stop = time.time()
    # 打印结果
    print("\n[LOG]: %f seconds..." % (stop - start))
```

【运行结果】

```
1
9.6     肖申克的救赎
2
9.6     霸王别姬
3
…<省略中间部分输出>…
250
9.1     天书奇谭

[LOG]: 2.064722 seconds...
```

【范例分析】

（1）循环创建了 9 个线程，每个线程都执行一个任务，因为第一页的数据在获取 URL 时已经爬取放入队列中，所以还有 9 个 URL 待爬取，每个 URL 对应一个线程来处理。

（2）这样并发，提高了效率。当然这个时间 2.064722 seconds，可能每次运行会有所不同，与机器的配置和当前网络环境等因素有关，但是基本可以反映出，多线程爬虫要比单线程串行爬虫效率高得多。

4.7.2 多进程爬虫

下面的例子使用多进程的方式。

【范例4.7-2】多进程爬虫（源码路径：ch04/4.7/4.7-2.py）

范例文件 4.7-2.py 的具体实现代码如下。

```
"""多进程爬豆瓣Top 250"""


# 导入模块
import requests
```

```python
import time
import multiprocessing
import random
from lxml import etree
from multiprocessing import Queue


class DouBanSpider:
    """爬虫类"""

    def __init__(self):
        """构造方法"""

        # headers: 这是主要设置User-Agent伪装成真实浏览器
        self.headers = {"User-Agent": "Mozilla/5.0 (Windows NT 10.0;
WOW64; Trident/7.0; rv:11.0) like Gecko"}
        # baseURL: 基础URL
        self.baseURL = "https://movie.douban.com/top250"
        # dataQueue: 队列存储数据
        self.dataQueue = Queue()
        # num数字编号
        self.num = 1

    def loadPage(self, url):
        """向URL发送请求，获取响应内容"""

        # 随机休眠0~1秒，避免爬虫过快，会导致爬虫被封禁
        time.sleep(random.random())
        return requests.get(url, headers=self.headers).content

    def parsePage(self, url):
        """根据起始URL提取所有的URL"""

        # 获取URL对应的响应内容
        content = self.loadPage(url)
        # XPath处理得到对应的element对象
        html = etree.HTML(content)

        # 所有的电影节点
        node_list = html.xpath("//div[@class='info']")

        # 遍历
        for node in node_list:
            # 每部电影的标题
            title = node.xpath(".//span[@class='title']/text()")[0]
            # 每部电影的评分
            score = node.xpath(".//span[@class='rating_num']/text()")[0]
            # 将数据存储到队列中
            self.dataQueue.put(score + "\t" + title)
```

```
        # 只有在第一页时才获取所有URL组成的列表，其他页就不再获取
        if url == self.baseURL:
            return [self.baseURL + link for link in html.xpath("//div[
@class='paginator']/a/@href")]


    def startWork(self):
        """开始"""

        # 第一个页面的请求，需要返回所有页面链接，并提取第一页的电影信息
        link_list = self.parsePage(self.baseURL)

        process_list = []
        # 循环发送每个页面的请求，并获取所有电影信息
        for link in link_list:
            # self.parsePage(link)
            # 循环创建了9个进程，每个进程都执行一个任务
            process = multiprocessing.Process(target=self.parsePage,
args=[link])
            process.start()
            process_list.append(process)

        # 父进程等待所有子进程结束，自己再结束
        for process in process_list:
            process.join()

        # 循环get队列的数据，直到队列为空时退出
        while not self.dataQueue.empty():
            print(self.num)
            print(self.dataQueue.get())
            self.num += 1

if __name__ == "__main__":
    # 创建爬虫对象
    spider = DouBanSpider()
    # 开始时间
    start = time.time()
    # 开始爬虫
    spider.startWork()
    # 结束时间
    stop = time.time()
    # 打印结果
    print("\n[LOG]: %f seconds..." % (stop - start))
```

【运行结果】

```
1
9.6     肖申克的救赎
```

```
2
9.6    霸王别姬
3
…<省略中间部分输出>…
250
8.5    猜火车

[LOG]: 1.630793 seconds...
```

【范例分析】

（1）循环创建了 9 个进程，每个进程都执行一个任务，与多线程执行的任务类似。

（2）通过脚本检测，测试服务器包含两个 CPU，运行时间大约是之前使用单一进程执行多线程爬虫时的一半。

4.7.3 协程爬虫

下面的例子使用协程的方式。

【范例4.7-3】协程爬虫（源码路径：ch04/4.7/4.7-3.py）

范例文件 4.7-3.py 的具体实现代码如下。

```python
"""协程爬豆瓣Top 250"""


# 导入模块
import time
import gevent
import requests
import random
from lxml import etree
from queue import Queue
from gevent import monkey

# gevent可以按同步的方式来写异步程序
# monkey.patch_all()会在Python程序执行时动态地将网络库(socket, select, thread)
# 替换掉，变成异步的库，让程序可以以异步的方式处理网络相关的任务
monkey.patch_all()


class DouBanSpider:
    """爬虫类"""

    def __init__(self):
        """构造方法"""

        # headers: 这是主要设置User-Agent伪装成真实浏览器
        self.headers = {"User-Agent": "Mozilla/5.0 (Windows NT 10.0;
```

```
WOW64; Trident/7.0; rv:11.0) like Gecko"}
        # baseURL: 基础URL
        self.baseURL = "https://movie.douban.com/top250"
        # dataQueue: 队列存储数据
        self.dataQueue = Queue()
        # num数字编号
        self.num = 1

    def loadPage(self, url):
        """向URL发送请求，获取响应内容"""

        # 随机休眠0~1秒，避免爬虫过快，会导致爬虫被封禁
        time.sleep(random.random())
        return requests.get(url, headers=self.headers).content

    def parsePage(self, url):
        """根据起始URL提取所有的URL"""

        # 获取URL对应的响应内容
        content = self.loadPage(url)
        # XPath处理得到对应的element对象
        html = etree.HTML(content)

        # 所有的电影节点
        node_list = html.xpath("//div[@class='info']")

        for node in node_list:
            # 每部电影的标题
            title = node.xpath(".//span[@class='title']/text()")[0]
            # 每部电影的评分
            score = node.xpath(".//span[@class='rating_num']/text()")[0]
            # 将数据存储到队列中
            self.dataQueue.put(score + "\t" + title)

        if url == self.baseURL:
            return [self.baseURL + link for link in html.xpath("//div[
@class='paginator']/a/@href")]

    def startWork(self):
        """开始"""

        # 第一个页面的请求，需要返回所有页面链接，并提取第一页的电影信息
        link_list = self.parsePage(self.baseURL)

        # spawn创建协程任务，并加入任务队列中
        jobs = [gevent.spawn(self.parsePage, link) for link in link_list]
        # 父线程阻塞，等待所有任务结束后继续执行
        gevent.joinall(jobs)
```

```
        # 循环get队列的数据，直到队列为空时退出
        while not self.dataQueue.empty():
            print(self.num)
            print(self.dataQueue.get())
            self.num += 1


if __name__ == "__main__":
    # 创建爬虫对象
    spider = DouBanSpider()
    # 开始时间
    start = time.time()
    # 开始爬虫
    spider.startWork()
    # 结束时间
    stop = time.time()
    # 打印结果
    print("\n[LOG]: %f seconds..." % (stop - start))
```

【运行结果】

```
1
9.6      肖申克的救赎
2
9.6      霸王别姬
3
…<省略中间部分输出>…
250
9.1      迁徙的鸟

[LOG]: 1.433891 seconds...
```

这里需要提前安装 gevent，代码如下。

```
pip install gevent
```

【范例分析】

（1）gevent 可以按同步的方式来写异步程序。

（2）monkey.patch_all() 会在 Python 程序执行时动态地将网络库 (socket, select, thread) 替换掉，变成异步的库，让程序可以以异步的方式处理网络相关的任务。

由结果来看，协程的效率还是不错的，在 4.7.4 小节中，将进一步研究这 3 种方式的相对性能。

4.7.4 性能

进程、线程和协程的性能如何？怎样选择呢？

首先，这里使用多进程的思路是，有多少 URL 就创建多少个进程对象，线程也是如此。

既然多线程或多进程可以缩短程序运行时间，那么是不是线程或进程数量越多越好呢？

显然不是，每一个线程 / 进程从生成到消亡是需要时间和资源的，太多的线程会占用过多的系统资源（内存开销，CPU 开销），而且生成太多的线程 / 进程时间也是可观的，很可能会得不偿失。

虽然新增的线程能够加快下载速度，但起到的效果相比之前添加的线程会越来越小。其实这是可以预见到的现象，因为此时进程需要在更多线程之间进行切换，专门用于每一个线程的时间就会变少。此外，下载的带宽是有限的，最终添加新线程将无法带来更快的下载速度。因此，要想获得更好的性能，就需要在多台服务器上分布式部署爬虫，并且所有服务器都要指向同一个 MongoDB 队列实例。

那怎么办呢？可以使用线程池或进程池，这样就可以根据当前环境确定数量，下面以线程为例进行介绍。

最佳线程数的获取方式如下。

（1）通过用户慢慢递增来进行性能压测，观察每秒的响应请求数，即最大吞吐能力和响应时间。

（2）根据公式计算，服务器端最佳线程数量 = [(线程等待时间 + 线程 CPU 时间)/ 线程 CPU 时间] * CPU 数量。

（3）单用户压测，查看 CPU 的消耗，然后直接乘以百分比，再进行压测，一般这个值的附近应该就是最佳线程数量。

使用的模块：线程池 threadpool.ThreadPool 和进程池 multiprocessing.Pool。

根据前面讲的进程、线程和协程，在 URL 过多的情况下，协程执行效率是高于线程的，协程是一种用户级的轻量级线程，拥有自己的寄存器上下文和栈。协程调度切换时，将寄存器上下文和栈保存到其他地方，在切换回来时，恢复先前保存的寄存器上下文和栈。

因此，协程能保留上一次调用时的状态（即所有局部状态的一个特定组合），每次过程重入时，就相当于进入上一次调用的状态，即进入上一次离开时所处逻辑流的位置。

在并发编程中，协程与线程类似，每个协程表示一个执行单元，有自己的本地数据，与其他协程共享全局数据和其他资源。

目前主流语言基本上都选择了多线程作为并发设施，与线程相关的概念是抢占式多任务，而与协程相关的概念是协作式多任务。

不管是进程还是线程，每次阻塞、切换都需要陷入系统调用，先让 CPU 跑操作系统的调度程序，然后再由调度程序决定该跑哪一个进程（线程）。

由于抢占式调度执行顺序无法确定的特点，使用线程时需要非常小心地处理同步问题，而协程完全不存在这个问题（事件驱动和异步程序也有同样的优点）。

因为协程是用户自己来编写调度逻辑的，对 CPU 来说，协程其实是单线程，所以 CPU 不用去考虑如何调度、切换上下文，这就省去了 CPU 的切换开销，因此协程在一定程度上比多线程好很多。

4.8 本章小结

本章学习了并发的相关知识，首先了解了串行爬虫的弊端；然后介绍了多任务，以及实现多任务的 3 种方式，并将它们进行了对比；最后将多任务与爬虫结合起来，将串行爬虫整改成多任务并发爬虫，提高了爬虫的效率。

4.9 实战练习

（1）使用多进程完成两个任务的并发。

（2）实现线程池。

（3）实现一个多任务爬虫。

第5章
数据存储

在第 4 章中已经爬取了一些数据，接着就应该存储数据了。存储的目的是可以为后续的操作（如数据分析）提供长久的数据支持。存储的方式主要有文件存储和数据库存储两种方式。

本章重点讲解以下内容。

- 文件存储
- 关系型数据库存储
- 非关系型数据库存储
- 将爬取的豆瓣电影 Top 250 数据存储到 MongoDB 中

5.1 文件存储

文件存储有多种方式，如 TXT、JSON、CSV、PDF、DOV、EXCEL 等。其中，前 3 种是比较常用的，下面将爬取的豆瓣 Top 250 的信息分别存储到这 3 种文件中。

5.1.1 TXT文本

将数据保存到 TXT 文本的操作非常简单，在之前已经实现，而且 TXT 文本几乎兼容任何平台，但它有一个缺点——不利于检索。所以，如果对检索和数据结构要求不高，且追求方便第一，就可以采用 TXT 文本存储。

参考第 4 章的部分代码。

```
def startWork(self):
…<省略其他代码>…
    while not self.dataQueue.empty():
        print(self.num)
        print(self.dataQueue.get())
        self.num += 1
```

上面的代码是从队列中获取数据，然后打印到控制台。下面新增一个保存到 TXT 文档的方法。

【范例5.1-1】将爬取的数据保存到TXT（源码路径：ch05/5.1/5.1-1.py）

范例文件 5.1-1.py 的具体实现代码如下。

```
def startWork(self):
…<省略其他代码>…
    while not self.dataQueue.empty():
        print(self.num)
        self.num += 1
        self.save(self.dataQueue.get())

def save(self, item):
    with open('./data/douban.txt', 'a', encoding='utf-8') as file:
        file.write(item)
        file.write('\n')
```

【运行结果】

运行爬虫，查看文件内容，结果如下。

```
$ cat ./data/douban.txt
肖申克的救赎    9.6
霸王别姬        9.6
这个杀手不太冷  9.4
阿甘正传        9.4
美丽人生        9.5
```

```
泰坦尼克号      9.3
千与千寻       9.3
辛德勒的名单     9.5
盗梦空间       9.3
机器人总动员     9.3
…<省略剩余输出>…
```

【范例分析】

（1）在 startWork() 方法中调用 save() 方法并传入队列中获取的数据。

（2）save() 方法将数据存储到 TXT 中，并写入一个换行。

 提示   这里只展示了部分核心代码，其他代码请参照本书提供的资料。

5.1.2 JSON文件

JSON 通过对象和数组的组合来表示数据，虽构造简洁但结构化程度非常高，是一种轻量级的数据交换格式。

JSON 与 Python 中字典的交互可以通过 Python 中的 json 模块，这在第 1 章中已经了解过。

类似于存储到 TXT 文件中的格式，修改代码如下。

```
def parsePage(self, url):
…<省略其他代码>…
        for node in node_list:
            # 使用字典存储数据
            item = {}
            item['title'] = node.xpath(".//span[@class='title']/
text()")[0]
            item['score'] = node.xpath(".//span[@class='rating_num']/
text()")[0]
            self.dataQueue.put(item)
```

这里使用字典存储爬取的一个完整数据，方便后续的使用，代码如下。

```
def startWork(self):
…<省略其他代码>…
# 存储所有item
    items = []
    # 循环get队列的数据，直到队列为空时退出
    while not self.dataQueue.empty():
        print(self.num)
        self.num += 1
        items.append(self.dataQueue.get())
    self.save(items)
```

```
def save(self, items):
    with open('./data/douban.json', 'w', encoding='utf-8') as file:
        file.write(json.dumps(items, indent=4, ensure_ascii=False))
```

这里使用一个集合存储所有的爬虫信息，然后传入 save() 方法，使用 json 模块的 dumps() 方法，将集合对象转换为 JSON 格式的字符串，最后写入文件。这里的参数 indent=4 表示格式化 4 个空格，ensure_ascii=False 是为了支持中文。

> **提示** 这里是将数据保存到一个集合中，集合是存储到内存中的，这种方式不适合大量的数据，因为内存是吃不消的。可以循环每次写入一个 JSON 对象，循环结束后，在文件的开头加上左中括号（[），文件的末尾加上右中括号（]），这样 JSON 文件就完整了。

运行爬虫，查看文件内容，结果如下。

```
$    cat ./data/douban.txt -n
[
    {
        "score": "9.6",
        "title": "肖申克的救赎"
    },
    {
        "score": "9.6",
        "title": "霸王别姬"
},
…<省略部分输出>…
]
```

> **提示** 这里只展示了部分核心代码，其他代码请参照本书提供的资料。

5.1.3 CSV文件

逗号分隔值（Comma-Separated Values，CSV）有时也称为字符分隔值，因为分隔字符也可以不是逗号，其文件以纯文本形式存储表格数据（数字和文本）。纯文本意味着该文件是一个字符序列，不含必须像二进制数字那样被解读的数据。

CSV 文件由任意数目的记录组成，记录之间以某种换行符分隔；每条记录由字段组成，字段之间的分隔符是其他字符或字符串，最常见的是逗号或制表符。

CSV 与 Python 交互可以通过 Python 中的 csv 模块，这在第 1 章中已经了解过。

类似于存储到 TXT 文件中的格式，修改代码如下。

```
def save(self, item):
        with open('./data/douban.csv', 'a', encoding='utf-8') as file:
            writer = csv.writer(file)
            writer.writerow(item.values())
```

运行爬虫，查看文件内容，结果如下。

```
$ cat ./data/douban.csv
肖申克的救赎,9.6
霸王别姬,9.6
这个杀手不太冷,9.4
阿甘正传,9.4
美丽人生,9.5
泰坦尼克号,9.3
千与千寻,9.3
辛德勒的名单,9.5
盗梦空间,9.3
机器人总动员,9.3
…<省略剩余输出>…
```

这里只将内容写入文件，没有写文件头。

提示　这里只展示了部分核心代码，其他代码请参照本书提供的资料。

5.2 关系型数据库存储

在 5.1 节中已经了解了文件存储，一旦数据量多或数据比较复杂，存储到文件中的数据管理起来就不太方便，而且效率比较低。这时需要将数据存储到数据库中，方便存储和管理，下面先介绍关系型数据库。

关系型数据库是建立在关系模型基础上的数据库，借助于集合代数等数学概念和方法来处理数据库中的数据。现实世界中的各种实体及实体之间的各种联系均用关系模型来表示。

标准数据查询语言 SQL 就是一种基于关系型数据库的语言，这种语言执行对关系型数据库中数据的检索和操作。关系模型由关系数据结构、关系操作集合和关系完整性约束三部分组成。

简单地说，关系型数据库是由多张能互相连接的二维行列表格组成的数据库。

常见的关系型数据库有以下 5 种。

（1）Oracle 数据库。

（2）MySQL 数据库。

（3）DB2 数据库。

（4）SQLite 数据库。

（5）SQLServer 数据库。

这里主要介绍 MySQL 数据库。

MySQL 是一种开放源代码的关系型数据库管理系统，使用最常用的数据库管理语言进行数据库管理。

MySQL 是开放源代码的，因此任何人都可以在 General Public License 的许可下下载，并根据个性化的需要对其进行修改。

MySQL 因其速度、可靠性和适应性而备受关注。

1. MySQL特性

MySQL 有以下特性。

（1）有多种列类型，不同字节长度和有符号 / 无符号整数：FLOAT、DOUBLE、CHAR、VARCHAR、TEXT、BLOB、DATE、TIME、DATETIME、TIMESTAMP、YEAR 和 ENUM。

（2）MySQL 使用标准的 SQL 数据语言形式。

（3）MySQL 是可以定制的，采用了 GPL 协议，可以修改源码来开发自己的 MySQL 系统。

2. MySQL优势

MySQL 有以下优势。

（1）MySQL 是开源的，所以不需要支付额外的费用。

（2）MySQL 支持大型的数据库，可以处理拥有上千万条记录的大型数据库。

（3）使用的核心线程是完全多线程的，支持多处理器。

3. 安装

MySQL 安装步骤如下。

❶ 在线安装，运行如下命令，弹出如图 5-1 所示的窗口，为 root 用户输入密码，并单击【确定】按钮。

```
sudo apt install mysql-server
```

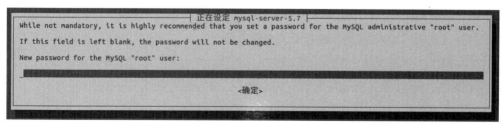

图5-1　为root用户设置密码

> **提示**　在线安装成功后，在当前机器上默认也会自动安装对应的客户端。

❷ 启动服务器端。

安装完成后，服务默认是启动的，如果没有启动，则可以运行如下命令启动服务。启动服务后，可以查看服务进程，如果能查询到，则表示已经启动，如图 5-2 所示。

```
# 启动服务
sudo service mysql start
# 重启服务
sudo service mysql restart
# 查看服务进程
ps -axu|grep mysqld
```

图5-2　查看服务是否已经启动

❸ 启动客户端。

启动客户端，连接服务器端，运行如下命令，如图 5-3 所示。

```
mysql -uroot -p
```

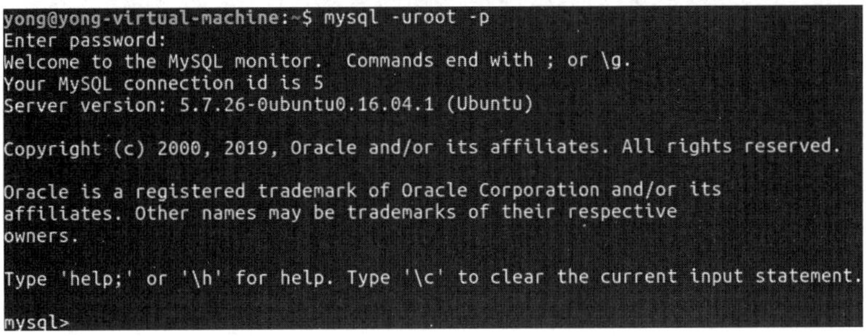

图5-3　启动客户端连接服务器端

这里的 -u 参数表示登录的用户名，-p 参数告诉服务器将会使用一个密码来登录。

现在 MySQL 数据库已经安装成功，并可以成功登录。

4. 配置支持远程连接

MySQL 默认不支持远程主机连接，只能本主机连接。配置支持远程主机连接的步骤如下。

❶ 找到 MySQL 配置文件并修改，运行如下命令，如图 5-4 所示。

```
sudo vim /etc/mysql/mysql.conf.d/mysqld.cnf
# 将bind-address=127.0.0.1注释
```

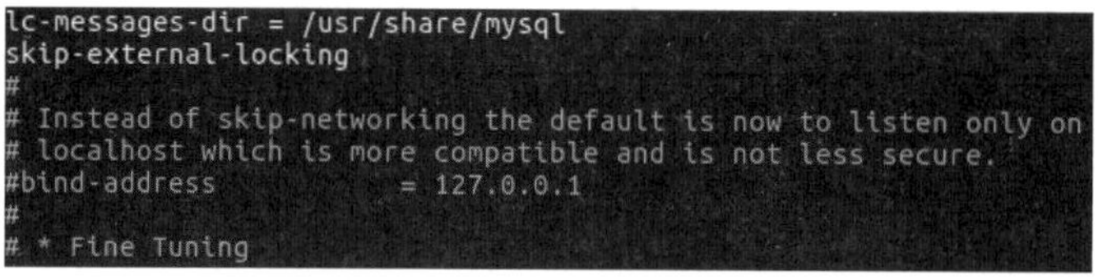

图5-4　编辑MySQL配置文件

❷ 登录 MySQL，运行如下命令，如图 5-5 所示。

```
# 登录
mysql -uroot -p
# 选择使用MySQL数据库
use mysql;
# 更新，将root原来的Host的值localhost改成%
# localhost表示只能本地登录，%表示任何机器都可以登录
update user set Host="%" where User="root";
# 刷新权限信息，就是让所做的设置马上生效
flush privileges;
# 退出登录
exit;
```

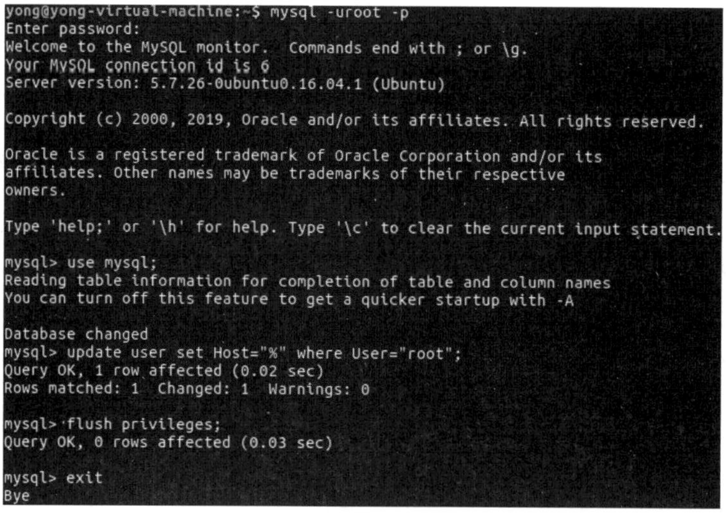

图5-5　设置支持远程登录

❸ 重启服务，运行如下命令，如图 5-6 所示。

```
sudo service mysql restart
```

图5-6　重启服务

❹ 测试远程连接，运行如下命令，如图 5-7 所示。

```
mysql -h 192.168.1.150 -u root -p
```

```
yong@yong-virtual-machine:~$ mysql -h 192.168.1.150 -u root -p
Enter password:
Welcome to the MySQL monitor.  Commands end with ; or \g.
Your MySQL connection id is 3
Server version: 5.7.26-0ubuntu0.16.04.1 (Ubuntu)

Copyright (c) 2000, 2019, Oracle and/or its affiliates. All rights reserved.

Oracle is a registered trademark of Oracle Corporation and/or its
affiliates. Other names may be trademarks of their respective
owners.

Type 'help;' or '\h' for help. Type '\c' to clear the current input statement.

mysql>
```

图5-7　远程登录

这里的 -h 参数指定客户端所要登录的 MySQL 主机名，如果登录本机，则该参数可以省略；如果是远程连接，则必须指定其值为远程主机的 IP 地址，如这里的"192.168.1.150"就是主机的 IP 地址。

> **提示**　如果只是本地测试，则可以不设置远程连接，这样数据也更加安全。

5. 数据库命令

数据库操作的一些常见命令如下。

```
/*查看数据库*/
show databases;
/*创建数据库*/
create database 数据库名 charset=utf8;
/*删除数据库*/
drop database 数据库名;
/*切换数据库*/
use 数据库名;
/*查看当前选择的数据库*/
select database();
```

6. 表命令

数据库表操作的一些常见命令如下。

```
/*查看当前数据库中所有表*/
show tables;
/*创建表*/
create table 表名(列及类型);
/*修改表*/
alter table 表名 add|modify|drop 列名 类型;
/*删除表*/
drop table 表名;
/*查看表结构*/
desc 表名;
```

```
/*更改表名称*/
rename table 原表名 to 新表名;
/*查看表的创建语句*/
show create table 表名;
```

7. 增删改查命令

数据库表操作的一些常见增删改查命令如下。

```
/*新增*/
insert into 表名(field1,field2,…,fieldN) values(value1,value2,…,valueN);
/*删除*/
delete from 表名 [where 条件];
/*更新*/
update table_name set field1 = new-value1, field2 = new-value2 [where 条件];
/*查询*/
select field1, field2 from table_name [where 条件];
```

【范例5.2-1】使用命令（源码路径：ch05/5.2/5.2-1.sql）

范例文件 5.2-1.sql 的具体实现代码如下。

```
/*创建数据库*/
create database python default charset=utf8;

/*使用数据库*/
use python;

/*创建表-主键表*/
create table grade(
  id int primary key auto_increment,
  name varchar(100) not null
);

/*创建表-外键表*/
create table student(
  id int primary key auto_increment,
  name varchar(100) not null,
  sex char(1) not null,
  phone char(11) unique not null,
  address varchar(100) default '郑州',
  birthday date not null,
  gid int not null,
  foreign key(gid) references grade(id)
);

/*新增数据*/
insert into grade(name) values('一年级');
insert into grade(name) values('二年级');
insert into student(name,sex,phone,address,birthday,gid) values('王强',
'男','15583678666','开封','1990-2-4',1);
```

```
insert into student(name,sex,phone,address,birthday,gid) values('李丽',
'女','16683678656','郑州','1991-3-12',2);

/*查询数据*/
select * from grade;
select * from student;

/*更新数据*/
update student set phone = '16683678657' where id = 2;

/*删除*/
delete from student where id = 1;
```

【运行结果】

登录 MySQL，运行以上命令，结果如下。

```
mysql> /*创建数据库*/
mysql> create database python default charset=utf8;
Query OK, 1 row affected (0.00 sec)

mysql>
mysql> /*使用数据库*/
mysql> use python;
Database changed
mysql>
mysql>
mysql> /*创建表-主键表*/
mysql> create table grade(
    ->    id int primary key auto_increment,
    ->    name varchar(100) not null
    -> );
Query OK, 0 rows affected (0.00 sec)

mysql>
mysql>
mysql> /*创建表-外键表*/
mysql> create table student(
    ->    id int primary key auto_increment,
    ->    name varchar(100) not null,
    ->    sex char(1) not null,
    ->    phone char(11) unique not null,
    ->    address varchar(100) default '郑州',
    ->    birthday date not null,
    ->    gid int not null,
    ->    foreign key(gid) references grade(id)
    -> );
Query OK, 0 rows affected (0.02 sec)

mysql>
```

```
mysql>
mysql> /*新增数据*/
mysql> insert into grade(name) values('一年级');
Query OK, 1 row affected (0.01 sec)

mysql> insert into grade(name) values('二年级');
Query OK, 1 row affected (0.00 sec)

mysql> insert into student(name,sex,phone,address,birthday,gid) values(
'王强','男','15583678666','开封','1990-2-4',1);
Query OK, 1 row affected (0.00 sec)

mysql> insert into student(name,sex,phone,address,birthday,gid) values(
'李丽','女','16683678656','郑州','1991-3-12',2);
Query OK, 1 row affected (0.00 sec)

mysql>
mysql> /*查询数据*/
mysql> select * from grade;
+----+-----------+
| id | name      |
+----+-----------+
|  1 | 一年级    |
|  2 | 二年级    |
+----+-----------+
2 rows in set (0.00 sec)

mysql> select * from student;
+----+--------+-----+-------------+---------+------------+-----+
| id | name   | sex | phone       | address | birthday   | gid |
+----+--------+-----+-------------+---------+------------+-----+
|  1 | 王强   | 男  | 15583678666 | 开封    | 1990-02-04 |   1 |
|  2 | 李丽   | 女  | 16683678656 | 郑州    | 1991-03-12 |   2 |
+----+--------+-----+-------------+---------+------------+-----+
2 rows in set (0.00 sec)

mysql>
mysql>
mysql> /*更新数据*/
mysql> update student set phone = '16683678657' where id = 2;
Query OK, 1 row affected (0.01 sec)
Rows matched: 1  Changed: 1  Warnings: 0

mysql>
mysql> /*删除*/
mysql> delete from student where id = 1;
Query OK, 1 row affected (0.00 sec)

mysql>
```

【范例分析】

这里首先新建了一个数据库，然后创建两个表，最后通过这两个表完成了增删改查。

8. Python与MySQL交互

Python 与 MySQL 交互，需要先安装 pymysql 模块，运行如下命令，如图 5-8 所示。

```
pip install pymysql -i https://pypi.tuna.tsinghua.edu.cn/simple
```

```
(virtualenv_spider) yong@yong-virtual-machine:~$ pip install pymysql -i https://pypi.tuna.tsinghua.edu.cn/simple
Looking in indexes: https://pypi.tuna.tsinghua.edu.cn/simple
Collecting pymysql
  Downloading https://pypi.tuna.tsinghua.edu.cn/packages/ed/39/15045ae46f2a123019aa968dfcba0396c161c20f855f11dea6796bcaae95/PyMySQL-0
.9.3-py2.py3-none-any.whl (47kB)
                                       | 51kB 942kB/s
Installing collected packages: pymysql
Successfully installed pymysql-0.9.3
```

图5-8　安装pymysql模块

使用参数 -i 指定下载源为清华大学的下载源，提高下载速度。

安装好 pymysql 模块后，就可以使用 pymysql.Connect 创建连接对象登录数据库了。

【范例5.2-2】创建连接（源码路径：ch05/5.2/5.2-2.py）

范例文件 5.2-2.py 的具体实现代码如下。

```
"""Python与MySQL交互-创建连接"""

import pymysql

# 获取连接对象
conn = pymysql.Connect(host='localhost', port=3306, db='python', user='root',
 passwd='root', charset='utf8')
print(conn)
# 关闭
conn.close()
```

【运行结果】

```
<pymysql.connections.Connection object at 0x7f7dc938ce10>
```

【范例分析】

（1）pymysql.Connect 用来创建数据库连接对象，参数说明：host='localhost'，表示连接主机是本机，也可以使用指定 IP 地址；port=3306，表示主机的端口号；db='python'，表示连接的数据库；user='root'，表示用户名；passwd='root'，表示密码；charset='utf8'，表示编码格式。

（2）连接对象使用完毕后需要关闭，释放相关资源。

 提示

MySQL 的服务器必须启动才可以连接成功。

使用 pymysql 创建连接对象登录数据库后，就可以完成增删改查了。

【范例5.2-3】查询和修改（源码路径：ch05/5.2/5.2-3.py）

范例文件 5.2-3.py 的具体实现代码如下。

```python
"""Python与MySQL交互-查询和修改"""

import pymysql


def select():
    """查询"""
    try:
        # 获取连接对象
        conn = pymysql.Connect(host='localhost', port=3306, db='python',
 user='root', passwd='root', charset='utf8')
        # 创建可执行对象，可以执行SQL语句
        cur = conn.cursor()
        # 执行SQL语句，并传递参数
        cur.execute('select * from student where id=%s', [2])
        # 查询一个结果
        result = cur.fetchone()
        print(result)
        # 关闭
        conn.close()
    except Exception as ex:
        print(ex)


def update():
    """修改"""
    try:
        # 获取连接对象
        conn = pymysql.Connect(host='localhost', port=3306, db='python',
 user='root', passwd='root', charset='utf8')
        # 创建可执行对象，可以执行SQL语句
        cur = conn.cursor()
        # 执行SQL语句，并传递参数
        count = cur.execute('update student set name=%s where id=%s',
['张三', 2])
        # 判断结果
        if count > 0:
            print('成功')
        else:
            print('失败')
        # 提交
        conn.commit()
        # 关闭
        conn.close()
```

```
    except Exception as ex:
        print(ex)


if __name__ == '__main__':
    select()
    update()
```

【运行结果】

```
(2, '李丽', '女', '16683678656', '郑州', datetime.date(1991, 3, 12), 2)成功
```

【范例分析】

（1）这里新建了一个数据库连接对象 conn，接着创建可以执行 SQL 语句的对象 cur，然后执行 SQL 语句。SQL 语句中有占位符，cur 的第二个参数与占位符一一对应。

（2）如果是增删改，则 cur 执行 SQL 语句的返回值是受影响的行数。如果是查询，则需要继续调用 cur 的查询方法，fetchone 是查询符合条件的第一个对象，fetchall 是查询符合条件的结果集。

5.3 非关系型数据库存储

在 5.2 节中已经了解了一个关系型数据库 MySQL，下面介绍非关系型数据库的使用。

非关系型数据库称为 "NoSQL（Not Only SQL）"，是一类新出现的数据库，其特点如下。

（1）不支持 SQL 语法。

（2）存储结构与传统关系型数据库中的那种关系表完全不同，NoSQL 中存储的数据都是 KV 形式。

（3）NoSQL 的世界中没有一种通用的语言，每种 NoSQL 数据库都有自己的 API 和语法，以及擅长的业务场景。

非关系型数据库中的产品种类很多，下面列出一部分。

（1）MongoDB 数据库。

（2）Redis 数据库。

（3）Hbase 数据库。

（4）Cassandra 数据库。

非关系型数据库与关系型数据库的一些比较如下。

（1）适用场景不同: 关系型数据库适用于关系特别复杂的数据查询场景，非关系型数据库反之。

（2）事务特性的支持：关系型数据库对事务的支持非常完善，而非关系型数据库基本不支持事务。

（3）两者不断取长补短，呈现融合趋势。

对于爬虫的数据，数据或许有缺失值，或许结构不同，但数据与数据之间也存在着关联性关系。如果使用关系型数据库，则需要建数据库、数据库表、关系约束，然后将爬取的数据筛选，甚至拆分才能更好地存储，这样的使用效率比较低。如果使用非关系型数据库，直接以键值对存储，就避免了这样的麻烦，简单且效率高。

下面主要介绍两种非关系型数据库：Redis 数据库和 MongoDB 数据库。

5.3.1 Redis数据库

Redis（Remote Dictionary Server）是一个由 Salvatore Sanfilippo 写的 key-value 存储系统，属于 NoSQL 的一种。

Redis 是一个开源的使用 ANSI C 语言编写、遵守 BSD 协议、支持网络、可基于内存亦可持久化的日志型、key-value 数据库，并提供多种语言的 API。

Redis 通常被称为数据结构服务器，因为值（value）可以是字符串（String）、哈希（Hash）、列表（List）、集合（Sets）和有序集合（Sorted Sets）等类型。

1. Redis特性

Redis 有以下特性。

（1）Redis 支持数据的持久化，可以将内存中的数据保存在磁盘中，重启时可以再次加载使用。

（2）Redis 不仅支持简单的 key-value 类型的数据，同时还提供 list、set、zset、hash 等数据结构的存储。

（3）Redis 支持数据的备份，即 Master-Slave 模式的数据备份。

2. Redis 优势

Redis 有以下优势。

（1）性能极高：Redis 能读的速度是 110000 次 /s，写的速度是 81000 次 /s。

（2）丰富的数据类型：Redis 支持二进制案例的 Strings、Lists、Hashes、Sets 及 Ordered Sets 数据类型的操作。

（3）原子：Redis 的所有操作都是原子性的，同时还支持对几个操作合并后的原子性执行。

（4）丰富的特性：Redis 还支持 publish/subscribe、通知、key 过期等特性。

3. 安装

Redis 安装步骤如下。

❶ 下载安装包，打开 Redis 官方网站，推荐下载稳定版本（stable），这里使用的是 redis-3.2.5.tar.gz，放到家目录下，如图 5-9 所示。

redis-3.2.5.tar.gz

图5-9　安装包

❷ 解压安装包，运行如下命令，如图 5-10 所示。

```
tar -zxvf ./redis-3.2.5.tar.gz
```

```
yong@yong-virtual-machine:~$ tar -zxvf ./redis-3.2.5.tar.gz
redis-3.2.5/
redis-3.2.5/.gitignore
redis-3.2.5/00-RELEASENOTES
redis-3.2.5/BUGS
redis-3.2.5/CONTRIBUTING
```

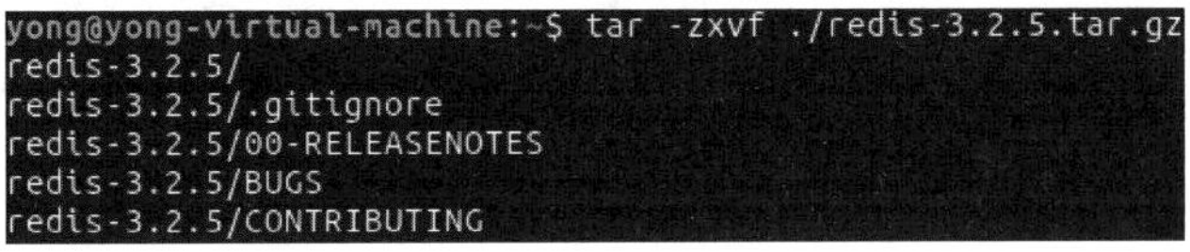

图5-10　解压

❸ 移动，运行如下命令，如图 5-11 所示。

```
sudo mv ./redis-3.2.5/ /usr/local/
```

```
yong@yong-virtual-machine:~$ sudo mv ./redis-3.2.5/ /usr/local/
```

图5-11　移动

❹ 编译，运行如下命令，如图 5-12 所示。

```
cd /usr/local/redis-3.2.5/
sudo make
```

```
yong@yong-virtual-machine:~$ cd /usr/local/redis-3.2.5/
yong@yong-virtual-machine:/usr/local/redis-3.2.5$ sudo make
cd src && make all
make[1]: Entering directory '/usr/local/redis-3.2.5/src'
```

图5-12　编译

❺ 测试，运行如下命令，如图 5-13 所示。

```
sudo make test
```

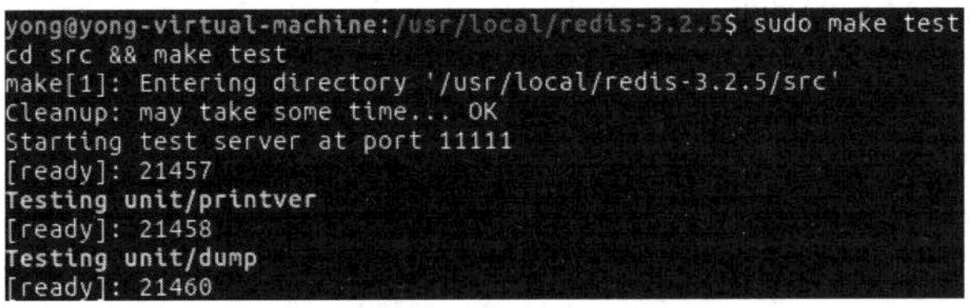

```
yong@yong-virtual-machine:/usr/local/redis-3.2.5$ sudo make test
cd src && make test
make[1]: Entering directory '/usr/local/redis-3.2.5/src'
Cleanup: may take some time... OK
Starting test server at port 11111
[ready]: 21457
Testing unit/printver
[ready]: 21458
Testing unit/dump
[ready]: 21460
```

图5-13　测试

06 安装，将 Redis 的命令安装到 /usr/local/bin/ 目录，运行如下命令，如图 5-14 所示。

```
sudo make install
```

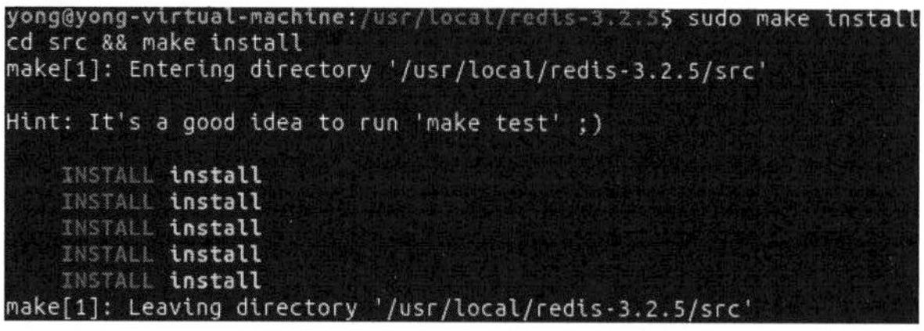

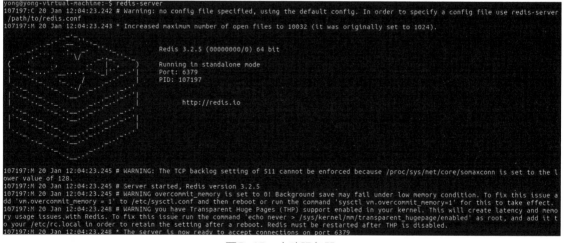

图5-14　安装

> **提示**
>
> 第**05**步的测试可能会占用比较长的时间，也可以不做测试，直接进行第**06**步。

4. 启动

Redis 首先启动服务器端，然后启动客户端连接服务器端，具体步骤如下。

01 启动服务器，运行如下命令，如图 5-15 所示。

```
redis-server
```

图5-15　启动服务器

02 启动客户端，运行如下命令，如图 5-16 所示。

```
redis-cli
```

图5-16　启动客户端

❸ 测试连接，运行如下命令，如图 5-17 所示。

```
ping
```

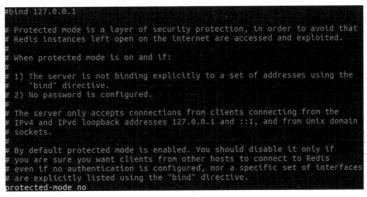

图5-17 测试连接

5. 配置

在源文件 /usr/local/redis-3.2.5/ 目录下，文件 redis.conf 为 Redis 数据库的配置文件。下面看一些常用配置。

❶ 绑定地址，如果需要远程访问，则可将此行注释，将"protected-mode"的属性值改为"no"，如图 5-18 所示。

```
# bind 127.0.0.1
protected-mode no
```

图5-18 绑定地址

❷ 端口，默认为"6379"，如图 5-19 所示。

```
port 6379
```

图5-19 端口号

❸ 是否以守护进程运行。

如果以守护进程运行，则不会在命令行阻塞，类似于服务。如果以非守护进程运行，则当前终端被阻塞，无法使用。推荐改为 yes，以守护进程运行，如图 5-20 所示。

```
daemonize yes
```

```
# By default Redis does not run as a daemon. Use 'yes' if you need it.
# Note that Redis will write a pid file in /var/run/redis.pid when daemonized.
daemonize yes
```

图5-20 守护进程

❹ 数据文件的默认名称是"dump.rdb"，如图 5-21 所示。

```
dbfilename dump.rdb
```

```
# The filename where to dump the DB
dbfilename dump.rdb
```

图5-21 数据文件名称

❺ 数据文件存储路径，如图 5-22 所示。

```
dir的默认值为./，表示当前目录
推荐改为：dir /var/lib/redis/

创建文件夹
sudo mkdir /var/lib/redis/
```

```
# The working directory.
#
# The DB will be written inside this directory, with the filename specified
# above using the 'dbfilename' configuration directive.
#
# The Append Only File will also be created inside this directory.
#
# Note that you must specify a directory here, not a file name.
dir /var/lib/redis/
```

图5-22 数据文件存储路径

❻ 日志文件存储路径，如图 5-23 所示。

```
默认值为""
推荐改为：logfile /var/log/redis/redis-server.log

创建文件夹
sudo mkdir /var/log/redis/
```

```
# Specify the log file name. Also the empty string can be used to force
# Redis to log on the standard output. Note that if you use standard
# output for logging but daemonize, logs will be sent to /dev/null
logfile "logfile /var/log/redis/redis-server.log"
```

图5-23 日志文件存储路径

❼ 数据库个数，如图 5-24 所示。

```
默认16个：0~15
database 16
```

```
# Set the number of databases. The default database is DB 0, you can select
# a different one on a per-connection basis using SELECT <dbid> where
# dbid is a number between 0 and 'databases'-1
databases 16
```

图5-24 数据库个数

6. 使用配置文件方式启动

运行 redis-server 会直接运行，并阻塞当前终端，一般配置文件都放在 /etc/ 目录下，在启动服务器端时指定配置文件。

❶ 在 etc 下创建存储配置的文件夹 redis，复制配置文件到 etc 下的 redis 文件夹中，运行如下命令，如图 5-25 所示。

```
sudo mkdir /etc/redis/
sudo cp /usr/local/redis-3.2.5/redis.conf /etc/redis/
```

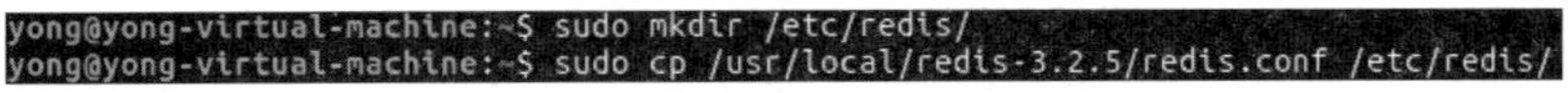

图5-25　设置配置文件存储路径

❷ 指定配置文件启动，运行如下命令，如图 5-26 所示。

```
sudo redis-server /etc/redis/redis.conf
```

图5-26　指定配置文件启动

❸ 停止 Redis 服务，运行如下命令，如图 5-27 所示。

```
ps ajx|grep redis          # 找到Redis的进程id
sudo kill -9 redis的进程id
```

图5-27　停止Redis服务

7. 命令操作

Redis 的一些操作命令如下。

（1）Redis 地理位置命令，如表 5-1 所示。

表5-1　Redis地理位置命令

编号	命令	描述
1	GEOADD	将指定的地理空间位置（纬度、经度、名称）添加到指定的key中
2	GEODIST	返回两个给定位置之间的距离
3	GEOHASH	返回一个或多个位置元素的 Geohash 表示

编号	命令	描述
4	GEOPOS	从key中返回所有给定位置元素的位置（经度和纬度）
5	GEORADIUS	以给定的经纬度为中心，找出某一半径内的元素
6	GEORADIUSBYMEMBER	找出位于指定范围内的元素，中心点由给定的位置元素决定

（2）Redis 键（key）命令，如表 5-2 所示。

表5-2　Redis键（key）命令

编号	命令	描述
1	DEL	该命令用于在key存在时删除key
2	DUMP	序列化给定key，并返回被序列化的值
3	EXISTS	检查给定key是否存在
4	EXPIRE	seconds为给定 key 设置过期时间
5	EXPIREAT	EXPIREAT的作用与EXPIRE类似，都用于为 key 设置过期时间。它们的不同在于，EXPIREAT命令接受的时间参数是 UNIX 时间戳
6	PEXPIREAT	设置 key 的过期时间，以毫秒计
7	KEYS	查找所有符合给定模式的key
8	MOVE	将当前数据库的key移动到给定的数据库db当中
9	PERSIST	移除key的过期时间，key将持久保持
10	PTTL	以毫秒为单位，返回key的剩余过期时间
11	TTL	以秒为单位，返回给定key的剩余生存时间
12	RANDOMKEY	从当前数据库中随机返回一个key
13	RENAME	修改key的名称
14	RENAMENX	仅当newkey不存在时，将key改名为 newkey
15	TYPE	返回key所储存的值的类型

（3）Redis 字符串（String）命令，如表 5-3 所示。

表5-3 Redis字符串（String）命令

编号	命令	描述
1	SET	设置指定key的值
2	GET	获取指定key的值
3	GETRANGE	返回key中字符串值的子字符
4	GETSET	将给定key的值设为value，并返回key的旧值
5	MGET	获取所有（一个或多个）给定key的值
6	SETBIT	对key所储存的字符串值，设置或清除指定偏移量上的位
7	SETEX	将值value关联到key，并将key的过期时间设为seconds（以秒为单位）
8	SETNX	只有在key不存在时设置key的值
9	SETRANGE	用value参数覆写给定key所储存的字符串值，从偏移量offset开始
10	STRLEN	返回key所储存的字符串值的长度
11	MSET	同时设置一个或多个key-value对
12	MSETNX	同时设置一个或多个key-value对，当且仅当所有给定key都不存在
13	PSETEX	与SETEX相似，但它以毫秒为单位设置key的生存时间，而不是像SETEX那样以秒为单位
14	INCR	将key中储存的数字值增一
15	INCRBY	将key所储存的值加上给定的增量值
16	INCRBYFLOAT	将key所储存的值加上给定的浮点增量值
17	DECR	将key中储存的数字值减一
18	DECRBY	将key所储存的值减去给定的减量值
19	APPEND	如果key已经存在并且是一个字符串，则APPEND将value追加到key原来值的末尾

（4）Redis 哈希（Hash）命令，如表 5-4 所示。

239

表5-4　Redis哈希（Hash）命令

编号	命令	描述
1	HDEL	删除一个或多个哈希表字段
2	HEXISTS	查看哈希表key中，指定的字段是否存在
3	HGET	获取存储在哈希表中指定字段的值
4	HGETALL	获取在哈希表中指定key的所有字段和值
5	HINCRBY	为哈希表key中指定字段的整数值加上增量
6	HINCRBYFLOAT	为哈希表key中指定字段的浮点数值加上增量
7	HKEYS	获取所有哈希表中的字段
8	HLEN	获取哈希表中字段的数量
9	HMGET	获取所有给定字段的值
10	HMSET	同时将多个field-value（域-值）对设置到哈希表key中
11	HSET	将哈希表key中字段field的值设为value
12	HSETNX	只有在字段field不存在时，设置哈希表字段的值
13	HVALS	获取哈希表中所有值

（5）Redis 列表（List）命令，如表 5-5 所示。

表5-5　Redis列表（List）命令

编号	命令	描述
1	BLPOP	移出并获取列表的第一个元素，如果列表中没有元素，则会阻塞列表直到等待超时或发现可弹出元素为止
2	BRPOP	移出并获取列表的最后一个元素，如果列表中没有元素，则会阻塞列表直到等待超时或发现可弹出元素为止
3	BRPOPLPUSH	从列表中弹出一个值，将弹出的元素插入另外一个列表中并返回它；如果列表中没有元素，则会阻塞列表直到等待超时或发现可弹出元素为止
4	LINDEX	通过索引获取列表中的元素
5	LINSERT	在列表的元素前或后插入元素

续表

编号	命令	描述
6	LLEN	获取列表长度
7	LPOP	移出并获取列表的第一个元素
8	LPUSH	将一个或多个值插入列表头部
9	LPUSHX	将一个或多个值插入已存在的列表头部
10	LRANGE	获取列表指定范围内的元素
11	LREM	移除列表元素
12	LSET	通过索引设置列表元素的值
13	LTRIM	对一个列表进行修剪，也就是说，让列表只保留指定区间内的元素，不在指定区间内的元素都将被删除
14	RPOP	移除并获取列表最后一个元素
15	RPOPLPUSH	移除列表的最后一个元素，并将该元素添加到另一个列表并返回
16	RPUSH	在列表中添加一个或多个值
17	RPUSHX	为已存在的列表添加值

（6）Redis 集合（Set）命令，如表 5-6 所示。

表5-6　Redis集合（Set）命令

编号	命令	描述
1	SADD	向集合添加一个或多个成员
2	SCARD	获取集合的成员数
3	SDIFF	返回所有给定集合的差集
4	SDIFFSTORE	返回所有给定集合的差集并存储在destination集合中
5	SINTER	返回所有给定集合的交集
6	SINTERSTORE	返回所有给定集合的交集并存储在destination集合中
7	SISMEMBER	判断member元素是否集合key的成员
8	SMEMBERS	返回集合中的所有成员

续表

编号	命令	描述
9	SMOVE	将member元素从source集合移动到destination集合
10	SPOP	移除并返回集合中的一个随机元素
11	SRANDMEMBER	返回集合中一个或多个随机数
12	SREM	移除集合中一个或多个成员
13	SUNION	返回所有给定集合的并集
14	SUNIONSTORE	返回所有给定集合的并集并存储在destination集合中
15	SSCAN	迭代集合中的元素

（7）Redis 有序集合（Sorted Set）命令，如表 5-7 所示。

表5-7　Redis有序集合（Sorted Set）命令

编号	命令	描述
1	ZADD	向有序集合添加一个或多个成员，或者更新已存在成员的分数
2	ZCARD	获取有序集合的成员数
3	ZCOUNT	计算在有序集合中指定区间分数的成员数
4	ZINCRBY	在有序集合中对指定成员的分数加上增量increment
5	ZINTERSTORE	计算给定的一个或多个有序集合的交集并存储在新的key中
6	ZLEXCOUNT	在有序集合中计算指定字典区间内成员数量
7	ZRANGE	通过索引区间返回有序集合指定区间内的成员
8	ZRANGEBYLEX	通过字典区间返回有序集合的成员
9	ZRANGEBYSCORE	通过分数返回有序集合指定区间内的成员
10	ZRANK	返回有序集合中指定成员的索引
11	ZREM	移除有序集合中的一个或多个成员
12	ZREMRANGEBYLEX	移除有序集合中给定的字典区间的所有成员
13	ZREMRANGEBYRANK	移除有序集合中给定的排名区间的所有成员
14	ZREMRANGEBYSCORE	移除有序集合中给定的分数区间的所有成员

编号	命令	描述
15	ZREVRANGE	返回有序集合中指定区间内的成员，通过索引，分数从高到低排序
16	ZREVRANGEBYSCORE	返回有序集合中指定分数区间内的成员，分数从高到低排序
17	ZREVRANK	返回有序集合中的指定成员，按分数值递减（从大到小）排序
18	ZSCORE	返回有序集合中成员的分数值
19	ZUNIONSTORE	计算给定的一个或多个有序集合的并集并存储在新的key中
20	ZSCAN	迭代有序集合中的元素（包括元素成员和元素分值）

（8）Redis HyperLogLog 命令，如表 5-8 所示。

表5-8　Redis HyperLogLog命令

编号	命令	描述
1	PFADD	添加指定元素到HyperLogLog中
2	PFCOUNT	返回给定HyperLogLog的基数估算值
3	PGMERGE	将多个HyperLogLog合并为一个HyperLogLog

（9）Redis 发布订阅命令，如表 5-9 所示。

表5-9　Redis发布订阅命令

编号	命令	描述
1	PSUBSCRIBE	订阅一个或多个符合给定模式的频道
2	PUBSUB	查看订阅与发布系统状态
3	PUBLISH	将信息发送到指定的频道
4	PUNSUBSCRIBE	退订所有给定模式的频道
5	SUBSCRIBE	订阅给定的一个或多个频道的信息
6	UNSUBSCRIBE	只退订给定的频道

（10）Redis 事务命令，如表 5-10 所示。

表5-10　Redis事务命令

编号	命令	描述
1	DISCARD	取消事务，放弃执行事务块内的所有命令
2	EXEC	执行所有事务块内的命令
3	MULTI	标记一个事务块的开始
4	UNWATCH	取消WATCH命令对所有key的监视
5	WATCH	监视一个（或多个）key，如果在事务执行之前这个（或这些）key被其他命令所改动，则事务将被打断

（11）Redis 脚本命令，如表 5-11 所示。

表5-11　Redis脚本命令

编号	命令	描述
1	EVAL	执行Lua脚本
2	EVALSHA	执行Lua脚本
3	SCRIPTEXISTS	查看指定的脚本是否已经被保存在缓存中
4	SCRIPTFLUSH	从脚本缓存中移除所有脚本
5	SCRIPTKILL	杀死当前正在运行的Lua脚本
6	SCRIPTLOAD	将脚本script添加到脚本缓存中，但并不立即执行这个脚本

（12）Redis 连接命令，如表 5-12 所示。

表5-12　Redis连接命令

编号	命令	描述
1	AUTH	验证密码是否正确
2	ECHO	打印字符串
3	PING	查看服务是否运行
4	QUIT	关闭当前连接
5	SELECT	切换到指定的数据库

（13）Redis 服务器命令，如表 5-13 所示。

表5-13　Redis服务器命令

编号	命令	描述
1	BGREWRITEAOF	异步执行一个AOF（Append Only File）文件重写操作
2	BGSAVE	在后台异步保存当前数据库的数据到磁盘
3	CLIENT KILL	关闭客户端连接
4	CLIENT LIST	获取连接到服务器的客户端连接列表
5	CLIENT GETNAME	获取连接的名称
6	CLIENT PAUSE	在指定时间内终止运行来自客户端的命令
7	CLIENT SETNAME	设置当前连接的名称
8	CLUSTER SLOTS	获取集群节点的映射数组
9	COMMAND	获取详情数组
10	COMMAND COUNT	获取总数
11	COMMAND GETKEYS	获取给定的所有键
12	TIME	返回当前服务器时间
13	COMMAND INFO	获取指定描述的数组
14	CONFIG GET	获取指定配置参数的值
15	CONFIG REWRITE	对启动服务器时所指定的.conf配置文件进行改写
16	CONFIG SET	修改配置参数，无须重启
17	CONFIG RESETSTAT	重置INFO中的某些统计数据
18	DBSIZE	返回当前数据库的key的数量
19	DEBUG OBJECT	获取key的调试信息
20	DEBUG SEGFAULT	让服务器崩溃
21	FLUSHALL	删除所有数据库的所有key
22	FLUSHDB	删除当前数据库的所有key
23	INFO	获取服务器的各种信息和统计数值

续表

编号	命令	描述
24	LASTSAVE	返回最近一次成功将数据保存到磁盘上的时间，以UNIX时间戳格式表示
25	MONITOR	实时打印出服务器接收到的命令，调试用
26	ROLE	返回主从实例所属的角色
27	SAVE	异步保存数据到硬盘
28	SHUTDOWN	异步保存数据到硬盘，并关闭服务器
29	SLAVEOF	将当前服务器转变为指定服务器的从属服务器
30	SHOWLOG	管理Redis的慢日志
31	SYNC	用于复制功能的内部命令

8. Python与Redis交互

Python 与 Redis 交互，需要先安装 redis 模块，运行如下命令，如图 5-28 所示。

```
pip install redis -i https://pypi.tuna.tsinghua.edu.cn/simple
```

图5-28　安装redis模块

使用参数 -i 指定下载源为清华大学的下载源，提高下载速度。

安装好 redis 模块后，就可以使用 redis.StrictRedis 创建连接对象登录数据库了。

【范例5.3-1】创建连接（源码路径：ch05/5.3/5.3-1.py）

范例文件 5.3-1.py 的具体实现代码如下。

```
"""Python与Redis交互-创建连接"""

import redis


# 获取连接对象
client = redis.StrictRedis(host='localhost', port=6379, db=0)
print(client)
```

```
# 简写
# client = redis.StrictRedis()
```

【运行结果】

```
Redis<ConnectionPool<Connection<host=localhost,port=6379,db=0>>>
```

【范例分析】

（1）redis.StrictRedis 用来创建数据库连接对象，参数说明：host 表示要连接的主机；port 是主机的端口号；db 是要选择的数据库。

（2）连接对象不需要手动关闭，当用 Redis 和 StrictRedis 创建连接时，其实内部实现并没有主动创建一个连接，获得的连接是连接池提供的连接，这个连接由连接池管理，所以无须关注连接是否需要主动释放的问题。另外，连接池有自己关闭连接的接口，一旦调用该接口，所有连接都将被关闭。

> 提示
>
> Redis 的服务器必须启动才可以连接成功。

使用 redis 模块创建连接对象登录数据库后，就可以完成增删改查了。

【范例5.3-2】以String类为例，完成增删改查（源码路径：ch05/5.3/5.3-2.py）

范例文件 5.3-2.py 的具体实现代码如下。

```
"""Python与Redis交互-增删改查"""

from redis import *

def insert_update():
    """新增/修改"""
    try:
        # 创建StrictRedis对象，与Redis服务器建立连接
        sr = StrictRedis()
        # 添加键name，值为python
        # 如果键name不存在，则为新增，否则为修改
        result = sr.set('name', 'python')
        # 输出响应结果，如果添加成功，则返回True，否则返回False
        print(result)
    except Exception as e:
        print(e)


def select():
    """查询"""
    try:
        # 创建StrictRedis对象，与Redis服务器建立连接
```

```
        sr = StrictRedis()
        # 获取键name的值
        result = sr.get('name')
        # 输出键的值，如果键不存在，则返回None
        print(result)
    except Exception as e:
        print(e)


def delete():
    """删除"""
    try:
        # 创建StrictRedis对象，与Redis服务器建立连接
        sr = StrictRedis()
        # 设置键name的值，如果键已经存在，则进行修改，否则进行添加
        result = sr.delete('name')
        # 输出响应结果，如果删除成功，则返回受影响的键数，否则返回0
        print(result)
    except Exception as e:
        print(e)


if __name__ == "__main__":
    insert_update()
    select()
    delete()
```

【运行结果】

```
True
b'python'
1
```

【范例分析】

（1）使用 StrictRedis 创建连接对象。调用对象的 set() 方法，如果键不存在，就是新增功能，否则就是修改功能。调用对象的 get() 方法，就是查询功能。调用对象的 delete() 方法，就是删除功能。

（2）当使用 StrictRedis 创建连接时，其实内部实现并没有主动创建一个连接，获得的连接是连接池提供的连接，这个连接由连接池管理，所以无须关注连接是否需要主动释放的问题。另外，连接池有自己关闭连接的接口，一旦调用该接口，所有连接都将被关闭。

5.3.2　MongoDB数据库

MongoDB 是一个基于分布式（主从复制，负载均衡）文件存储的 NoSQL 数据库，由 C++ 语言编写，运行稳定、性能高，旨在为 Web 应用提供可扩展的高性能数据存储解决方案。

1. MongoDB特性

MongoDB 有以下特性。

（1）模式自由：可以把不同结构的文档存储在同一个数据库中。

（2）面向集合的存储：适合存储对象及 JSON 形式的数据。

（3）完整的索引支持：对任何属性可索引。

（4）复制和高可用性：支持服务器之间的数据复制，支持主 - 从模式及服务器之间的相互复制。复制的主要目的是提供冗余及自动故障转移。

（5）自动分片以支持云级别的伸缩性：自动分片功能支持水平的数据库集群，可动态添加额外的机器。

（6）丰富的查询：支持丰富的查询表达方式，查询指令使用 JSON 形式的标记，可轻易查询文档中内嵌的对象及数组。

（7）快速就地更新：查询优化器会分析查询表达式，并生成一个高效的查询计划。

（8）高效的传统存储方式：支持二进制数据及大型对象（如照片或图片）。

2. MongoDB优势

MongoDB 有以下优势。

（1）更高的写负载。默认情况下，对比事务安全，MongoDB 更关注高的插入速度。如果需要加载大量低价值的业务数据，如日志收集，那么 MongoDB 将很适合，但是必须避免在要求高事务安全的情景下使用 MongoDB，如一个 1000 万美元的交易。

（2）处理很大规模的单表。数据库扩展是非常有挑战性的，当单表格大小达到 5~10GB 时，MySQL 表格性能会毫无疑问地降低。如果需要分片并分割数据库，那么 MongoDB 将很容易实现。

（3）不可靠环境保证高可用性。设置副本集（主 - 从服务器设置）不仅方便，而且很快。此外，使用 MongoDB 还可以快速、安全及自动化地实现节点（或数据中心）故障转移。

（4）使用基于位置的数据查询，查得更快。MongoDB 支持二维空间索引，如管道，因此可以快速及精确地从指定位置获取数据。MongoDB 在启动后会将数据库中的数据以文件映射的方式加载到内存中。如果内存资源相当丰富，那么将极大地提高数据库的查询速度，毕竟内存的 I/O 效率比磁盘高得多。

（5）非结构化数据的爆发增长。增加列在有些情况下可能锁定整个数据库，或者增加负载从而导致性能下降，这个问题通常发生在表格大于 1GB 的情况下。鉴于 MongoDB 的弱数据结构模式，添加一个新字段不会对旧表格有任何影响，整个过程会非常快速；因此，在应用程序发生改变时，不需要专门的一个 DBA（数据库管理员）去修改数据库模式。

（6）技术门槛相对低。如果没有专业的 DBA，同时也不需要结构化数据及做 join 查询，那么 MongoDB 将会是首选。MongoDB 非常适合类的持久化，类可以被序列化成 JSON 并储存在

MongoDB 中。需要注意的是，如果期望获得一个更大的规模，就必须要了解一些最佳实践来避免走入误区。

3. 安装

MongoDB 安装步骤如下。

❶ 下载安装包，打开 MongoDB 官方网站，选择合适的版本下载，32bit 的 MongoDB 最大只能存放 2GB 的数据，64bit 就没有限制。这里使用的是 mongodb-linux-x86_64-ubuntu1604-3.4.0.tgz，放到家目录下，如图 5-29 所示。

mongodb-linux-
x86_64-
ubuntu1604-3.4.0...

图5-29　安装包

❷ 解压安装包，运行如下命令，如图 5-30 所示。

```
tar -zxvf mongodb-linux-x86_64-ubuntu1604-3.4.0.tgz
```

```
yong@yong-virtual-machine:~$ tar -zxvf mongodb-linux-x86_64-ubuntu1604-3.4.0.tgz
mongodb-linux-x86_64-ubuntu1604-3.4.0/README
mongodb-linux-x86_64-ubuntu1604-3.4.0/THIRD-PARTY-NOTICES
mongodb-linux-x86_64-ubuntu1604-3.4.0/MPL-2
mongodb-linux-x86_64-ubuntu1604-3.4.0/GNU-AGPL-3.0
mongodb-linux-x86_64-ubuntu1604-3.4.0/bin/mongodump
```

图5-30　解压

❸ 移动，运行如下命令，如图 5-31 所示。

```
sudo mv mongodb-linux-x86_64-ubuntu1604-3.4.0/ /usr/local/mongodb
```

```
yong@yong-virtual-machine:~$ sudo mv mongodb-linux-x86_64-ubuntu1604-3.4.0/ /usr/local/mongodb
```

图5-31　移动

❹ 新建配置文件 mongod.conf，放到 /etc 目录下，写入如下 6 行命令，创建相关文件和文件夹，如图 5-32 所示。

```
# 写入到mongod.conf
port=27017
dbpath=/var/lib/mongodb/
logpath=/var/log/mongodb/mongodb.log
fork=true
logappend=true
noauth=true

# 创建相关文件和文件夹
sudo mkdir /var/lib/mongodb/
```

```
sudo mkdir /var/log/mongodb/
sudo touch /var/log/mongodb/mongodb.log
```

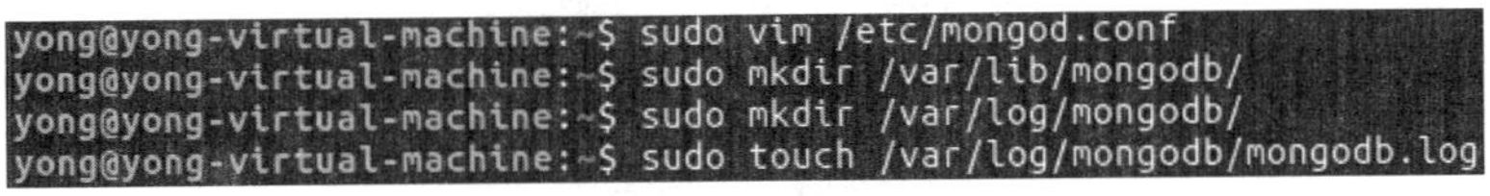

图5-32　配置文件

❺ 创建软链接，方便调用 mongod 和 mongo 命令，运行如下命令，如图 5-33 所示。

```
sudo ln -sf /usr/local/mongodb/bin/mongod /usr/local/sbin/mongod
sudo ln -sf /usr/local/mongodb/bin/mongo /usr/local/sbin/mongo
```

图 5-33　创建软链接

4. 启动

MongoDB 首先启动服务器端，然后启动客户端连接服务器端，具体步骤如下。

❶ 启动服务器，运行如下命令，如图 5-34 所示。

```
sudo mongod -f /etc/mongod.conf
```

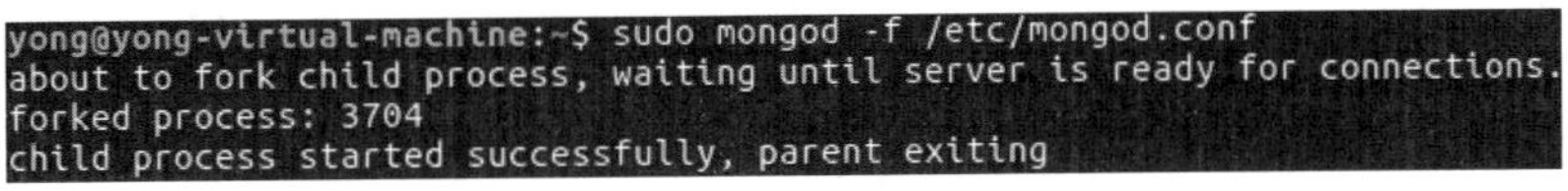

图5-34　启动服务器

❷ 启动客户端，运行如下命令，如图 5-35 所示。

```
sudo mongo
```

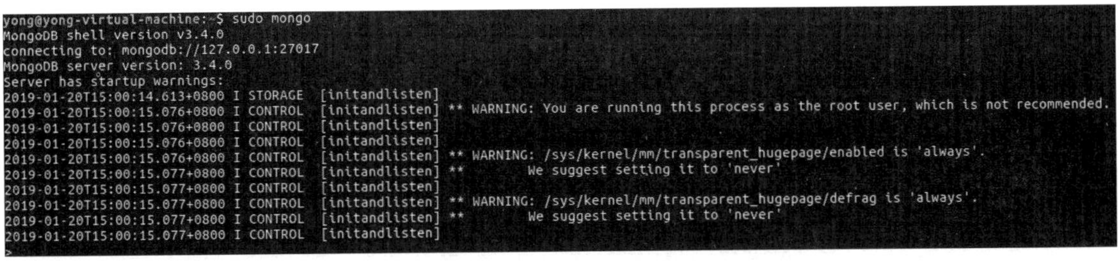

图5-35　启动客户端

❸ 查看数据库的状态信息，运行如下命令，如图 5-36 所示。

```
db.stats()
```

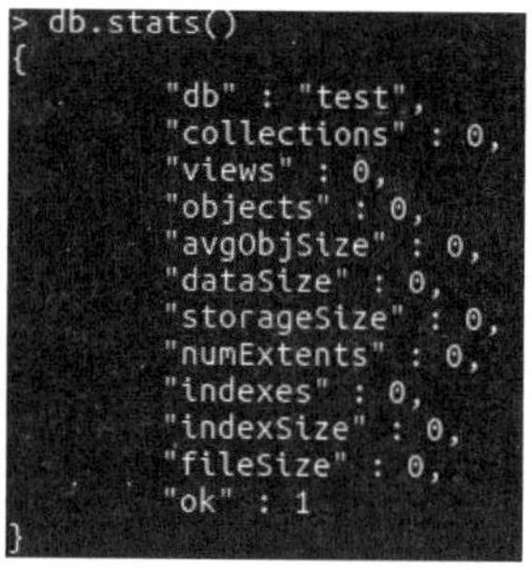

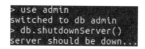

图5-36　查看数据库的状态信息

04 关闭服务器，运行如下命令，如图 5-37 所示。

```
use admin
db.shutdownServer()
```

图5-37　关闭服务器

5. 常用的数据类型

MongoDB 数据库常用的数据类型如表 5-14 所示。

表5-14　常用的数据类型

编号	类型	描述
1	object id	文档id
2	string	字符串，最常用，必须是有效的UTF-8
3	boolean	存储一个布尔值，True或False
4	integer	整数可以是32位或64位，这取决于服务器
5	double	存储浮点值
6	array	数组或列表，多个值存储到一个键
7	object	用于嵌入式的文档，即一个值为一个文档
8	null	存储null值
9	timestamp	时间戳
10	date	存储当前日期或时间的UNIX时间格式

这里主要解释 object id。每个文档都有一个属性，为 _id，保证每个文档的唯一性。可以自己

去设置 _id 插入文档。如果没有提供，那么 MongoDB 为每个文档提供了一个独特的 _id，类型为 ObjectId。ObjectId 是一个 12 字节的十六进制数，其中前 4 个字节为当前时间戳，然后的 3 个字节为机器 ID，之后的 2 个字节为 MongoDB 的服务进程 id，最后的 3 个字节为简单的增量值。

6. 命令操作

MongoDB 数据库的一些常见操作命令如下。

插入数据源，用于命令的测试。

```
use mydb
db.stu.insert([
    {
        'name': "郭靖",
        "hometown": "蒙古",
        "age": 20,
        "gender": true
    },
    {
        'name': "黄蓉",
        "hometown": "桃花岛",
        "age": 18,
        "gender": false
    },
    {
        'name': "华筝",
        "hometown": "蒙古",
        "age": 18,
        "gender": false
    },
    {
        'name': "黄药师",
        "hometown": "桃花岛",
        "age": 40,
        "gender": true
    },
    {
        'name': "段誉",
        "hometown": "大理",
        "age": 16,
        "gender": true
    },
    {
        'name': "段王爷",
        "hometown": "大理",
        "age": 45,
        "gender": true
    },
    {
        'name': "洪七公",
```

```
        "hometown": "华山",
        "age": 18,
        "gender": true
    }
])
```

（1）数据库命令，如表 5-15 所示。

表5-15　数据库命令

编号	命令	描述
1	db	查看当前数据库名称
2	show dbs	查看所有数据库名称，列出所有在物理上存在的数据库
3	use 数据库名称	切换数据库，如果数据库不存在，则指向数据库，但不创建，直到插入数据或创建集合时数据库才被创建。默认的数据库为test，如果没有创建新的数据库，则集合存放在test数据库中
4	db.dropDatabase()	删除当前指向的数据库，如果数据库不存在，则什么也不做

（2）集合命令，如表 5-16 所示。

表5-16　集合命令

编号	命令	描述

1	db.createCollection(name, options)	name是要创建的集合的名称，options是一个文档，用于指定集合的配置。选项参数是可选的，因此只需要指定集合的名称
		例1：不限制集合大小
		`db.createCollection("stu")`
		例2：限制集合大小，后面学会插入语句后可以查看效果
		参数capped：默认值为False，表示不设置上限；值为True，表示设置上限
		参数size：当capped值为True时，需要指定此参数，表示上限大小，当文档达到上限时，会将之前的数据覆盖，单位为字节
		`db.createCollection("sub",{capped:true, size:10})`

2	show collections	查看当前数据库的集合
3	db.集合名称.drop()	删除集合

> **提示**
> 这里的集合相当于 MySQL 的表。

（3）数据操作命令，如表 5-17 所示。

表5-17　数据操作命令

编号	命令	描述
1	db.集合名称.insert(document)	新增一条文档信息，新增文档时，如果不指定_id参数，则MongoDB会为文档分配一个唯一的ObjectId `db.stu.insert({name:'gj',gender:1})`
2	db.集合名称.find()	查询当前集合的所有文档信息

3	db.集合名称.update(
	　<query>,
	　<update>,
	　{multi: <boolean>}
	)
		参数query：查询条件，类似SQL语句update中where部分
		参数update：更新操作符，类似SQL语句update中set部分
		参数multi：可选，默认值为False，表示只更新找到的第一条记录；值为True，表示把满足条件的文档全部更新
		例1：全文档更新
		`db.stu.update({name:'hr'},{name:'mnc'})`
		例2：指定属性更新，通过操作符$set
		`db.stu.insert({name:'hr',gender:0})`
		`db.stu.update({name:'hr'},{$set:{name:'hys'}})`
		例3：修改多条匹配到的数据
		`db.stu.update({},{$set:{gender:0}},{multi:true})`

4	db.集合名称.save(document)	save保存。如果文档的_id已经存在，则修改；如果文档的_id不存在，则添加
		
		`db.stu.save({_id:'20160102','name':'yk',gender:1})`
		`db.stu.save({_id:'20160102','name':'wyk'})`

5	db.集合名称.remove(
	　<query>,
	　{
	　　justOne: <boolean>
	　}
	)
		删除。参数query：可选，删除文档的条件
		参数justOne：可选，如果设为True或1，则只删除一条，默认值为False，表示删除多条
		例1：只删除匹配到的第一条
		`db.stu.remove({gender:0},{justOne:true})`
		例2：全部删除
		`db.stu.remove({})`

> **提示**
> 这里的文档 document 相当于 MySQL 的一行数据，其语法格式相当于 JavaScript 的 JSON 对象。

（4）数据查询命令，如表 5-18 所示。

表5-18 数据查询命令

编号	命令	描述
1	db.集合名称.find({条件文档})	根据条件查询，返回结果集
2	db.集合名称.findOne({条件文档})	根据条件查询，返回第一个
3	db.集合名称.find({条件文档}).pretty()	将查询的结果格式化

4	$lt, $lte, $gt, $gte, $ne	等于，默认是等于判断，没有运算符
		小于$lt
		小于或等于$lte
		大于$gt
		大于或等于$gte
		不等于$ne
		例1：查询名称等于'gj'的学生
		`db.stu.find({name:'gj'})`
		例2：查询年龄大于或等于18的学生
		`db.stu.find({age:{$gte:18}})`

5	and, or	查询时可以有多个条件，多个条件之间需要通过逻辑运算符连接
		逻辑与：默认是逻辑与的关系
		例1：查询年龄大于或等于18，并且性别为1的学生
		`db.stu.find({age:{$gte:18},gender:1})`
		逻辑或：使用$or
		例2：查询年龄大于18或性别为1的学生
		`db.stu.find({$or:[{age:{$gt:18}},{gender:1}]})`
		and和or一起使用
		例3：查询年龄大于18或性别为1的学生，并且学生的姓名为gj
		`db.stu.find({$or:[{age:{$gte:18}},{gender:1}],name:'gj'})`

6	$in, $nin	使用$in, $nin判断是否在某个范围内 例：查询年龄为18、28的学生 `db.stu.find({age:{$in:[18,28]}})`

编号	命令	描述

7	$regex	使用//或$regex编写正则表达式
		例：查询姓黄的学生
		`db.stu.find({name:/^黄/})`
		`db.stu.find({name:{$regex:'^黄'}}})`

8	$where	在$where后写一个函数，返回满足条件的数据 例：查询年龄大于20的学生 `db.stu.find({$where:function(){return this.age>20}})`
9	limit()	用于读取指定数量的文档 语法：db.集合名称.find().limit(NUMBER) 参数NUMBER表示要获取文档的条数 如果没有指定参数，则显示集合中的所有文档 例：查询2条学生信息 `db.stu.find().limit(2)`

10	skip()	用于跳过指定数量的文档
		语法：db.集合名称.find().skip(NUMBER)
		参数NUMBER表示跳过的记录条数，默认值为0
		例1：查询从第3条开始的学生信息
		`db.stu.find().skip(2)`
		方法limit()和skip()可以一起使用，不分先后顺序
		例2：查询第5~8条数据
		`db.stu.find().limit(4).skip(1)`
		或
		`db.stu.find().skip(1).limit(4)`

11	投影	在查询到的返回结果中，只选择必要的字段，而不是选择一个文档的整个字段
		例如，一个文档有5个字段，只需要显示3个，投影其中3个字段即可
		语法：db.集合名称.find({},{字段名称:1,…})
		参数为字段与值，值为1表示显示，值为0表示不显示
		对于需要显示的字段，设置为1即可，不设置即为不显示
		特殊：对于_id列默认是显示的，如果不显示，则需要明确设置为0
		例1：查询_id,name,gender
		`db.stu.find({},{name:1,gender:1})`
		例2：查询name,gender
		`db.stu.find({},{_id:0,name:1,gender:1})`

续表

编号	命令	描述
12	sort()	用于对结果集进行排序 语法：db.集合名称.find().sort({字段:1,…}) 参数1为升序排列 参数–1为降序排列 例：先根据性别降序，再根据年龄升序 `db.stu.find().sort({gender:-1,age:1})`

13	count()	用于统计结果集中文档条数
		语法：db.集合名称.find({条件}).count()
		也可以写为
		db.集合名称.count({条件})
		例1：统计男生人数
		`db.stu.find({gender:1}).count()`
		例2：统计年龄大于20的男生人数
		`db.stu.count({age:{$gt:20},gender:1})`

14	distinct()	对数据进行去重 语法：db.集合名称.distinct('去重字段',{条件}) 例：查找年龄大于18的性别（去重） `db.stu.distinct('gender',{age:{$gt:18}})`

（5）管道命令，如表 5-19 所示。

管道在 Linux 中一般用于将当前命令的输出结果作为下一个命令的输入。在 MongoDB 中，管道具有同样的作用，文档处理完毕，通过管道进行下一次处理。

表5-19　管道命令

编号	命令	描述

1	$group	将集合中的文档分组，可用于统计结果
		（1）_id表示分组的依据，使用某个字段的格式为'$字段'
		例1：统计男生、女生的总人数
		`db.stu.aggregate([{$group:{_id:'$gender',counter:{$sum:1}}}])`
		（2）Group by null
		将集合中所有文档分为一组
		例2：求学生总人数、平均年龄
		`db.stu.aggregate([{$group:{ _id:null,counter:{$sum:1},`
		`avgAge:{$avg:'$age'}}}])`
		例3：统计学生性别及学生姓名
		`db.stu.aggregate([{$group:{_id:'$gender',name:{$push:'$name'}}}])`
		（3）使用$$ROOT可以将文档内容加入结果集的数组中，代码如下
		`db.stu.aggregate([{$group:{_id:'$gender',name:{$push:'$$ROOT'}}}])`

续表

编号	命令	描述

2	$match	用于过滤数据，只输出符合条件的文档
		使用MongoDB的标准查询操作
		例1：查询年龄大于20的学生
		<pre>db.stu.aggregate([
		    {$match:{age:{$gt:20}}}
		])</pre>例2：查询年龄大于20的男生、女生人数
		<pre>db.stu.aggregate([
		    {$match:{age:{$gt:20}}},
		    {$group:{_id:'$gender',counter:{$sum:1}}}
		])</pre>

3	$project	修改输入文档的结构，如重命名，增加、删除字段，创建计算结果
		例1：查询学生的姓名、年龄
		<pre>db.stu.aggregate([
		    {$project:{_id:0,name:1,age:1}}
		])</pre>例2：查询男生、女生人数，输出人数
		<pre>db.students.aggregate([
		    {$group:{_id:'$gender',counter:{$sum:1}}},
		    {$project:{_id:0,counter:1,gender:"$_id"}}
		])</pre>

4	$sort	将输入文档排序后输出
		例1：查询学生信息，按年龄升序
		<pre>b.stu.aggregate([{$sort:{age:1}}])</pre>例2：查询男生、女生人数，按人数降序
		<pre>db.stu.aggregate([
		    {$group:{_id:'$gender',counter:{$sum:1}}},
		    {$sort:{counter:-1}}
		])</pre>

5	$limit	限制聚合管道返回的文档数 例：查询2条学生信息 <pre>db.stu.aggregate([{$limit:2}])</pre>
6	$skip	跳过指定数量的文档，并返回余下的文档 例：查询从第3条开始的学生信息 <pre>db.stu.aggregate([{$skip:2}])</pre>

编号	命令	描述

7	$limit和$skip	注意顺序：先写skip，再写limit
		例：统计男生、女生人数，按人数升序，取第二条数据
		<pre>db.stu.aggregate([
		    {$group:{_id:'$gender',counter:{$sum:1}}},
		    {$sort:{counter:1}},
		    {$skip:1},
		    {$limit:1}
		])</pre>

8	$unwind	将文档中的某一个数组类型字段拆分成多条，每条包含数组中的一个值
		（1）语法1：对某字段值进行拆分
		db.集合名称.aggregate([{$unwind:'$字段名称'}])
		构造数据：
		<pre>db.t2.insert({_id:1,item:'t-shirt',size:['S','M','L']})</pre>查询：
		<pre>db.t2.aggregate([{$unwind:'$size'}])</pre>（2）语法2：对某字段值进行拆分，处理空数组、非数组、无字段、null情况
		<pre>db.inventory.aggregate([{
		    $unwind:{
		        path:'$字段名称',
		        preserveNullAndEmptyArrays:<boolean># 防止数据丢失
		    }
		}])</pre>构造数据：
		<pre>db.t3.insert([{"_id":1,"item":"a","size":["S","M","L"]},
		{"_id":2,"item":"b","size":[ ]},{"_id":3,"item":"c",
		"size":"M"},{"_id":4,"item":"d"},{"_id":5,"item":"e",
		"size":null}])</pre>使用语法1查询：
		<pre>db.t3.aggregate([{$unwind:'$size'}])</pre>查看查询结果，发现对于空数组、无字段、null的文档都被丢弃了
		问：如何能不丢弃呢？答：使用语法2查询
		<pre>db.t3.aggregate([{$unwind:{path:'$sizes',
		preserveNullAndEmptyArrays:true}}])</pre>

7. Python与MongoDB交互

Python 与 MongoDB 交互，需要先安装 pymongo 模块，运行如下命令，如图 5-38 所示。

```
pip install pymongo -i https://pypi.tuna.tsinghua.edu.cn/simple
```

```
(virtualenv_spider) yong@yong-virtual-machine:~$ pip install pymongo -i https://pypi.tuna.tsinghua.edu.cn/simple
Looking in indexes: https://pypi.tuna.tsinghua.edu.cn/simple
Collecting pymongo
  Downloading https://pypi.tuna.tsinghua.edu.cn/packages/6e/6a/ededed811c0b19edb1fd6e381baefc8fef4e2bddc452b43e0bc56bf56e79/pymongo-3
.8.0-cp35-cp35m-manylinux1_x86_64.whl (415kB)
    |                                | 419kB 5.8MB/s
Installing collected packages: pymongo
Successfully installed pymongo-3.8.0
```

图5-38　安装pymongo模块

使用参数 -i 指定下载源为清华大学的下载源，提高下载速度。

安装好 pymongo 模块后，就可以使用 pymongo. MongoClient 创建连接对象登录数据库了。

【范例5.3-3】创建连接（源码路径：**ch05/5.3/5.3-3.py**）

范例文件 5.3-3.py 的具体实现代码如下。

```
"""Python与MongoDB交互-创建连接"""


import pymongo

# 创建MongoClient对象，与MongoDB服务器建立连接
myclient = pymongo.MongoClient('mongodb://localhost:27017/')
# 选择数据库mydb
mydb = myclient['mydb']
print(mydb)
# 关闭
myclient.close()
```

【运行结果】

```
Database(MongoClient(host=['localhost:27017'], document_class=dict,
tz_aware=False, connect=True), 'mydb')
```

【范例分析】

（1）创建数据库需要使用 MongoClient 对象，并且指定连接的 URL 地址和要创建的数据库名。

（2）localhost 表示要连接的主机，也可以用 IP 地址访问，27017 是主机的端口号，mydb 是要选择的数据库。

提示

MongoDB 的服务器必须启动才可以连接成功。

使用 pymongo 模块创建连接对象登录数据库后，就可以完成增删改查了。

【范例5.3-4】增删改查（源码路径：**ch05/5.3/5.3-4.py**）

范例文件 5.3-4.py 的具体实现代码如下。

```
"""Python与MongoDB交互-增删改查"""
import pymongo
```

```python
def is_having():
    """判断数据库是否已存在"""
    # 获取连接对象
    myclient = pymongo.MongoClient('mongodb://localhost:27017/')
    # 获取所有数据库名称
    dblist = myclient.list_database_names()
    # 判断
    if 'mydb' in dblist:
        print('数据库已存在！')
    else:
        print('数据库不存在！')
    # 关闭
    myclient.close()


def insert():
    """新增"""
    # 获取连接对象
    myclient = pymongo.MongoClient('mongodb://localhost:27017/')
    # 获取数据库
    mydb = myclient['mydb']
    # 获取集合
    stu = mydb['stu']
    # 新增一条记录，返回_id
    _id = stu.insert({
        'name': '扫地僧',
        'hometown': '少林寺',
        'age': 66,
        'gender': True
    })
    print(_id)
    # 关闭
    myclient.close()


def select():
    """查询"""
    # 获取连接对象
    myclient = pymongo.MongoClient('mongodb://localhost:27017/')
    # 获取数据库
    mydb = myclient['mydb']
    # 获取集合
    stu = mydb['stu']
    # 查询所有
    ret = stu.find()
    # 遍历
    for i in ret:
        print(i)
    # 关闭
```

```
    myclient.close()


def update():
    """修改"""
    # 获取连接对象
    myclient = pymongo.MongoClient('mongodb://localhost:27017/')
    # 获取数据库
    mydb = myclient['mydb']
    # 获取集合
    stu = mydb['stu']
    # 修改
    x = stu.update_many({'age': {'$gt': 20}}, {'$inc': {'age': 1}})

    print(x.modified_count, '文档已修改')
    # 关闭
    myclient.close()


def delete():
    """删除"""
    # 获取连接对象
    myclient = pymongo.MongoClient('mongodb://localhost:27017/')
    # 获取数据库
    mydb = myclient['mydb']
    # 获取集合
    stu = mydb['stu']
    # 删除
    x = stu.delete_many({'age': {'$gt': 20}})
    print(x.deleted_count, '个文档已删除')
    # 关闭
    myclient.close()


if __name__ == '__main__':
    is_having()
    insert()
    select()
    update()
    delete()
```

下面是一些例子，判断数据库、集合是否已存在，代码如下。

```
# 1.判断数据库是否已存在
import pymongo

# 获取连接对象
myclient = pymongo.MongoClient('mongodb://localhost:27017/')
# 获取所有数据库的名称
dblist = myclient.list_database_names()
```

```
if 'mydb' in dblist:
    print('数据库已存在! ')
else:
    print('数据库不存在! ')
# 关闭
myclient.close()

# 2.判断集合是否已存在
import pymongo

# 获取连接对象
myclient = pymongo.MongoClient('mongodb://localhost:27017/')
# 获取数据库
mydb = myclient['mydb']
# 获取所有集合的名称
collist = mydb.list_collection_names()
# 判断
if 'stu' in collist:
    print('集合已存在! ')
else:
    print('集合不存在! ')
# 关闭
myclient.close()
```

> **提示** 在 MongoDB 中，数据库只有在内容插入后才会创建。也就是说，数据库创建后要创建集合（数据表）并插入一个文档（记录），数据库才会真正创建。

查询功能，代码如下。

```
import pymongo

# 获取连接对象
myclient = pymongo.MongoClient('mongodb://localhost:27017/')
# 获取数据库
mydb = myclient['mydb']
# 获取集合
stu = mydb['stu']
# 查询所有
ret = stu.find()
# 遍历
for i in ret:
    print(i)
# 关闭
myclient.close()
```

新增功能，代码如下。

```
import pymongo
```

```
#  获取连接对象
myclient = pymongo.MongoClient('mongodb://localhost:27017/')
#  获取数据库
mydb = myclient['mydb']
#  获取集合
stu = mydb['stu']
#  新增一条记录，返回_id
_id = stu.insert({
    'name': '扫地僧',
    'hometown': '少林寺',
    'age': 66,
    'gender': True
})
print(_id)
#  关闭
myclient.close()
```

提示　　Python 中字典的键需要加上引号。

修改功能，代码如下。

```
import pymongo

#  获取连接对象
myclient = pymongo.MongoClient('mongodb://localhost:27017/')
#  获取数据库
mydb = myclient['mydb']
#  获取集合
stu = mydb['stu']
#  修改
x = stu.update_many({'age': {'$gt': 20}}, {'$inc': {'age': 1}})

print(x.modified_count, '文档已修改')
#  关闭
myclient.close()
```

删除功能，代码如下。

```
import pymongo

#  获取连接对象
myclient = pymongo.MongoClient('mongodb://localhost:27017/')
#  获取数据库
mydb = myclient['mydb']
#  获取集合
stu = mydb['stu']
#  删除
```

```
x = stu.delete_many({'age': {'$gt': 20}})

print(x.deleted_count, '个文档已删除')
# 关闭
myclient.close()
```

【运行结果】

```
数据库不存在!
5cdaaa1b867301b8817f154b
{'_id': ObjectId('5cdaaa1b867301b8817f154b'), 'hometown': '少林寺', 'gender':
True, 'age': 66, 'name': '扫地僧'}
1 文档已修改
1 个文档已删除
```

【范例分析】

（1）调用 MongoClient 对象的 myclient.list_database_names() 方法获取所有的数据库。

（2）连接数据库和表后，insert 插入一条新的数据对象。

（3）连接数据库和表后，find 查询数据对象。

（4）连接数据库和表后，update_many 更新查询的数据对象。

（5）连接数据库和表后，delete_many 删除查询的数据对象。

5.4 项目案例：爬豆瓣电影

目前已经了解了数据存储的两种方式，存储到文件或数据库中，下面通过一个项目案例来更好地理解这些知识点。

将第 4 章中豆瓣 Top 250 的电影信息保存到 MongoDB 中。

5.4.1 分析网站

该网站已经分析过，详见 4.1 节。

5.4.2 开始爬取

按照分析的思路实现代码即可。

【范例5.4-1】爬豆瓣电影信息并保存到MongoDB（源码路径：ch05/5.4/5.4-1.py）

范例文件 5.4-1.py 的具体实现代码如下。

```
"""爬豆瓣电影信息并保存到MongoDB"""
```

```python
# 导入模块
import requests
import random
import time
import threading
import json
import csv
import os
import pymongo
from lxml import etree
from queue import Queue


class DouBanSpider:
    """爬虫类"""

    def __init__(self):
        """构造方法"""

        # headers：这是主要设置User-Agent伪装成真实浏览器
        self.headers = {"User-Agent": "Mozilla/5.0 (Windows NT 10.0;
WOW64; Trident/7.0; rv:11.0) like Gecko"}
        # baseURL：基础URL
        self.baseURL = "https://movie.douban.com/top250"
        # MongoDB客户端对象
        self.client = pymongo.MongoClient('mongodb://localhost:27017/')
['mydb']['douban']

    def loadPage(self, url):
        """向URL发送请求，获取响应内容"""

        # 随机休眠0~2秒，避免爬虫过快，会导致爬虫被封禁
        time.sleep(random.random() * 2)
        return requests.get(url, headers=self.headers).content

    def parsePage(self, url):
        """根据起始URL提取所有的URL"""

        # 获取URL对应的响应内容
        content = self.loadPage(url)
        # XPath处理得到对应的element对象
        html = etree.HTML(content)

        # 所有的电影节点
        node_list = html.xpath("//div[@class='info']")

        # 遍历
        for node in node_list:
```

```
                # 使用字典存储数据
                item = {}

                # 每部电影的标题
                item['title'] = node.xpath(".//span[@class='title']/
text()")[0]
                # 每部电影的评分
                item['score'] = node.xpath(".//span[@class='rating_num']/
text()")[0]
                # 将数据存储到队列中
                self.client.insert(item)

        # 只有在第一页时才获取所有URL组成的列表，其他页就不再获取
        if url == self.baseURL:
            return [self.baseURL + link for link in html.xpath("//div[
@class='paginator']/a/@href")]

    def startWork(self):
        """开始"""

        print('begin...')

        # 第一个页面的请求，需要返回所有页面链接，并提取第一页的电影信息
        link_list = self.parsePaqe(self.baseURL)

        thread_list = []
        # 循环发送每个页面的请求，并获取所有电影信息
        for link in link_list:
            # self.parsePage(link)
            # 循环创建了9个线程，每个线程都执行一个任务
            thread = threading.Thread(target=self.parsePage, args=[link])

            thread.start()
            thread_list.append(thread)

        # 父线程等待所有子线程结束，自己再结束
        for thread in thread_list:
            thread.join()


        print('end...')
if __name__ == "__main__":
    # 创建爬虫对象
    spider = DouBanSpider()
    # 开始爬虫
    spider.startWork()
```

【运行结果】

连接 MongoDB，查看结果，代码如下。

```
$ sudo mongo
MongoDB shell version v3.4.0
connecting to: mongodb://127.0.0.1:27017
MongoDB server version: 3.4.0
Server has startup warnings:
2019-01-29T14:40:22.197+0800 I STORAGE  [initandlisten]
2019-01-29T14:40:25.586+0800 I CONTROL  [initandlisten] ** WARNING: You
are running this process as the root user, which is not recommended.
2019-01-29T14:40:25.586+0800 I CONTROL  [initandlisten]
2019-01-29T14:40:25.588+0800 I CONTROL  [initandlisten]
2019-01-29T14:40:25.588+0800 I CONTROL  [initandlisten] ** WARNING: /
sys/kernel/mm/transparent_hugepage/enabled is 'always'.
2019-01-29T14:40:25.588+0800 I CONTROL  [initandlisten] **        We suggest
setting it to 'never'
2019-01-29T14:40:25.588+0800 I CONTROL  [initandlisten]
2019-01-29T14:40:25.588+0800 I CONTROL  [initandlisten] ** WARNING: /
sys/kernel/mm/transparent_hugepage/defrag is 'always'.
2019-01-29T14:40:25.588+0800 I CONTROL  [initandlisten] **        We suggest
setting it to 'never'
2019-01-29T14:40:25.588+0800 I CONTROL  [initandlisten]
> use mydb
switched to db mydb
> db.douban.find()
{ "_id" : ObjectId("5c4ff6fa3066d66b6962d81f"), "score" : "9.6", "title" :
  "肖申克的救赎" }
{ "_id" : ObjectId("5c4ff6fa3066d66b6962d820"), "score" : "9.6", "title" :
  "霸王别姬" }
{ "_id" : ObjectId("5c4ff6fa3066d66b6962d821"), "score" : "9.4", "title" :
  "这个杀手不太冷" }
{ "_id" : ObjectId("5c4ff6fa3066d66b6962d822"), "score" : "9.4", "title" :
  "阿甘正传" }
{ "_id" : ObjectId("5c4ff6fa3066d66b6962d823"), "score" : "9.5", "title" :
  "美丽人生" }
{ "_id" : ObjectId("5c4ff6fa3066d66b6962d824"), "score" : "9.3", "title" :
  "泰坦尼克号" }
{ "_id" : ObjectId("5c4ff6fa3066d66b6962d825"), "score" : "9.3", "title" :
  "千与千寻" }
{ "_id" : ObjectId("5c4ff6fa3066d66b6962d826"), "score" : "9.5", "title" :
  "辛德勒的名单" }
{ "_id" : ObjectId("5c4ff6fa3066d66b6962d827"), "score" : "9.3", "title" :
  "盗梦空间" }
{ "_id" : ObjectId("5c4ff6fa3066d66b6962d828"), "score" : "9.3", "title" :
  "机器人总动员" }
{ "_id" : ObjectId("5c4ff6fa3066d66b6962d829"), "score" : "9.3", "title" :
  "忠犬八公的故事" }
{ "_id" : ObjectId("5c4ff6fa3066d66b6962d82a"), "score" : "9.2", "title" :
```

```
"三傻大闹宝莱坞" }
{ "_id" : ObjectId("5c4ff6fa3066d66b6962d82b"), "score" : "9.2", "title" :
"海上钢琴师" }
{ "_id" : ObjectId("5c4ff6fa3066d66b6962d82c"), "score" : "9.3", "title" :
"放牛班的春天" }
{ "_id" : ObjectId("5c4ff6fa3066d66b6962d82d"), "score" : "9.2", "title" :
"大话西游之大圣娶亲" }
{ "_id" : ObjectId("5c4ff6fa3066d66b6962d82e"), "score" : "9.2", "title" :
"楚门的世界" }
{ "_id" : ObjectId("5c4ff6fa3066d66b6962d82f"), "score" : "9.2", "title" :
"龙猫" }
{ "_id" : ObjectId("5c4ff6fa3066d66b6962d830"), "score" : "9.2", "title" :
"星际穿越" }
…<省略以下输出>…
```

【范例分析】

（1）爬取的思路与之前是一样的，只是每次爬虫到一条数据，新增到 MongoDB 数据库中。

（2）将数据存储到 MongoDB 中是比较方便的，不需要再使用队列了，因为 MongoDB 本身是多线程安全的。

5.5 本章小结

本章学习了数据存储的相关知识，首先介绍了文件存储并实现了将数据存储到 TXT、JSON、CSV 文件三种方式，然后介绍了数据库存储并实现了将数据存储到 MySQL、Redis、MongoDB 三种方式，最后实现了爬豆瓣电影信息并保存到 MongoDB 中。

5.6 实战练习

爬豆瓣电影，将爬取的数据保存到 MySQL 数据库中。

第6章
Ajax数据爬取

现在很多网站都大量使用 JavaScript 或 Ajax 技术，这样在网页加载完成后，URL虽然不改变，但是网页的 DOM 元素内容却可以动态变化。

如果处理这种网页时还用 requests 库直接获取，那么得到的网页内容与网页在浏览器中的显示是不一致的，这样就采集不到想要的结果。因为直接获取浏览器头部的 URL对应的是 HTML 文档，而浏览器看到的页面内容可能是 JavaScript 作用后的结果。这些数据一般来自两种：Ajax 异步加载和 JavaScript 一些函数算法生成。

本章主要讲解 Ajax 的数据如何爬取。

本章重点讲解以下内容。

◆ 理解和实现 Ajax 技术
◆ 爬斗鱼直播信息

6.1 Ajax的概念

Ajax（Asynchronous JavaScript and XML）表示异步的 JavaScript 和 XML，不是新的编程语言，而是一种使用现有标准的新方法。

Ajax 是在不重新加载整个页面的情况下，与服务器交换数据并更新部分网页的艺术。传统的网页如果需要更新内容，就必须重新加载整个页面。

有很多使用 Ajax 的应用程序案例，如新浪微博、Google 地图、开心网等。

6.2 实现Ajax

在 6.1 节中已经了解了 Ajax 技术，接下来介绍如何实现 Ajax 技术。

要完整实现一个 Ajax 异步调用和局部刷新，通常需要以下几个步骤。

（1）创建 XMLHttpRequest 对象，也就是创建一个异步调用对象。

（2）创建一个新的 HTTP 请求，并指定该 HTTP 请求的方法、URL 及验证信息。

（3）设置响应 HTTP 请求状态变化的函数。

（4）发送 HTTP 请求。

（5）获取异步调用返回的数据，实现局部刷新。

实现 Ajax 有两种方式，分别是使用 JavaScript 和 JQuery，下面分别进行介绍。

6.2.1 JavaScript实现Ajax

JavaScript 实现 Ajax 的步骤如下。

1. 创建XMLHttpRequest对象

XMLHttpRequest 是 Ajax 的基础，XMLHttpRequest 用于在后台与服务器交换数据，它有一些方法和属性，如表 6-1 所示。

表6-1　XMLHttpRequest的一些方法和属性

编号	方法和属性	描述
1	open(method, url, async)	规定请求的类型、URL及是否异步处理请求 method：请求的类型get或post url：文件在服务器上的位置 async：True（异步）或False（同步）

编号	方法和属性	描述
2	send(string)	将请求发送到服务器 string：仅用于post请求
3	setRequestHeader(header, value)	向请求添加 HTTP 头 header：规定头的名称 value：规定头的值
4	responseText	获得字符串形式的响应数据
5	responseXML	获得 XML 形式的响应数据
6	onreadystatechange	存储函数（或函数名），每当 readyState 属性改变时，就会调用该函数
7	readyState	存有 XMLHttpRequest 的状态。从0~4发生变化 0：请求未初始化 1：服务器连接已建立 2：请求已接收 3：请求处理中 4：请求已完成，且响应已就绪
8	status	200："OK" 404：未找到页面

不同浏览器使用的异步调用对象也有所不同，在 IE 浏览器中异步调用使用的是 XMLHTTP 组件中的 XMLHttpRequest 对象，而在 Netscape、Firefox 浏览器中则直接使用 XMLHttpRequest 组件。因此，在不同浏览器中创建 XMLHttpRequest 对象的方式也有所不同。

【范例6.2-1】创建XMLHttpRequest对象（源码路径：ch06/6.2/6.2-1.html）

范例文件 6.2-1.html 的具体实现代码如下。

```html
<!DOCTYPE html>
<html lang="en">
<head>
    <meta charset="UTF-8">
    <title>创建XMLHttpRequest对象</title>
    <script>
        var xmlhttp;
        if (window.XMLHttpRequest) {// code for IE7+, Firefox, Chrome,
Opera, Safari
            xmlhttp=new XMLHttpRequest();
        }
        else {// code for IE6, IE5
            xmlhttp=new ActiveXObject("Microsoft.XMLHTTP");
        }
```

```
        document.write(xmlhttp)
    </script>
</head>
<body>

</body>
</html>
```

【运行结果】

运行结果如图 6-1 所示。

图6-1　运行结果

【范例分析】

（1）所有现代浏览器均支持 XMLHttpRequest 对象，而 IE5 和 IE6 浏览器使用 ActiveXObject。这也是浏览器不兼容的一个体现。

（2）使用 window.XMLHttpRequest 作为判断浏览器的条件。

2. 向服务器发送请求

向服务器发送请求的方式有 get 和 post 两种，与 post 相比，get 更简单也更快，且在大部分情况下都能用。然而，在以下情况中，要使用 post 请求。

（1）无法使用缓存文件（更新服务器上的文件或数据库）。

（2）向服务器发送大量数据（post 没有数据量限制）。

（3）发送包含未知字符的用户输入时，post 比 get 更稳定也更可靠。

如果需要将请求发送到服务器，就使用 XMLHttpRequest 对象的 open() 方法和 send() 方法，代码如下。

```
xmlhttp.open("GET", "demo_get.asp? fname=Bill&lname=Gates", true);
xmlhttp.send();

xmlhttp.open("POST", "demo_post.asp", true);
xmlhttp.send("fname=Bill&lname=Gates");
```

如果 get 和 post 方式都传参数，那么 get 是以"？"拼接到 URL 中，post 是放入 send() 方法中。

如果需要像 HTML 表单那样 post 数据，就使用 setRequestHeader() 来添加 HTTP 头。然后在 send() 方法中规定自己希望发送的数据，代码如下。

```
xmlhttp.open("POST", "ajax_test.asp", true);
xmlhttp.setRequestHeader("Content-type", "application/x-www-form-urlencoded");
```

```
xmlhttp.send("fname=Bill&lname=Gates");
```

3. 服务器响应

如果需要获得来自服务器的响应，就使用 XMLHttpRequest 对象的 responseText 或 responseXML 属性。如果来自服务器的响应并非 XML，就使用 responseText 属性，代码如下。

```
document.getElementById("myDiv").innerHTML=xmlhttp.responseText;
```

4. onreadystatechange事件

当请求被发送到服务器时，需要执行一些基于响应的任务。每当 readyState 改变时，就会触发 onreadystatechange 事件。readyState 属性存有 XMLHttpRequest 的状态信息。在 onreadystatechange 事件中，我们规定当服务器响应已做好被处理的准备时所执行的任务。当 readyState 等于 4 且状态为 200 时，表示响应已就绪，代码如下。

```
xmlhttp.onreadystatechange=function(){
if (xmlhttp.readyState==4 && xmlhttp.status==200){
        document.getElementById("myDiv").innerHTML=xmlhttp.responseText;
    }
}
```

【范例6.2-2】JavaScript实现Ajax（源码路径：ch06/6.2/6.2-2.html）

范例文件 6.2-2.html 的具体实现代码如下。

```html
<html>
<head>
    <title>JavaScript实现Ajax</title>
    <meta charset="UTF-8"/>
    <script language="javascript" type="text/javascript">
        // 定义一个变量用于存放XMLHttpRequest对象
        var xmlHttpRequest;
        // 定义一个用于创建XMLHttpRequest对象的函数
        function createXMLHttpRequest() {
            if (window.ActiveXObject) {
                xmlHttpRequest=new ActiveXObject("Microsoft.XMLHTTP");

            } else if (window.XMLHttpRequest) {
                xmlHttpRequest=new XMLHttpRequest();
            }
        }
        // 响应HTTP请求状态变化的函数
        function httpStateChange() {
            // 判断异步调用是否完成
            if (xmlHttpRequest.readyState==4) {
                // 判断异步调用是否成功，如果成功，则开始局部更新数据
                if (xmlHttpRequest.status==200 || xmlHttpRequest.status==0) {

                    // 获取响应的字符串内容
```

```
                        var text=xmlHttpRequest.responseText;
                        // 转JSON对象
                        var jsons=JSON.parse(text)
                        // 存储li
                        var lis=""
                        // 遍历
                        for(var i=0, l=jsons.length; i<l; i++){
                            var li="<li>" + jsons[i]["title"] + "-" +
jsons[i]["score"] + "</li>"
                            lis+=li
                        }
                        // 更新数据
                        document.getElementById("show").innerHTML=lis;


                    }
                    else {
                        // 如果异步调用未成功，则弹出警告框，并显示出错信息
                        alert("异步调用出错/n返回的HTTP状态码为:" +
xmlHttpRequest.status + "/n返回的HTTP状态信息为:" + xmlHttpRequest.statusText);
                    }
                }
            }
            // 异步调用服务器端数据
            function getData(name, value) {
                // 创建XMLHttpRequest对象
                createXMLHttpRequest();
                if (xmlHttpRequest!=null) {
                    // 创建HTTP请求
                    xmlHttpRequest.open("get", "./data/ajax.txt", true)
                    // 设置HTTP请求状态变化的函数
                    xmlHttpRequest.onreadystatechange=httpStateChange;
                    // 发送请求
                    xmlHttpRequest.send(null);
                }
            }
        </script>

</head>
<body>
    <ul id="show">
        <li>原数据</li>
    </ul>
    <input type="button" value="更新数据" onclick="getData()">
</body>
</html>
```

【运行结果】

打开 Network，单击【更新数据】按钮前效果如图 6-2 所示。

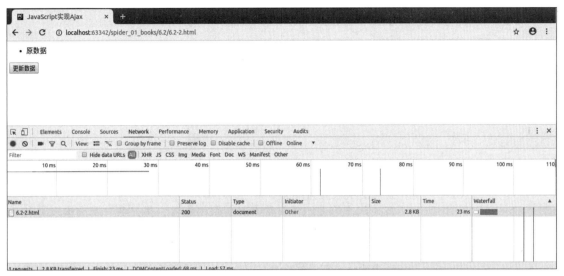

图6-2　单击按钮前

单击【更新数据】按钮后效果如图 6-3 所示。

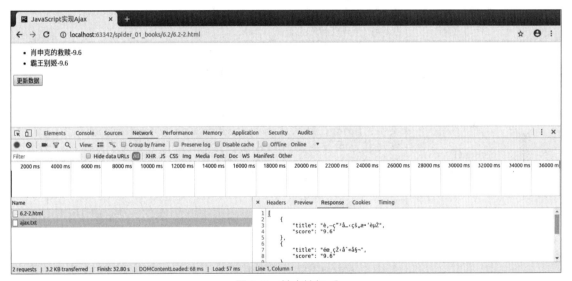

图6-3　单击按钮后

【范例分析】

（1）当单击【更新数据】按钮后，调用了方法，实现 Ajax。获取 XMLHttpRequest，发送请求，在回调函数中获取响应内容，响应内容是一个 JSON 格式的字符串，转换为 JSON 对象，遍历组合得到由 li 标签组成的字符串，设置显示到页面的 URL 中。

（2）通过 Network 查看，在单击【更新数据】按钮后，浏览器向服务器发送了一个新的请求并获得响应，而当前浏览器的 URL 并没有发生改变。这就完成了在网页不刷新、当前 URL 不改变的情况下与服务器交换数据，并完成局部刷新的效果。

6.2.2　JQuery实现Ajax

使用 JQuery 实现 Ajax 更加简单。JQuery 封装了一些关于 Ajax 的方法，如 ajax()、get()、post()、load() 等，这里主要讲解 ajax() 方法，它是最常用的方法，也有一些参数，如表 6-2 所示。

表6-2　ajax()方法的参数

编号	参数	描述
1	async	类型：Boolean，默认值为True 默认设置下，所有请求均为异步请求。如果需要发送同步请求，则将此选项设置为False 需要注意的是，同步请求将锁住浏览器，用户其他操作必须等待请求完成才可以执行
2	beforeSend(XHR)	类型：Function 发送请求前可修改XMLHttpRequest对象的函数，如添加自定义HTTP头 XMLHttpRequest对象是唯一的参数 这是一个Ajax事件。如果返回False，则可以取消本次Ajax请求
3	cache	类型：Boolean，默认值为True dataType为script和jsonp时，默认为False。设置为False将不缓存此页面 JQuery 1.2新功能
4	complete(XHR, TS)	类型：Function 请求完成后回调函数（请求成功或失败之后均调用） 参数：XMLHttpRequest对象和一个描述请求类型的字符串 这是一个Ajax事件
5	contentType	类型：String，默认值为"application/x-www-form-urlencoded" 发送信息至服务器时内容编码类型默认值适合大多数情况。如果明确地传递了一个content-type给$.ajax()，那么它必定会发送给服务器（即使没有数据要发送）
6	context	类型：Object 这个对象用于设置Ajax相关回调函数的上下文。也就是说，让回调函数内this指向这个对象（如果不设定这个参数，那么this就指向调用本次Ajax请求时传递的options参数）。例如，指定一个DOM元素作为context参数，这样就设置了success回调函数的上下文为这个DOM元素
7	data	类型：String 发送到服务器的数据，将自动转换为请求字符串格式。get请求中将附加在URL后。查看processData选项说明以禁止这种自动转换。必须为key-value格式。如果为数组，则jQuery将自动为不同值对应同一个名称。例如，{foo:["bar1", "bar2"]}转换为'&foo=bar1&foo=bar2'
8	dataFilter	类型：Function 给Ajax返回的原始数据进行预处理的函数。提供data和type两个参数：data是Ajax返回的原始数据，type是调用jQuery.ajax时提供的dataType参数。函数返回的值将由jQuery进一步处理

编号	参数	描述
9	dataType	类型：String 预期服务器返回的数据类型。如果不指定，则jQuery将自动根据HTTP包MIME信息来智能判断，例如，XML MIME类型就被识别为XML。在jQuery 1.4中，JSON会生成一个JavaScript对象，而script则会执行这个脚本。随后服务器端返回的数据会根据这个值解析后，传递给回调函数。可用值有： •"xml"：返回XML文档，可用jQuery处理 •"html"：返回纯文本HTML信息；包含的script标签会在插入DOM时执行 •"script"：返回纯文本JavaScript代码，不会自动缓存结果，除非设置了"cache"参数。需要注意的是，在远程请求时（不在同一个域下），所有post请求都将转为get请求（因为将使用DOM的script标签来加载） •"json"：返回JSON数据 •"jsonp"：JSONP格式。使用JSONP形式调用函数时，如"myurl?callback=?" jQuery将自动替换"?"为正确的函数名，以执行回调函数 •"text"：返回纯文本字符串
10	error	类型：Function，默认值为自动判断（xml或html） 请求失败时调用此函数。有3个参数：XMLHttpRequest对象、错误信息和（可选）捕获的异常对象 如果发生了错误，则错误信息（第2个参数）除得到null外，还可能是"timeout"、"error"、"notmodified"和"parsererror" 这是一个Ajax事件
11	global	类型：Boolean 是否触发全局Ajax事件。默认值为True。如果设置为False，则将不会触发全局Ajax事件。例如，ajaxStart或ajaxStop可用于控制不同的Ajax事件
12	ifModified	类型：Boolean 仅在服务器数据改变时获取新数据。默认值为False。使用HTTP包Last-Modified头信息判断。在jQuery 1.4中，它也会检查服务器指定的'etag'来确定数据没有被修改过
13	jsonp	类型：String 在一个jsonp请求中重写回调函数的名称。这个值用来替代在"callback=?"这种get或post请求中URL参数中的"callback"部分，例如，{jsonp:'onJsonPLoad'}会导致将"onJsonPLoad=?"传给服务器
14	jsonpCallback	类型：String 为jsonp请求指定一个回调函数名。这个值将用来取代jQuery自动生成的随机函数名。这主要用来让jQuery生成自己独特的函数名，这样管理请求更容易，也能方便地提供回调函数和错误处理，还可以在浏览器缓存get请求时，指定这个回调函数名
15	password	类型：String 用于响应HTTP访问认证请求的密码

编号	参数	描述
16	processData	类型：Boolean，默认值为True 默认情况下，通过data选项传递进来的数据，如果是一个对象（技术上讲只要不是字符串），则都会处理转化成一个查询字符串，以配合默认内容类型"application/x-www-form-urlencoded"。如果要发送DOM树信息或其他不希望转换的信息，则设置为False
17	scriptCharset	类型：String 只有当请求时dataType为"jsonp"或"script"，并且type为"GET"时，才会用于强制修改charset。通常只在本地和远程的内容编码不同时使用
18	success	类型：Function 请求成功后的回调函数 参数：由服务器返回，并根据dataType参数进行处理后的数据；描述状态的字符串 这是一个Ajax事件
19	traditional	类型：Boolean 如果用传统的方式来序列化数据，则设置为True。请参考工具分类下面的jQuery.param()方法
20	timeout	类型：Number 设置请求超时时间（毫秒）。此设置将覆盖全局设置
21	type	类型：String，默认值为"GET" 请求方式"POST"或"GET"，默认为"GET" 需要注意的是，其他HTTP请求方法，如PUT和DELETE也可以使用，但仅部分浏览器支持
22	url	类型：String，默认值为当前页地址 发送请求的地址
23	username	类型：String 用于响应HTTP访问认证请求的用户名
24	xhr	类型：Function 需要返回一个XMLHttpRequest对象。默认在IE下是ActiveXObject，而其他情况下是XMLHttpRequest。用于重写或提供一个增强的XMLHttpRequest对象。这个参数在jQuery 1.3以前不可用

【范例6.2-3】JQuery实现Ajax（源码路径：ch06/6.2/6.2-3.html）

范例文件 6.2-3.html 的具体实现代码如下。

```
<html>
<head>
    <title>JQuery实现Ajax</title>
```

```html
    <meta charset="UTF-8"/>
    <script src="http://code.jquery.com/jquery-1.3.1.min.js" type=
"application/javascript"></script>
    <script type="application/javascript">
        function getData() {
            $.ajax({
                // URL
                url:"./data/ajax.txt",
                // 返回值类型
                dataType:"json",
                // 成功回调函数
                success:function (data) {
                    // 存储li
                    var lis=""
                    // 遍历
                    for(var i=0, l=data.length; i<l; i++){
                        var li="<li>" + data[i]["title"] + "-" +
data[i]["score"] + "</li>"
                        lis+=li
                    }
                    // 更新数据
                    $("#show").html(lis);
                },
                // 失败回调函数
                error:function (xhr) {
                    alert("异步调用出错/n返回的HTTP状态码为:" + xhr.status +
"/n返回的HTTP状态信息为:" + xhr.statusText);
                }

            })
        }
    </script>
</head>
<body>
    <ul id="show">
        <li>原数据</li>
    </ul>
    <input type="button" value="更新数据" onclick="getData()">
</body>
</html>
```

【运行结果】

运行结果与【范例 6.2-2】相同。

【范例分析】

（1）使用 JQuery 实现的 Ajax，需要传递对应的参数，如这里的 url、success 等。

（2）在 JavaScript 使用 Ajax 中，从服务器获取到的数据是字符串，需要使用 JSON.parse() 函数将其转换为 JSON 对象，这里只需指定参数 dataType 的值是 json，即可完成转换的功能。

6.3 项目案例：爬斗鱼直播

目前已经了解了实现 Ajax 的两种方式，接下来分析并爬取 Ajax 加载的数据，下面通过一个项目案例来更好地理解这些知识点。

爬斗鱼直播信息，并将该数据存储到 MongoDB 中。

6.3.1 分析网站

访问斗鱼官网，如图 6-4 所示。

图6-4　斗鱼官网

1. 获取分页的URL

打开 Network 监听，单击图 6-4 中的【下一页】按钮，发现当前浏览器的 URL 依然是原来的 URL，而内容已经变成了第二页的，可以判断这是一个使用异步刷新的网站，多单击几次【下一页】按钮寻找规律，监听异步请求，如第 4 页，如图 6-5 所示。

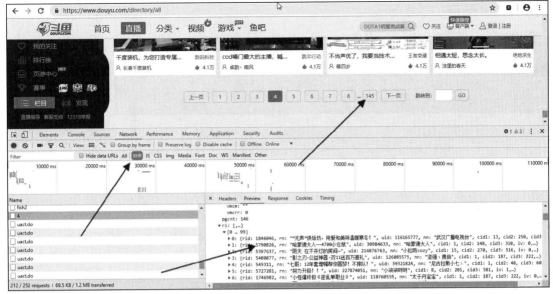

图6-5 单击第4页并监听异步请求

在图 6-5 中单击箭头指向的 XHR，是监听异步请求。右侧是请求 4 对应的 URL 的响应预览，经过检测对照发现，当前页的直播信息都在这里。找到请求 4 的完整 URL，末尾的 4 表示当前的页码。

在图 6-5 中，箭头指向的 145 表示总共有 145 个页码，需要遍历组合得到 145 个类似的 URL，发送请求，获取响应就可以获取到响应的数据。

2. 提取信息

每一页的 URL 对应的响应是一个 JSON 格式的字符串，可以使用 json.loads() 方法转换为字典，然后获取需要的数据。

3. 保存信息

提取到需要的数据信息后，可以将每条信息组成字典，然后保存到 MongoDB 中。

4. 总结

爬斗鱼直播的思路如下。

（1）循环遍历得到所有的 URL。

（2）使用线程池发送所有的请求，获取响应。

（3）在（2）的响应字符串中使用 json.loads() 方法转换为字典后提取需要的数据信息。

（4）将信息数据保存到 MongoDB 中。

6.3.2 开始爬取

按照上面的思路实现代码即可。

【范例6.3-1】爬斗鱼直播信息（源码路径：ch06/6.3/6.3-1.py）

范例文件 6.3-1.py 的具体实现代码如下。

```python
"""爬斗鱼直播信息"""

# 导入模块
import requests
import random
import time
import pymongo
import json
from concurrent.futures import ThreadPoolExecutor, wait, ALL_COMPLETED

class DouyuSpider:
    """爬虫类"""

    def __init__(self):
        """构造方法"""
        # headers: 这是主要设置User-Agent伪装成真实浏览器
        self.headers = {'User-Agent': 'Mozilla/5.0 (Windows NT 10.0;
WOW64; Trident/7.0; rv:11.0) like Gecko'}
        # baseURL: 基础URL
        self.baseURL = 'https://www.douyu.com/gapi/rkc/directory/0_0/'
        # MongoDB客户端对象
        self.client = pymongo.MongoClient('mongodb://localhost:27017/')
['mydb']['douyu']
        # 线程池
        self.executor = ThreadPoolExecutor(max_workcrs=10)

    def parse_page(self, url):
        """向URL发送请求，获取响应内容"""

        print('{}爬取中'.format(url))

        try:
            # 随机休眠0~2秒，避免爬虫过快，会导致爬虫被封禁
            time.sleep(random.random() * 2)
            # 获取响应数据
            content = requests.get(url, headers=self.headers).text
            # 转换为字典
            ret = json.loads(content)
            # 提取需要的数据
            datas = ret['data']['rl']
            # 遍历
            for data in datas:
                item = {}

                # 标题
                item['title'] = data['rn']
                # 昵称
                item['pname'] = data['nn']
                # 类型
                item['tname'] = data['c2name']
                # 人气数
```

```
                item['num'] = data['ol']

                # 存入MongoDB
                self.client.insert(item)

                print('{}爬取成功'.format(url))

        except Exception as ex:
            print(ex)
            print('{}爬取失败'.format(url))


    def startWork(self):
        """开始"""

        print('begin...')

        # 所有的URL
        urls = [self.baseURL + str(i) for i in range(1, 146)]
        # 线程池
        all_task = [self.executor.submit(self.parse_page, url) for url
in urls]
        # 主线程等待
        wait(all_task, return_when=ALL_COMPLETED)


        print('end...')
if __name__ == "__main__":
    # 创建爬虫对象
    spider = DouyuSpider()
    # 开始爬虫
    spider.startWork()
```

【运行结果】

连接 MongoDB，查看结果，代码如下。

```
$ sudo mongo
[sudo] yong 的密码:
MongoDB shell version v3.4.0
connecting to: mongodb://127.0.0.1:27017
MongoDB server version: 3.4.0
Server has startup warnings:
2019-01-29T14:40:22.197+0800 I STORAGE  [initandlisten]
2019-01-29T14:40:25.586+0800 I CONTROL  [initandlisten] ** WARNING: You
are running this process as the root user, which is not recommended.
2019-01-29T14:40:25.586+0800 I CONTROL  [initandlisten]
2019-01-29T14:40:25.588+0800 I CONTROL  [initandlisten]
2019-01-29T14:40:25.588+0800 I CONTROL  [initandlisten] ** WARNING: /
```

```
sys/kernel/mm/transparent_hugepage/enabled is 'always'.
2019-01-29T14:40:25.588+0800 I CONTROL  [initandlisten] **          We
suggest setting it to 'never'
2019-01-29T14:40:25.588+0800 I CONTROL  [initandlisten]
2019-01-29T14:40:25.588+0800 I CONTROL  [initandlisten] ** WARNING: /
sys/kernel/mm/transparent_hugepage/defrag is 'always'.
2019-01-29T14:40:25.588+0800 I CONTROL  [initandlisten] **          We
suggest setting it to 'never'
2019-01-29T14:40:25.588+0800 I CONTROL  [initandlisten]
> use mydb
switched to db mydb
> db.douyu.find()
{ "_id" : ObjectId("5c51ba363066d69bc23b2289"), "title" : "1号回家了, 快来
看我", "tname" : "二次元", "pname" : "波多曼妙小迷妹灵儿", "num" : 46716 }
{ "_id" : ObjectId("5c51ba363066d69bc23b228a"), "title" : "葛小维: 我是一匹
预言家过!", "tname" : "狼人杀专区", "pname" : "主播葛小维", "num" : 46651 }
{ "_id" : ObjectId("5c51ba363066d69bc23b228b"), "title" : "大头菜的直播间",
 "tname" : "颜值", "pname" : "草莓味的菜包啦", "num" : 46475 }
{ "_id" : ObjectId("5c51ba363066d69bc23b228c"), "title" : "【三国杀OL神将
乱舞】", "tname" : "三国杀", "pname" : "一个老司机、", "num" : 46398 }
{ "_id" : ObjectId("5c51ba363066d69bc23b228d"), "title" : "LOL水友赛有人参与
不!!", "tname" : "欢乐斗地主", "pname" : "啸天斗地主", "num" : 46380 }
{ "_id" : ObjectId("5c51ba363066d69bc23b228e"), "title" : "带房管做
土匪!!!!", "tname" : "刺激战场", "pname" : "a逢川", "num" : 46375 }
…<省略以下输出>…
```

【范例分析】

（1）这个例子是分析得到 URL 的规律，循环组合得到所有的 URL，然后为了提高爬虫的效率，使用了线程池执行所有的任务，主线程阻塞，等待任务执行完毕。

（2）在提取数据时，获取的是 JSON 格式的字符串，先转换为字典，然后获取指定的内容。最后将每条信息组成一个字典对象，插入 MongoDB 中。

6.4 本章小结

本章学习了 Ajax 数据爬取的相关知识，首先介绍了什么是 Ajax，然后介绍了使用 JavaScript 和 JQuery 两种方式实现 Ajax，之后使用 Ajax 加载了 JSON 数据并处理显示，最后实现了爬斗鱼直播信息并保存到 MongoDB 中。

6.5 实战练习

（1）爬拉勾网城市信息。

（2）爬豆瓣电影信息。

第7章
动态渲染页面爬取

JavaScript 动态渲染的页面不止 Ajax 一种，有的是通过 JavaScript 一些函数算法生成。另外，类似淘宝网的页面，Ajax 渲染接口含有很多加密参数，难以直接找出其规律。

为了解决这类问题，可以直接模拟浏览器的方式运行，实现看到浏览器是什么样，就获取什么样的代码。不用再去管内部 JavaScript 如何生成数据，或者 Ajax 有什么参数了。也就是说，获取到网站的 Elements 的 HTML 代码，只要从这个代码字符串中获取需要的信息，就可以解决这类问题。

通过模拟浏览器运行的方式来实现有多种技术方式，如 Selenium、PhantomJS、Splash、PyV8、Ghost 等。本章介绍如何使用 Selenium、PhantomJS 来爬取动态渲染的数据。

本章重点讲解以下内容。

- Selenium 的使用
- 爬京东商品

7.1 ▊Selenium

Selenium 是一个 Web 的自动化测试工具，最初是为网站自动化测试而开发的，类型类似玩游戏的按键精灵，可以按指定的命令自动操作，不同的是，Selenium 可以直接运行在浏览器上，它支持所有主流的浏览器，包括 PhantomJS 等无界面浏览器。

Selenium 可以根据指令，让浏览器自动加载页面，获取需要的数据，甚至页面截屏，或者判断网站上某些动作是否发生。

Selenium 本身不带浏览器，不支持浏览器的功能，它需要与第三方浏览器结合在一起才能使用。

这里浏览器分为有界面和无界面两种。有界面浏览器可以让使用者可视化直接操作使用，如输入内容、单击按钮等，但是占用内存比较大，效率相对低。无界面浏览器可以减少使用内存，但是需要使用者自己写代码来操作输入内容、单击按钮等。

这里有界面浏览器使用的是 Chrome 浏览器，无界面浏览器使用的是 PhantomJS。

下面介绍 Selenium 的安装和使用。

7.1.1 安装

这里需要安装 Selenium、Chrome、ChromeDriver 和 PhantomJS，下面分别介绍它们的安装方法。

1.安装Selenium

Selenium 的安装方法如图 7-1 所示，运行如下命令可以实现安装 Selenium。

```
pip install selenium -i https://pypi.tuna.tsinghua.edu.cn/simple
```

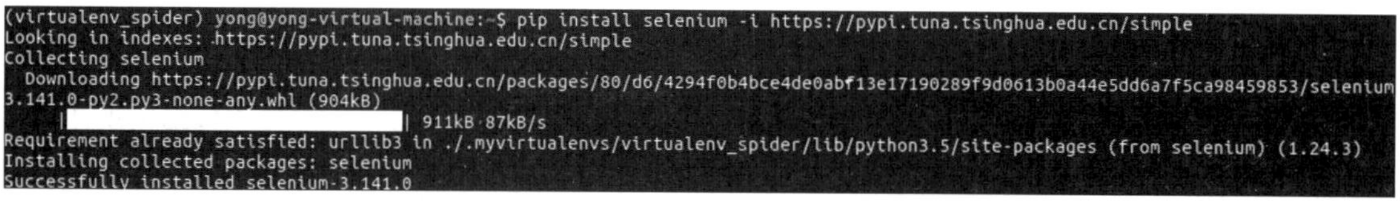

图7-1　安装Selenium

使用参数 -i 指定下载源为清华大学的下载源，提高下载速度。

2.安装Chrome

安装 Chrome 浏览器的具体步骤如下。

❶ 更新下载源，运行如下命令，如图 7-2 所示。

```
sudo apt-get update
```

图7-2　更新下载源

❷ 下载，运行如下命令，如图 7-3 所示。

```
sudo apt-get install google-chrome-stable
```

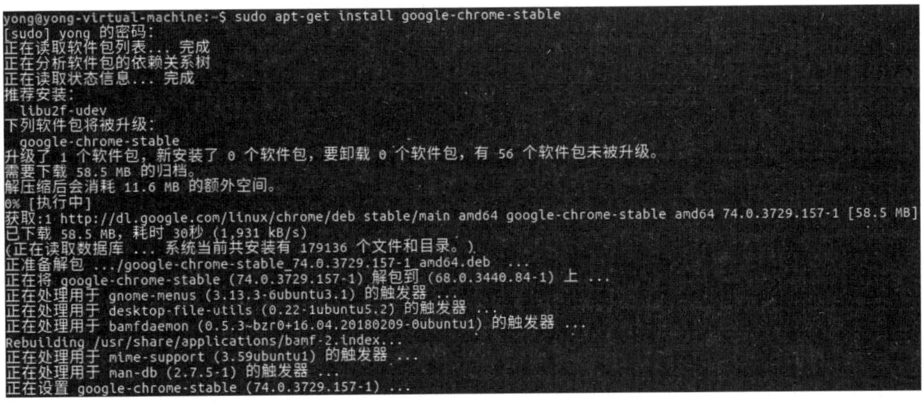

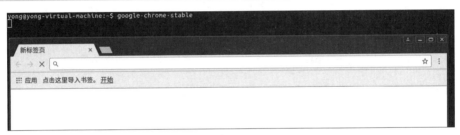

图7-3　下载Chrome

❸ 测试，打开 Chrome 浏览器，运行如下命令，如图 7-4 所示。

```
google-chrome-stable
```

图7-4　打开Chrome

3.安装ChromeDriver

ChromeDriver 是可以调用 Chrome 浏览器的驱动软件，版本号必须一一对应。

❶ 查看版本，打开 Chrome 浏览器，然后查看其版本号，如图 7-5 所示。

图7-5　Chrome的版本号

这里的版本号是 74.0。ChromeDriver 与 Chrome 的版本号要一一对应。

❷ 下载 ChromeDriver，访问其官方网站，选择下载对应的版本，如图 7-6 所示。

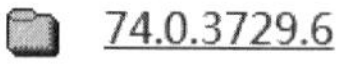

 74.0.3729.6

图7-6　选择ChromeDriver的版本

单击图 7-6 中的链接，进入后，选择 Linux 版本的 ChromeDriver，下载压缩包并存储到家目录下，如图 7-7 所示。

chromedriver_
linux64.zip

图7-7　压缩包

❸ 解压，下载成功后，解压到 /usr/local/share 目录下，运行如下命令，如图 7-8 所示。

```
unzip ./chromedriver_linux64.zip  -d /usr/local/share/
```

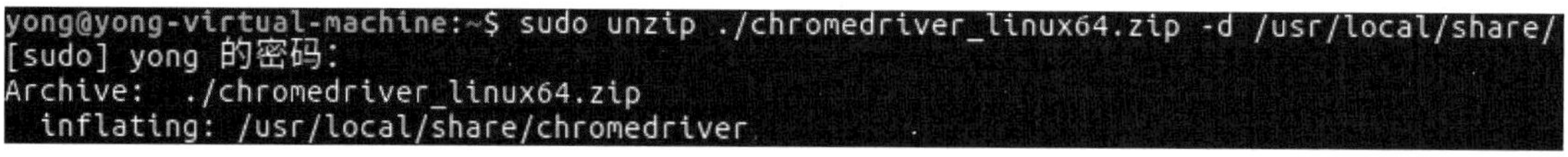

```
yong@yong-virtual-machine:~$ sudo unzip ./chromedriver_linux64.zip -d /usr/local/share/
[sudo] yong 的密码：
Archive:  ./chromedriver_linux64.zip
  inflating: /usr/local/share/chromedriver
```

图7-8　解压

❹ 建立软链接并放到 PATH 目录下，运行如下命令，如图 7-9 所示。

```
sudo ln -sf /usr/local/share/chromedriver /usr/local/bin
```

```
yong@yong-virtual-machine:~$ sudo ln -sf /usr/local/share/chromedriver /usr/local/bin
```

图7-9　建立软链接并放到PATH目录下

> 提示
>
> 如果需要使用其他浏览器，如 Firefox，则需要下载 Firefox 对应的 Driver。

4.安装PhantomJS

PhantomJS 是一个基于 Webkit 的无界面浏览器，它会把网站加载到内存并执行页面上的 JavaScript，因为不会展示图形界面，所以运行起来比完整的浏览器要高效。

如果把 Selenium 和 PhantomJS 结合在一起，就可以运行一个非常强大的网络爬虫了，这个爬虫可以处理 JavaScrip、Cookie、headers，以及任何真实用户需要做的事情。

PhantomJS 是一个功能完善（虽然无界面）的浏览器而非一个 Python 库，所以它不需要像 Python 的其他库一样安装，但可以通过 Selenium 调用 PhantomJS 来直接使用。

❶ 下载 PhantomJS 的安装包并放到家目录下，运行如下命令，如图 7-10 所示。

```
wget https://bitbucket.org/ariya/phantomjs/downloads/phantomjs-2.1.1-linux-
x86_64.tar.bz2
```

图7-10　下载PhantomJS

❷ 解压，下载成功后，解压到 /usr/local/share 目录下，运行如下命令，如图 7-11 所示。

```
sudo tar -jxvf phantomjs-2.1.1-linux-x86_64.tar.bz2 -C /usr/local/share/
```

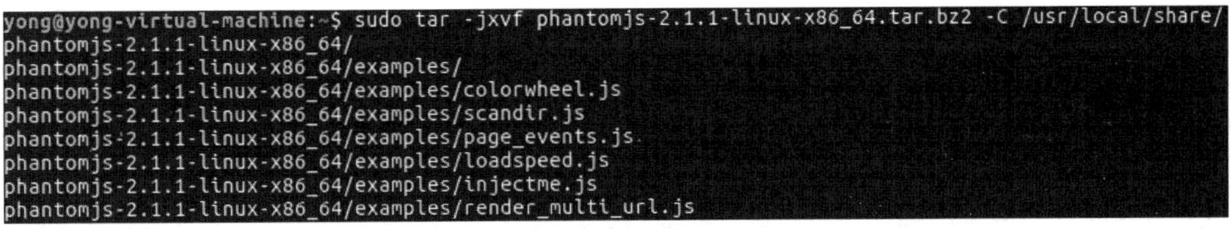

图7-11　解压

❸ 建立软链接并放到 PATH 目录下，运行如下命令，如图 7-12 所示。

```
sudo ln -sf /usr/local/share/phantomjs /usr/local/bin
```

图7-12　建立软链接并放到PATH目录下

7.1.2　使用

安装完成后，看一个例子，对 Selenium 大体了解一下。

【范例7.1-1】Selenium的入门使用（源码路径：ch07/7.1/7.1-1.py）

范例文件 7.1-1.py 的具体实现代码如下。

```
"""Selenium的入门使用"""

# 导入模块
from selenium import webdriver
from selenium.webdriver.common.keys import Keys

# 调用环境变量指定的Chrome浏览器创建浏览器对象
driver = webdriver.Chrome()
# get()方法会一直等到页面被完全加载，然后才会继续程序
driver.get('http://www.baidu.com')
# 获取页面名为wrapper的id标签的文本内容
```

```
data = driver.find_element_by_id('wrapper').text
# 打印页面标题'百度一下，你就知道'
print(driver.title)
# id='kw'是百度搜索输入框，输入字符串'长城'
driver.find_element_by_id('kw').send_keys('长城')
# id='su'是百度搜索按钮，click()是模拟单击
driver.find_element_by_id('su').click()
# 打印网页渲染后的源代码
print(driver.page_source)
# 获取当前页面Cookie
print(driver.get_cookies())
# 关闭浏览器
driver.quit()
```

【运行结果】

控制台打印的结果，代码如下。

```
百度一下，你就知道
<!DOCTYPE html><!--STATUS OK--><html xmlns="http://www.w3.org/1999/
xhtml"><head>
…<省略中间部分输出>…
    <link rel="dns-prefetch" href="//t11.baidu.com" />
    <link rel="dns-prefetch" href="//t12.baidu.com" />
    <link rel="dns-prefetch" href="//b1.bdstatic.com" />


    <title>百度一下，你就知道</title>


<!--[if lte IE 8]>
…<省略中间部分输出>…
[{'expiry': 1548907270, 'name': 'WWW_ST', 'secure': False, 'path': '/',
'value': '1548907260589', 'domain': 'www.baidu.com', 'httpOnly': False},
{'name': 'H_PS_PSSID', 'secure': False, 'path': '/', 'value': '1460_25809_
21104_28328_28415_27543', 'domain': '.baidu.com', 'httpOnly': False},
{'expiry': 3696390904.482201, 'name': 'BIDUPSID', 'secure': False, 'path':
'/', 'value': '833EC728B11F19244A2D3DEB9AC2FEAB', 'domain': '.baidu.com',
'httpOnly': False}, {'name': 'delPer', 'secure': False, 'path': '/', 'value':
'0', 'domain': '.baidu.com', 'httpOnly': False}, {'expiry': 3696390904.
48222, 'name': 'PSTM', 'secure': False, 'path': '/', 'value': '1548907257',
'domain': '.baidu.com', 'httpOnly': False}, {'expiry': 1549771259,
'name': 'BD_UPN', 'secure': False, 'path': '/', 'value': '123353',
'domain': 'www.baidu.com', 'httpOnly': False}, {'name': 'BD_HOME', 'secure':
False, 'path': '/', 'value': '0', 'domain': 'www.baidu.com', 'httpOnly':
False}, {'expiry': 3696390904.482156, 'name': 'BAIDUID', 'secure':
False, 'path': '/', 'value': '833EC728B11F19244A2D3DEB9AC2FEAB:FG=1', 'domain':
'.baidu.com', 'httpOnly': False}]
```

调用 Chrome 浏览器，如图 7-13 所示。

```
    try:
        input = wait.until(
            EC.presence_of_all_elements_located((By.CSS_SELECTOR, "#key"))
        )  # llist
        submit = wait.until(
            EC.element_to_be_clickable((By.CSS_SELECTOR, "#search > div >
div.form > button"))
        )
        # input = browser.find_element_by_id('key')
        input[0].send_keys('python')
        submit.click()

        total = wait.until(
            EC.presence_of_all_elements_located(
                (By.CSS_SELECTOR, '#J_bottomPage > span.p-skip > em:
nthchild(1) > b')
            )
        )
        html = browser.page_source
        prase_html(html)
        return total[0].text
    except TimeoutError:
        search()


def next_page(page_number):
    try:
        # 滑动到底部，加载出后30个货物信息
        browser.execute_script("window.scrollTo(0, document.body.scroll
Height);")
        time.sleep(10)
        # 翻页动作
        button = wait.until(
            EC.element_to_be_clickable((By.CSS_SELECTOR, '#J_bottomPage >
span.p-num > a.pn-next > em'))
        )
        button.click()
        wait.until(
            EC.presence_of_all_elements_located((By.CSS_SELECTOR,
"#J_goodsList > ul > li:nth-child(60)"))
        )
        # 判断翻页成功
        wait.until(
            EC.text_to_be_present_in_element((By.CSS_SELECTOR,
"#J_bottomPage > span.p-num > a.curr"), str(page_number))
        )
        html = browser.page_source
        prase_html(html)
    except TimeoutError:
```

```python
        return next_page(page_number)


def prase_html(html):
    html = etree.HTML(html)
    items = html.xpath('//li[@class="gl-item"]')
    for i in range(len(items)):
        item = {}
        if html.xpath('//div[@class="p-img"]//img')[i].get('data-lazy-img') != "done":
            img = html.xpath('//div[@class="p-img"]//img')[i].get('data-lazy-img')
        else:
            img = html.xpath('//div[@class="p-img"]//img')[i].get('src')

        # 图片URL
        item["img"] = img
        # 标题
        item["title"] = html.xpath('//div[@class="p-name"]//em')[i].xpath('string(.)')
        # 价格
        item["price"] = html.xpath('//div[@class="p-price"]//i')[i].text
        # 评论
        item["commit"] = html.xpath('//div[@class="p-commit"]//a')[i].text

        save(item)


def save(item):
    try:
        db.insert(item)
    except Exception:
        print('{}存储到MongoDB失败'.format(str(item)))


def main():
    print("第", 1, "页: ")
    total = int(search())
    for i in range(2, total + 1):
        time.sleep(3)
        print("第", i, "页: ")
        next_page(i)


if __name__ == "__main__":
    main()
```

【运行结果】

连接 MongoDB，查看结果，代码如下。

```
$ sudo mongo
[sudo] yong 的密码:
MongoDB shell version v3.4.0
connecting to: mongodb://127.0.0.1:27017
MongoDB server version: 3.4.0
Server has startup warnings:
2019-01-29T14:40:22.197+0800 I STORAGE  [initandlisten]
2019-01-29T14:40:25.586+0800 I CONTROL  [initandlisten] ** WARNING: You
are running this process as the root user, which is not recommended.
2019-01-29T14:40:25.586+0800 I CONTROL  [initandlisten]
2019-01-29T14:40:25.588+0800 I CONTROL  [initandlisten]
2019-01-29T14:40:25.588+0800 I CONTROL  [initandlisten] ** WARNING: /
sys/kernel/mm/transparent_hugepage/enabled is 'always'.
2019-01-29T14:40:25.588+0800 I CONTROL  [initandlisten] **        We
suggest setting it to 'never'
2019-01-29T14:40:25.588+0800 I CONTROL  [initandlisten]
2019-01-29T14:40:25.588+0800 I CONTROL  [initandlisten] ** WARNING: /
sys/kernel/mm/transparent_hugepage/defrag is 'always'.
2019-01-29T14:40:25.588+0800 I CONTROL  [initandlisten] **        We
suggest setting it to 'never'
2019-01-29T14:40:25.588+0800 I CONTROL  [initandlisten]
> use mydb
switched to db mydb
> db.jd.find()
{ "_id" : ObjectId("5c54341d3066d623efc8d92f"), "price" : "72.40", "img" :
 "//img14.360buyimg.com/n1/s200x200_jfs/t1/15399/24/5595/317531/5c3fe258
E00795253/de690946fa5dcfbe.jpg", "commit" : "5.7万+", "title" : "Python
从入门到项目实践（全彩版）" }
{ "_id" : ObjectId("5c54341d3066d623efc8d939"), "price" : "48.20", "img" :
 "//img11.360buyimg.com/n1/s200x200_jfs/t22015/91/401284820/188863/caf09d5a/
5b0cc118N6258a410.jpg", "commit" : "18万+", "title" : "笨办法学Python 3"}
…<省略以下输出>…
```

【范例分析】

（1）这个例子是使用 Selenium 获取模拟用户的操作，如输入搜索内容、单击【搜索】按钮、单击【下一页】按钮，然后得到最终页面的源码。

（2）接着提取需要的数据，不用再关心 JavaScript 或 Ajax 的操作了。这样要比爬取复杂的动态渲染页面简单得多。

7.3 本章小结

本章学习了动态渲染页面爬取的相关知识，首先介绍了 Selenium 的概念；然后介绍了 Selenium 的安装和对应浏览器 Driver 的安装，以及一个无界面浏览器 PhantomJS 的安装；之后介绍了 Selenium 的使用方法，包括如何调用浏览器和获取节点元素及动作链等；最后实现了爬京东商品信息并保存到 MongoDB 中。

7.4 实战练习

（1）使用 Selenium 完成网站豆瓣登录并获取 Cookie。

（2）使用 Selenium 爬今日头条科技信息。

第8章
图形验证码识别

写爬虫有一个绕不过去的问题，那就是验证码，比如知乎网，如果不先登录，那么连里面的数据都爬不到，而验证码就是网站进行反爬虫的一种有效措施，随着技术的发展，验证码从常见的数字字母验证码，发展到极验滑动验证码，越来越复杂。常用的验证码有以下5种。

（1）图形验证码。

（2）极验滑动验证码。

（3）点触验证码。

（4）微博宫格验证码。

（5）语音验证码。

图形验证码是最常见的一种，本章针对如何破解图形验证码完成爬虫进行讲解。

本章重点讲解以下内容。

♦ pytesseract 的使用

♦ 打码平台的使用

♦ 识别验证码并完成登录

8.1 使用pytesseract

图形验证码是比较常用的一种方式，图形上有数字或字母，如知乎网、中国知网、银联商户服务门户网站，如图 8-1~ 图 8-3 所示。

图8-1　知乎网

图8-2　中国知网

图8-3 银联商户服务门户网站

识别这类验证码需要用到光学字符识别（Optical Character Recognition，OCR）技术，实现 OCR 技术的工具有很多，这里使用 Tesseract。另外，Python 中提供了一个模块 pytesseract，可以使用 Python 代码调用 Tesseract 完成 OCR 技术。

在使用 pytesseract 之前，需要先安装 Tesseract 工具，再安装 pytesseract 模块。

下面介绍如何使用 pytesseract 识别图形验证码。

1. 认识Tesseract

Tesseract 是一个 OCR 库，目前由 Google 赞助（Google 也是一家以 OCR 和机器学习技术闻名于世的公司）。Tesseract 是目前公认最优秀、最精确的开源 OCR 系统，除具有极高的精确度外，还具有很高的灵活性。它既可以通过训练识别出任何字体，也可以识别出任何 Unicode 字符。

2. 安装Tesseract

如图 8-4 所示，运行如下命令实现安装 Tesseract。

```
sudo apt install -y tesseract-ocr
```

图8-4 安装Tesseract

3.安装pytesseract

pytesseract 是 Python 的一个模块，可以用来操作 Tesseract，如图 8-5 所示，运行如下命令实现安装 pytesseract。

```
pip install pytesseract -i https://pypi.tuna.tsinghua.edu.cn/simple
```

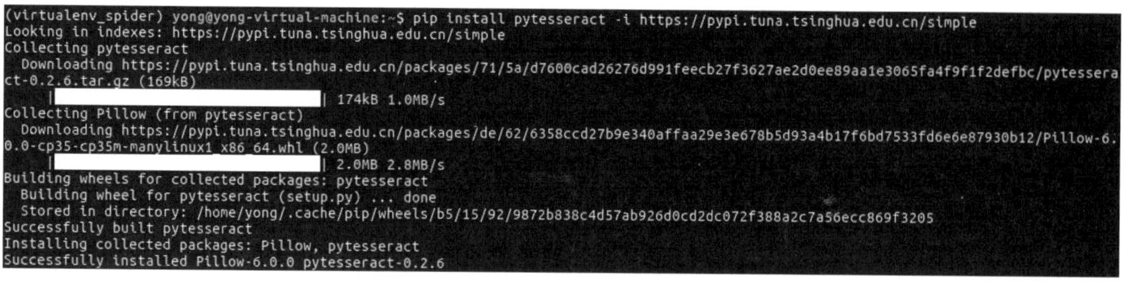

图8-5　安装pytesseract

4. 使用

访问中国知网的验证码，在其上右击，在弹出的快捷菜单中选择【检查】选项，获取验证码的 URL 地址，使用 pytesseract 尝试识别。

【范例8.1-1】使用pytesseract识别图形验证码（源码路径：ch08/8.1/8.1-1.py）

范例文件 8.1-1.py 的具体实现代码如下。

```
"""使用pytesseract识别图形验证码"""

import pytesseract
from PIL import Image

image = Image.open('./data/CheckCode_01.jpg')
text = pytesseract.image_to_string(image)
print(text)


image = Image.open('./data/CheckCode_02.jpg')
text = pytesseract.image_to_string(image)
print(text)
```

【运行结果】

```
GU75
XLEG
```

【范例分析】

（1）这个例子是使用 pytesseract 识别图形验证码的操作，首先通过 PIL 模块读取图片对象，然后通过 pytesseract 识别图片的数字和字母。

（2）结果部分有偏差，不完全正确，这是由图片的干扰线造成的。

对于图片干扰线造成的结果偏差，需要使用图像处理的技术，如灰度化、二值化等进行操作。

【范例8.1-2】灰度化、二值化操作（源码路径：ch08/8.1/8.1-2.py）

范例文件 8.1-2.py 的具体实现代码如下。

```
"""灰度化、二值化操作"""
```

```
import pytesseract
from PIL import Image

image = Image.open('./data/CheckCode_02.jpg')
text = pytesseract.image_to_string(image)
print(text)

# 模式L为灰色图像，它的每个像素用8个bit表示，
# 0表示黑，255表示白，其他数字表示不同的灰度
image = image.convert('L')
# 黑白化处理，自定义灰度界限，大于这个值为黑色，小于这个值为白色
threshold = 150
table = []
for i in range(256):
    if i < threshold:
        table.append(0)
    else:
        table.append(1)

# 图片二值化
image = image.point(table, '1')
# 保存
image.save('./data/Rebuild_CheckCode_02.jpg')
```

【运行结果】

打印到控制台的结果如下。

JB2Q

得到新的图形，如图 8-6 所示。

JB2Q

图8-6 运行结果

【范例分析】

（1）通过生成的新图形可以看出，干扰线基本被清除，整个验证码变得黑白分明。使用灰度化和二值化对图形进行处理，可以在一定程度上提高图形验证码的识别效率。

（2）这种对图像的处理是基于 Tesseract，如果要提高准确度，则可以通过训练来提高，推荐阅读 Tesseract 官方文档查找相关资料。

8.2 使用打码平台

在 8.1 节中介绍了 pytesseract 识别图形验证码的操作，图形验证码的破解可以借助打码平台完

成，这种方式也比较通用，流程如下。

（1）将图片发给打码平台。

（2）打码平台返回识别的数据。

（3）使用数据。

这样的打码平台有很多，如超级鹰和云打码，这里使用的是云打码。云打码能识别的格式有任意字符、九宫格坐标验证码、计算、问答和选择，下面介绍云打码的使用。

1. 注册账号

使用云打码之前，需要注册账号。这里可以注册两个账号：开发者账户和用户账户，如图 8-7 所示。

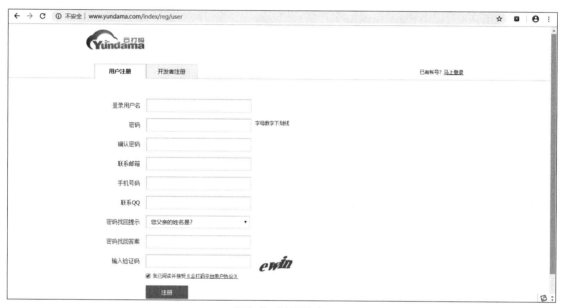

图8-7 注册账户

开发者账户的用途如下。

（1）添加软件、获取软件 ID 和软件密钥。

（2）获取利润分成。

（3）不能充值或使用题分进行识别。

用户账户的用途如下。

（1）充值。

（2）使用题分识别验证码。

提示

开发者账户和用户账户可以设置同一个用户名。

2. 获取调用示例

云打码提供了多种语言的调用示例，如图 8-8 所示。

图8-8　调用示例

下载 Python 调用示例，阅读并改写到项目中使用。

3. 添加软件

如果需要添加软件、获取软件 ID 和软件密钥，则可以使用开发者账户登录，然后选择【我的软件】选项，添加软件，如图 8-9 所示。

图8-9　添加新软件

4. 验证码类型

云打码支持多种类型的打码，并且将这些类型与一些数字编号一一对应，在使用时需要用户指定，选择【题分价格】选项，验证码类型编号如图 8-10 所示。

图8-10　选择【题分价格】选项

5.开始识别

下面根据下载的示例代码，实现识别图形验证码。

【范例8.2-1】使用云打码识别图形验证码（源码路径：ch08/8.2/8.2-1.py）

范例文件 8.2-1.py 的具体实现代码如下。

```python
"""使用云打码识别图形验证码"""

import json, time, requests


class YDMHttp:
    apiurl = 'http://api.yundama.com/api.php'
    username = ''
    password = ''
    appid = ''
    appkey = ''

    def __init__(self, username, password, appid, appkey):
        self.username = username
        self.password = password
        self.appid = str(appid)
```

```
        self.appkey = appkey

    def request(self, fields, files=[]):
        response = self.post_url(self.apiurl, fields, files)
        response = json.loads(response)
        return response

    def balance(self):
        data = {'method': 'balance', 'username': self.username, 'password':
self.password, 'appid': self.appid, 'appkey': self.appkey}
        response = self.request(data)
        if (response):
            if (response['ret'] and response['ret'] < 0):
                return response['ret']
            else:
                return response['balance']
        else:
            return -9001

    def login(self):
        data = {'method': 'login', 'username': self.username, 'password':
self.password, 'appid': self.appid, 'appkey': self.appkey}
        response = self.request(data)
        if (response):
            if (response['ret'] and response['ret'] < 0):
                return response['ret']
            else:
                return response['uid']
        else:
            return -9001

    def upload(self, filename, codetype, timeout):
        data = {'method': 'upload', 'username': self.username, 'password':
self.password, 'appid': self.appid, 'appkey': self.appkey, 'codetype':
str(codetype), 'timeout': str(timeout)}
        file = {'file': filename}
        response = self.request(data, file)
        if (response):
            if (response['ret'] and response['ret'] < 0):
                return response['ret']
            else:
                return response['cid']
        else:
            return -9001

    def result(self, cid):
        data = {'method': 'result', 'username': self.username, 'password':
```

```
self.password, 'appid': self.appid, 'appkey': self.appkey, 'cid': str(cid)}
        response = self.request(data)
        return response and response['text'] or ''

    def decode(self, filename, codetype, timeout):
        cid = self.upload(filename, codetype, timeout)
        if (cid > 0):
            for i in range(0, timeout):
                result = self.result(cid)
                if (result != ''):
                    return cid, result
                else:
                    time.sleep(1)
            return -3003, ''
        else:
            return cid, ''

    def report(self, cid):
        data = {'method': 'report', 'username': self.username, 'password':
self.password, 'appid': self.appid, 'appkey': self.appkey, 'cid': str(cid),
 'flag': '0'}
        response = self.request(data)
        if (response):
            return response['ret']
        else:
            return -9001

    def post_url(self, url, fields, files=[]):
        for key in files:
            files[key] = open(files[key], 'rb');
        res = requests.post(url, files=files, data=fields)
        return res.text


def discern(filepath, codetype):
    # 用户名
    username = 'laowang_python'
    # 密码
    password = 'laowang'
    # 软件ID, 开发者分成必要参数。登录开发者后台，选择【我的软件】选项获得
    appid = 6112
    # 软件密钥，开发者分成必要参数。登录开发者后台，选择【我的软件】选项获得
    appkey = 'bbe52d6d444e3d5ef7525c77d20f711f'
    # 超时时间，单位为秒
    timeout = 60
    # 初始化
```

```
yundama = YDMHttp(username, password, appid, appkey)
# 登录云打码
yundama.login();

# 查询余额
balance = yundama.balance();
print('balance: %s' % balance)
if balance > 0:
    # 开始识别，图片路径，验证码类型ID，超时时间（秒），识别结果
    cid, result = yundama.decode(filepath, codetype, timeout);
    return result
else:
    return None
if __name__ == '__main__':
    ret = discern("./data/CheckCode.jpg",5000)
    print(ret)
```

【运行结果】

```
balance: 1139
jb2q
```

【范例分析】

（1）这个例子是在云打码平台的示例代码基础上进行改写的。

（2）这里需要在用户使用时改成自己的信息，如用户名、密码等信息。

（3）调用 discern() 函数，传入两个重要的参数，即文件的路径（./data/CheckCode.jpg）和验证码类型（5000），5000 表示不定长汉字、英文、数字，符号，空格。调用 discern 返回识别后的结果字符串。

8.3 项目案例：识别验证码完成登录

目前已经了解了使用 pytesseract 和打码平台识别图形验证码的操作，下面通过一个项目案例来更好地理解这些知识点。

访问专利检索及分析网站，并识别验证码登录。

8.3.1　分析网站

访问专利检索及分析官网，如图 8-11 所示。

图8-11　专利检索及分析官网

1.截取验证码图片

使用 Selenium 截取验证码图片，实现思路如下。

（1）访问专利网址，截取整个图片。

（2）找到验证码元素节点的 location 和 size 属性。

（3）使用 PIL 模块截取指定位置。

2.识别验证码

调用云打码，实现识别验证码，这里是简单运算，只得到一个数字结果。需要设置验证码类型为 6301。

3.获取节点

使用 Selenium 获取用户名、密码和验证码 3 个节点，输入相应的值；然后找到登录按钮节点，单击【登录】按钮。

4.总结

识别验证码的思路如下。

（1）使用 Selenium 截取验证码图片。

（2）调用云打码的接口识别验证码。

（3）使用 Selenium 输入登录信息。

（4）使用 Selenium 单击【登录】按钮。

（5）获取最终的 HTML 信息。

8.3.2　开始爬取

按照上面的思路实现代码即可。

【范例8.3-1】登录（源码路径：ch08/8.3/8.3-1.py）

范例文件 8.3-1.py 的具体实现代码如下。

```python
"""登录"""

from selenium import webdriver
from PIL import Image
from yundama import discern
import time


# Selenium保存验证码图片
driver = webdriver.PhantomJS()
driver.get("http://www.pss-system.gov.cn/sipopublicsearch/portal/uilogin-
forwardLogin.shtml")
time.sleep(1)
driver.save_screenshot('./data/captcha.png')
time.sleep(1)
element = driver.find_element_by_id("codePic")
print(element.location)
print(element.size)
left = element.location['x']
top = element.location['y']
right = element.location["x"] + element.size['width']
bottom = element.location['y'] + element.size['height']
im = Image.open('./data/captcha.png')
im = im.crop((left, top, right, bottom))
im.save('./data/captcha.png')

# 云打码识别
code = discern('./data/captcha.png', 6301)
print(code)

# 获取节点对象并操作
driver.find_element_by_id("j_username").send_keys("python1233")
driver.find_element_by_id("j_password_show").send_keys("python1233")
driver.find_element_by_id("j_validation_code").send_keys(code)
driver.find_element_by_xpath('//a[@class="btn btn-login"]').click()

time.sleep(3)

# 打印最终HTML代码
print(driver.page_source)

driver.quit()
```

【运行结果】

打印到控制台的结果如下。

```
23
{'y': 352, 'x': 976}
{'width': 90, 'height': 32}
balance: 906
42
<!DOCTYPE html><html><head>
        <title>专利检索及分析</title>
                    <link rel="stylesheet" type="text/css" href=
"/sipopublicsearch/common-ui/css/public.css">
        <link rel="stylesheet" type="text/css" href="/sipopublicsearch/
common-ui/css/base.css">
        <script type="text/javascript" src="/sipopublicsearch/common-
ui/js/jquery/jquery-1.8.3.min.js"></script>
<script type="text/javascript" src="/sipopublicsearch/wee/platform/common/
js/local/package_zh_CN.js"></script>
        <script type="text/javascript"> var contextPath=
"/sipopublicsearch";</script>

        <meta http-equiv="Content-Type" content="text/html; charset=
UTF-8">
…<省略剩余输出>…
```

生成的图片如图 8-12 所示。

图8-12　运行结果

【范例分析】

（1）这个例子首先使用云打码平台识别验证码，然后完成登录。

（2）这里的验证码并不是直接访问一个 URL 得到的，而是通过 Selenium 截取得到，然后交给云打码平台进行识别。

8.4 本章小结

本章学习了图形验证码的相关知识，首先介绍了 Tesseract，然后介绍了 Python 模块 pytesseract，之后介绍了打码平台的使用方法，最后实现了使用打码平台识别网站验证码的功能。

8.5 实战练习

识别超星网的验证码。

第9章
模拟登录

很多网站需要登录后才可以爬取，如果每次手动打开浏览器都需要登录，那么工作量就太大了。模拟登录的方法一般有以下两种方式。

（1）直接向登录的 API 发送登录参数登录。

（2）使用 Selenium 登录。

登录成功后，访问内容页面时携带登录成功的 Cookie，这样就可以爬取内容页面了。

但是，Cookie 一般都设置有效期，所以需要维护一个 Cookie 池。本章讲解模拟登录的两种方式和如何实现 Cookie 池。

本章重点讲解以下内容。

- Cookie 和 Session 的特性
- 模拟登录
- 实现 Cookie 池
- 登录 GitHub

9.1 Cookie

Cookie 意为"甜饼",是由 W3C 组织提出,最早由 Netscape 社区发展的一种机制。目前 Cookie 已经成为标准,所有的主流浏览器(如 IE、Netscape、Firefox、Opera 等)都支持 Cookie。

由于 HTTP 是一种无状态的协议,服务器单从网络连接上并不知道客户身份,因此服务器就给每个客户端颁发一个通行证,无论哪个客户端访问都必须携带通行证。这样服务器就能从通行证上确认客户身份了。

Cookie 实际上是一小段的文本信息。客户端请求服务器,如果服务器需要记录该用户状态,就使用 response 向客户端浏览器颁发一个 Cookie,客户端浏览器会把 Cookie 保存起来。当浏览器再次请求该网站时,就会把请求的网址连同该 Cookie 一同提交给服务器。服务器检查该 Cookie,以此来辨认用户状态。此外,服务器还可以根据需要修改 Cookie 的内容。

9.1.1 Cookie的属性

一个 Cookie 包含一定格式的信息,具体如下。

(1)Cookie 名称。Cookie 名称必须使用只能用在 URL 中的字符,一般用字母及数字,不能包含特殊字符,如有特殊字符就要转码。例如,JS 操作 Cookie 时可以使用 escape() 对名称转码。

(2)Cookie 值。Cookie 值同理 Cookie 的名称,可以进行转码和加密。

(3)Expires。过期日期,一个 GMT 格式的时间,当过了这个日期之后,浏览器就会将这个 Cookie 删除,当不设置 Expires 时,Cookie 在浏览器关闭后消失。

(4)Path。一个路径,只有在这个路径下面的页面才可以访问该 Cookie,一般设为"/",以表示同一个站点的所有页面都可以访问这个 Cookie。

(5)Domain。子域,指定在该子域下才可以访问 Cookie。例如,如果要让 Cookie 在 a.test.com 下可以访问,但在 b.test.com 下不能访问,则可将 domain 设置成 a.test.com。

(6)Secure。安全性,指定 Cookie 是否只能通过 HTTPS 协议访问,一般的 Cookie 使用 HTTP 协议即可访问,如果设置了 Secure(没有值),则只有当使用 HTTPS 协议连接时,Cookie 才可以被页面访问。

(7)HttpOnly。如果在 Cookie 中设置了"HttpOnly"属性,那么通过程序(JS 脚本、Applet 等)将无法读取到 Cookie 信息。

9.1.2 查看Cookie

查看某个网站的 Cookie 很简单,一般有如下 3 种方式,这里以 Chrome 浏览器为例,访问百度的网址,如图 9-1 所示。

(1)查看 Cookie 的方式 1。

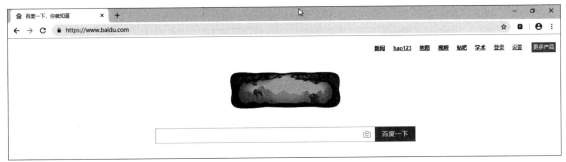

图9-1　访问百度

在图 9-1 中，单击左上角像锁一样的小图标，选择【Cookie】选项，将本网站的 Cookie 以键值对的形式展示，如图 9-2 所示。

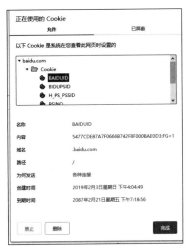

图9-2　查看Cookie

（2）查看 Cookie 的方式 2。

可以在浏览器的控制台中使用 JavaScript 代码获取 Cookie，如图 9-3 所示。

图9-3　查看Cookie

（3）查看 Cookie 的方式 3。

使用 Network 查看某请求的 Headers 信息获取 Cookie，如图 9-4 所示。

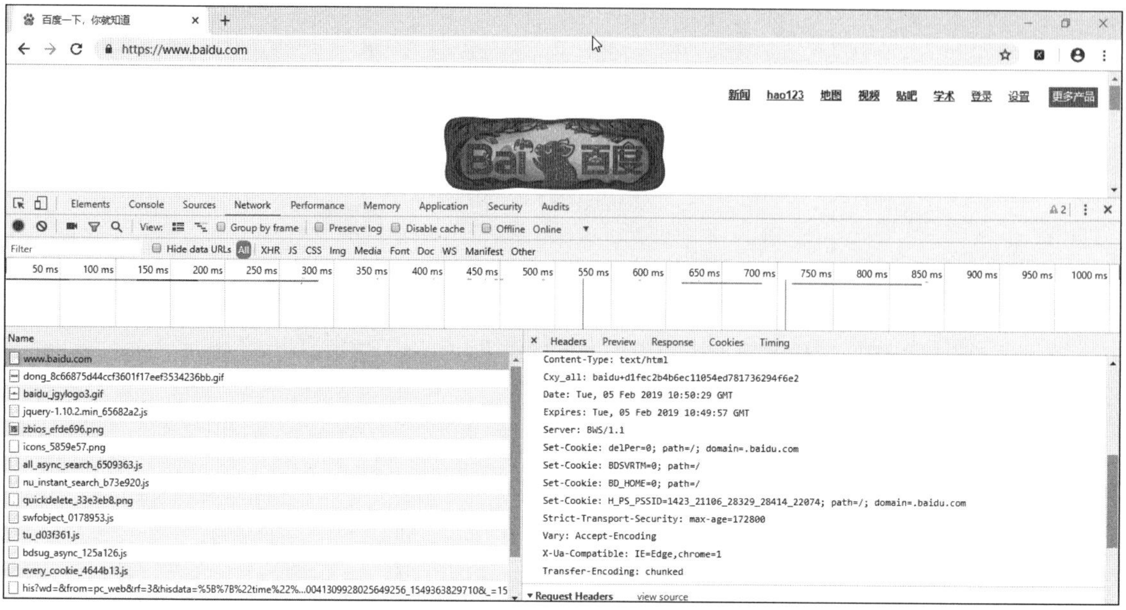

图9-4　查看Cookie

这里查看的是 Response 的 Headers，Set-Cookie 表示服务器向客户端响应写入 Cookie，多个 Cookie 之间使用分号隔开。

9.1.3　Cookie的不可跨域名性

很多网站都会使用 Cookie。例如，Google 会向客户端颁发 Cookie，Baidu 也会向客户端颁发 Cookie。那浏览器访问 Google 会不会也携带上 Baidu 颁发的 Cookie 呢？或者 Google 能不能修改 Baidu 颁发的 Cookie 呢？

答案是否定的。Cookie 具有不可跨域名性。根据 Cookie 规范，浏览器访问 Google 只会携带 Google 的 Cookie，而不会携带 Baidu 的 Cookie。Google 也只能操作 Google 的 Cookie，而不能操作 Baidu 的 Cookie。

Cookie 在客户端是由浏览器来管理的。浏览器能够保证 Google 只会操作 Google 的 Cookie 而不会操作 Baidu 的 Cookie，从而保证用户的隐私安全。浏览器判断一个网站是否能操作另一个网站 Cookie 的依据是域名。Google 与 Baidu 的域名不一样，因此 Google 不能操作 Baidu 的 Cookie。

9.2 Session

在 9.1 节中了解了 Cookie 的一些特性，Cookie 可以用来记录客户端的状态信息。除使用 Cookie 外，Web 应用程序中还经常使用 Session 来记录客户端状态。Session 是服务器端使用的一种记录客户端状态的机制，虽然使用上比 Cookie 简单一些，但也相应地增加了服务器的存储压力。

9.2.1　Session概述

Session 技术是服务器端的解决方案，通过服务器来保持状态。由于 Session 包含的语义很多，因此需要在这里明确 Session 的含义。

通常都会把 Session 翻译成会话，因此可以把客户端浏览器与服务器之间一系列交互的动作称为一个 Session。从这个语义出发，我们会提到 Session 持续的时间，会提到在 Session 过程中进行了什么操作等。

Session 指的是服务器端为客户端所开辟的存储空间，在其中保存的信息用于保持状态。从这个语义出发，我们会提到往 Session 中存放什么内容，如何根据键值从 Session 中获取匹配的内容等。要使用 Session，第一步是创建 Session。那么 Session 在何时创建呢？当然还是在服务器端程序运行的过程中创建的，不同语言实现的应用程序有不同创建 Session 的方法，而在 Java 中是通过调用 HttpServletRequest 的 getSession() 方法（使用 True 作为参数）创建的。

在创建 Session 的同时，服务器会为该 Session 生成唯一的 Session id，而这个 Session id 在随后的请求中会被用来重新获得已经创建的 Session；在 Session 被创建之后，就可以调用 Session 相关的方法往 Session 中增加内容了，而这些内容只会保存在服务器中，发到客户端的只有 Session id；当客户端再次发送请求时，会将这个 Session id 带上，服务器接收到请求之后就会根据 Session id 找到相应的 Session，从而再次使用。正是这样一个过程，使得用户的状态得以保持。

9.2.2　Cookie与Session的区别

Cookie 与 Session 的区别如下。

（1）Cookie 数据存放在客户的浏览器上，Session 数据存放在服务器上。

（2）Cookie 不是很安全，别有用心的人可以分析存放在本地的 Cookie 并进行 Cookie 欺骗，考虑到安全，应当使用 Session。

（3）Session 会在一定时间内保存在服务器上。当访问增多时，会比较占用服务器的性能。考虑到减轻服务器性能方面的压力，应当使用 Cookie。

（4）单个 Cookie 在客户端的限制是 3KB，即一个站点在客户端存放的 Cookie 不能超过 3KB。

Cookie 和 Session 的方案虽然分别属于客户端和服务器端，但是服务器端 Session 的实现依赖于客户端的 Cookie。上面讲到服务器端执行 Session 机制时会生成 Session 的 id 值，这个 id 值会发送给客户端，客户端每次请求都会把这个 id 值放到 HTTP 请求的头部发送给服务器端，而这个 id 值在客户端会保存下来，保存的容器就是 Cookie。因此，当完全禁止浏览器的 Cookie 时，服务器端的 Session 也会不能正常使用。

9.3 Cookie池的搭建

在 9.1 节中已经了解了 Cookie 的相关内容，不需要登录，直接携带 Cookie 访问需要登录之后才能访问的页面，然后爬取需要的信息。但是，有些网站需要登录才能爬取，如新浪微博，爬取过程中如果频率过高就会导致封号，所以需要维护多个账号的 Cookie 才能实现大规模爬取。怎样维护多个账号的 Cookie 呢？可以使用 Cookie 池来实现这个功能。

Cookie 池有 3 个要求：自动登录更新、定时验证筛选和提供外部接口。

要维护 Cookie 池架构，首先需要有一个账号队列，把一些账号密码存放到数据库中，生成器即程序从队列中拿出账号密码，自动进行登录，并获取登录的 Cookies，然后放到 Cookies 队列中。定时检测器从 Cookies 队列中定期地随机选出一些 Cookies，并用这些 Cookies 请求网页，如果请求成功就放回队列，否则从队列剔除，这样就能做到实时更新，保证 Cookies 队列中的 Cookies 都是可用的。此外，还需要提供一个 API 接口，使外部程序能够从队列中获取到 Cookies。

Cookie 池存储的内容无非是账号信息和 Cookies 信息。账号由用户名和密码组成，可以使用 Redis 中的 Hash 类型存储用户名和密码的映射。Cookies 可以存成 JSON 字符串，但是后面需要根据账号来生成 Cookies。生成时需要知道哪些账号已经生成了 Cookies，哪些没有生成，所以需要同时保存该 Cookies 对应的用户名信息，可以使用 Redis 中的 Hash 类型存储用户名和 Cookies 的映射。

接下来讲解如何使用 Redis 和 Flask 维护一个动态 Cookie 池的相关过程。

1. Web接口

Flask 是一个使用 Python 编写的轻量级 Web 应用框架，可以用来制作提供访问 Cookie 的 Web 接口，如图 9-5 所示，运行如下命令实现安装 Flask。

```
pip install flask -i https://pypi.tuna.tsinghua.edu.cn/simple
```

```
(virtualenv_spider) yong@yong-virtual-machine:~$ pip install flask -i https://pypi.tuna.tsinghua.edu.cn/simple
Looking in indexes: https://pypi.tuna.tsinghua.edu.cn/simple
Collecting flask
  Downloading https://pypi.tuna.tsinghua.edu.cn/packages/9a/74/670ae9737d14114753b8c8fdf2e8bd212a05d3b361ab15b44937dfd40985/Flask-1.0
.3-py2.py3-none-any.whl (92kB)
    |                             | 92kB 1.2MB/s
Collecting Werkzeug>=0.14 (from flask)
  Downloading https://pypi.tuna.tsinghua.edu.cn/packages/9f/57/92a497e38161ce40606c27a86759c6b92dd34fcdb33f64171ec559257c02/Werkzeug-
0.15.4-py2.py3-none-any.whl (327kB)
    |                             | 327kB 3.1MB/s
Collecting click>=5.1 (from flask)
  Downloading https://pypi.tuna.tsinghua.edu.cn/packages/fa/37/45185cb5abbc30d7257104c434fe0b07e5a195a6847506c074527aa599ec/Click-7.0
-py2.py3-none-any.whl (81kB)
    |                             | 81kB 4.4MB/s
Collecting Jinja2>=2.10 (from flask)
  Downloading https://pypi.tuna.tsinghua.edu.cn/packages/1d/e7/fd8b501e7a6dfe492a433deb7b9d833d39ca74916fa8bc63dd1a4947a671/Jinja2-2.
10.1-py2.py3-none-any.whl (124kB)
    |                             | 133kB 4.1MB/s
Collecting itsdangerous>=0.24 (from flask)
  Downloading https://pypi.tuna.tsinghua.edu.cn/packages/76/ae/44b03b253d6fade317f32c24d100b3b35c2239807046a4c953c7b89fa49e/itsdanger
ous-1.1.0-py2.py3-none-any.whl
Collecting MarkupSafe>=0.23 (from Jinja2>=2.10.->flask)
  Downloading https://pypi.tuna.tsinghua.edu.cn/packages/6e/57/d40124076756c19ff2269678de7ae25a14ebbb3f6314eb5ce9477f191350/MarkupSaf
e-1.1.1-cp35-cp35m-manylinux1_x86_64.whl
Installing collected packages: Werkzeug, click, MarkupSafe, Jinja2, itsdangerous, flask
Successfully installed Jinja2-2.10.1 MarkupSafe-1.1.1 Werkzeug-0.15.4 click-7.0 flask-1.0.3 itsdangerous-1.1.0
```

图9-5　安装Flask

2. 配置信息

为了方便管理项目，配置一些信息，代码如下。

```
# Redis数据库地址
REDIS_HOST = 'localhost'

# Redis端口
REDIS_PORT = 6379

# Redis密码，如无，填None
REDIS_PASSWORD = None

# 产生器使用的浏览器
BROWSER_TYPE = 'Chrome'

# 产生器类，如扩展其他站点，请在此配置
GENERATOR_MAP = {
    'weibo': 'WeiboCookiesGenerator'
}

# 测试类，如扩展其他站点，请在此配置
TESTER_MAP = {
    'weibo': 'WeiboValidTester'
}

TEST_URL_MAP = {
    'weibo': 'https://m.weibo.cn/'
}

# 产生器和验证器循环周期
CYCLE = 120

# API地址和端口
API_HOST = '0.0.0.0'
API_PORT = 5003

# 产生器开关，模拟登录添加Cookies
GENERATOR_PROCESS = True
# 验证器开关，循环检测数据库中Cookies是否可用，不可用删除
VALID_PROCESS = True
# API接口服务
API_PROCESS = True
```

3.账号

　　账号可通过网络平台购买，或者自己注册获得，运行 importer.py 文件，实现输入账号信息功能，代码如下。

```
python importer.py

请输入账号密码组，输入exit退出读入
18459748505----astvar3647
```

```
账号 18459748505 密码 astvar3647
录入成功
14760253606----gmidy8470
账号 14760253606 密码 gmidy8470
录入成功
14760253607----uoyuic8427
账号 14760253607 密码 uoyuic8427
录入成功
18459749248----rktfye8937
账号 18459749248 密码 rktfye8937
录入成功
16638100959----python1a2
账号 16638100959 密码 python1a2
录入成功
exit
```

4.运行

运行 run.py 文件，项目开始运行，代码如下。

```
python run.py

API接口开始运行
Cookies检测进程开始运行
Cookies生成进程开始运行
 * Serving Flask app "cookiespool.api" (lazy loading)
 * Environment: production
   WARNING: Do not use the development server in a production environment.
   Use a production WSGI server instead.
 * Debug mode: off
正在测试Cookies 用户名 16638100959
 * Running on http://0.0.0.0:5003/ (Press CTRL+C to quit)
Cookies有效 16638100959
正在测试Cookies 用户名 18459749248
Cookies有效 18459749248
Cookies检测完成
所有账号都已经成功获取Cookies
Cookies生成完成
Closing Browser
127.0.0.1 - - [07/Feb/2019 14:28:14] "GET / HTTP/1.1" 200 -
127.0.0.1 - - [07/Feb/2019 14:28:15] "GET /favicon.ico HTTP/1.1" 404 -
…<省略剩余输出>…
```

上面的代码核心是4个模块：存储模块、生成模块、检测模块和接口模块。每个模块的功能如下。

（1）存储模块：负责存储每个账号的用户名和密码，以及每个账号对应的 Cookies 信息，同时还需要提供一些方法来实现方便的存取操作。

（2）生成模块：负责生成新的 Cookies。此模块会从存储模块逐个拿取账号的用户名和密码，然后模拟登录目标页面，判断登录成功，就将 Cookies 返回并交给存储模块存储。

（3）检测模块：需要定时检测数据库中的 Cookies。在这里需要设置一个检测链接，不同的站点检测链接不同，检测模块会逐个拿取账号对应的 Cookies 去请求链接，如果返回的状态是有效的，那么此 Cookies 没有失效，否则 Cookies 失效并移除。接下来等待生成模块重新生成即可。

（4）接口模块：需要用 API 来提供对外服务的接口。由于可用的 Cookies 可能有多个，因此可以随机返回 Cookies 的接口，这样保证每个 Cookies 都有可能被取到。Cookies 越多，每个 Cookies 被取到的概率就会越小，从而减少被封号的风险。

5. 访问API

使用浏览器访问 API，每次访问，都会随机返回一个可用的 Cookie，如图 9-6 所示。

图9-6　使用浏览器访问API

9.4 项目案例：登录GitHub

目前已经了解了模拟登录的两种方式：直接向登录的 API 发送登录参数登录和使用 Selenium 登录。下面通过一个项目案例来更好地理解这些知识点。

模拟登录 GitHub。

9.4.1　分析网站

访问 GitHub 的登录网站，如图 9-7 所示。

图9-7　GitHub的登录网站

1. 查看Form表单

在网页中右击，在弹出的快捷菜单中选择【检查】选项，查看 Form 表单，如图 9-8 所示。

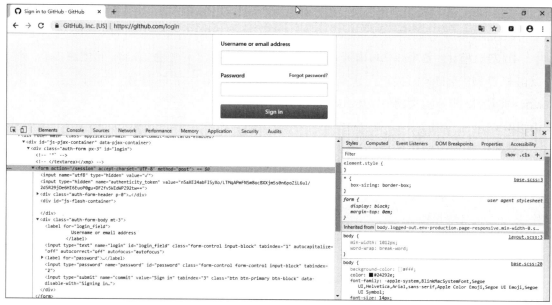

图9-8　查看Form表单

这里有一个隐藏域，登录时要使用，特别是authenticity_token用来防止跨站请求伪造（CSRF）。需要先获取这个 token，然后才能登录。

2. 监听登录

使用 Network 监听登录过程，如图 9-9 所示。

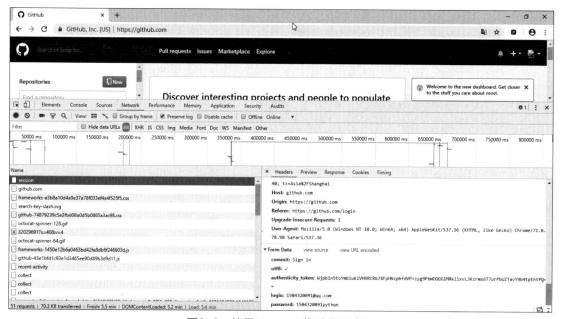

图9-9　使用Network监听登录过程

Form Data 是这次登录的参数，具体如下。

（1）commit 和 utf8 是固定的。

（2）authenticity_token 是登录页面的 token。

（3）login 是登录的用户名。

（4）password 是登录的密码。

3. 总结

登录 GitHub 有两种方式。

方式 1 如下。

（1）向 https://github.com/login 发送 get 请求，获取 token，获取 Cookie。

（2）向 https://github.com/session 发送 post 请求，传递登录参数，传递第（1）步返回的 Cookie。

（3）登录成功后，获取 Cookie。

（4）携带第（3）步返回的 Cookie 访问信息页面。

方式 2 如下。

（1）使用 Selenium 访问 https://github.com/login。

（2）通过 XPath 找到用户名、密码元素并输入值。

（3）通过 XPath 找到登录按钮并单击。

（4）使用 Selenium 访问信息页面。

9.4.2 开始爬取

按照上面的思路实现代码即可。

下面是方式 1 的实现举例。

【范例9.4-1】向登录接口发送参数直接登录（源码路径：ch09/9.4/9.4-1.py）

范例文件 9.4-1.py 的具体实现代码如下。

```python
"""方式1-向登录接口发送参数直接登录"""


import requests
from lxml import etree

# 获取token和Cookie
url = 'https://github.com/login'
headers = {"User-Agent": "Mozilla/5.0 (compatible; MSIE 9.0; Windows NT
6.1 Trident/5.0;"}
response = requests.get(url=url, headers=headers)
content = response.text
html = etree.HTML(content)
token = html.xpath('//input[@name="authenticity_token"]/@value')[0]
cookies = response.cookies
print(token)
print(response.cookies)


print('*'*100)
```

```python
# 登录
url = 'https://github.com/session'
data = {
    'commit': 'Sign in',
    'utf8': '√',
    'authenticity_token': token,
    'login': '1504320091@qq.com',
    'password': '1504320091python'
}
response = requests.post(url=url, headers=headers, data=data, cookies=
cookies)
cookies = response.cookies
print(cookies)
print(response.status_code)

print('*'*100)

# 访问信息页面
url = 'https://github.com/settings/profile'
response = requests.get(url=url, headers=headers, cookies=cookies)
print(response.status_code)
content = response.text
print(content)
```

【运行结果】

YeAFxHooORUhG5Ie7yVXoXtZyFBw3eCkkGTCUitWyS/tI/a6h/lCDTTGHrW4JUkVSyVAC
2L4yzXRVcAGbqxJEg==
<RequestsCookieJar[<Cookie logged_in=no for .github.com/>, <Cookie _gh_sess=
dTJPNVNPbDdvcW04dThLMHhyMXF0VlVFM0JKTkdhZWZOQXl1QnV4NHNxVHR4REhXR0ZYbjd
sOW9UUnBoQU9BVG9ZUGhvRDNpaGJ0TnlhNDhxaHJtaWptTWptWpwTDZaaTZSY1JaaGJGc1FETkRSU0
xxS1VGNmczRy83VzZ2eUNtVmVTY3V3dlNxc0VsTDFVT0pWbG90ZVpQQjBDUTNUNUMWJZb04ze
WdvQnhmUHpHeUlQS1Qva0FNZnFibjYzWkVVLd00wRFlrZ2NzVEJyVXNKU1FoTWsrOTBSbF11
TFJFZkRYaXdkd1pppN2pwZzNiYTUxXU3liTFRoSDFCRWtZdnBhRXpMSmRoVVUyQURZNjREWCt
OR1c4QjZTZTVvclllUFc5MGlDDWdnYU96YXRZYjM2a3RQMEpyMGNiQjFhdEY5bHBYZVR4U3
AtLVpmS2F4M0FqdTFaeGtPYzNpazAzUHc9PQ%3D%3D--63574af4ca766075e8a676fdca2
2ee2aca3d8f42 for github.com/>, <Cookie has_recent_activity=1 for github.
com/>]>
```

```
****************************************************************************
****************************
```

```
<RequestsCookieJar[<Cookie __Host-user_session_same_site=nrZ-sVQa63So6UX
QJ7Py3cdqyUIyxN5mEU7swx3xjRPzSUvO for github.com/>, <Cookie_gh_sess=S25GS3p
EK1JUU1U5SlB5OVNZVkp0aXRJQVBrU0EwQjM3R1dTRGtDKzZIbXljTW9oZlFoMGNLcl1Jcj
FOOGtoM1Z4WURXNnpUSWdwTHNoSFhjOHJiTTEZvNGROZGRPNGlnOFZBMEoxWjFPTG1zd1h4c
UY0SWhTcHJWOTYxUFNZU3RPeCtGSGhIdkxTSDZEWGNxN0NNwcUwyNGFuOVN0aWs0TGxzNUhPZl
djK2hNTjd0RVFBSnZNb0x0WGg0OWtrTDY2LS1uVjVlVaXFQQS8xUXFlVU85TkRreWpnPT0%3
D--52fc41621805bddbf601aeee13ac1350d37ea8bb for github.com/>, <Cookie has_
recent_activity=1 for github.com/>, <Cookie user_session=nrZ-sVQa63So6UXQ
J7Py3cdqyUIyxN5mEU7swx3xjRPzSUvO for github.com/>]>
200
```

```
****************************************************************************
```
```

```
***************************
200


<!DOCTYPE html>
<html lang="en">
  <head>
    <meta charset="utf-8">
  <link rel="dns-prefetch" href="https://github.githubassets.com">
  <link rel="dns-prefetch" href="https://avatars0.githubusercontent.com">
  <link rel="dns-prefetch" href="https://avatars1.githubusercontent.com">
  <link rel="dns-prefetch" href="https://avatars2.githubusercontent.com">
  <link rel="dns-prefetch" href="https://avatars3.githubusercontent.com">
  <link rel="dns-prefetch" href="https://github-cloud.s3.amazonaws.com">
  <link rel="dns-prefetch" href="https://user-images.githubusercontent.
com/">



  <link crossorigin="anonymous" media="all" integrity="sha512-pWLt6abkY
hNeAHaDrPVG0yXCtIGRuCkwSUqQpsyN6smAIpIt+Iuq2IZKmoH9l3Cy/9ZnjvVrFZnvFFjG
iqE3EA==" rel="stylesheet" href="https://github.githubas sets.com/assets/
frameworks-a3b8a10d4a9e37a78f033ef4a4f525f5.css" />
  <link crossorigin="anonymous" media="all" integrity="sha512-pKjmXAXME
vY2+4/CsM5fmRJaHbn2PtyhOLvL6Y+HmqzNn7I38G7xAK3bkbojF5PPA7lxFliWrHJe6jo/
OYn2Dw==" rel="stylesheet" href="https://github.githubassets.com/assets/
github-74879239c5e2fbd08a0d5b0865a3ac98.css" />



  <meta name="viewport" content="width=device-width">


  <title>YourProfile</title>
…<省略以下输出>…
```

【范例分析】

（1）这个例子中，首先向登录页面发送 get 请求，获取 token 和 Cookie。

（2）然后向登录 API 发送 post 请求，传递相应的参数，成功后获取 Cookie。

（3）最后携带 Cookie 向信息页面发送请求。

下面是方式 2 的实现举例。

【范例9.4-2】使用Selenium登录（源码路径：**ch09/9.4/9.4-2.py**）

范例文件 9.4-2.py 的具体实现代码如下。

```
"""方式2-使用Selenium登录"""

from selenium import webdriver
import time

# 访问登录页面
```

```
driver = webdriver.Chrome()
driver.get('https://github.com/login')
time.sleep(3)

# 获取元素并操作
driver.find_element_by_xpath('//input[@id="login_field"]').send_
keys('1504320091@qq.com')
driver.find_element_by_xpath('//input[@id="password"]').send_
keys('1504320091python')
driver.find_element_by_xpath('//input[@name="commit"]').click()
time.sleep(3)

# 获取登录后的Cookie
cookies = driver.get_cookies()
print(cookies)

# 访问信息页面
driver.get('https://github.com/settings/profile')
print(driver.page_source)

time.sleep(3)
driver.quit()
```

【运行结果】

运行结果与方式 1 类似，这里就不再展示了。

【范例分析】

（1）这个例子中，使用 Selenium 首先访问登录页面，通过 XPath 获取用户名、密码元素并实现输入信息功能，通过 XPath 获取登录按钮并实现登录单击功能。

（2）然后向登录 API 发送 post 请求，传递相应的参数，成功后获取 Cookie。

（3）最后向信息页面发送请求。因为 Selenium 是以驱动浏览器的方式操作的，已经自动实现了 Cookie 的操作，所以不需要像方式 1 那样，需要自己携带指定 Cookie。

9.5 本章小结

本章学习了模拟登录的相关知识，首先介绍了 Cookie 的概念，以及它的实现原理；然后介绍了 Session 的概念，以及它的实现原理；之后介绍了模拟网站登录的两种方式，以及它们的实现过程；最后介绍了 Cookie 池的各个模块，以及如何实现 Cookie 池。

9.6 实战练习

爬新浪微博信息。

第10章
代理IP的使用

在使用 Python 爬虫时，经常会遇见所要爬取的网站采取了反爬取技术，高强度、高效率的爬取网页信息常常会给网站服务器带来巨大压力，所以同一个 IP 反复爬取同一个网页，就很可能被封，那么如何解决呢？使用代理 IP，设置代理 IP 池。本章主要讲解如何使用代理 IP 和如何搭建代理 IP 池。

本章重点讲解以下内容。

- 代理 IP
- 代理 IP 池
- 付费代理的使用
- 使用代理 IP 爬微信公众号

10.1 代理IP

在运行爬虫程序时，经常会遇到被对方服务器封禁 IP 的问题，那么如何解决呢？使用代理 IP 就是一个好方法。

使用代理 IP，是在与反爬做斗争中的一个非常重要的手段，下面了解一下代理 IP 的一些内容。

代理也称为网络代理，是一种特殊的网络服务，允许一个网络终端（一般为客户端）通过这个服务与另一个网络终端（一般为服务器）进行非直接的连接。使用代理 IP 有利于保障网络终端的隐私或安全，防止攻击。

代理 IP 从隐藏级别上区分，可分为 3 种，即透明代理、普通代理和高匿名代理。三者区别如下。

（1）透明代理：服务器知道你使用了代理 IP，而且知道你的真实 IP。

（2）普通代理：服务器知道你使用了代理 IP，但不知道你的真实 IP。

（3）高匿名代理：服务器不知道你使用了代理 IP，也不知道你的真实 IP。

在选择代理 IP 时，应当从 IP 稳定性、安全性入手。

网络平台上提供了很多代理 IP，有免费的和收费的，如免费的西刺免费代理 IP 和收费的极光爬虫代理 IP。

> **提示** 在项目中，一般需要购买正规商家的代理IP，这样稳定性和效率更高。

设置代理后测试的网址是 http://httpbin.org/ip，访问该网址可以得到请求的 IP 信息，如图 10-1 所示。

图10-1　测试IP

其中 origin 字段就是客户端的 IP，可以根据它来判断代理是否设置成功，即是否成功伪装了 IP。

下面介绍如何使用代理 IP。

1.urllib使用代理IP

urllib 模块是比较基础的模块，下面看如何在 urllib 模块中使用代理 IP。

【范例10.1-1】urllib使用代理IP（源码路径：ch10/10.1/10.1-1.py）

范例文件 10.1-1.py 的具体实现代码如下。

```
"""urllib使用代理IP"""

from urllib.error import URLError
from urllib.request import ProxyHandler, build_opener
```

```
proxies = {
    'http': '182.109.130.157:4576',
    'https': '123.169.35.8:4566',
}

httpproxy_handler = ProxyHandler(proxies)
opener = build_opener(httpproxy_handler)
try:
    response = opener.open('http://httpbin.org/ip')
    print(response.read().decode())
except Exception as ex:
    print(ex)
```

【运行结果】

```
{
  "origin": "182.109.130.157"
}
```

【范例分析】

（1）这里使用的是 ProxyHandler，需要传入一个字典参数，键是协议类型，有 http 和 https。

（2）这与访问的目标网站保持一致即可。例如，访问的网站是 http://httpbin.org/ip，那么会自动选择使用 http 为键的代理 IP，所以结果中 origin 的值就是 182.109.130.157。

如果代理需要认证，则可以使用如下代码在使用代理时指定用户名 username 和密码 password。

```
"""urllib使用代理IP需要认证"""

from urllib.error import URLError
from urllib.request import ProxyHandler, build_opener

proxies = {
    'http': 'username:password@182.109.130.157:4576',
    'https': 'username:password@123.169.35.8:4566',
}

httpproxy_handler = ProxyHandler(proxies)
opener = build_opener(httpproxy_handler)
try:
    response = opener.open('http://httpbin.org/ip')
    print(response.read().decode())
except Exception as ex:
    print(ex)
```

2.requests使用代理IP

在 requests 模块中使用代理更加方便，只需要传入 proxies 字典参数即可，下面看如何在 requests 模块中使用代理 IP。

【范例10.1-2】requests使用代理IP（源码路径：ch10/10.1/10.1-2.py）

范例文件 10.1-2.py 的具体实现代码如下。

```
"""requests使用代理IP"""

import requests

url = 'http://httpbin.org/ip'
proxies = {
    'http': '182.109.130.157:4576',
    'https': '123.169.35.8:4566',
}
try:
    response = requests.get(url, proxies=proxies)
    print(response.json())
except Exception as ex:
    print(ex)
```

【运行结果】

```
{'origin': '182.109.130.157'}
```

【范例分析】

在使用 requests.get 中使用参数 proxies 传入代理字典参数，效果与 urllib 中是一样的，结果中 origin 的值就是 182.109.130.157。

如果代理需要认证，则可以使用如下代码在使用代理时指定用户名 username 和密码 password。

```
"""requests使用代理IP需要认证"""

import requests

url = 'http://httpbin.org/ip'
proxies = {
    'http': 'username:password@182.109.130.157:4576',
    'https': 'username:password@123.169.35.8:4566',
}
try:
    response = requests.get(url, proxies=proxies)
    print(response.json())
except Exception as ex:
    print(ex)
```

3.selenium使用代理IP

在 selenium 模块中也可以使用代理 IP，如果使用的是 Chrome 浏览器，则实现方式如下。

【范例10.1-3】selenium使用代理IP（源码路径：ch10/10.1/10.1-3.py）

范例文件 10.1-3.py 的具体实现代码如下。

```
"""selenium使用代理IP"""

from selenium import webdriver

url = 'http://httpbin.org/ip'
proxy = 'http://111.173.112.36:4516'
chrome_options = webdriver.ChromeOptions()
chrome_options.add_argument('--proxy-server=' + proxy)
browser = webdriver.Chrome(chrome_options=chrome_options)
browser.get(url)
print(browser.page_source)
browser.quit()
```

【运行结果】

```
<html xmlns="http://www.w3.org/1999/xhtml"><head></head><body><pre style=
"word-wrap: break-word; white-space: pre-wrap;">{
  "origin": "111.173.112.36"
}
</pre></body></html>
```

【范例分析】

这里需要先创建 chrome_options 对象，然后使用 add_argument 参数传入代理 IP，最后使用代理 IP 访问测试网址，根据结果查看，代理 IP 设置成功。

> 提示　在设置代理 IP 时，需要加上协议 http 或 https。

如果代理需要认证，那么就比较复杂了，一般需要使用Chrome插件实现自动代理用户密码认证，代码如下。

```
"""selenium使用代理IP需要认证"""

import os
import re
import time
import zipfile
from selenium import webdriver

# Chrome代理模板插件（https://github.com/RobinDev/Selenium-Chrome-HTTP-
Private-Proxy）目录
CHROME_PROXY_HELPER_DIR = 'Chrome-proxy-helper'
# 存储自定义Chrome代理扩展文件的目录
CUSTOM_CHROME_PROXY_EXTENSIONS_DIR = 'chrome-proxy-extensions'

def get_chrome_proxy_extension(proxy):
    """获取一个Chrome代理扩展，里面配置有指定的代理（带用户名密码认证）
    proxy - 指定的代理，格式：username:password@ip:port
```

```
        """
        m = re.compile('([^:]+):([^\@]+)\@([\d\.]+):(\d+)').search(proxy)
        if m:
            # 提取代理的各项参数
            username = m.groups()[0]
            password = m.groups()[1]
            ip = m.groups()[2]
            port = m.groups()[3]
            # 创建一个定制Chrome代理扩展（ZIP文件）
            if not os.path.exists(CUSTOM_CHROME_PROXY_EXTENSIONS_DIR):
                os.mkdir(CUSTOM_CHROME_PROXY_EXTENSIONS_DIR)
            extension_file_path = os.path.join(CUSTOM_CHROME_PROXY_EXTENSIONS_
DIR, '{}.zip'.format(proxy.replace(':', '_')))
            if not os.path.exists(extension_file_path):
                # 扩展文件不存在，创建
                zf = zipfile.ZipFile(extension_file_path, mode='w')
                zf.write(os.path.join(CHROME_PROXY_HELPER_DIR, 'manifest.json'),
 'manifest.json')
                # 替换模板中的代理参数
                background_content = open(os.path.join(CHROME_PROXY_HELPER_
DIR, 'background.js')).read()
                background_content = background_content.replace('%proxy_host',
 ip)
                background_content = background_content.replace('%proxy_port',
 port)
                background_content = background_content.replace('%username',
 username)
                background_content = background_content.replace('%password',
 password)
                zf.writestr('background.js', background_content)
                zf.close()
            return extension_file_path
        else:
            raise Exception('Invalid proxy format. Should be username:
password@ip:port')


if __name__ == '__main__':
    # 测试
    options = webdriver.ChromeOptions()
    # 添加一个自定义的代理插件（配置特定的代理，含用户名密码认证）
    options.add_extension(get_chrome_proxy_extension(proxy='username:
password@ip:port'))
    driver = webdriver.Chrome(chrome_options=options)
    # 访问一个IP回显网站，查看代理配置是否生效了
    driver.get('http://httpbin.org/ip')
    print(driver.page_source)
    time.sleep(60)
    driver.quit()
```

如果使用的是 PhantomeJS 无界面浏览器，则实现方式如下。

【范例10.1-4】selenium使用代理IP（源码路径：ch10/10.1/10.1-4.py）

范例文件 10.1-4.py 的具体实现代码如下。

```
"""selenium使用代理IP"""

from selenium import webdriver

url = 'http://httpbin.org/ip'
service_args = [
    '--proxy=%s' % '111.173.112.36:4516',
    '--proxy-type=http',
]
browser = webdriver.PhantomJS(service_args=service_args)
browser.get(url)
print(browser.page_source)
browser.quit()
```

【运行结果】

```
<html xmlns="http://www.w3.org/1999/xhtml"><head></head><body><pre style=
"word-wrap: break-word; white-space: pre-wrap;">{
  "origin": "111.173.112.36"
}
</pre></body></html>
```

【范例分析】

这里在调用 PhantomJS 时，需要设置 service_args 参数，指定代理 IP 的值与协议类型。然后使用代理 IP 访问测试网址，根据结果查看，代理 IP 设置成功。

如果代理需要认证，则可以使用如下代码在使用代理时指定用户名 username 和密码 password。

```
"""selenium使用代理IP"""

from selenium import webdriver

url = 'http://httpbin.org/ip'
service_args = [
    '--proxy=111.173.112.36:4516',
    '--proxy-type=http',
    '--proxy-auth=username:password'
]
browser = webdriver.PhantomJS(service_args=service_args)
browser.get(url)
print(browser.page_source)
browser.quit()
```

10.2 代理IP池

在 10.1 节中已经了解了利用代理 IP 可以解决目标网站封禁 IP 的问题。在网上有大量公开的免费代理，也可以购买付费的代理 IP，但是代理不论是免费的还是付费的，都不能保证是可用的，因为可能此 IP 也会被其他人用来爬取同样的目标站点而被封禁，或者代理服务器突然发生故障或网络繁忙。一旦选用了一个不可用的代理，这势必会影响爬虫的工作效率。

所以，在使用代理 IP 之前需要提前做筛选，将不可用的代理剔除掉，保留可用代理 IP。接下来就搭建一个高效易用的代理池。

与 Cookie 池相似，代理 IP 池也分为 4 个模块：获取模块、检测模块、存储模块和接口模块。每个模块的功能如下。

（1）获取模块：负责获取代理 IP，爬取网站的免费代理。例如，西刺、快代理之类有免费代理的网站，但是这些免费代理大多数情况下都是不好用的，所以比较靠谱的方法是购买付费代理。当然，如果有更好的代理接口，那么也可以自己接入。

（2）检测模块：负责检测代理 IP 可用性，因为免费代理大部分是不可用的，所以采集回来的代理 IP 不能直接使用，可以写检测程序不断地去用这些代理访问一个稳定的网站，看是否可以正常使用。

（3）存储模块：负责存储代理 IP，存储的代理 IP 首先要保证代理不重复，要检测代理的可用情况，还要动态实时处理每个代理，这里使用 Redis 的有序集合存储，将分数最高设置为 100 表示可用，最低设置为 0 表示不可用。在检测时，不可用就减 1，直到为 0 时从 Redis 中移除。当然也可用其他方式存储，如 MongoDB。

（4）接口模块：负责使用代理，最简单的方法就是用 API 来提供对外服务的接口，这里使用的是 Flask 作为后台服务器。

1. Web接口

Flask 作为后台服务器，提供对外访问的 Web 接口，在 9.3 节中已经了解了其安装方法。

2. 配置信息

为了方便管理项目，配置了如下一些信息。

```
# Redis数据库地址
REDIS_HOST = '127.0.0.1'

# Redis端口
REDIS_PORT = 6379

# Redis密码，如无，填None
REDIS_PASSWORD = None

REDIS_KEY = 'proxies'
```

```
# 代理分数
MAX_SCORE = 100
MIN_SCORE = 0
INITIAL_SCORE = 10

VALID_STATUS_CODES = [200, 302]

# 代理池数量界限
POOL_UPPER_THRESHOLD = 50000

# 检查周期
TESTER_CYCLE = 20
# 获取周期
GETTER_CYCLE = 300

# 测试API，建议抓哪个网站测哪个
TEST_URL = 'http://www.baidu.com'

# API配置
API_HOST = '0.0.0.0'
API_PORT = 5555

# 开关
TESTER_ENABLED = True
GETTER_ENABLED = True
API_ENABLED = True

# 最大批测试量
BATCH_TEST_SIZE = 10
```

这里配置了数据库连接信息，zset 的分数，API 的信息，3 个进程的开关。

3. 调度

实现一个调度器，实现 Cookie 池的 4 个模块的功能，代码如下。

```
import time
from multiprocessing import Process
from proxypool.api import app
from proxypool.getter import Getter
from proxypool.tester import Tester
from proxypool.db import RedisClient
from proxypool.setting import *


class Scheduler(object):
    def schedule_tester(self, cycle=TESTER_CYCLE):
        """
        定时测试代理
        """
```

```
        tester = Tester()
        while True:
            print('测试器开始运行')
            tester.run()
            time.sleep(cycle)

    def schedule_getter(self, cycle=GETTER_CYCLE):
        """
        定时获取代理
        """
        getter = Getter()
        while True:
            print('开始抓取代理')
            getter.run()
            time.sleep(cycle)

    def schedule_api(self):
        """
        开启API
        """
        app.run(API_HOST, API_PORT)

    def run(self):
        print('代理池开始运行')

        if TESTER_ENABLED:
            tester_process = Process(target=self.schedule_tester)
            tester_process.start()

        if GETTER_ENABLED:
            getter_process = Process(target=self.schedule_getter)
            getter_process.start()

        if API_ENABLED:
            api_process = Process(target=self.schedule_api)
            api_process.start()
```

> 提示 其他相关代码这里就不再展示了，详情请参考本书资料中的代码。

4. 运行

运行 run.py 文件，项目开始运行，代码如下。

```
python run.py

代理池开始运行
 * Serving Flask app "proxypool.api" (lazy loading)
 * Environment: production
```

```
  WARNING: Do not use the development server in a production environment.
  Use a production WSGI server instead.
* Debug mode: off
* Running on http://0.0.0.0:5555/ (Press CTRL+C to quit)
开始抓取代理
获取器开始执行
正在抓取 http://www.data5u.com/free/gngn/index.shtml
抓取成功 http://www.data5u.com/free/gngn/index.shtml 200
成功获取到代理 123.139.56.238:8321
成功获取到代理 223.85.196.75:8921
成功获取到代理 113.200.56.13:8545
成功获取到代理 39.137.46.73:8870
成功获取到代理 221.214.167.3:8198
成功获取到代理 119.190.34.70:9038
成功获取到代理 120.198.230.15:8901
成功获取到代理 39.137.46.69:8741
成功获取到代理 123.121.9.25:8698
成功获取到代理 61.164.39.66:8664
成功获取到代理 119.187.120.118:8233
成功获取到代理 119.145.2.100:8155
成功获取到代理 60.255.186.169:8242
成功获取到代理 116.209.56.191:8653
成功获取到代理 58.247.46.123:8316
···<省略剩余输出>···
```

程序开始运行，爬取代理网站中的代理 IP，然后通过 API 获取，如图 10-2 所示。

图10-2　获取IP

10.3 付费代理的使用

付费代理相对于免费代理，稳定性更高，付费代理一般分两类：批量获取 IP 和隧道 IP。下面介绍付费代理的使用。

1. 批量获取IP

一次可以获取多个代理 IP，如极光爬虫代理可以选择一次提取的数量，如图 10-3 所示。

图10-3　获取多个代理IP

访问极光爬虫代理官网，如图 10-4 所示。

图10-4　极光爬虫代理官网

可以单击【立即注册】按钮进行注册，然后登录，购买一天或充值少量金额进行测试。为了演示，这里充值了部分金额。

提取代理 IP 需要选择各种参数，如图 10-5 所示。

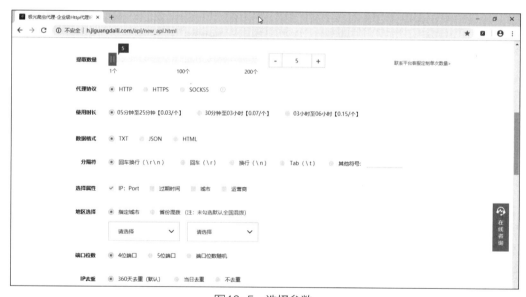

图10-5　选择参数

> 提示
>
> 这里根据访问的目标网站，可以选中【HTTP】或【HTTPS】单选按钮。

选择参数后，可以生成 API 链接，如图 10-6 所示，单击【生成 API 链接】按钮。

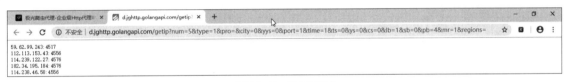

图10-6　生成API链接

将 API 链接在浏览器中进行访问测试，如图 10-7 所示。

图10-7　访问测试

这里返回的是以换行符分开的字符串，可以将其放入代理 IP 池中，只需要在 Crawler 类下加入一个以 crawl 开头的方法。

【范例10.3-1】获取极光爬虫代理IP（源码路径：ch10/10.3/10.3-1.py）

范例文件 10.3-1.py 的部分实现代码如下。

```
def crawl_jiguangdaili(self):
    start_url = 'http://d.jghttp.golangapi.com/getip?num=5&type=1&pro=
&city=0&yys=0&port=1&time=1&ts=0&ys=0&cs=0&lb=1&sb=0&pb=4&mr=1&regions='
    html = get_page(start_url)
    if html:
        ips = html.splitlines()
        for ip in ips:
            yield ip
```

【运行结果】

此处运行结果请参照之前 IP 池的运行结果。

【范例分析】

这里访问 API 链接得到的是 5 行代理 IP，每次访问都是不同的数据。使用字符串的换行分隔符，得到每一行的数据，使用 yield 返回。

> **提示** 如果对极光爬虫代理足够信任，则可以不放到代理池筛选，直接使用。但是不建议这样做，使用代理池筛选后，效率会更高。

2. 隧道IP

固定域名和端口号，每次使用都是不同的 IP，如阿布云，如图 10-8 所示。

图10-8　阿布云

访问阿布云官网，如图 10-9 所示。

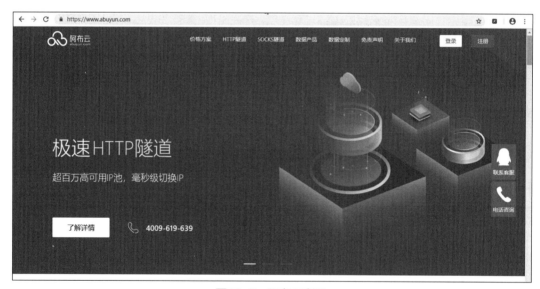

图10-9　阿布云官网

注册后登录，充值少量金额进行测试。为了演示，这里充值了部分金额。

这里有不同的通道，可以单击链接仔细阅读，如这里使用的是 HTTP 隧道动态版，如图 10-10 所示。

图10-10　HTTP隧道动态版

访问接入指南，如图 10-11 所示。

图10-11　接入指南

访问 Python 代码，使用 requests 模块接入，如图 10-12 所示。

图10-12　Python代码使用requests模块接入

修改测试，访问测试网站。

【范例10.3-2】HTTP隧道（经典版）接入（源码路径：ch10/10.3/10.3-2.py）

范例文件 10.3-2.py 的部分实现代码如下。

```
"""HTTP隧道（经典版）接入"""

import requests

# 要访问的目标页面
targetUrl = 'http://httpbin.org/ip'
# targetUrl = "http://test.abuyun.com"
# targetUrl = "http://proxy.abuyun.com/switch-ip"
# targetUrl = "http://proxy.abuyun.com/current-ip"

# 代理服务器
proxyHost = "http-dyn.abuyun.com"
proxyPort = "9020"

# 代理隧道验证信息
proxyUser = "HMD09Y36WC71ZE1D"
proxyPass = "97850D19691AE577"


proxyMeta = "http://%(user)s:%(pass)s@%(host)s:%(port)s" % {
    "host": proxyHost,
    "port": proxyPort,
    "user": proxyUser,
    "pass": proxyPass,
}
```

```
print(proxyMeta)

proxies = {
    "http": proxyMeta,
    "https": proxyMeta,
}

resp = requests.get(targetUrl, proxies=proxies)

print(resp.status_code)
print(resp.text)
```

【运行结果】

```
http://HMD09Y36WC71ZE1D:97850D19691AE577@http-dyn.abuyun.com:9020
200
{
  "origin": "115.211.124.133"
}
```

 提示 再运行一次，得到另一个结果 IP。

【范例分析】

这里使用 requests 模块访问阿布云的代理服务器，并且需要认证。

认证的密钥需要在注册、登录、购买后获取，如图 10-13 所示。

图 10-13 密钥

这个效果与之前代理 IP 池随机获取效果是一样的，但是更加简单、方便。如果价格能接受的情况下，那么建议使用这种方式。

10.4 项目案例：使用代理IP爬微信公众号

目前已经了解了代理 IP 的原理和使用方法，下面通过一个项目案例来更好地理解这些知识点。爬微信公众号，并且将该数据存储到 MongoDB 中。

10.4.1 分析网站

访问微信公众平台网站，如图 10-14 所示。

图10-14 微信公众平台网络

1.账号

单击【立即注册】按钮，注册账号，验证账号，登录测试。这里登录后，还需要扫码验证，如图 10-15 所示。

图10-15 扫码验证

如果要多任务爬取所有相关的微信公众号，则需要使用 Cookie 池，否则账号会被封禁，这就意味着需要大量的账号来生成 Cookie 池。

本案例中，没有使用 Cookie 池，使用的是代理 IP 和添加随机休眠时间完成单任务的爬取。

2.搜索关键词相关的微信公众号

登录成功后，如图 10-16 所示。

图10-16　登录成功

单击【新建群发】按钮，如图 10-17 所示。

图10-17　新建群发

单击【转载文章】按钮，关闭弹出的窗口，如图 10-18 所示。

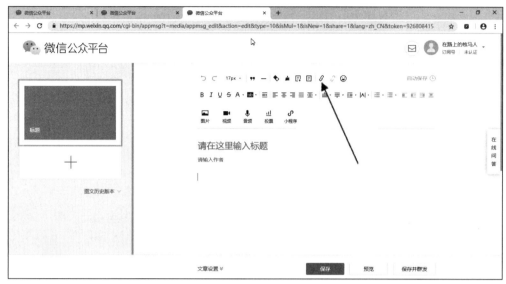

图10-18　转载文章

单击箭头指向的超链接后，选中【查找文章】单选按钮，输入关键词，单击搜索图标按钮，查找相关的微信公众号信息，如图 10-19 所示。

图10-19　搜索公众号

3.分析请求信息

在浏览器中右击，在弹出的快捷菜单中选择【检查】选项，单击图 10-19 中的下一页图标按钮，使用 Network 抓包分析，得到如下两个 URL。

```
https://mp.weixin.qq.com/cgi-bin/searchbiz?action=search_biz&token=
926808415&lang=zh_CN&f=json&ajax=1&random=0.1051674135916556&query=
cE%E6%98%A5%E8%BF%90&begin=0&count=5
```

```
https://mp.weixin.qq.com/cgi-bin/searchbiz?action=search_biz&token=
926808415&lang=zh_CN&f=json&ajax=1&random=0.10699611238582962&query=
%E6%98%A5%E8%BF%90&begin=5&count=5
```

这里的参数介绍如下。

（1）action：search_biz，固定值。

（2）token：926808415，访问首页后，可以在响应中获取。

（3）lang：zh_CN，固定值。

（4）f：json，固定值。

（5）ajax：1，固定值。

（6）random：0.10699611238582962，0~1 之间的随机数，可以使用 random 模块的 random()
方法模拟获取。

（7）query：查询的关键词。

（8）begin：5，从 0 开始，每次下一页增加 5。

（9）count：5，每次查询 5 条数据。

4.Cookie

经过测试需要携带 Cookie，这里使用 Selenium 配合 Chrome 浏览器，账号登录和扫码验证后，
将 Cookie 保存到文件中，搜索微信公众号发送请求之前需要读取文件中存储的 Cookie 并在发送请
求时使用 Cookie。

建议使用多个微信公众号，实现 Cookie 池，这样效率会更高。

5.代理

为了避免账号封禁，可以使用代理，这里依然使用的是阿布云提供的动态隧道 IP。

6.提取信息

每一页的 URL 对应的响应是一个 JSON 格式的字符串，代码如下。

```
{
    "base_resp": {
        "ret": 0,
        "err_msg": "ok"
    },
    "list": [{
        "fakeid": "MzIzMzQ2NjQ4OA==",
        "nickname": "春运广州",
        "alias": "CYGZFB",
        "round_head_img": "http:\/\/mmbiz.qpic.cn\/mmbiz_png\/
WwxvhjZkYJBMtSZAhvbjjY2w9ic5CD2VF1QQALibVqQiawSodRWOvvTuCXSqMprqKta0ano
HD9XrWxCbuVzaovAEw\/0?wx_fmt=png",
        "service_type": 2
    }, {
        "fakeid": "MzA5NzY0MTMzNQ==",
```

361

```
                "nickname": "春运专业抢票",
                "alias": "hcp12306-",
                "round_head_img": "http:\/\/mmbiz.qpic.cn\/mmbiz_png\/
8EPxhgpnILHnMj9KGOWe0eiceBAhU9zUCficA7GO4InhYgRwSW2wpdgRDb6ln412RZcKnCBt
fqVVTBfzAUwE8TEA\/0?wx_fmt=png",
                "service_type": 2
        }, {
                "fakeid": "MzA5NjgyOTc4Mg==",
                "nickname": "春运",
                "alias": "zhangchunyuntongzhi",
                "round_head_img": "http:\/\/mmbiz.qpic.cn\/mmbiz\/
PxcAfPGR5DZT060085Mf8M2cibOdiadicR3FoMia8ib6DUicpcMP0QhFvHYyn7glBUOcerl8
aMgFNsbx6lvvr4kzIMiag\/0?wx_fmt=png",
                "service_type": 2
        }, {
                "fakeid": "MzAwOTc5MjQ4Mg==",
                "nickname": "邀您共同话春运",
                "alias": "chunyundiaocha",
                "round_head_img": "http:\/\/mmbiz.qpic.cn\/mmbiz\/
hvcExY1aSaU9xOFOrWQvSRfdU2M7HejGg5HUKUJzSAmMTeuzm8ibIYPzXs6t2SFicRnJBM3h34RrKD
wHNib7Mdubg\/0?wx_fmt=png",
                "service_type": 2
        }, {
                "fakeid": "MzIxMjEyMTY5MA==",
                "nickname": "春运火车票",
                "alias": "cyhcp-12306",
                "round_head_img": "http:\/\/mmbiz.qpic.cn\/mmbiz_png\/
t3rfjsMicmn1ZyiaUGYbM6uibXkeZlibMv6Dx4hTvicM9TKTrQ4e3MGtHBbwvpeNTRibzicE
nFsS6C2YhZhUNY89kqWCg\/0?wx_fmt=png",
                "service_type": 1
        }],
        "total": 63
}
```

这里的 total 存储的是数据的总数量，list 存储的是当前 5 条数据的详情信息。数据中 total=63 表示总信息数是 63，因为每页显示 5 条数据，可以计算出总页数为 13 页，这样就可以使用循环发送 13 个请求了，然后提取对应的每页信息。

7.保存信息

提取到需要的数据信息后，可以将信息组成字典，然后保存到 MongoDB 中。

8.总结

使用代理爬微信公众号的思路如下。

（1）使用 Selenium 登录获取 Cookie。

（2）发送请求获取 token。

（3）发送请求获取每页数据，计算总页数，循环发送每页的请求。

（4）将信息数据保存到 MongoDB 中。

10.4.2 开始爬取

按照上面的思路实现代码即可。

【范例10.4-1】爬微信公众号（源码路径：ch10/10.4/10.4-1.py）

范例文件 10.4-1.py 的具体实现代码如下。

```python
"""爬微信公众号"""

from selenium import webdriver
import time
import json
import requests
import re
import random
import pymongo

# 微信公众号账号
user = "jack_dawson_email@163.com"
# 公众号密码
password = "1234abcd@@"
# 设置要搜索的公众号
search_content = '春运'
# pymongo客户端
client = pymongo.MongoClient('mongodb://localhost:27017/')['mydb']['wxgzh']


# 登录微信公众号，获取登录之后的Cookies信息，并保存到本地文本中
def weChat_login():
    # 定义一个空的字典，存放Cookies内容
    post = {}

    # 用webdriver启动Chrome浏览器
    print("启动浏览器，打开微信公众号登录界面")
    driver = webdriver.Chrome()
    # 打开微信公众号登录页面
    driver.get('https://mp.weixin.qq.com/')
    # 等待5秒钟
    time.sleep(5)
    print("正在输入微信公众号登录账号和密码......")
    # 清空账号框中的内容
    driver.find_element_by_xpath("//input[@name='account']").clear()
    # 自动填入登录用户名
    driver.find_element_by_xpath("//input[@name='account']").send_
keys(user)
    # 清空密码框中的内容
    driver.find_element_by_xpath("//input[@name='password']").clear()
    # 自动填入登录密码
    driver.find_element_by_xpath("//input[@name='password']").send_
```

```
keys(password)
    # 记住账号
    driver.find_element_by_xpath("//label[@class='frm_checkbox_label']").
click()
    # 在自动输完密码之后需要手动选中【记住账号】复选框
    time.sleep(10)
    # 自动单击【登录】按钮进行登录
    driver.find_element_by_xpath("//a[@class='btn_login']").click()
    # 拿手机扫二维码!
    print("请拿手机扫描二维码登录公众号")
    time.sleep(30)
    print("登录成功")
    # 重新载入公众号登录页，登录之后会显示公众号后台首页，
    # 从这个返回内容中获取Cookies信息
    driver.get('https://mp.weixin.qq.com/')
    # 获取Cookies
    cookie_items = driver.get_cookies()

    # 获取到的Cookies是列表形式，将Cookies转换为JSON形式并存入本地名为cookie的文本中
    for cookie_item in cookie_items:
        post[cookie_item['name']] = cookie_item['value']
    cookie_str = json.dumps(post)
    with open('./data/cookie.txt', 'w+', encoding='utf-8') as f:
        f.write(cookie_str)
    print("Cookies信息已保存到本地")


def get_proxies():
    # 代理服务器
    proxyHost = "http-dyn.abuyun.com"
    proxyPort = "9020"

    # 代理隧道验证信息
    proxyUser = "HO5AJ01D568BT1OD"
    proxyPass = "974535F20B2474E6"

    proxyMeta = "http://%(user)s:%(pass)s@%(host)s:%(port)s" % {
        "host": proxyHost,
        "port": proxyPort,
        "user": proxyUser,
        "pass": proxyPass,
    }
    proxies = {
        "http": proxyMeta,
        "https": proxyMeta,
    }


# 爬微信公众号文章，并保存到本地文本中
```

```
def get_content(begin=0):
    print('第%s页爬取中...' % (int(begin / 5) + 1))

    # query为要爬取的公众号名称
    # 公众号主页
    url = 'https://mp.weixin.qq.com'

    # 设置headers
    header = {
        "HOST": "mp.weixin.qq.com",
        "User-Agent": "Mozilla/5.0 (Windows NT 6.1; WOW64; rv:53.0) Gecko/
20100101 Firefox/53.0"
    }

    # 读取上一步获取到的Cookies
    with open('./data/cookie.txt', 'r', encoding='utf-8') as f:
        cookie = f.read()
    cookies = json.loads(cookie)

    # 登录之后的微信公众号首页URL变为https://mp.weixin.qq.com/cgi-bin/home?
    # t=home/index&lang=zh_CN&token=1849751598，从这里获取token信息
    response = requests.get(url=url, cookies=cookies, proxies=get_proxies())
    token = re.findall(r'token=(\d+)', str(response.url))[0]

    # 搜索微信公众号的接口地址
    search_url = 'https://mp.weixin.qq.com/cgi-bin/searchbiz?'
    # 搜索微信公众号接口需要传入的参数,
    # 有3个变量: 微信公众号token、随机数random和搜索的微信公众号名称
    query_id = {
        'action': 'search_biz',
        'token': token,
        'lang': 'zh_CN',
        'f': 'json',
        'ajax': '1',
        'random': random.random(),
        'query': search_content,
        'begin': begin,
        'count': '5'
    }
    # 打开搜索微信公众号接口地址，需要传入相关参数信息，如cookies、params、headers
    search_response = requests.get(search_url, cookies=cookies, headers=
header, params=query_id, proxies=get_proxies())
    # 获取json结果
    search_json = search_response.json()
    # 保存获取的5条数据
    print(search_json.get('list'))
    client.insert(search_json.get('list'))

    if begin == 0:
```

```
        # 获取总数
        total = search_json.get('total')
        # 每页5条, 总页数
        if total // 5 == 0:
            pages = total // 5
        else:
            pages = total // 5 + 1

        # 起始页参数为0, 以后每页加5
        num = 0
        for i in range(1, pages):
            num = i * 5
            time.sleep(random.randint(3, 8))
            get_content(num)


if __name__ == '__main__':
    try:
        # 登录微信公众号, 获取登录之后的Cookies信息, 并保存到本地文本中
        # weChat_login()
        # 登录之后, 通过微信公众号后台搜索微信公众号
        print("搜索公众号的关键词: " + search_content)
        get_content()
        print("爬取完成")
    except Exception as e:
        print(str(e))
```

【运行结果】

连接 MongoDB, 查看结果, 代码如下。

```
搜索公众号的关键词: 春运
1.0页爬取中...
[{'alias': 'CYGZFB', 'fakeid': 'MzIzMzQ2NjQ4OA==', 'round_head_img': 'http://
mmbiz.qpic.cn/mmbiz_png/Wwxvhj2kYJBMtSZAhvbjjY2w9ic5CD2VF1QQALibVqQiaw
SodRWOvvTuCXSqMprqKta0anoHD9XrWxCbuVzaovAEw/0?wx_fmt=png', 'nickname':
'春运广州', 'service_type': 2}, {'alias': 'hcp12306-', 'fakeid': 'MzA5N
zY0MTMzNQ==', 'round_head_img': 'http://mmbiz.qpic.cn/mmbiz_png/8EPxhg
pnILHnMj9KGOWe0eiceBAhU9zUCficA7GO4InhYgRwSW2wpdgRDb6ln412RZcKnCBtfqVVT
BfzAUwE8TEA/0?wx_fmt=png', 'nickname': '春运专业抢票', 'service_type': 2},
 {'alias': 'zhangchunyuntongzhi', 'fakeid': 'MzA5NjgyOTc4Mg==', 'round_
head_img': 'http://mmbiz.qpic.cn/mmbiz/PxcAfPGR5DZT060085Mf8M2cibOdiadic
R3FoMia8ib6DUicpcMP0QhFvHYyn7glBUOcerl8aMgFNsbx6lvvr4kzIMiag/0?wx_fmt=png',
 'nickname': '春运', 'service_type': 2}, {'alias': 'chunyundiaocha', 'fakeid':
 'MzAwOTc5MjQ4Mg==', 'round_head_img': 'http://mmbiz.qpic.cn/mmbiz/
hvcExY1aSaU9xOFOrWQvSRfdU2M7HejGg5HUKUJzSAmMTeuzm8ibIYPzXs6t2SFicRnJBM3h
34RrKDwHNib7Mdubg/0?wx_fmt=png', 'nickname': '邀您共同话春运', 'service_type':
2}, {'alias': 'cyhcp-12306', 'fakeid': 'MzIxMjEyMTY5MA==', 'round_
head_img': 'http://mmbiz.qpic.cn/mmbiz_png/t3rfjsMicmn1ZyiaUGYbM6uibXkeZ
libMv6Dx4hTvicM9TKTrQ4e3MGtHBbwvpeNTRibzicEnFsS6C2YhZhUNY89kqWCg/0?wx_fmt=
```

png', 'nickname': '春运火车票', 'service_type': 1}]
2.0页爬取中...
[{'alias': '', 'fakeid': 'MzI5MzE1OTM0OQ==', 'round_head_img': 'http://
mmbiz.qpic.cn/mmbiz_png/PAC2EqTSMLvybPP9huJMMWq0b8wE5nlIY25QCGEvZmk7O
sI84Qe5iaef49CYp0ySKpQx9ZEuNVy2NMxT9CSjvoA/0?wx_fmt=png', 'nickname':
'阜阳春运', 'service_type': 1}, {'alias': '', 'fakeid': 'MzU5MzcwMDg2Mw==',
'round_head_img': 'http://mmbiz.qpic.cn/mmbiz_png/NC0cUpOEsZOUicV1ukU
0fhEvoqNEYRwUpJcDRGjcx8DNOaDia2K6T2SSL0QWMHVCPvXWia8kjtMWq05P24o5Cjib3g/
0?wx_fmt=png', 'nickname': '春运黄牛火车抢票', 'service_type': 1}, {'alias':
'dhuorangevolunteer', 'fakeid': 'MzA4NTE4NDEyMw==', 'round_head_img':
'http://mmbiz.qpic.cn/mmbiz/icuYRiaEJ3PZCMoOicIp9FYvFXQAockeZicwnAy4hM
VKE8oQByiadPUX0V69ItrMfOns99o5iboqLLicplQlNNkhlHdA/0', 'nickname': '东华
小甜橙春运志愿者', 'service_type': 1}, {'alias': 'cpdhbh', 'fakeid': 'MjM5NT
A1MDg4Mg==', 'round_head_img': 'http://mmbiz.qpic.cn/mmbiz_png/VGuxDENeo
j0H45ia5eCOffDia6c2TxYMDGQgD2UVK78cYum2nYly6YdNkmxIH12Izklzv9axwNJX5tcER
vWRsktg/0?wx_fmt=png', 'nickname': '春运回家', 'service_type': 0}, {'alias':
'', 'fakeid': 'MzU2ODQ2MjYyMg==', 'round_head_img': 'http://mmbiz.qpic.
cn/mmbiz_png/KtJsBDFIsznve02DJomd464a72tlePa0oUoAZfwl89WnpyCo6uZotKjRT2Rew
VoBwXIfFpcicEtnPuAsvwMtA0A/0?wx_fmt=png', 'nickname': '徐州观音国际机场春运
志愿者', 'service_type': 1}]
3.0页爬取中...
···<省略中间部分输出>···
12.0页爬取中...
[{'alias': 'Ecpic95500', 'fakeid': 'MjM5NzAwNDY5Ng==', 'round_head_img':
'http://mmsns.qpic.cn/mmsns/NH9JEbf6U1CtvtoXc36sDl1Bg58MhhScKheEhPa5y
g16nbQ9G3dQmg/0', 'nickname': '太平洋保险e服务', 'service_type': 2}, {'alias':
'chineserailways', 'fakeid': 'MjM5NTc3MTgwMA==', 'round_head_img': '
'http://mmsns.qpic.cn/mmsns/TYwR3XRFEvWhwzibM0UUJ6xI4RzyMD9vW2BxuP3pic
8nBH5ibOvcQ6Tog/0', 'nickname': '中国铁路', 'service_type': 0}, {'alias':
'Bus365-ASST', 'fakeid': 'MzA3MzQ5MTA3MA==', 'round_head_img': 'http://
mmbiz.qpic.cn/mmbiz_png/FkQNfnFwxwIiaGtkuV9mXviafXjy3o87de3Kgyxaia4H6H
4PCEbia7waPDjicQrOd85ymj0ibguhY6kej9ibI1iaasKtPA/0?wx_fmt=png', 'nickname':
'Bus365汽车票', 'service_type': 2}, {'alias': 'guangdongtianqi2013',
'fakeid': 'MjM5ODYzMDcwMA==', 'round_head_img': 'http://mmsns.qpic.cn/
mmsns/soK2LXg8IzFjvLuW8NgK2b4rjuthiaSZvz90b5SWuBfI9QFibBS1mQHA/0', 'nickname':
'广东天气', 'service_type': 2}, {'alias': 'sznewswx', 'fakeid': 'MjM5MjE0ODY2MA==',
'round_head_img': 'http://mmsns.qpic.cn/mmsns/WVSDE3QnTjnpl8oKrcdTJ
qKm0kfelFP17VeATtm0vjg/0', 'nickname': '深圳新闻网', 'service_type': 0}]
13.0页爬取中...
[{'alias': 'etc-chebao', 'fakeid': 'MzI2MTE2NTc4Mw==', 'round_head_img':
'http://mmbiz.qpic.cn/mmbiz/Jx6ntAiaMNy7IJzsb5ViarH9kqF4ZVLCqHYqY9ic86K
JSAibicZa5c5Rk6LN8So2SnEaGdZ1HNFsz5pYpzDsXWH0CtA/0?wx_fmt=png', 'nickname':
'ETC车宝', 'service_type': 2}, {'alias': 'ahjhcb', 'fakeid': 'MzUzNDUyNDMxOQ==',
'round_head_img': 'http://mmbiz.qpic.cn/mmbiz_png/hoaqcpOa3uXrvCicgAX
9RXoQN7KMfZEnP6BYO9Sf7J0WbnicwHtoq3dRDlvMUpEmF97iaYdZ8B9W4K7ia0eSRR5ibL
A/0?wx_fmt=png', 'nickname': '江淮晨报', 'service_type': 1}, {'alias': 'GDJJ405',
'fakeid': 'MzAwNjIzMTY3MQ==', 'round_head_img': 'http://mmbiz.qpic.cn/mmbiz/
Fdia17ZJzp6icsNe7v9ujRoZiaWWyEmlpib9PiaCicS5OMS3JyrkkAbUUQZ92HmNN36wxw
iaSP4vJOdAyjHutz9lBiab0A/0', 'nickname': '广东交警', 'service_type': 1}]

爬取完成

【范例分析】

（1）weChat_login() 函数是使用 Selenium 登录获取并保存 Cookie 到文件中。这个方法调用多次，可以保存很多 Cookie。因为这里的 Cookie 有效期相对较长，如果 Cookie 已经在文件中保存了，则可以不调用此方法，而直接调用 get_content 爬数据。

（2）get_content() 函数是为每一页的发送请求获取数据并保存到 MongoDB 中。这里使用了一个判断，如果是第一页，就获取总数据数，然后计算出下一页的 begin 参数，再次调用 get_content。如果不是第一页，则后续只获取、处理当页信息即可。

10.5 本章小结

本章学习了代理 IP 使用的相关知识，首先介绍了什么是代理 IP，包括代理 IP 的分类及如何在 Python 模块（如 requests 模块）中发送请求时使用代理 IP；然后介绍了代理 IP 池的实现，包括代理 IP 池的 4 个模块及如何实现；之后介绍了付费代理的使用方法；最后实现了使用代理爬微信公众号。

10.6 实战练习

刷文章阅读数。

第11章
Scrapy框架

在 1~10 章中，介绍了爬虫的相关内容，其实 Requests+Selenium 可以解决目前 90% 的爬虫需求，难道 Scrapy 是解决剩下的 10% 的吗？显然不是，Scrapy 框架是为了让我们的爬虫更强大、更高效。

本章主要介绍了 Scrapy 框架的原理及 Scrapy 框架的各个模块功能，使读者对 Scrapy 框架有一个深入了解并学会如何使用 Scrapy 爬取需要的数据。

本章重点讲解以下内容。

- Scrapy 的介绍与安装
- Scrapy 爬虫各个模块
- Scrapy 爬虫编写步骤
- Scrapy 分布式爬虫的使用
- 爬新浪新闻

11.1 认识Scrapy

Scrapy 是一个为了爬取网站数据、提取结构性数据而编写的应用框架。其可以应用在包括数据挖掘、信息处理或存储历史数据等一系列的程序中。其最初是为了页面抓取所设计的，也可以应用在获取 API 所返回的数据或通用的网络爬虫中。

Scrapy 是用纯 Python 实现一个为了爬取网站数据、提取结构性数据而编写的应用框架，用途非常广泛。用户只需要定制开发的几个模块就能轻松实现一个爬虫，用来抓取网页内容及各种图片。

Scrapy 使用 Twisted[twistrd]（其主要对手是 Tornado）异步网络框架来处理网络通信，可以加快下载速度，不用自己实现异步框架，并且包含了各种中间件接口，可以灵活地完成各种需求。

Twisted 是用 Python 实现的基于事件驱动的网络引擎框架，Twisted 支持许多常见的传输及应用层协议，包括 TCP、UDP、SSL/TLS、HTTP、IMAP、SSH、IRC 及 FTP。就像 Python 一样，Twisted 也具有"内置电池"的特点。Twisted 对于其支持的所有协议都带有客户端和服务器实现，同时附带有基于命令行的工具，使得配置和部署产品级的 Twisted 应用变得非常方便。

1. 介绍

Scrapy 架构（箭头线是数据流向），如图 11-1 所示。

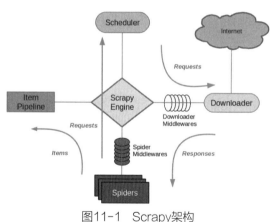

图11-1　Scrapy架构

各个模块介绍如下。

（1）Scrapy Engine（引擎）：负责 Spider、Item Pipeline、Downloader、Scheduler 中间的通信，信号、数据传递等。

（2）Scheduler（调度器）：负责接受引擎发送过来的 Request 请求，并按照一定的方式进行整理排列、入队，当引擎需要时，交还给引擎。

（3）Downloader（下载器）：负责下载 Scrapy Engine（引擎）发送的所有 Requests 请求，并将其获取到的 Responses 交还给 Scrapy Engine（引擎），由引擎交给 Spider 来处理。

（4）Spiders（爬虫）：负责处理所有 Responses，从中分析提取数据，获取 Item 字段需要的数据，并将需要跟进的 URL 提交给引擎，再次进入 Scheduler（调度器）。

（5）Item Pipeline（管道）：负责处理 Spider 中获取到的 Item，并交给进行后期处理（详细分析、过滤、存储等）的地方。

（6）Downloader Middlewares（下载中间件）：可以当作一个可以自定义扩展下载功能的组件。

（7）Spider Middlewares（Spider 中间件）：可以理解为一个可以自定义扩展和操作引擎及 Spider 中间通信的功能组件（如进入 Spider 的

Responses 和从 Spider 出去的 Requests）。

Scrapy 的运作流程如下。

代码写好，程序开始运行 ...

（1）引擎：Hi！ Spider， 你要处理哪一个网站？

（2）Spider：老大要我处理 xxxx.com（初始 URL）。

（3）引擎：你把第一个需要处理的 URL 给我吧。

（4）Spider：给你，第一个 URL 是 xxxxxxx.com。

（5）引擎：Hi！调度器，我这有 Request 请求你帮我排序入队一下。

（6）调度器：好的，正在处理，你等一下。

（7）引擎：Hi！调度器，把你处理好的 Request 请求给我。

（8）调度器：给你，这是我处理好的 Request。

（9）引擎：Hi！下载器，你按照老大的下载中间件的设置帮我下载一下这个 Request 请求。

（10）下载器：好的！给你，这是下载好的东西（如果失败：sorry，这个 Request 下载失败了。然后引擎告诉调度器，这个 Request 下载失败了，你记录一下，等会再下载）。

（11）引擎：Hi！ Spider，这是下载好的东西，并且已经按照老大的下载中间件处理过了，你自己处理一下（需要注意的是，这里 Responses 默认是交给 def parse() 函数处理的）。

（12）Spider：（数据处理完毕之后对于需要跟进的 URL）Hi！引擎，我这里有两个结果，这个是我需要跟进的 URL，还有这个是我获取到的 Item 数据。

（13）引擎：Hi！管道，我这有个 Item 你帮我处理一下！调度器！这是需要跟进的 URL 你帮我处理一下。然后从第（4）步开始循环，直到获取完老大需要的全部信息。

（14）管道调度器：好的，现在就做。

需要注意的是，只有当调度器中不存在任何 Request 时，整个程序才会停止，也就是说，对于下载失败的 URL，Scrapy 也会重新下载。

制作 Scrapy 爬虫的步骤如下。

（1）新建项目（scrapy startproject xxx）：新建一个新的爬虫项目。

（2）明确目标（编写 items.py）：明确想要抓取的目标。

（3）制作爬虫（spiders/xxspider.py）：制作爬虫开始爬取网页。

（4）存储内容（pipelines.py）：设计管道存储爬取内容。

2. 安装

已经了解了 Scrapy 的流程，下面下载安装 Scrapy。

Scrapy 是一个使用 Python 语言（基于 Twisted 框架）编写的开源网络爬虫框架，目前由 Scrapinghub Ltd 维护。Scrapy 简单易用、灵活易拓展、开发社区活跃，并且是跨平台的。在 Linux、MaxOS 及 Windows 平台上可以使用。Scrapy 应用程序也使用 Python 进行开发，目前可以支持 Python 2.7 及

Python 3.4+ 版本。在任意操作系统下，可以使用 pip 安装 Scrapy。

安装步骤如下。

❶ 安装依赖。要在 Ubuntu 系统上安装 Scrapy，需要先安装这些依赖项。

如图 11-2 所示，运行如下命令实现安装依赖。

```
sudo apt-get install python-dev python3-pip libxml2-dev libxslt1-dev
zlib1g-dev libffi-dev libssl-dev
```

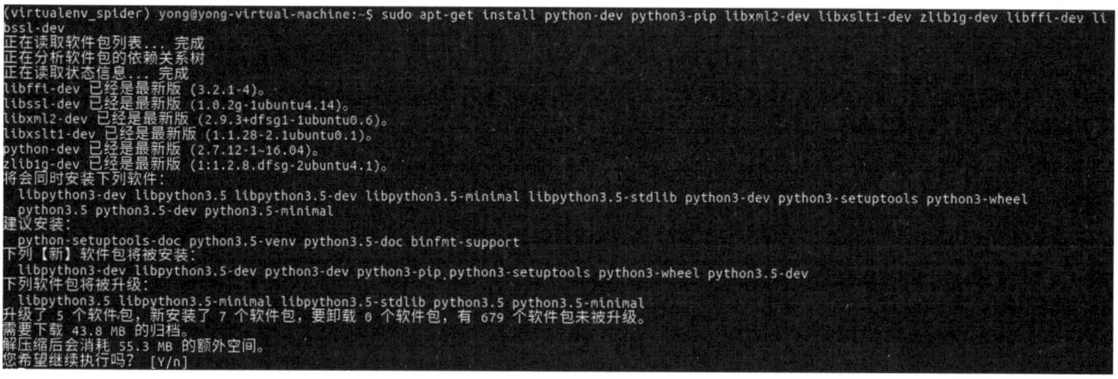

图11-2　安装依赖

❷ 安装 Scrapy。如图 11-3 所示，运行如下命令实现安装 Scrapy。

```
pip install scrapy -i https://pypi.tuna.tsinghua.edu.cn/simple
```

图11-3　安装Scrapy

❸ 测试。一般在 IPython 交互窗口中可以测试是否安装成功。

如图 11-4 所示，运行如下命令实现测试安装是否成功。

```
import scrapy
scrapy.version_info
```

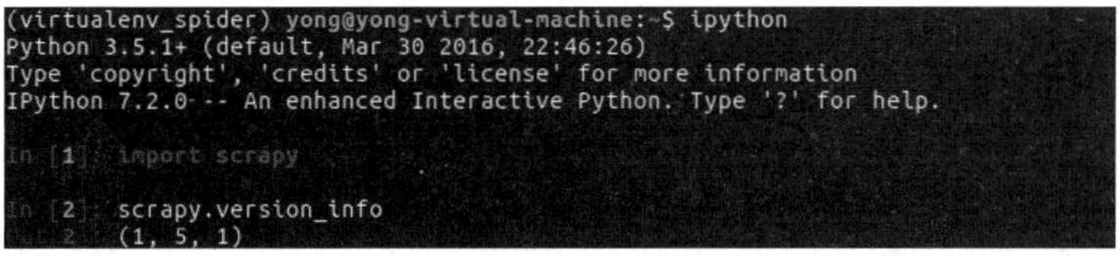

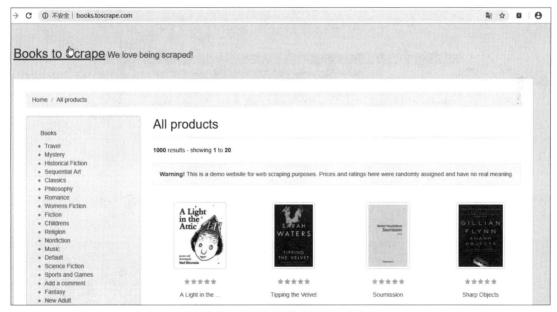

图11-4　测试

根据图 11-4 中的结果，可以看出 Scrapy 安装成功了，安装的是当前最新版本 1.5.1。

11.2 编写Scrapy的第一个案例

在 11.1 节中已经成功安装了 Scrapy，下面通过一个简单的案例，完成使用 Scrapy 抓取网页数据。通过这个案例，读者将对 Scrapy 爬虫有更加深入的理解。

11.2.1　项目需求

访问专门供爬虫初学者训练用的网站，如图 11-5 所示。

图11-5　供爬虫初学者训练用的网站

在该网站中，书籍总共有 1000 个结果，书籍列表页面一共有 50 页，每页有 20 本书，下面仅爬取所有图书的书名、价格和评级。

11.2.2 创建项目

首先要创建一个 Scrapy 项目，在 shell 中使用 scrapy startproject 命令，如图 11-6 所示。

图11-6 创建项目

使用 PyCharm 工具打开这个项目，如图 11-7 所示。

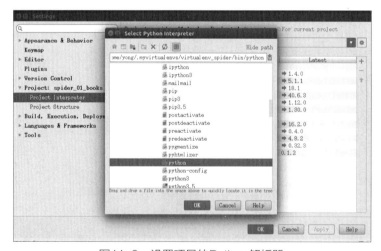

图11-7 使用PyCharm工具打开项目

设置项目的 Python 解析器，使用虚拟环境中的 Python 解析器。单击右侧的小齿轮按钮 ，
选择【Add Local】选项，并选择虚拟环境下的 Python，如图 11-8 所示。

图11-8 设置项目的Python解析器

单击【OK】按钮，然后等待关联加载完毕即可。

项目中每个文件的说明如下。

（1）scrapy.cfg：Scrapy 项目的配置文件，其内定义了项目的配置文件路径、部署相关信息等
内容。

（2）items.py：定义 Item 数据结构，所有 Item 的定义都可以放在这里。

（3）pipelines.py：定义 Item Pipeline 的实现，所有 Item Pipeline 的实现都可以放在这里。

（4）settings.py：定义项目的全局配置。

（5）middlewares.py：定义 Spider Middlewares 和 Downloader Middlewares 的实现。

（6）spiders：其内包含一个个 Spider 的实现，每个 Spider 都有一个文件。

 提示

> 随着后面逐步深入学习，大家会了解这些文件的用途，此处不做其他详情解释。

11.2.3 分析页面

编写爬虫程序之前，首先需要对待爬取的页面进行分析，主流的浏览器中都带有分析页面的工具或插件，这里选用 Chrome 浏览器的开发者工具分析页面。

1. 单个数据信息

单个数据信息，如图 11-9 所示。

11-9 单个图书信息

在 Chrome 浏览器中访问网站，选中其中任意一本书，查看其 HTML 代码，如图 11-10 所示。

图11-10 查看HTML

检查发现在 <ol class="row"> 下的 li 中有一个 article 标签，里面存放着这本书的所有信息，包括图片、书名、价格和评级。书名在 <a href="catalogue/a-light-in-the-attic_1000/index.html" title=" A Light in the Attic">A Light in the ...</a> 中的文字，价格在 <p class="price_color"> £51.77</p> 中的文字，评级在 <p class="star-rating Three"> 中的 class 的第二个值 Three。

按照数量计算是 20 个 article 标签，正好与 20 本的数量对应。也可以使用 XPath 工具查找，如图 11-11 所示。

图11-11　使用XPath工具查找

2. 分页数据信息

选中页面下方的【next】按钮并右击，在弹出的快捷菜单中选择【检查】选项，查看其 HTML 代码，如图 11-12 所示。

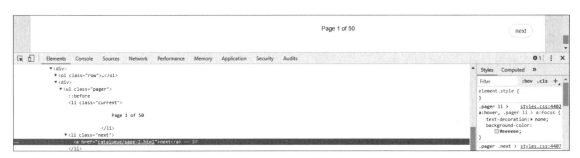

图11-12　检查【next】按钮的HTML代码

在这个被选中的 a 标签 <a href="catalogue/page-2.html">next</a> 中的 href 属性就是要找的 URL，它是一个相对地址，需要拼接 http://books.toscrape.com/ 得到 http://books.toscrape.com/catalogue/page-2.html。

同样地，可以测试一下，改变这里的 page-num 的 num 数字，就是分页的页码，如 num 可以为 1~50，表示的是第 1 页到第 50 页。到最后第 50 页时，next 没有了，只有左下角的 previous。

11.2.4　实现Spider

分析完页面后，就可以编写爬虫了。如图 11-13 所示，进入项目并创建爬虫类。

```
(virtualenv_spider) yong@yong-virtual-machine:~$ cd mydemos/
(virtualenv_spider) yong@yong-virtual-machine:~/mydemos$ cd spider_01_books/
(virtualenv_spider) yong@yong-virtual-machine:~/mydemos/spider_01_books$ scrapy genspider bookstoscrape books.toscrape.com
Created spider 'bookstoscrape' using template 'basic' in module:
  spider_01_books.spiders.bookstoscrape
```

图11-13　进入项目并创建爬虫类

将项目在 PyCharm 中打开，在 Spiders 包下已经创建好了一个 bookstoscrape.py 文件。

在 Scrapy 中编写一个爬虫，即实现一个 scrapy.Spider 的子类，代码如下。

```python
# -*- coding: utf-8 -*-
import scrapy


class BookstoscrapeSpider(scrapy.Spider):
    name = 'bookstoscrape'
    allowed_domains = ['books.toscrape.com']
    start_urls = ['http://books.toscrape.com/']

    def parse(self, response):
        pass
```

下面修改 bookstoscrape.py 文件，实现爬取功能，代码如下。

```python
# -*- coding: utf-8 -*-
import scrapy


class BookstoscrapeSpider(scrapy.Spider):
    """爬虫类，继承Spider"""

    # 爬虫的名称——每一个爬虫的唯一标识
    name = 'bookstoscrape'
    # 允许爬取的域名
    allowed_domains = ['books.toscrape.com']
    # 初始爬取的URL
    start_urls = ['http://books.toscrape.com/']

    # 解析下载
    def parse(self, response):
        # 提取数据
        # 每一本书的信息在<article class="product_pod">中，使用
        # xpath()方法找到所有这样的article元素，并依次迭代
        for book in response.xpath('//article[@class="product_ pod"]'):
            # 书名信息在article > h3 > a 元素的title属性中，
            # 例如，<a title="A Light in the Attic">A Light in the ...</a>
            name = book.xpath('./h3/a/@title').extract_first()
            # 书价信息在article > div[@class="product_price"] 的TEXT中，
            # 例如，<p class="price_color">£51.77</p>
            price = book.xpath('./div[2]/p[1]/text()').extract_first()[1:]
            # 书的评级在article > p 元素的class属性中，
            # 例如，<p class="star-rating Three">
            rate = book.xpath('./p/@class').extract_first().split(" ")[1]

            # 返回单个图书对象
            yield {
                'name': name,
```

```
                         'price': price,
                         'rate': rate,
                     }

            # 提取下一页的链接
            # 下一页的URL在li.next > a 元素的href属性中,
            # 例如, <li class="next"><a href="catalogue/page-2.html">next</a></li>
            next_url = response.xpath('//li[@class="next"]/a/@href').extract_
first()

            # 判断
            if next_url:
                # 如果找到下一页的URL,则得到绝对路径,构造新的Request对象
                next_url = response.urljoin(next_url)
                # 返回新的Request对象
                yield scrapy.Request(next_url, callback=self.parse)
```

如果上述代码中有看不懂的部分,那么不必担心,更多详细内容会在下面的章节学习,这里只要先对实现一个爬虫有一个整体印象即可。

编写的 Spider 对象,必须继承 scrapy.Spider。必须要有 name,name 是 Spider 的名称。必须要有 start_urls,这是 Scrapy 第一个下载的网页,告诉 Scrapy 抓取工作从这里开始。parse() 函数是 Scrapy 默认调用的,自己在这里实现抓取逻辑。

下面对 BookstoscrapeSpider 的实现做简单说明,如表 11-1 所示。

表11-1　BookstoscrapeSpider说明

编号	属性和方法	描述
1	name	一个Scrapy项目中可能有多个爬虫,每个爬虫的name属性是其自身的唯一标识,在一个项目中不能有同名的爬虫,本例中的爬虫取名为bookstoscrape
2	allowed_domains	可选。包含了Spider允许爬取的域名(domain)列表(list)。当OffsiteMiddleware 启用时,域名不在列表中的URL不会被跟进
3	start_urls	一个爬虫总要从某个(或某些)页面开始爬取,这样的页面称为起始爬取点,start_urls属性用来设置一个爬虫的起始爬取点
4	parse(response)	当response没有指定回调函数时,该方法是Scrapy处理下载的response的默认方法 parse负责处理response并返回处理的数据及(/或)跟进的URL。Spider对其他的Request的回调函数也有相同的要求 该方法及其他的Request回调函数必须返回一个包含Request及(或)Item 的可迭代的对象 参数: response(Response对象)——用于分析的response

11.2.5　运行爬虫

完成代码后，运行爬虫爬取数据，在 shell 中执行 scrapy crawl <SPIDER_NAME> 命令运行爬虫 'bookstoscrape'，并将爬取的数据存储到一个 CSV 文件中，代码如下。

```
scrapy crawl bookstoscrape -o bookstoscrape.csv
```

crawl：表示启动爬虫。

bookstoscrape：在 bookstoscrape.py 中 BookstoscrapeSpider 定义的 name。

-o：保存文件的路径，没有这个参数也能启动爬虫，只不过数据没有保存下来而已。

bookstoscrape.csv：文件名。

【运行结果】

```
(virtualenv_spider) yong@yong-virtual-machine:~/mydemos/spider_01_books$
scrapy crawl bookstoscrape -o bookstoscrape.csv
2019-01-16 12:33:32 [scrapy.utils.log] INFO: Scrapy 1.5.1 started (bot:
spider_01_books)
2019-01-16 12:33:32 [scrapy.utils.log] INFO: Versions: lxml 4.3.0.0, libxml2
2.9.9, cssselect 1.0.3, parsel 1.5.1, w3lib 1.20.0, Twisted 18.9.0,
Python 3.5.1+ (default, Mar 30 2016, 22:46:26) - [GCC 5.3.1 20160330],
pyOpenSSL 18.0.0 (OpenSSL 1.1.0j  20 Nov 2018), cryptography 2.4.2, Platform
Linux-4.4.0-21-generic-x86_64-with-Ubuntu-16.04-xenial
2019-01-16 12:33:32 [scrapy.crawler] INFO: Overridden settings: {'SPIDER_
MODULES': ['spider_01_books.spiders'], 'NEWSPIDER_MODULE': 'spider_01_
books.spiders', 'FEED_URI': 'bookstoscrape.csv', 'FEED_FORMAT': 'csv',
'BOT_NAME': 'spider_01_books', 'ROBOTSTXT_OBEY': True}
2019-01-16 12:33:32 [scrapy.middleware] INFO: Enabled extensions:
['scrapy.extensions.corestats.CoreStats',
 'scrapy.extensions.logstats.LogStats',
 'scrapy.extensions.telnet.TelnetConsole',
 'scrapy.extensions.memusage.MemoryUsage',
 'scrapy.extensions.feedexport.FeedExporter']
2019-01-16 12:33:32 [scrapy.middleware] INFO: Enabled downloader middlewares:
['scrapy.downloadermiddlewares.robotstxt.RobotsTxtMiddleware',
 'scrapy.downloadermiddlewares.httpauth.HttpAuthMiddleware',
 'scrapy.downloadermiddlewares.downloadtimeout.DownloadTimeoutMiddleware',
 'scrapy.downloadermiddlewares.defaultheaders.DefaultHeadersMiddleware',
 'scrapy.downloadermiddlewares.useragent.UserAgentMiddleware',
 'scrapy.downloadermiddlewares.retry.RetryMiddleware',
 'scrapy.downloadermiddlewares.redirect.MetaRefreshMiddleware',
 'scrapy.downloadermiddlewares.httpcompression.HttpCompressionMiddleware',
 'scrapy.downloadermiddlewares.redirect.RedirectMiddleware',
 'scrapy.downloadermiddlewares.cookies.CookiesMiddleware',
 'scrapy.downloadermiddlewares.httpproxy.HttpProxyMiddleware',
 'scrapy.downloadermiddlewares.stats.DownloaderStats']
2019-01-16 12:33:32 [scrapy.middleware] INFO: Enabled spider middlewares:
['scrapy.spidermiddlewares.httperror.HttpErrorMiddleware',
```

```
    'scrapy.spidermiddlewares.offsite.OffsiteMiddleware',
    'scrapy.spidermiddlewares.referer.RefererMiddleware',
    'scrapy.spidermiddlewares.urllength.UrlLengthMiddleware',
    'scrapy.spidermiddlewares.depth.DepthMiddleware']
2019-01-16 12:33:32 [scrapy.middleware] INFO: Enabled item pipelines:
[]
2019-01-16 12:33:32 [scrapy.core.engine] INFO: Spider opened
2019-01-16 12:33:32 [scrapy.extensions.logstats] INFO: Crawled 0 pages
(at 0 pages/min), scraped 0 items (at 0 items/min)
2019-01-16 12:33:32 [scrapy.extensions.telnet] DEBUG: Telnet console listening
on 127.0.0.1:6023
2019-01-16 12:33:32 [scrapy.core.engine] DEBUG: Crawled (404) <GET
http://books.toscrape.com/robots.txt> (referer: None)
2019-01-16 12:33:33 [scrapy.core.engine] DEBUG: Crawled (200) <GET
http://books.toscrape.com/> (referer: None)
2019-01-16 12:33:33 [scrapy.core.scraper] DEBUG: Scraped from <200
http://books.toscrape.com/>
{'price': '51.77', 'rate': 'Three', 'name': 'A Light in the Attic'}
2019-01-16 12:33:33 [scrapy.core.scraper] DEBUG: Scraped from <200
http://books.toscrape.com/>
{'price': '53.74', 'rate': 'One', 'name': 'Tipping the Velvet'}
2019-01-16 12:33:33 [scrapy.core.scraper] DEBUG: Scraped from <200
http://books.toscrape.com/>
{'price': '50.10', 'rate': 'One', 'name': 'Soumission'}
2019-01-16 12:33:33 [scrapy.core.scraper] DEBUG: Scraped from <200
http://books.toscrape.com
/>
{'price': '47.82', 'rate': 'Four', 'name': 'Sharp Objects'}
2019-01-16 12:33:33 [scrapy.core.scraper] DEBUG: Scraped from <200
http://books.toscrape.com/>
{'price': '54.23', 'rate': 'Five', 'name': 'Sapiens: A Brief History of
Humankind'}
2019-01-16 12:33:33 [scrapy.core.scraper] DEBUG: Scraped from <200
http://books.toscrape.com/>
{'price': '22.65', 'rate': 'One', 'name': 'The Requiem Red'}
2019-01-16 12:33:33 [scrapy.core.scraper] DEBUG: Scraped from <200
http://books.toscrape.com/>
{'price': '33.34', 'rate': 'Four', 'name': 'The Dirty Little  Secrets of
Getting Your Dream Job'}
2019-01-16 12:33:33 [scrapy.core.scraper] DEBUG: Scraped from <200
http://books.toscrape.com/>
{'price': '17.93', 'rate': 'Three', 'name': 'The Coming Woman: A Novel
Based on the Life of the Infamous Feminist, Victoria Woodhull'}
2019-01-16 12:33:33 [scrapy.core.scraper] DEBUG: Scraped from <200
http://books.toscrape.com/>
{'price': '22.60', 'rate': 'Four', 'name': 'The Boys in the Boat: Nine
Americans and Their Epic Quest for Gold at the 1936 Berlin Olympics'}
2019-01-16 12:33:33 [scrapy.core.scraper] DEBUG: Scraped from <200
http://books.toscrape.com/>
```

```
{'price': '52.15', 'rate': 'One', 'name': 'The Black Maria'}
2019-01-16 12:33:33 [scrapy.core.scraper] DEBUG: Scraped from <200
http://books.toscrape.com/>
{'price': '13.99', 'rate': 'Two', 'name': 'Starving Hearts (Triangular
Trade Trilogy, #1)'}
2019-01-16 12:33:33 [scrapy.core.scraper] DEBUG: Scraped from <200
http://books.toscrape.com/>
{'price': '20.66', 'rate': 'Four', 'name': "Shakespeare's Sonnets"}
2019-01-16 12:33:33 [scrapy.core.scraper] DEBUG: Scraped from <200
http://books.toscrape.com/>
{'price': '17.46', 'rate': 'Five', 'name': 'Set Me Free'}
2019-01-16 12:33:33 [scrapy.core.scraper] DEBUG: Scraped from <200
http://books.toscrape.com/>
{'price': '52.29', 'rate': 'Five', 'name': "Scott Pilgrim's Precious
Little Life (Scott Pilgrim #1)"}
2019-01-16 12:33:33 [scrapy.core.scraper] DEBUG: Scraped from <200
http://books.toscrape.com/>
{'price': '35.02', 'rate': 'Five', 'name': 'Rip it Up and Start Again'}
2019-01-16 12:33:33 [scrapy.core.scraper] DEBUG: Scraped from <200
http://books.toscrape.com/>
{'price': '57.25', 'rate': 'Three', 'name': 'Our Band Could Be Your
Life: Scenes from the American Indie Underground, 1981-1991'}
2019-01-16 12:33:33 [scrapy.core.scraper] DEBUG: Scraped from <200
http://books.toscrape.com/>
{'price': '23.88', 'rate': 'One', 'name': 'Olio'}
2019-01-16 12:33:33 [scrapy.core.scraper] DEBUG: Scraped from <200
http://books.toscrape.com/>
{'price': '37.59', 'rate': 'One', 'name': 'Mesaerion: The Best Science
Fiction Stories 1800-1849'}
2019-01-16 12:33:33 [scrapy.core.scraper] DEBUG: Scraped from <200
http://books.toscrape.com/>
{'price': '51.33', 'rate': 'Two', 'name': 'Libertarianism for Beginners'}
2019-01-16 12:33:33 [scrapy.core.scraper] DEBUG: Scraped from <200
http://books.toscrape.com/>
{'price': '45.17', 'rate': 'Two', 'name': "It's Only the Himalayas"}
2019-01-16 12:33:33 [scrapy.core.engine] DEBUG: Crawled (200) <GET
http://books.toscrape.com/catalogue/page-2.html> (referer: http://books.
toscrape.com/)
2019-01-16 12:33:33 [scrapy.core.scraper] DEBUG: Scraped from <200
http://books.toscrape.com/catalogue/page-2.html>
{'price': '12.84', 'rate': 'One', 'name': 'In Her Wake'}
2019-01-16 12:33:33 [scrapy.core.scraper] DEBUG: Scraped from <200
http://books.toscrape.com/catalogue/page-2.html>
{'price': '37.32', 'rate': 'Two', 'name': 'How Music Works'}
2019-01-16 12:33:33 [scrapy.core.scraper] DEBUG: Scraped from <200
http://books.toscrape.com/catalogue/page-2.html>
{'price': '30.52', 'rate': 'Three', 'name': 'Foolproof Preserving: A
Guide to Small Batch Jams, Jellies, Pickles, Condiments, and More: A
Foolproof Guide to Making Small Batch Jams, Jellies, Pickles,
```

```
Condiments, and More'}
2019-01-16 12:33:33 [scrapy.core.scraper] DEBUG: Scraped from <200
http://books.toscrape.com/catalogue/page-2.html>
{'price': '25.27', 'rate': 'Five', 'name': 'Chase Me (Paris Nights #2)'}
2019-01-16 12:33:33 [scrapy.core.scraper] DEBUG: Scraped from <200
http://books.toscrape.com/catalogue/page-2.html>
{'price': '34.53', 'rate': 'Five', 'name': 'Black Dust'}
2019-01-16 12:33:33 [scrapy.core.scraper] DEBUG: Scraped from <200
http://books.toscrape.com/catalogue/page-2.html>
{'price': '54.64', 'rate': 'Three', 'name': 'Birdsong: A Story in Pictures'}
2019-01-16 12:33:33 [scrapy.core.scraper] DEBUG: Scraped from <200
http://books.toscrape.com/catalogue/page-2.html>
{'price': '22.50', 'rate': 'Three', 'name': "America's Cradle of Quarterbacks:
Western Pennsylvania's Football Factory from Johnny Unitas to Joe Montana"}
…<省略中间部分输出>…
2019-01-16 12:34:16 [scrapy.core.scraper] DEBUG: Scraped from <200
http://books.toscrape.com/catalogue/page-50.html>
{'price': '26.08', 'rate': 'Five', 'name': '1,000 Places to See Before
You Die'}
2019-01-16 12:34:16 [scrapy.core.engine] INFO: Closing spider (finished)
2019-01-16 12:34:16 [scrapy.extensions.feedexport] INFO: Stored csv feed
(1000 items) in: bookstoscrape.csv
2019-01-16 12:34:16 [scrapy.statscollectors] INFO: Dumping Scrapy stats
{'downloader/request_bytes': 15008,
 'downloader/request_count': 51,
 'downloader/request_method_count/GET': 51,
 'downloader/response_bytes': 299924,
 'downloader/response_count': 51,
 'downloader/response_status_count/200': 50,
 'downloader/response_status_count/404': 1,
 'finish_reason': 'finished',
 'finish_time': datetime.datetime(2019, 1, 16, 4, 34, 16, 726163),
 'item_scraped_count': 1000,
 'log_count/DEBUG': 1052,
 'log_count/INFO': 8,
 'memusage/max': 53055488,
 'memusage/startup': 53055488,
 'request_depth_max': 49,
 'response_received_count': 51,
 'scheduler/dequeued': 50,
 'scheduler/dequeued/memory': 50,
 'scheduler/enqueued': 50,
 'scheduler/enqueued/memory': 50,
 'start_time': datetime.datetime(2019, 1, 16, 4, 33, 32, 293308)}
2019-01-16 12:34:16 [scrapy.core.engine] INFO: Spider closed (finished)
```

　　等待爬虫运行结束后，在 spider_01_books 文件夹下 bookstoscrape.csv 文件中查看爬取到的数据，代码如下。

```
(virtualenv_spider) yong@yong-virtual-machine:~/mydemos/spider_01_books
$cat bookstoscrape.csv -n
     1    rate,price,name
     2    Three,51.77,A Light in the Attic
     3    One,53.74,Tipping the Velvet
     4    One,50.10,Soumission
     5    Four,47.82,Sharp Objects
     6    Five,54.23,Sapiens: A Brief History of Humankind
     7    One,22.65,The Requiem Red
     8    Four,33.34,The Dirty Little Secrets of Getting Your Dream Job
     9    Three,17.93,"The Coming Woman: A Novel Based on the Life of
the Infamous Feminist, Victoria Woodhull"
    10    Four,22.60,The Boys in the Boat: Nine Americans and Their Epic
Quest for Gold at the 1936 Berlin Olympics
    11    One,52.15,The Black Maria
    12    Two,13.99,"Starving Hearts (Triangular Trade Trilogy, #1)"
    13    Four,20.66,Shakespeare's Sonnets
    14    Five,17.46,Set Me Free
    15    Five,52.29,Scott Pilgrim's Precious Little Life (Scott Pilgrim
#1)
    16    Five,35.02,Rip it Up and Start Again
    17    Three,57.25,"Our Band Could Be Your Life: Scenes from the
American Indie Underground, 1981-1991"
    18    One,23.88,Olio
    19    One,37.59,Mesaerion: The Best Science Fiction Stories 1800-
1849
    20    Two,51.33,Libertarianism for Beginners
…<省略中间部分输出>…
   974    Five,57.20,Kitchens of the Great Midwest
   975    Five,38.43,Jane Eyre
   976    Four,34.74,Imperfect Harmony
   977    Four,40.44,Icing (Aces Hockey #2)
   978    Three,45.24,"Hawkeye, Vol. 1: My Life as a Weapon (Hawkeye
#1)"
   979    Four,34.96,Having the Barbarian's Baby (Ice Planet Barbarians
#7.5)
   980    Four,56.76,"Giant Days, Vol. 1 (Giant Days #1-4)"
   981    Five,40.28,"Fruits Basket, Vol. 1 (Fruits Basket #1)"
   982    Two,38.00,Frankenstein
   983    Three,28.80,Forever Rockers (The Rocker #12)
   984    Three,39.24,Fighting Fate (Fighting #6)
   985    Two,32.93,Emma
   986    Three,51.32,"Eat, Pray, Love"
   987    Five,47.09,Deep Under (Walker Security #1)
   988    Four,28.42,Choosing Our Religion: The Spiritual Lives of
America's Nones
   989    Three,22.85,Charlie and the Chocolate Factory (Charlie Bucket
#1)
   990    One,41.24,Charity's Cross (Charles Towne Belles #4)
```

```
 991        Five,39.07,Bright Lines
 992        One,29.82,Bridget Jones's Diary (Bridget Jones #1)
 993        Four,37.26,Bounty (Colorado Mountain #7)
 994        Three,20.30,Blood Defense (Samantha Brinkman #1)
 995        Five,34.65,"Bleach, Vol. 1: Strawberry and the Soul Reapers
(Bleach #1)"
 996        One,43.38,Beyond Good and Evil
 997        One,55.53,Alice in Wonderland (Alice's Adventures in Wonderland
#1)
 998        Four,57.06,"Ajin: Demi-Human, Volume 1 (Ajin: Demi-Human #1)"
 999        Five,16.97,A Spy's Devotion (The Regency Spies of London #1)
1000        One,53.98,1st to Die (Women's Murder Club #1)
1001        Five,26.08,"1,000 Places to See Before You Die"
```

从上面的数据可以看出，成功地爬取到了 1000 本书的书名和价格信息（50 页，每页 20 本）。第一行是 3 个列名。

【范例分析】

详见 11.2.1~11.2.4 小节。

这里导出的是 CSV 格式，也可以导出 JSON 和 XML 格式，代码如下。

```
scrapy crawl bookstoscrape-o bookstoscrape.jsonlines
scrapy crawl bookstoscrape-o bookstoscrape.xml
```

11.3 Spider详情

在 11.2 节中已经了解了使用 Scrapy 爬取数据，下面介绍 Scrapy 的核心模块 Spider。

Spider 类定义了如何爬取某个（或某些）网站，包括爬取的动作（如是否跟进链接）及如何从网页的内容中提取结构化数据（爬取 Item）。换句话说，Spider 就是用户定义爬取的动作及分析某个网页的地方。

11.3.1 请求对象

Request 对象用来描述一个 HTTP 请求。Scrapy 使用 Request 对象来爬取 Web 站点。Request 对象由 Spiders 对象产生，经由 Scheduler 传送到 Downloader，Downloader 执行 Request 并返回 Response 给 Spiders。

一个 Request 对象代表一个 HTTP 请求，通常由 Spider 产生，经 Downloader 执行从而产生一个 Response。

Request 的构造方法的参数列表如下。

```
class Request(url, callback=None, method='GET', headers=None, body=None,
cookies=None, meta=None, encoding='utf-8', priority=0, dont_filter=False,
errback=None, flags=None)
```

参数的描述如表 11-2 所示。

表11-2　Request的构造方法的参数描述

编号	参数	描述
1	url	必选，用于请求的URL
2	callback	可选，指定一个回调函数，该回调函数以request对应的response作为第一个参数。如果未指定callback，则默认使用Spider的parse()方法
3	method	可选。表示请求中的HTTP方法的字符串。这保证是大写的。例如，"GET"、"POST"、"PUT"等
4	meta	可选，指定Request.meta属性的初始值。如果给了该参数，则dict将会浅复制
5	body	可选。如果传进的参数是unicode类型，则它将会被编码为str类型。如果body参数没有给定，则将会存储一个空的string类型。不管这个参数是什么类型的，最终存储的都会是str 类型
6	headers	可选，request的头信息，请求头。字典值的类型可以是strings或lists。如果传进的值是None，则HTTP头将不会被发送

7	cookies	可选，请求的cookies。可以被设置成如下两种形式。
		（1）Using a dict：
		`request_with_cookies = Request(url="http://www.example.com",`
		`          cookies={'currency':'USD','country':'UY'})`
		（2）Using a list of dicts：
		`request_with_cookies = Request(url="http://www.example.com",`
		`          cookies=[{'name':'currency','value':'USD',`
		`          'domain':'example.com','path':'/currency'}])`

8	encoding	可选，此请求的编码（默认为'utf-8'）。此编码将用于对URL进行百分比编码，并将正文转换为str
9	priority	可选，此请求的优先级（默认为0）。调度程序使用优先级来定义用于处理请求的顺序。具有更高优先级值的请求将更早执行。允许使用负值以指示相对较低的优先级
10	dont_filter	可选，表示调度程序不应过滤此请求。当用户想要多次执行相同的请求时，可以使用此选项来忽略重复过滤器。小心使用它，否则将进入爬行循环。默认为False
11	errback	可选，如果在处理请求时引发任何异常，则将调用的函数。这包括失败的404 HTTP错误等页面。它接收一个Twisted Failure实例作为第一个参数

虽然参数很多，但除 url 参数外，其他参数都带有默认值。在构造 Request 对象时，通常只需

传递一个 url 参数或再加一个 callback 参数，其他参数使用默认值即可。

下面介绍 Request 的一些用法。

1. 将附加数据传递给回调函数

请求的回调是在下载该请求的响应时被调用的函数。使用下载的 Response 对象作为其第一个
参数调用回调函数，代码如下。

```
def parse_page1(self, response):
return scrapy.Request("http://www.example.com/some_page.html", callback=
self.parse_page2)

def parse_page2(self, response):
self.log("Visited %s" % response.url)
```

在某些情况下，可能将参数传递给那些回调函数，以便稍后在第二个回调中接收参数，可以使
用属性 Request.meta。

以下是使用此机制传递项目以填充来自不同页面的不同字段的示例。

```
def parse_page1(self, response):
    item = MyItem()
    item['main_url'] = response.url

    request = scrapy.Request("http://www.example.com/some_page.html",
                             callback=self.parse_page2)
    request.meta['item'] = item
    return request

def parse_page2(self, response):
    item = response.meta['item']
    item['other_url'] = response.url
    return item
```

2. 使用errback在请求处理中捕获异常

请求的 errback 是在处理异常时被调用的函数。它接收一个 Twisted Failure 实例作为第一个参数，
并可用于跟踪连接建立超时、DNS 错误等。

这里有一个示例爬虫记录所有错误，并捕获一些特定的错误，代码如下。

```
import scrapy
from scrapy.spidermiddlewares.httperror import HttpError
from twisted.internet.error import DNSLookupError
from twisted.internet.error import TimeoutError, TCPTimedOutError


class ErrbackSpider(scrapy.Spider):
    name = "errback_example"
    start_urls = [
        "http://www.httpbin.org/",  # HTTP 200 expected
```

```
        "http://www.httpbin.org/status/404",  # Not found error
        "http://www.httpbin.org/status/500",  # server issue
        "http://www.httpbin.org:12345/",  # non-responding host,
                                          # timeout expected
        "http://www.httphttpbinbin.org/",  # DNS error expected
    ]

    def start_requests(self):
        for u in self.start_urls:
            yield scrapy.Request(u, callback=self.parse_httpbin,
                                 errback=self.errback_httpbin,
                                 dont_filter=True)

    def parse_httpbin(self, response):
        self.logger.info('Got successful response from {}'.format(
response.url))
        # do something useful here...

    def errback_httpbin(self, failure):
        # log all failures
        self.logger.error(repr(failure))

        # in case you want to do something special for some errors,
        # you may need the failure's type

        if failure.check(HttpError):
            # these exceptions come from HttpError spider middleware
            # you can get the non-200 response
            response = failure.value.response
            self.logger.error('HttpError on %s', response.url)

        elif failure.check(DNSLookupError):
            # this is the original request
            request = failure.request
            self.logger.error('DNSLookupError on %s', request.url)

        elif failure.check(TimeoutError, TCPTimedOutError):
            request = failure.request
            self.logger.error('TimeoutError on %s', request.url)
```

3. 请求子类

这里是内置子类的 Request 列表。还可以将其子类化以实现自己的自定义功能。

FormRequest 类扩展了基类 Request，具有处理 HTML 表单的功能。它使用 lxml.html 表单来预填充表单字段，其中包含来自 Response 对象的表单数据。

FormRequest 类增加了新的构造函数的参数。其余的参数与 Request 类相同，这里没有做记录。

使用 FormRequest 通过 HTTP post 发送数据。如果想在爬虫中模拟 HTML 表单 post 并发送几个键值字段，则可以返回一个 FormRequest 对象，代码如下。

```
scrapy.FormRequest(
        url="http://www.example.com/post/action",
        formdata={'name': 'John Doe', 'age': '27'},
        callback=self.after_post
)
```

11.3.2　响应对象

Response 对象用来描述一个 HTTP 响应。Response 的构造方法的参数列表如下。

```
class Response(url, status=200, headers=None, body=b'', flags=None,
request=None)
```

参数的描述如表 11-3 所示。

表11-3　Response的构造方法的参数描述

编号	参数	描述
1	url	必选，此响应的URL
2	status	可选，响应的HTTP状态。默认为200
3	headers	可选，响应的HTTP状态。默认为None
4	body	可选，响应体。它必须是str，而不是unicode，除非使用一个编码感知响应子类，如 TextResponse
5	flags	是一个包含属性初始值的 Response.flags列表。如果给定，则列表将被浅复制
6	request	属性的初始值Response.request。这代表Request生成此响应

Response 对象的方法如表 11-4 所示。

表11-4　Response对象的方法

编号	方法	描述
1	copy()	返回一个新的响应，它是此响应的副本
2	replace([url, status, headers, body, request, flags, cls])	返回具有相同成员的Response对象，但通过指定的任何关键字参数赋予新值的成员除外。该属性Response.meta是默认复制
3	urljoin(url)	通过将响应url与可能的相对URL组合构造绝对url

TextResponse、HtmlResponse 和 XmlResponse 是可用的内置 Response 子类列表。还可以将

Response 子类实例化以实现相应的功能。

当一个页面下载完成时，下载器依据 HTTP 响应头部中的 Content-Type 信息创建某个 Response 的子类对象。通常爬取的网页，其内容是 HTML 文本，创建的便是 HtmlResponse 对象，其中 HtmlResponse 和 XmlResponse 是 TextResponse 的子类。

1. TextResponse对象

TextResponse 的构造方法的参数列表如下。

```
class scrapy.http.TextResponse(url[, encoding[, ...]])
```

TextResponse 对象向基 Response 类添加编码能力，这意味着它仅用于二进制数据，如图像、声音或任何媒体文件。

TextResponse 除基础 Response 对象外，对象还支持一个新的构造函数参数。其余的功能与 Response 类相同，这里没有记录。

TextResponse 除标准对象外，对象还支持一些属性和方法，如表 11-5 所示。

表11-5　TextResponse的属性和方法

编号	属性和方法	描述
1	text	响应体，与response.body.decode(response.encoding)结果一样，但结果是在第一次调用后缓存，因此可以访问 response.text多次，无须额外开销
2	encoding	包含此响应编码的字符串。按顺序尝试以下机制来解决编码问题。 （1）在构造函数编码参数中传递的编码 （2）在Content-Type HTTP标头中声明的编码。如果此编码无效（即未知），则忽略该编码并尝试下一个解决机制 （3）响应正文中声明的编码。TextResponse类不为此提供任何特殊功能。但是，HtmlResponse和XmlResponse类可以 （4）通过查看响应体来推断编码。这是一个更脆弱的方法，但也是最后一个尝试
3	selector	Selector对象用于在Response中提取数据。选择器在第一次访问时被延迟实例化。但是一般直接选择使用.xpath()和.css()方法
4	xpath(query)	使用XPath选择器在Response中提取数据，实际上它是response.selector.xpath()方法的快捷方式
5	css(query)	使用CSS选择器在Response中提取数据，实际上它是response.selector.css()方法的快捷方式
6	body_as_unicode()	同text，但可用作方法。保留此方法以实现向后兼容；一般使用response.text

2. HtmlResponse对象

HtmlResponse 的构造方法的参数列表如下。

```
class scrapy.http.HtmlResponse(url[, ...])
```

HtmlRespons 类是 TextResponse 的子类，增加了通过查看 HTML 编码自动发现支持 META HTTP-EQUIV 属性。

3. XmlResponse对象

XmlResponse 的构造方法的参数列表如下。

```
class scrapy.http.XmlResponse(url[, ...])
```

XmlResponse 类是 TextResponse 的子类，增加了通过查看 XML 声明线路编码自动发现支持。

11.3.3 Spider详情

对于 Spider 来说，爬取的循环如下。

（1）以初始的 URL 初始化 Request，并设置回调函数。 当该 Request 下载完毕并返回时，将生成 Response，并作为参数传给该回调函数。Spider 中初始的 Request 是通过调用 start_requests() 来获取的，start_requests() 读取 start_urls 中的 URL，并以 parse 为回调函数生成 Request。

（2）在回调函数内分析返回的（网页）内容，返回 Item 对象或 Request 对象或一个包括二者的可迭代容器。 返回的 Request 对象会经过 Scrapy 处理，下载相应的内容，并调用设置的 callback 函数（函数可相同）。

（3）在回调函数内，可以使用选择器来分析网页内容，并根据分析的数据生成 Item。

（4）最后，由 Spider 返回的 Item 将被存到数据库或使用 Feed exports 存入到文件中。

实现一个 Spider 的步骤如下。

（1）继承 scrapy.Spider。

（2）为 Spider 取名。

（3）设定允许爬取的域名起始爬取点。

（4）实现页面解析函数。

虽然该循环对任何类型的 Spider 都适用，但 Scrapy 仍然为了不同的需求提供了多种默认 Spider。下面将讨论这些 Spider。

Spider 可以通过接受参数来修改其功能。 Spider 参数一般用来定义初始 URL 或指定限制爬取网站的部分。用户也可以用其来配置 Spider 的任何功能。

在运行 crawl 时添加 -a 可以传递 Spider 参数，代码如下。

```
scrapy crawl myspider -a category=electronics
```

Spider 在构造器中获取参数，代码如下。

```python
import scrapy


class MySpider(Spider):
    name = 'myspider'

    def __init__(self, category=None, *args, **kwargs):
        super(MySpider, self).__init__(*args, **kwargs)
        self.start_urls = ['http://www.example.com/categories/%s' %
category]
        # ...
```

Spider 参数也可以通过 Scrapy 的 schedule.json API 来传递。

Scrapy 提供多种方便的通用 Spider 供用户继承使用。这些 Spider 为一些常用的爬取情况提供方便的特性。例如，根据某些规则跟进某个网站的所有链接、根据 Sitemaps 来进行爬取，或者分析 XML/CSV 源。

假定有一个项目在 myproject.items 模块中声明了 TestItem，代码如下。

```python
import scrapy


class TestItem(scrapy.Item):
    id = scrapy.Field()
    name = scrapy.Field()
    description = scrapy.Field()
```

每个 Spider 必须继承 scrapy.spider.Spider，Spider 并没有提供什么特殊的功能。它仅请求给定的 start_urls/start_requests，并根据返回的结果（resulting responses）调用 Spider 的 parse() 方法。

Spider 的属性和方法如表 11-6 所示。

表11-6　Spider的属性和方法

编号	属性和方法	描述
1	name	定义Spider名称的字符串（string）。Spider的名称定义了Scrapy如何定位（并初始化）Spider，所以其必须是唯一的。不过可以生成多个相同的Spider实例（instance），这没有任何限制。name是Spider最重要的属性，而且是必需的。如果该Spider爬取单个网站（single domain），那么一个常见的做法是以该网站（domain）（加或不加后缀）来命名Spider。例如，如果Spider爬取mywebsite.com，那么该Spider通常会被命名为mywebsite

编号	属性和方法	描述
2	allowed_domains	可选。包含了Spider允许爬取的域名（domain）列表（list）。当OffsiteMiddleware启用时，域名不在列表中的URL不会被跟进
3	start_urls	一个爬虫总要从某个（或某些）页面开始爬取，这样的页面称为起始爬取点，start_urls属性用来设置一个爬虫的起始爬取点
4	custom_settings	运行此Spider时将从项目范围配置中覆盖setting的设置字典。必须将其定义为类属性，因为在实例化之前更新了设置。一般不使用
5	crawler	from_crawler()初始化类后，此属性由类方法设置，并链接Crawler到此Spider实例绑定到的对象 Crawler在项目中封装了许多组件，用于单一条目访问（如扩展、中间件、信号管理器等）
6	settings	运行此Spider的配置。这是一个 Settings实例
7	from_crawler(crawler, * args, ** kwargs)	这是Scrapy用于创建Spider的类方法 可能不需要直接覆盖它，因为默认实现充当_init_()方法的代理，使用给定的参数args和命名参数kwargs调用它 尽管如此，此方法在新实例中设置crawler和settings属性，以便以后可以在爬虫程序中访问它们 参数： crawler——spider绑定到的爬虫 args——传递给__init__()方法的参数 kwargs——传递给__init__()方法的关键字参数
8	start_requests()	该方法必须返回一个可迭代对象（iterable）。该对象包含了Spider用于爬取的第一个请求 当Spider启动爬取并且未指定URL时，该方法被调用。当指定了URL时，make_requests_from_url()将被调用来创建请求对象。该方法仅会被Scrapy调用一次，因此可以将其实现为生成器 该方法的默认实现是使用start_urls的URL生成请求 如果想要修改最初爬取某个网站的请求对象，则可以重写（覆盖）该方法
9	make_requests_from_url(url)	该方法接受一个URL并返回用于爬取的Request对象。该方法在初始化request时被start_requests()调用，也被用于转换url为request 默认未被复写（overridden）的情况下，该方法返回的Request对象中，parse()作为回调函数，dont_filter参数也被设置为开启

续表

编号	属性和方法	描述
10	parse(response)	当response没有指定回调函数时，该方法是Scrapy处理下载的response的默认方法 parse负责处理response并返回处理的数据及（或）跟进的URL。Spider 对其他的Request的回调函数也有相同的要求 该方法及其他的Request回调函数必须返回一个包含Request及（或）Item 的可迭代的对象 参数：response（Response对象）——用于分析的response
11	log(message[, level, component])	使用scrapy.log.msg()方法记录(log)message。log中自动带上该Spider的name属性
12	closed(reason)	当Spider关闭时，该函数被调用。该方法提供了一个替代调用signals.connect()来监听 spider_closed 信号的快捷方式

下面来看一个例子，就是在之前 Scrapy 第一个案例中的代码，用来分析一下 Spider 的编写流程。

```python
# -*- coding: utf-8 -*-
import scrapy
class BookstoscrapeSpider(scrapy.Spider):
    """爬虫类，继承Spider"""

    # 爬虫的名称——每一个爬虫的唯一标识
    name = 'bookstoscrape'
    # 允许爬取的域名
    allowed_domains = ['books.toscrape.com']
    # 初始爬取的URL
    start_urls = ['http://books.toscrape.com/']

    # 解析下载
    def parse(self, response):
        # 提取数据
        # 每一本书的信息在<article class="product_pod">中，使用
        # xpath()方法找到所有这样的article元素，并依次迭代
        for book in response.xpath('//article[@class="product_ pod"]'):
            # 书名信息在article > h3 > a元素的title属性中，
            # 例如，<a title="A Light in the Attic">A Light in the ...</a>
            name = book.xpath('./h3/a/@title').extract_first()
            # 书价信息在article > div[@class="product_price"]的TEXT中，
            # 例如，<p class="price_color">£ 51.77</p>
            price = book.xpath('./div[2]/p[1]/text()').extract_first()[1:]
            # 书的评级在article > p元素的class属性中，
            # 例如，<p class="star-rating Three">
            rate = book.xpath('./p/@class').extract_first().split(" ")[1]

        # 返回单个图书对象
```

```
            yield {
                'name': name,
                'price': price,
                'rate': rate,
            }

        # 提取下一页的链接
        # 下一页的URL在li.next > a元素的href属性中,
        # 例如, <li class="next"><a href="catalogue/page-2.html">next</a></li>
        next_url = response.xpath('//li[@class="next"]/a/@href').extract_
first()
        # 判断
        if next_url:
            # 如果找到下一页的URL, 则得到绝对路径, 构造新的Request对象
            next_url = response.urljoin(next_url)
            # 返回新的Request对象
            yield scrapy.Request(next_url, callback=self.parse)
```

分析上面的代码。

（1）继承 Spider。Scrapy 框架提供了一个 Spider 基类，编写的 Spider 需要继承它。这里 BookstoscrapeSpider 继承了 Spider。这样，在此类中就可以使用 Spider 基类的功能，如调用 log 和访问 setting 等。

（2）为 Spider 命名。这里的 name = 'bookstoscrape' 就是此 Spider 的唯一名称。执行 scrapy crawl 命令时就用到了这个标识，告诉 Scrapy 使用哪个 Spider 进行爬取。

（3）设定允许爬取的域名起始爬取点，即这里的 allowed_domains = ['books.toscrape.com'] 和 start_urls = ['http://books.toscrape.com/']。

Spider 必然要从某个或某些页面开始爬取，这些页面称为起始爬取点，可以通过类属性 start_urls 来设定起始爬取点。Scrapy 引擎调用爬虫类的 start_requests() 方法（基类中已提供了），读取 start_urls 中的 URL，将其转换为 Request 对象，对应的方法如下。

```
def start_requests(self):
    cls = self.__class__
    if method_is_overridden(cls, Spider, 'make_requests_from_url'):
        warnings.warn(
            "Spider.make_requests_from_url method is deprecated; it "
            "won't be called in future Scrapy releases. Please "
            "override Spider.start_requests method instead (see %s.%s)."
% (
                cls.__module__, cls.__name__
            ),
        )
        for url in self.start_urls:
            yield self.make_requests_from_url(url)
    else:
        for url in self.start_urls:
```

```
        yield Request(url, dont_filter=True)

def make_requests_from_url(self, url):
    """ This method is deprecated. """
    return Request(url, dont_filter=True)
```

由于创建 Request 对象并没有指定 callback 函数，因此默认调用对应的 parse() 函数，这样，整个爬虫的详细流程就清楚了。

另外，如果在自定义的 Spider 类中重写了基类的 start_requests() 方法，那么指定 callback 函数，也可以作为一个起始点，代码如下。

```
import scrapy

class BookstoscrapeSpider(scrapy.Spider):

    name = 'bookstoscrape'
    allowed_domains = ['books.toscrape.com']


    # start_urls = ['http://books.toscrape.com/']

    def start_requests(self):
        yield scrapy.Request(
            'http://books.toscrape.com/',
            callback=self.parse_book,
            dont_filter=True,
        )
    def parse_book(self, response):
        pass
```

目前，介绍完了为爬虫设定起始爬取点的两种方式：定义 start_urls 属性和重写 start_requests 方法。

下面介绍实现页面解析函数 parse(self, response)。当请求 URL 返回网页没有指定回调函数时，默认的 Request 对象的回调函数，用来处理网页返回的 Response 和生成的 Item 或 Request 对象。

parse() 方法的工作机制如下。

（1）因为使用的是 yield，而不是 return，parse() 函数将会被当作一个生成器使用，Scrapy 会逐一调用 parse() 方法中生成的结果，并且判断该结果是一个什么样的类型。

（2）如果是 Request，则会加入爬取队列中；如果是 Item，则会使用 pipeline 处理；如果是其他类型，则会返回错误信息。

（3）Scrapy 取到第一部分的 Request 不会立即就去发送 Request，只是将这个 Request 放到队列中，然后接着从生成器中获取。

（4）取完了第一部分的 Request，然后再获取第二部分的 Item，取到 Item 就会放到对应的 pipeline 中处理。

（5）parse() 方法作为回调函数（callback），赋值给 Request，指定 parse() 方法处理这些请求 scrapy.Request(url, callback = self.parse)。

（6）Request 对象经过调度，执行生成 scrapy.http.response() 响应对象，并送回 parse() 方法，直到调度器中没有 Requset（递归的思路）。

CrawlSpider 的定义如下。

```
class scrapy.contrib.spiders.CrawlSpider
```

CrawlSpider 定义了一些规则（Rule）来提供跟进 link 的方便的机制。该 Spider 并不是完全适合所有的特定网站或项目，但其对很多情况都适用。因此，可以以其为起点，根据需求修改部分方法。当然也可以实现自己的 Spider。

CrawlSpider 除从 Spider 继承过来的属性外，还提供了一个新的属性和方法，如表 11-7 所示。

表11-7　CrawlSpider的属性和方法

编号	属性和方法	描述
1	rules	一个包含一个（或多个）Rule对象的集合（list），就是爬取规则。每个Rule对爬取网站的动作定义了特定表现。Rule对象在后面会介绍。如果多个rule匹配了相同的链接，则根据它们在本属性中被定义的顺序，第一个会被使用
2	parse_start_url(response)	可复写，当start_url的请求返回时，该方法被调用。该方法分析最初的返回值并必须返回一个Item对象或一个Request对象或一个可迭代的包含二者的对象

爬取规则 Rule 如下。

```
class scrapy.contrib.spiders.Rule(link_extractor, callback=None,
cb_kwargs=None, follow=None, process_links=None, process_request=None)
```

link_extractor：一个 LinkExtractor 对象。其定义了如何从爬取到的页面提取链接。

callback：一个 callable 或 string（该 Spider 中同名的函数将会被调用）。从 link_extractor 中每获取到链接时将会调用该函数。该回调函数接受一个 response 作为其第一个参数，并返回一个包含 Item 及（或）Request 对象（或这两者的子类）的列表（list）。

cb_kwargs：包含传递给回调函数的参数（keyword argumen）的字典。

follow：一个布尔（boolean）值，指定了根据该规则从 response 提取的链接是否需要跟进。如果 callback 为 None，则 follow 默认设置为 True，否则默认为 False。

process_links：一个 callable 或 string（该 Spider 中同名的函数将会被调用）。从 link_extractor

中获取到链接列表时将会调用该函数。该方法主要用来过滤。

process_request：一个 callable 或 string（该 Spider 中同名的函数将会被调用）。该规则提取到每个 request 时都会调用该函数。该函数必须返回一个 request 或 None，用来过滤 request。

下面给出配合 Rule 使用 CrawlSpider 的例子，该 Spider 将从 example.com 的首页开始爬取，获取 category 及 Item 的链接并对后者使用 parse_item () 方法。当 Item 获得返回 Response 时，将使用 XPath 处理 HTML 并生成一些数据填入 Item 中，代码如下。

```python
import scrapy
from scrapy.contrib.spiders import CrawlSpider, Rule
from scrapy.contrib.linkextractors import LinkExtractor


class MySpider(CrawlSpider):
    name = 'example.com'
    allowed_domains = ['example.com']
    start_urls = ['http://www.example.com']

    rules = (
        # 提取匹配'category.php'（但不匹配'subsection.php'）
        # 的链接并跟进链接（没有callback意味着follow默认为True）
        Rule(LinkExtractor(allow=('category\.php',), deny=('subsection\
.php',))),

        # 提取匹配'item.php'的链接并使用Spider的parse_item()方法进行分析
        Rule(LinkExtractor(allow=('item\.php',)), callback='parse_item'),
    )

    def parse_item(self, response):
        self.log('Hi, this is an item page! %s' % response.url)
        item = scrapy.Item()
        item['id'] = response.xpath('//td[@id="item_id"]/text()').
re(r'ID: (\d+)')
        item['name'] = response.xpath('//td[@id="item_name"]/text()').
extract()
        item['description'] = response.xpath('//td[@id="item_description"] /
text()').extract()
        return item
```

XMLFeedSpider 的定义如下。

```
class scrapy.contrib.spiders.XMLFeedSpider
```

XMLFeedSpider 被设计用于通过迭代各个节点来分析 XML 源。迭代器可以从 Iternodes、XML、HTML 中选择。鉴于 XML 及 HTML 迭代器需要先读取所有 DOM 再分析引起的性能问题，一般还是推荐使用 Iternodes。不过使用 HTML 作为迭代器能有效应对错误的 XML。必须定义下列属性和方法来设置迭代器及标签名，如表 11-8 所示。

表11-8　设置迭代器及标签名

编号	属性和方法	描述
1	iterator	用于确定使用哪个迭代器的string 可选项有： •'iternodes'——一个高性能的基于正则表达式的迭代器 •'html'——使用Selector的迭代器。需要注意的是，该迭代器使用DOM进行分析，其需要将所有的DOM载入内存，当数据量大时会产生问题 •'xml'——使用Selector的迭代器。需要注意的是，该迭代器使用DOM进行分析，其需要将所有的DOM载入内存，当数据量大时会产生问题 默认值为iternodes
2	itertag	一个包含开始迭代的节点名的string。例如，itertag = 'product'
3	namespaces	一个由(prefix, uri)元组(tuple)所组成的list。其定义了在该文档中会被Spider处理的可用的namespace。prefix及uri会被自动调用 register_namespace()生成namespace 可以通过在 itertag 属性中指定节点的namespace
4	adapt_response(response)	该方法在Spider分析response前被调用。可以在response被分析之前使用该函数来修改内容（body）。该方法接受一个response并返回一个response（可以相同，也可以不同）
5	parse_node(response, selector)	当节点符合提供的标签名（itertag）时，该方法被调用。接收到的response及相应的selector作为参数传递给该方法。该方法返回一个Item对象或Request对象或一个包含二者的可迭代对象
6	process_results(response, results)	当Spider返回结果(Item或Request)时，该方法被调用。设定该方法的目的是在结果返回给框架核心（framework core）之前做最后的处理。例如，设定Item的ID。其接受一个结果的列表（list of results）及对应的response。其结果必须返回一个结果的列表（list of results）（包含Item或Request对象）

该 Spider 十分易用，提取 XML 中需要的信息，代码如下。

```python
from scrapy import log
from scrapy.contrib.spiders import XMLFeedSpider

class MySpider(XMLFeedSpider):
    name = 'example.com'
    allowed_domains = ['example.com']
    start_urls = ['http://www.example.com/feed.xml']
    iterator = 'iternodes'  # This is actually unnecessary,
                            # since it's the default value
    itertag = 'item'
```

```
def parse_node(self, response, node):
    log.msg('Hi, this is a <%s> node!: %s' % (self.itertag,
''.join(node.extract())))

    item = {}
    item['id'] = node.xpath('@id').extract()
    item['name'] = node.xpath('name').extract()
    item['description'] = node.xpath('description').extract()
    return item
```

简单来说，在这里创建了一个 Spider，从给定的 start_urls 中下载 Feed，并迭代 Feed 中每个 item 标签，输出并在 Item 中存储一些随机数据。

CSVFeedSpider 的定义如下。

```
class scrapy.contrib.spiders.CSVFeedSpider
```

该 Spider 除其按行遍历而不是节点外，其他的与 XMLFeedSpider 十分类似。而其在每次迭代时调用的是 parse_row()。CSVFeedSpider 的属性和方法如表 11-9 所示。

表11-9　CSVFeedSpider的属性和方法

编号	属性和方法	描述
1	delimiter	在CSV文件中用于区分字段的分隔符。类型为string。默认为','（逗号）
2	quotechar	CSV文件中每个字段的表示字符串的外部符号，默认为'"'（引号）
3	headers	在CSV文件中包含的用来提取字段的行的列表
4	parse_row(response, row)	该方法接收一个response对象及一个以提供或检测出来的header为键的字典（代表每行）。该Spider中，也可以覆盖adapt_response()及process_results()方法来进行预处理（pre-processing）及后处理（post-processing）

使用 CSVFeedSpider，代码如下。

```
from scrapy import log
from scrapy.contrib.spiders import CSVFeedSpider

class MySpider(CSVFeedSpider):
    name = 'example.com'
    allowed_domains = ['example.com']
    start_urls = ['http://www.example.com/feed.csv']
    delimiter = ';'
    quotechar = '"'
```

```
headers = ['id', 'name', 'description']

def parse_row(self; response, row):
    log.msg('Hi, this is a row!: %r' % row)

    item = {}
    item['id'] = row['id']
    item['name'] = row['name']
    item['description'] = row['description']
    return item
```

SitemapSpider 的定义如下。

```
class scrapy.contrib.spiders.SitemapSpider
```

SitemapSpider 使用户爬取网站时可以通过 Sitemaps 来发现爬取的 URL。其支持嵌套的 sitemap，并能从 robots.txt 中获取 sitemap 的 url。SitemapSpider 的属性和方法如表 11-10 所示。

表11-10　SitemapSpider的属性和方法

编号	属性和方法	描述
1	sitemap_urls	包含要爬取的url的sitemap的url列表（list）。也可以指定为一个 robots.txt ，Spider会从中分析并提取url
2	sitemap_rules	一个包含 (regex, callback)元组的列表（list）： •regex是一个用于匹配从sitemap提供的url的正则表达式。regex可以是一个字符串或编译的正则表达式对象（compiled regex object） •callback指定了匹配正则表达式的url的处理函数。callback可以是一个字符串（Spider中方法的名称）或callable
3	sitemap_follow	一个用于匹配要跟进的sitemap的正则表达式的列表（list）。其仅被应用在 使用 Sitemap index files 来指向其他sitemap文件的站点 默认情况下所有的sitemap都会被跟进
4	sitemap_alternate_links	指定当一个url有可选的链接时，是否跟进。有些非英文网站会在一个url块内提供其他语言的网站链接

使用 parse 处理通过 sitemap 发现的所有 url，代码如下。

```
from scrapy.contrib.spiders import SitemapSpider


class MySpider(SitemapSpider):
    sitemap_urls = ['http://www.example.com/sitemap.xml']

    def parse(self, response):
        pass  # ... scrape item here ...
```

11.3.4 测试方法

Scrapy 中的 Spider 的核心业务也是发送请求、获取响应和提取数据。Spider 启动后，业务相对比较复杂，如果某一环节出现了错误，那么找错和改错的成本是比较大的。能不能在启动爬虫之前，先对 URL 进行测试呢？可以使用 Scrapy 终端。

Scrapy shell 是一个交互终端，供用户在未启动 Spider 的情况下尝试及调试爬取代码。其本意是用来测试提取数据的代码，但是也可以将其作为正常的 Python 终端，在上面测试任何的 Python 代码。

该终端是用来测试 XPath 或 CSS 表达式的，查看它们的工作方式及从爬取的网页中提取的数据。在编写 Spider 时，该终端提供了交互性测试表达式代码的功能，免去了每次修改后运行 Spider 的麻烦。

一旦熟悉了 Scrapy 终端后，就会发现其在开发和调试 Spider 时发挥的巨大作用。

如果安装了 IPython，则 Scrapy 终端将使用 IPython 替代标准 Python 终端。IPython 终端与其他相比更为强大，提供智能的自动补全、高亮输出及其他特性。

使用 Scrapy 终端，代码如下。

```
(virtualenv_spider)yong@yong-virtual-machine:~/mydemos/spider_01_books$
scrapy shell http://books.toscrape.com/
2019-01-16 19:25:59 [scrapy.utils.log] INFO: Scrapy 1.5.1 started (bot:
spider_01_books)
2019-01-16 19:25:59 [scrapy.utils.log] INFO: Versions: lxml 4.3.0.0, libxml2
 2.9.9, cssselect 1.0.3, parsel 1.5.1, w3lib 1.20.0, Twisted 18.9.0,
 Python 3.5.1+ (default, Mar 30 2016, 22:46:26) - [GCC 5.3.1 20160330],
pyOpenSSL 18.0.0 (OpenSSL 1.1.0j  20 Nov 2018), cryptography 2.4.2,
Platform Linux-4.4.0-21-generic-x86_64-with-Ubuntu-16.04-xenial2019-01-16
 19:25:59 [scrapy.crawler] INFO: Overridden settings: {'NEWSPIDER_
MODULE': 'spider_01_books.spiders', 'ROBOTSTXT_OBEY': True, 'LOGSTATS_
INTERVAL': 0, 'DUPEFILTER_CLASS': 'scrapy.dupefilters.BaseDupeFilter',
'SPIDER_MODULES': ['spider_01_books.spiders'], 'BOT_NAME': 'spider_01_
books'}
2019-01-16 19:25:59 [scrapy.middleware] INFO: Enabled extensions:['scrapy.
extensions.memusage.MemoryUsage',
 'scrapy.extensions.telnet.TelnetConsole',
 'scrapy.extensions.corestats.CoreStats']
2019-01-16 19:25:59 [scrapy.middleware] INFO: Enabled downloader
middlewares:
['scrapy.downloadermiddlewares.robotstxt.RobotsTxtMiddleware',
 'scrapy.downloadermiddlewares.httpauth.HttpAuthMiddleware',
 'scrapy.downloadermiddlewares.downloadtimeout.DownloadTimeoutMiddleware',
 'scrapy.downloadermiddlewares.defaultheaders.DefaultHeadersMiddleware',
 'scrapy.downloadermiddlewares.useragent.UserAgentMiddleware',
 'scrapy.downloadermiddlewares.retry.RetryMiddleware',
 'scrapy.downloadermiddlewares.redirect.MetaRefreshMiddleware',
 'scrapy.downloadermiddlewares.httpcompression.HttpCompressionMiddleware',
 'scrapy.downloadermiddlewares.redirect.RedirectMiddleware',
```

```
        'scrapy.downloadermiddlewares.cookies.CookiesMiddleware',
        'scrapy.downloadermiddlewares.httpproxy.HttpProxyMiddleware',
        'scrapy.downloadermiddlewares.stats.DownloaderStats']
2019-01-16 19:25:59 [scrapy.middleware] INFO: Enabled spider middlewares:
['scrapy.spidermiddlewares.httperror.HttpErrorMiddleware',
        'scrapy.spidermiddlewares.offsite.OffsiteMiddleware',
        'scrapy.spidermiddlewares.referer.RefererMiddleware',
        'scrapy.spidermiddlewares.urllength.UrlLengthMiddleware',
        'scrapy.spidermiddlewares.depth.DepthMiddleware']
2019-01-16 19:25:59 [scrapy.middleware] INFO: Enabled item pipelines:
[]
2019-01-16 19:25:59 [scrapy.extensions.telnet] DEBUG: Telnet console
listening on 127.0.0.1:6023
2019-01-16 19:25:59 [scrapy.core.engine] INFO: Spider opened
2019-01-16 19:26:01 [scrapy.core.engine] DEBUG: Crawled (404) <GET
http://books.toscrape.com/robots.txt> (referer: None)
2019-01-16 19:26:01 [scrapy.core.engine] DEBUG: Crawled (200) <GET
http://books.toscrape.com/> (referer: None)
[s] Available Scrapy objects:
[s]    scrapy      scrapy module (contains scrapy.Request, scrapy.Selector, etc)
[s]    crawler     <scrapy.crawler.Crawler object at 0x7ff1403dc048>
[s]    item        {}
[s]    request     <GET http://books.toscrape.com/>
[s]    response    <200 http://books.toscrape.com/>
[s]    settings    <scrapy.settings.Settings object at 0x7ff13a106278>
[s]    spider      <BookstoscrapeSpider 'bookstoscrape' at 0x7ff139d03fd0>
[s] Useful shortcuts:
[s]    fetch(url[, redirect=True]) Fetch URL and update local objects (by
default, redirects are followed)
[s]    fetch(req)                      Fetch a scrapy.Request and update local
objects
[s]    shelp()                 Shell help (print this help)
[s]    view(response)          View response in a browser
In [1]:
```

这里提供了一些可用的对象（Available Scrapy objects），如 response，使用 response 获取数据，结果如下。

```
In [1]: response.xpath('//article[@class="product_pod"]')

Out[1]:
[<Selector xpath='//article[@class="product_pod"]' data='<article class=
"product_pod">\n            \n '>,
 <Selector xpath='//article[@class="product_pod"]' data='<article class=
"product_pod">\n            \n '>,
 <Selector xpath='//article[@class="product_pod"]' data='<article class=
"product_pod">\n            \n '>,
 <Selector xpath='//article[@class="product_pod"]' data='<article class=
"product_pod">\n            \n '>,
 <Selector xpath='//article[@class="product_pod"]' data='<article class=
```

```
"product_pod">\n          \n '>,
 <Selector xpath='//article[@class="product_pod"]' data='<article class=
"product_pod">\n          \n '>,
 <Selector xpath='//article[@class="product_pod"]' data='<article class=
"product_pod">\n          \n '>,
 <Selector xpath='//article[@class="product_pod"]' data='<article class=
"product_pod">\n          \n '>,
 <Selector xpath='//article[@class="product_pod"]' data='<article class=
"product_pod">\n          \n '>,
 <Selector xpath='//article[@class="product_pod"]' data='<article class=
"product_pod">\n          \n '>,
 <Selector xpath='//article[@class="product_pod"]' data='<article class=
"product_pod">\n          \n '>,
 <Selector xpath='//article[@class="product_pod"]' data='<article class=
"product_pod">\n          \n '>,
 <Selector xpath='//article[@class="product_pod"]' data='<article class=
"product_pod">\n          \n '>,
 <Selector xpath='//article[@class="product_pod"]' data='<article class=
"product_pod">\n          \n '>,
 <Selector xpath='//article[@class="product_pod"]' data='<article class=
"product_pod">\n          \n '>,
 <Selector xpath='//article[@class="product_pod"]' data='<article class=
"product_pod">\n          \n '>,
 <Selector xpath='//article[@class="product_pod"]' data='<article class=
"product_pod">\n          \n '>,
 <Selector xpath='//article[@class="product_pod"]' data='<article class=
"product_pod">\n          \n '>,
 <Selector xpath='//article[@class="product_pod"]' data='<article class=
"product_pod">\n          \n '>,
 <Selector xpath='//article[@class="product_pod"]' data='<article class=
"product_pod">\n          \n '>]
```

在创建 Spider 之前可以做一个测试，通过后，再完成 Spider 的逻辑代码。如果在 Spider 启动后出现问题，那么也可以使用 Scrapy shell 来测试、分析，最后改善。

11.4 操作数据

在 11.1~11.3 节中已经了解 Scrapy 爬虫的基本流程和核心功能 Spider，下面介绍 Scrapy 如何提取数据，这也是非常重要的技术。

11.4.1 使用Selector提取数据

当抓取网页时，最常见的任务是从 HTML 源码中提取数据。下面一些库可以达到这个目的。

（1）BeautifulSoup。BeautifulSoup 是在程序员间非常流行的网页分析库，它基于 HTML 代码的结构来构造一个 Python 对象，对不良标记的处理也非常合理，但解析速度较慢。

（2）Lxml。Lxml 是一个基于 ElementTree 的 Python 化的 XML 解析库，也可以解析 HTML。

Scrapy 提取数据有自己的一套机制，称为选择器，通过特定的 XPath 或 CSS 表达式来选择 HTML 文件中的某个部分。

XPath 是一门用来在 XML 文件中选择节点的语言，也可以用在 HTML 上。CSS 是一门将 HTML 文档样式化的语言，选择器由它定义，并与特定的 HTML 元素的样式相关联。

Scrapy 选择器构建于 Lxml 库之上，这意味着它们在速度和解析准确性上非常相似。

Selector 的定义如下。

```
class scrapy.selector.Selector(response=None, text=None, type=None)
```

Selector 的实例是对选择某些内容响应的封装。

Selector 构造器参数如表 11-11 所示。

表11-11　Selector构造器参数

编号	参数	描述
1	response	是HtmlResponse或XmlResponse的一个对象，将被用来选择和提取数据
2	text	是在response不可用时的一个unicode字符串或utf-8编码的文字。将text和response一起使用时未定义行为
3	type	定义了选择器类型，可以是"html"、"xml"或None（默认） 如果type是None，则选择器会根据response类型（参见下面）自动选择最佳的类型，或者在和text一起使用时，默认为"html" 如果type是None，并传递了一个response，则选择器类型将从response类型中推导如下。 •"html" for HtmlResponse type •"xml" for XmlResponse type •"html" for anything else 其他情况下，如果设定了type，则选择器类型将被强制设定，而不进行检测

Selector 的属性和方法如表 11-12 所示。

表11-12　Selector的属性和方法

编号	参数	描述
1	xpath(query)	寻找可以匹配xpath query的节点，并返回SelectorList的一个实例结果，单一化其所有元素。列表元素也实现了Selector的接口 query是包含XPath查询请求的字符串 为了方便起见，该方法也可以通过 response.xpath() 调用

编号	参数	描述
2	css(query)	应用给定的CSS选择器，返回SelectorList的一个实例 query是一个包含CSS选择器的字符串 在后台，通过cssselect库和运行.xpath()方法，CSS查询会被转换为XPath查询 为了方便起见，该方法也可以通过response.css()调用
3	extract()	串行化并将匹配到的节点返回一个unicode字符串列表。结尾是编码内容的百分比
4	re(regex)	应用给定的regex，并返回匹配到的unicode字符串列表 regex可以是一个已编译的正则表达式，也可以是一个将被re.compile(regex)编译为正则表达式的字符串
5	register_namespace(prefix, uri)	注册给定的命名空间，其将在Selector中使用。不注册命名空间，将无法从非标准命名空间中选择或提取数据。可以参见下面的例子
6	remove_namespaces()	移除所有的命名空间，允许使用少量的命名空间xpaths遍历文档。可以参见下面的例子
7	__nonzero__()	如果选择了任意的真实文档，则返回True，否则返回False。也就是说，Selector的布尔值是由它选择的内容确定的

SelectorList 的定义如下。

```
class scrapy.selector.SelectorList
```

SelectorList 类是内建 list 类的子类，它提供了一些额外的方法，如表 11-13 所示。

表11-13　SelectorList的方法

编号	参数	描述
1	xpath(query)	对列表中的每个元素调用.xpath()方法，返回结果为另一个单一化的SelectorList query与Selector.xpath()中的参数相同
2	css(query)	对列表中的各个元素调用.css()方法，返回结果为另一个单一化的SelectorList query与Selector.css()中的参数相同
3	extract()	对列表中的各个元素调用.extract()方法，返回结果为单一化的unicode字符串列表
4	re(regex)	对列表中的各个元素调用.re()方法，返回结果为单一化的unicode字符串列表
5	__nonzero__()	如果列表非空，则返回True，否则返回False

Scrapy Selector 是以文字或 TextResponse 构造的 Selector 实例。其根据输入的类型自动选择最优的分析方法。

导入模块，代码如下。

```
>>> from scrapy.selector import Selector
>>> from scrapy.http import HtmlResponse
```

以文字构造，代码如下。

```
>>> body = '<html><body><span>good</span></body></html>'
>>> Selector(text=body).xpath('//span/text()').extract()
['good']
```

以 response 构造，代码如下。

```
>>> response = HtmlResponse(url='http://example.com', body=
body.encode('utf-8'))
>>> Selector(response=response).xpath('//span/text()').extract()
['good']
```

为了方便起见，Response 对象以 .selector 属性提供了一个 Selector，可以随时使用该快捷方法，代码如下。

```
>>> response.selector.xpath('//span/text()').extract()
['good']
```

下面将使用 Scrapy shell（提供交互测试）和位于 Scrapy 文档服务器的一个样例页面，来解释如何使用选择器。

这里是 HTML 源码，代码如下。

```
<html>
 <head>
  <base href='http://example.com/' />
  <title>Example website</title>
 </head>
 <body>
  <div id='images'>
   <a href='image1.html'>Name: My image 1 <br /><img src='image1_thumb.
jpg' /></a>
   <a href='image2.html'>Name: My image 2 <br /><img src='image2_thumb.
jpg' /></a>
   <a href='image3.html'>Name: My image 3 <br /><img src='image3_thumb.
jpg' /></a>
   <a href='image4.html'>Name: My image 4 <br /><img src='image4_thumb.
jpg' /></a>
   <a href='image5.html'>Name: My image 5 <br /><img src='image5_thumb.
jpg' /></a>
  </div>
```

```
    </body>
    </html>
```

运行如下命令，打开 shell：

```
scrapy shell http://doc.scrapy.org/en/latest/_static/selectors-sample1.
html
```

当 shell 载入后，将获得名为 response 的 shell 变量，其为响应的 response，并且在其 response. selector 属性上绑定了一个 Selector。

因为处理的是 HTML，所以选择器将自动使用 HTML 语法分析。

通过查看 HTMLcode 该页面的源码，可以构建一个 XPath 来选择 title 标签内的文字，代码如下。

```
>>> response.selector.xpath('//title/text()')
[<Selector xpath='//title/text()' data='Example website'>]
```

由于在 Response 中使用 XPath、CSS 查询十分普遍，因此，Scrapy 提供了两个实用的快捷方式：response.xpath() 和 response.css()，代码如下。

```
>>> response.xpath('//title/text()')
[<Selector xpath='//title/text()' data='Example website'>]
>>> response.css('title::text')
[<Selector xpath='descendant-or-self::title/text()' data='Example website'>]
```

.xpath() 及 .css() 方法返回一个类 SelectorList 的实例，它是一个新选择器的列表。这个 API 可以用来快速地提取嵌套数据。

为了提取真实的原文数据，需要调用 .extract() 方法，代码如下。

```
>>> response.xpath('//title/text()').extract()
['Example website']
```

需要注意的是，CSS 选择器可以使用 CSS3 伪元素（Pseudo-elements）来选择文字或属性节点，代码如下。

```
>>> response.css('title::text').extract()
['Example website']
```

现在将得到根 URL 和一些图片链接，代码如下。

```
>>> response.xpath('//base/@href').extract()
['http://example.com/']

>>> response.css('base::attr(href)').extract()
['http://example.com/']

>>> response.xpath('//a[contains(@href, "image")]/@href').extract()
['image1.html',
 'image2.html',
```

```
'image3.html',
'image4.html',
'image5.html']

>>> response.css('a[href*=image]::attr(href)').extract()
['image1.html',
'image2.html',
'image3.html',
'image4.html',
'image5.html']

>>> response.xpath('//a[contains(@href, "image")]/img/@src').extract()
['image1_thumb.jpg',
'image2_thumb.jpg',
'image3_thumb.jpg',
'image4_thumb.jpg',
'image5_thumb.jpg']

>>> response.css('a[href*=image] img::attr(src)').extract()
['image1_thumb.jpg',
'image2_thumb.jpg',
'image3_thumb.jpg',
'image4_thumb.jpg',
'image5_thumb.jpg']
```

选择器方法（.xpath() 和 .css()）返回相同类型的选择器列表，因此可以对这些选择器调用选择器方法，代码如下。

```
>>> links = response.xpath('//a[contains(@href, "image")]')
>>> links.extract()
[u'<a href="image1.html">Name: My image 1 <br><img src="image1_thumb.jpg">
</a>',
 u'<a href="image2.html">Name: My image 2 <br><img src="image2_thumb.jpg">
</a>',
 u'<a href="image3.html">Name: My image 3 <br><img src="image3_thumb.jpg">
</a>',
 u'<a href="image4.html">Name: My image 4 <br><img src="image4_thumb.jpg">
</a>',
 u'<a href="image5.html">Name: My image 5 <br><img src="image5_thumb.jpg">
</a>']

>>> for index, link in enumerate(links):
        args = (index, link.xpath('@href').extract(), link.xpath('img/
@src').extract())
        print 'Link number %d points to url %s and image %s' % args

Link number 0 points to url [u'image1.html'] and image [u'image1_thumb.
jpg']
```

```
Link number 1 points to url [u'image2.html'] and image [u'image2_thumb.
jpg']
Link number 2 points to url [u'image3.html'] and image [u'image3_thumb.
jpg']
Link number 3 points to url [u'image4.html'] and image [u'image4_thumb.
jpg']
Link number 4 points to url [u'image5.html'] and image [u'image5_thumb.
jpg']
```

　　结合正则表达式使用选择器。Selector 也有一个 re() 方法，用来通过正则表达式来提取数据。然而，不同于使用 .xpath() 或 .css() 方法、.re() 方法返回 unicode 字符串的列表。所以，无法构造嵌套式的 .re() 调用。

　　下面是一个例子，从上面的 HTML 中提取图像名称，代码如下。

```
>>> response.xpath('//a[contains(@href, "image")]/text()').re(r'Name:\
s*(.*)')
['My image 1',
 'My image 2',
 'My image 3',
 'My image 4',
 'My image 5']
```

　　使用相对 XPaths。需要注意的是，如果使用嵌套的选择器，并使用起始为 / 的 XPath，那么该 XPath 将对文档使用绝对路径，而且对于调用的 Selector 不是相对路径。

　　例如，假设想提取在 <div> 元素中的所有 <p> 元素。首先，得到所有的 <div> 元素，代码如下。

```
>>> divs = response.xpath('//div')
```

　　开始时，可能会尝试使用下面错误的方法，因为它其实是从整篇文档中，而不仅仅是从那些 <div> 元素内部提取所有的 <p> 元素，代码如下。

```
>>> for p in divs.xpath('//p'):  # this is wrong - gets all <p> from
                                  # the whole document
...     print(p.extract())
```

　　下面是比较合适的处理方法（注意 .//p XPath 的点前缀），代码如下。

```
>>> for p in divs.xpath('.//p'):  # extracts all <p> inside
...     print p.extract()
```

　　另一种常见的情况是提取所有直系 <p> 的结果，代码如下。

```
>>> for p in divs.xpath('p'):
...     print p.extract()
```

11.4.2 使用Item封装数据

爬取的主要目标就是从非结构性的数据源提取结构性数据，如网页。Scrapy 提供 Item 类来满足这样的需求。

Item 对象是一种简单的容器，保存了爬取到的数据。其提供了类似于词典的 API 及用于声明可用字段的简单语法。

Item 的定义如下。

```
class scrapy.item.Item([arg])
```

Item 复制了标准的 Dict 的 API，包括初始化函数也相同。Item 唯一额外添加的属性是 fields。

fields 是一个包含了 Item 所有声明的字段的字典，而不仅仅是获取到的字段。该字典的 key 是字段的名称，值是 Item 声明中使用到的 Field 对象。

字段（Field）对象的定义如下。

```
class scrapy.item.Field([arg])
```

Field 仅仅是内置的 Dict 类的一个别名，并没有提供额外的方法或属性。换句话说，Field 对象完全就是 Python 字典。被用来基于类属性的方法来支持 Item 声明语法。

Item 使用简单的 class 定义语法及 Field 对象来声明，代码如下。

```
import scrapy

class Product(scrapy.Item):
    name = scrapy.Field()
    price = scrapy.Field()
    stock = scrapy.Field()
    last_updated = scrapy.Field(serializer=str)
```

> **提示** 熟悉 Django 的读者一定会注意到 ScrapyItem 定义方式与 DjangoModels 类似，不过没有那么多不同的字段类型（Fieldtype），更为简单。

Field 对象指明了每个字段的元数据，可以为每个字段指明任何类型的元数据。Field 对象对接受的值没有任何限制。也正是因为这个原因，文档也无法提供所有可用的元数据的键（key）参考列表。Field 对象中保存的每个键可以由多个组件使用，并且只有这些组件知道这个键的存在。用户可以根据自己的需求，定义使用其他的 Field 键。设置 Field 对象的主要目的就是在一个地方定义好所有的元数据。一般来说，那些依赖某个字段的组件肯定使用了特定的键（key）。用户必须查看组件相关的文档，查看其用了哪些元数据键（metadatakey）。

下面以声明的 Product Item 来演示一些 Item 的操作，会发现 Item 的 API 和 Dict 的 API 非常相似。

创建 Item，代码如下。

```
>>> product = Product(name='Desktop PC', price=1000)
>>> print(product)
Product(name='Desktop PC', price=1000)
```

获取字段的值，代码如下。

```
>>> product['name']
Desktop PC
>>> product.get('name')
Desktop PC

>>> product['price']
1000

>>> product['last_updated']
Traceback (most recent call last):
    ...
KeyError: 'last_updated'

>>> product.get('last_updated', 'not set')
not set

>>> product['lala']
Traceback (most recent call last):
    ...
KeyError: 'lala'

>>> product.get('lala', 'unknown field')
'unknown field'

>>> 'name' in product
True

>>> 'last_updated' in product
False

>>> 'last_updated' in product.fields
True

>>> 'lala' in product.fields
False
```

Item 在使用时，一旦定义好属性，如 Product 有 4 个属性，那么在后续的使用中，这个 Item 就只能使用这 4 个属性，不能再增加，否则报错。另外，交给其他组件，如管道，如果 Item 某个属性没有赋值，那么管道就不使用这个属性。

设置字段的值，代码如下。

```
>>> product['last_updated'] = 'today'
```

```
>>> product['last_updated']
today

>>> product['lala'] = 'test' # setting unknown field
Traceback (most recent call last):
    ...
KeyError: 'Product does not support field: lala'
```

获取所有获取到的值，代码如下。

```
>>> product.keys()
['price', 'name']

>>> product.items()
[('price', 1000), ('name', 'Desktop PC')]
```

复制 Item，代码如下。

```
>>> product2 = Product(product)
>>> print(product2)
Product(name='Desktop PC', price=1000)

>>> product3 = product2.copy()
>>> print(product3)
Product(name='Desktop PC', price=1000)
```

根据 Item 创建字典 Dict，代码如下。

```
>>> dict(product)
{'price': 1000, 'name': 'Desktop PC'}
```

根据字典 Dict 创建 Item，代码如下。

```
>>> Product({'name': 'Laptop PC', 'price': 1500})
Product(price=1500, name='Laptop PC')

>>> Product({'name': 'Laptop PC', 'lala': 1500})
Traceback (most recent call last):
    ...
KeyError: 'Product does not support field: lala'
```

可以通过继承原始的 Item 来扩展 Item，添加更多的字段或修改某些字段的元数据，代码如下。

```
# 创建类
class DiscountedProduct(Product):
    discount_percent = scrapy.Field()
    discount_expiration_date = scrapy.Field()

# 创建对象
product = DiscountedProduct(name='Desktop PC', price=1000)
product['discount_percent'] = 88
```

```
product['discount_expiration_date'] = 2018
print(product)

# 打印结果
{'discount_expiration_date': 2018,
 'discount_percent': 88,
 'name': 'Desktop PC',
 'price': 1000}
```

也可以通过使用原字段的元数据，添加新的值或修改原来的值来扩展字段的元数据。在爬取过程中提取到的信息并不总是一个字符串，有时可能是一个字符串列表，代码如下。

```
book['name'] = ['Jiki', 'Lili', 'Tom']
```

但在写入 CSV 文件时，需要将列表内所有字符串串行化成一个字符串，串行化的方式有很多种，代码如下。

```
'Jiki-Lili-Tom'
```

可以通过 name 字段的元数据告诉 CsvItemExporter 如何对 name 字段串行化，代码如下。

```python
class BookItem(scrapy.Item):
    name = scrapy.Field(serializer=lambda x: '-'.join(x))
    price = scrapy.Field()
    rate = scrapy.Field()
```

在 11.2 节中的第一个案例中，使用字典来存储 Book 信息，如图 11-14 所示。

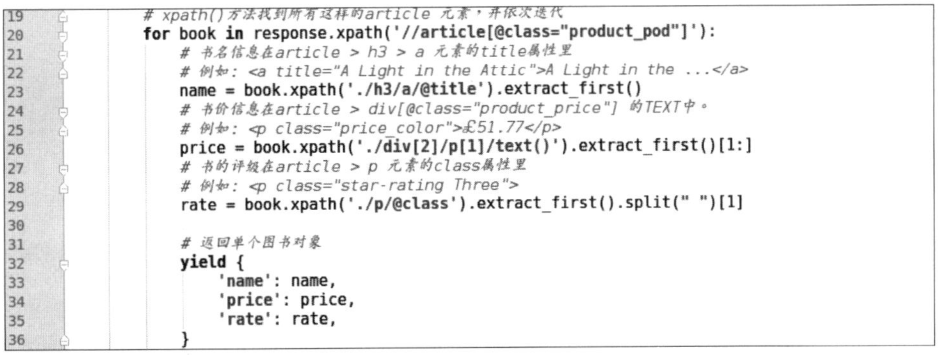

```python
19      # xpath()方法找到所有这样的article 元素，并依次迭代
20      for book in response.xpath('//article[@class="product_pod"]'):
21          # 书名信息在article > h3 > a 元素的title属性里
22          # 例如: <a title="A Light in the Attic">A Light in the ...</a>
23          name = book.xpath('./h3/a/@title').extract_first()
24          # 书价信息在article > div[@class="product_price"] 的TEXT中。
25          # 例如: <p class="price_color">£51.77</p>
26          price = book.xpath('./div[2]/p[1]/text()').extract_first()[1:]
27          # 书的详级在article > p 元素的class属性里
28          # 例如: <p class="star-rating Three">
29          rate = book.xpath('./p/@class').extract_first().split(" ")[1]
30
31          # 返回单个图书对象
32          yield {
33              'name': name,
34              'price': price,
35              'rate': rate,
36          }
```

图11-14　使用字典来存储Book信息

但字典可能有如下几个缺点。

（1）无法一目了然地了解数据中确定包含哪些字段，影响代码可读性。

（2）缺乏对字段名称的检测，容易因程序员的笔误而出错。

（3）不便于携带元数据（传递给其他组件的信息）。

为解决上述问题，在 Scrapy 中可以使用自定义的 Item 类封装爬取到的数据，具体如下。

（1）定义 Item 类，如图 11-15 所示。

图11-15　定义Item类

在项目中已经自动创建了 items.py，只需要在其中定义 Item 类，代码如下。

```
import scrapy


class BookItem(scrapy.Item):
    # 名称
    name = scrapy.Field()
    # 价格
    price = scrapy.Field()
    # 评级
    rate = scrapy.Field()
```

这样，就定义了要爬取的数据只有 3 个，分别是书的名称、价格和评级。

在 items.py 中，默认生成的 Item 类名与项目的名称有关。例如，这里的项目名称是 spider_02_ books，那么默认生成的 Item 类名是 Spider02BooksItem，也可以改成自己需要的名称。

（2）Spider 使用 Item 类，代码如下。

```
# -*- coding: utf-8 -*-
import scrapy
from spider_02_books.items import BookItem


class BookstoscrapeSpider(scrapy.Spider):
    """爬虫类，继承Spider"""

    # 爬虫的名称——每一个爬虫的唯一标识
    name = 'bookstoscrape'
    # 允许爬取的域名
    allowed_domains = ['books.toscrape.com']
    # 初始爬取的URL
    start_urls = ['http://books.toscrape.com/']

    # 解析下载
    def parse(self, response):
        # 提取数据
        # 每一本书的信息在<article class="product_pod">中，使用
```

```
# xpath()方法找到所有这样的article元素，并依次迭代
for book in response.xpath('//article[@class="product_pod"]'):
    # 创建Item对象
    item = BookItem()

    # 书名信息在article > h3 > a元素的title属性中，
    # 例如，<a title="A Light in the Attic">A Light in the ...</a>
    item['name'] = book.xpath('./h3/a/@title').extract_first()
    # 书价信息在article > div[@class="product_price"]的TEXT中，
    # 例如，<p class="price_color">£51.77</p>
    item['price'] = book.xpath('./div[2]/p[1]/text()').extract_
first()[1:]

    # 书的评级在article > p元素的class属性中，
    # 例如，<p class="star-rating Three">
    item['rate'] = book.xpath('./p/@class').extract_first().split(" ")[1]

    # 返回单个图书对象
    yield item

# 提取下一页的链接
# 下一页的URL在li.next > a元素的href属性中，
# 例如，<li class="next"><a href="catalogue/page-2.html">next</a></li>
next_url = response.xpath('//li[@class="next"]/a/@href').extract_
first()

# 判断
if next_url:
    # 如果找到下一页的URL，则得到绝对路径，构造新的Request对象
    next_url = response.urljoin(next_url)
    # 返回新的Request对象
    yield scrapy.Request(next_url, callback=self.parse)
```

（3）运行爬虫，代码如下。

```
scrapy crawl bookstoscrape -o bookstoscrape.csv
```

结果与之前是一样的。

11.4.3　使用Pipeline处理

当 Item 在 Spider 中被收集之后，它将会被传递到 Item Pipeline，一些组件会按照一定的顺序执行对 Item 的处理。

每个 Item Pipeline 组件是实现了简单方法的 Python 类。它们接收到 Item 并通过它执行一些行为，同时也决定此 Item 是否继续通过 Pipeline，或者被丢弃而不再进行处理。

Item Pipeline 的一些典型应用如下。

（1）清理 HTML 数据。

（2）验证爬取的数据，检查 Item 包含某些字段。

（3）查重并丢弃。

（4）将爬取结果保存到数据库中。

编写自己的 Item Pipeline 很简单，每个 Item Pipeline 组件是一个独立的 Python 类，同时必须实现一些方法，如表 11-14 所示。

表11-14　Item Pipeline的方法

编号	方法	描述
1	process_item(self, item, spider)	每个Item Pipeline组件都需要调用该方法，这个方法必须返回一个Item（或任何继承类）对象，或者抛出DropItem异常，被丢弃的item将不会被之后的Pipeline组件所处理 参数： item（Item对象）——被爬取的item spider（Spider对象）——爬取该item的spider
2	open_spider(self, spider)	当spider被开启时，这个方法被调用 参数： spider（Spider对象）——被开启的spider
3	close_spider(spider)	当spider被关闭时，这个方法被调用 参数： spider（Spider对象）——被关闭的spider
4	from_crawler(cls, crawler)	如果存在，则调用此类方法，以创建一个管道实例Crawler。它必须返回管道的新实例。Crawler对象提供对所有Scrapy核心组件的访问，如settings和signals；它是管道访问这些组件并将其功能挂钩到Scrapy的一种方式 参数： crawler（Crawler对象）——使用此管道的爬网程序

Item Pipeline 样例如下。

（1）验证价格，同时丢弃没有价格的 Item。

下面是一个假设的 Pipeline，它为那些不含税（price_excludes_vat 属性）的 Item 调整了 price 属性，同时丢弃了那些没有价格的 Item，代码如下。

```
from scrapy.exceptions import DropItem


class PricePipeline(object):
    vat_factor = 1.15

    def process_item(self, item, spider):
        if item['price']:
            if item['price_excludes_vat']:
```

```
                    item['price'] = item['price'] * self.vat_factor
            return item
        else:
            raise DropItem("Missing price in %s" % item)
```

raise DropItem 是抛出一个 DropItem 异常，Scrapy 引擎捕捉到这个异常后，这次传入 Pipeline 的 Item 程序结束，所以这次对应的 Item 对象也不再参与后续的操作了，如交给下一个管道或存储数据库等逻辑。

（2）将 Item 写入 JSON 文件。

以下 Pipeline 将所有（从所有 Spider 中）爬取到的 Item，存储到一个独立的 items.jl 文件，每行包含一个序列化为 JSON 格式的 Item，代码如下。

```
import json


class JsonWriterPipeline(object):
    def __init__(self):
        self.file = open('items.jl', 'wb')

    def process_item(self, item, spider):
        line = json.dumps(dict(item)) + "\n"
        self.file.write(line)
        return item
```

JsonWriterPipeline 的目的只是为了介绍怎样编写 Item Pipeline，如果想要将所有爬取的 Item 都保存到同一个 JSON 文件，则需要使用 Feed exports。

（3）将 Item 数据写入 MongoDB。

下面例子中，使用 pymongo 将项目写入 MongoDB。MongoDB 地址和数据库名称在 Scrapy 设置中指定，MongoDB 集合以 Item 类命名。

这个例子的要点是展示如何使用 from_crawler() 方法及如何正确地清理资源，代码如下。

```
import pymongo


class MongoPipeline(object):
    def __init__(self, mongo_uri, mongo_db):
        self.mongo_uri = mongo_uri
        self.mongo_db = mongo_db

    @classmethod
    def from_crawler(cls, crawler):
        return cls(
            mongo_uri=crawler.settings.get('MONGO_URI'),
            mongo_db=crawler.settings.get('MONGO_DATABASE', 'items')
        )
```

```
    def open_spider(self, spider):
        self.client = pymongo.MongoClient(self.mongo_uri)
        self.db = self.client[self.mongo_db]

    def close_spider(self, spider):
        self.client.close()

    def process_item(self, item, spider):
        collection_name = item.__class__.__name__
        self.db[collection_name].insert(dict(item))
        return item
```

（4）去重。

一个用于去重的过滤器，丢弃那些已经被处理过的 Item。假设 Item 有一个唯一的 id，但是 Spider 返回的多个 Item 中包含有相同的 id，代码如下。

```
from scrapy.exceptions import DropItem


class DuplicatesPipeline(object):
    def __init__(self):
        self.ids_seen = set()

    def process_item(self, item, spider):
        if item['id'] in self.ids_seen:
            raise DropItem("Duplicate item found: %s" % item)
        else:
            self.ids_seen.add(item['id'])
            return item
```

为了启用 Item Pipeline 组件，必须将它的类添加到 settings.py 文件中的 ITEM_PIPELINES 配置（默认在 settings.py 中是被注释的），代码如下。

```
ITEM_PIPELINES = {
    'myproject.pipelines.PricePipeline': 300,
    'myproject.pipelines.JsonWriterPipeline': 800,
}
```

分配给每个类的整型值，确定了它们运行的顺序，Item 按数字从低到高的顺序，通过 Pipeline，通常将这些数字定义在 0~1000 范围内。

在 11.2 节的第一个案例中，爬取到的书籍的价格是以英镑为单位的，如 £ 51.77。如果期望爬取到的书价是人民币价格，就需要用英镑价格乘以汇率计算出人民币价格（处理数据），此时可以实现一个价格转换的 Item Pipeline 来完成这个工作。下面在 example 项目中实现它。

（1）定义 Pipeline。

找到项目中自动创建的 pipelines.py 文件，实现代码如下。

```python
class PriceConverterPipeline(object):
    """实现英镑转人民币"""

    # 英镑兑换人民币汇率，1英镑=8.7091人民币
    exchange_rate = 8.7091

    def process_item(self, item, spider):
        """处理传入的item，最后返回此item"""

        # 提取item的price字段（如£53.74）
        # 去掉前面英镑符号£，转换为float类型，乘以汇率
        price = float(item['price'][1:]) * self.exchange_rate
        # 保留2位小数，赋值回item的price字段
        item['price'] = '￥%.2f' % price
        # 返回item
        return item
```

（2）配置启用 Item Pipeline 组件。

找到项目的 settings.py 文件并配置，实现代码如下。

```
......
# Configure item pipelines
# See https://doc.scrapy.org/en/latest/topics/item-pipeline.html
ITEM_PIPELINES = {
    'spider_03_books.pipelines.PriceConverterPipeline': 300,
}
......
```

（3）运行爬虫。

```
scrapy crawl bookstoscrape -o bookstoscrape.csv
```

查看 bookstoscrape.csv，结果已实现，代码如下。

```
......
956    "Rat Queens, Vol. 1: Sass & Sorcery (Rat Queens (Collected Editions)
 #1-5)",Five,￥408.98
957    Paradise Lost (Paradise #1),One,￥217.38
958    "Paper Girls, Vol. 1 (Paper Girls #1-5)",Four,￥189.07
959    "Ouran High School Host Club, Vol. 1 (Ouran High School Host Club
#1)",Three,￥260.14
960    Origins (Alphas 0.5),One,￥252.48
961    One Second (Seven #7),Two,￥461.06
962    On the Road (Duluoz Legend),Three,￥281.83
963    Old Records Never Die: One Man's Quest for His Vinyl and His Past,
Two,￥484.75
964    Off Sides (Off #1),Five,￥343.57
965    Of Mice and Men,Two,￥410.29
966    Myriad (Prentor #1),Four,￥511.66
......
```

11.4.4 使用LinkExtractor提取链接数据

LinkExtractor 是链接提取器，用于从网页（scrapy.http.Response 对象）中抽取会被 Follow 链接的对象。当然 Selector 也能提取链接。Scrapy 默认提供两种可用的 LinkExtractor，但可以通过实现一个简单的接口创建自己定制的 LinkExtractor 来满足需求。Scrapy 提供了 scrapy.contrib. linkextractors import LinkExtractor，不过也可以通过实现一个简单的接口来创建自己的 LinkExtractor，满足需求。每个 LinkExtractor 唯一的公共方法是 extract_links()，其接收一个 Response 对象，并返回 scrapy.link.Link 对象。LinkExtractors 只实例化一次，其 extract_links() 方法会根据不同的 Response 被调用多次来提取链接。

LinkExtractors 在 CrawlSpider 类中使用（在 Scrapy 中可用）。通过一套规则，也可以在 Spider 中使用，即使不是从 CrawlSpider 继承的子类，因为它的目的很简单，就是提取链接。

Scrapy 自带的 LinkExtractors 类在 scrapy.contrib.linkextractors 模块提供。默认的 linkextractor 是 LinkExtractor，其实就是 LxmlLinkExtractor，代码如下。

```
from scrapy.contrib.linkextractors import LinkExtractor
```

在以前的 Scrapy 版本中提供了其他的 LinkExtractor，不过都已经被废弃了。

LxmlLinkExtractor 的构造方法如下。

```
class scrapy.linkextractors.lxmlhtml.LxmlLinkExtractor(allow=(), deny=(),
 allow_domains=(), deny_domains=(), deny_extensions=None, restrict_
xpaths=(), restrict_css=(), tags=('a', 'area'), attrs=('href', ),
canonicalize=False, unique=True, process_value=None, strip=True)
```

LxmlLinkExtractor 的构造方法的参数描述如表 11-15 所示。

表11-15　LxmlLinkExtractor的构造方法的参数描述

编号	参数	描述
1	allow	参数：正则表达式（或列表） 一个正则表达式（或正则表达式列表），（绝对）URL必须匹配才能被提取。如果没有给出（或为空），则将匹配所有链接
2	deny	参数：正则表达式（或列表） 单个正则表达式（或正则表达式列表），（绝对）URL必须匹配才能被排除（即未提取）。它优先于allow参数。如果没有给出（或为空），则将不排除任何链接
3	allow_domains	参数：str或列表 一个单一的值或包含字符串的域的列表，这将被认为是用于提取链接

编号	参数	描述
4	deny_domains	参数：list 包含扩展名的单个值或字符串列表，在提取链接时应忽略这些扩展名。如果没有给出，则将默认为scrapy.link提取器包IGNORED_EXTENSIONS中定义的列表
5	restrict_xpaths	参数：str或list 是一个XPath（或XPath列表），它定义响应中应从中提取链接的区域。如果给定，则仅扫描由这些XPath选择的文本以获取链接
6	restrict_css	参数：str或list 一个CSS选择器（或选择器列表），它定义响应中应从中提取链接的区域。具有相同的行为restrict_xpaths
7	tags	参数：str或list 提取链接时要考虑的标记或标记列表。默认为('a', 'area')
8	attrs	参数：list 查找要提取的链接时应考虑的属性或属性列表（仅适用于tags参数中指定的那些标记）。默认为('href',)
9	canonicalize	参数：boolean 规范化每个提取的url（使用w3lib.url.canonicalize_url）。默认为False。需要注意的是，canonicalize_url用于重复检查；它可以更改服务器端可见的URL，因此对于具有规范化和原始URL的请求，响应可能不同。如果使用链接提取器来跟踪链接，则保持默认值（canonicalize=False）会更加健壮
10	unique	参数：boolean 是否应对提取的链接应用重复过滤
11	process_value	参数：可调用的对象，如函数 接收从标签中提取的每个值和扫描的属性的函数，可以修改该值并返回一个新值，或者返回None以完全忽略该链接。如果没有给出，则process_value默认为lambdax:x 例如，要从此代码中提取链接： <code><a href="javascript:goToPage('../other/page.html'); return false">Link text</a></code> 可以在以下位置使用以下功能process_value： <code>def process_value(value): m = re.search("javascript:goToPage\('(.*?)'",value) if m: return m.group(1)</code>

编号	参数	描述
12	strip	参数：boolean 是否从提取的属性中去除空格。根据HTML5标准，前导和尾部空格必须从href属性\<a\>、\<area\>及许多其他的元素，src属性\<img\>、\<iframe\>元件等中去除，所以链接提取默认去除空格字符。设置strip=False将其关闭（例如，如果从允许前导/尾部空格的元素或属性中提取URL）

在 11.2 节中的第一个案例中，提取下一页的 URL，代码如图 11-16 所示。

```
38    # 提取下一页的链接
39    # 下一页的url在li.next > a 里的href属性值
40    # 例如：<li class="next"><a href="catalogue/page-2.html">next</a></li>
41    next_url = response.xpath('//li[@class="next"]/a/@href').extract_first()
42
43    # 判断
44    if next_url:
45        # 如果找到下一页的URL，得到绝对路径，构造新的Request对象
46        next_url = response.urljoin(next_url)
47        # 返回新的Request对象
48        yield scrapy.Request(next_url, callback=self.parse)
```

图11-16　提取下一页的URL

可分为以下两步提取下一页的 URL。

（1）通过 XPath 获取 href 属性，得到的是一个相对路径。

（2）通过 response.urljoin 处理得到一个完整的路径。

如果使用 LinkExtractors，那么这里使用 XPath 找到的 class 属性就是 next 的 li 标签，因为 LinkExtractors 会自动获取 li 下 a 标签的信息。然后直接提取对应的 URL，并能自动处理成完整的 URL 路径，代码如图 11-17 所示。

```
39    # 使用LinkExtractors提取下一页的链接
40    link = LxmlLinkExtractor(restrict_xpaths='//li[@class="next"]').extract_links(response)
41
42    # 判断
43    if link:
44        # 找到下一页的URL
45        next_url = link[0].url
46        # 返回新的Request对象
47        yield scrapy.Request(next_url, callback=self.parse)
```

图11-17　使用LinkExtractors提取URL

启动爬虫，运行后结果是一样的。

11.4.5　使用Exporter导出数据

实现爬虫时最经常提到的需求就是能合适地保存爬取到的数据，或者生成一个带有爬取数据的输出文件，通常称为输出 Feed，来供其他系统使用。

Scrapy 自带了 Feed 输出，并且支持多种序列化格式及存储方式。

支持的类型如表 11-16 所示。

表11-16　支持的类型

编号	支持的类型	格式	输出
1	JSON	json	JsonItemExporter
2	JSON lines	jsonlines	JsonLinesItemExporter
3	CSV	csv	CsvItemExporter
4	XML	xml	XmlItemExporter
5	Pickle	pickle	PickleItemExporter
6	Marshal	marshal	MarshalItemExporter

其中，前 4 种是极为常用的文本数据格式，而后两种是 Python 特有的。在大多数情况下，使用 Scrapy 内部提供的 Exporter 就足够了，需要以其他数据格式（上述 6 种以外）导出数据时，可以自行实现 Exporter。

在导出数据时，需向 Scrapy 爬虫提供导出文件路径和导出数据格式。

可以通过以下两种方式指定爬虫如何导出数据。

1. 通过命令行参数指定

就像 11.2 节中导出数据那样，代码如下。

```
scrapy crawl bookstoscrape -o bookstoscrape.csv
```

其中，-o bookstoscrape.csv 指定了导出文件的路径，这里虽然没有使用 -t 参数指定导出数据格式，但 Scrapy 爬虫通过文件扩展名推断出是以 CSV 作为导出数据格式。同样的道理，如果将参数改为 -o bookstoscrape.json，Scrapy 爬虫就会以 JSON 作为导出数据格式。需要明确地指定导出数据格式时要使用 -t 参数，代码如下。

```
scrapy crawl bookstoscrape  -t csv -o bookstoscrape.data
scrapy crawl bookstoscrape  -t json -o bookstoscrape2.data
```

运行以上命令后，Scrapy 爬虫会以 -t 参数中的数据格式字符串（如 csv、json、xml）为键，在配置字典 FEED_EXPORTERS 中搜索 Exporter，FEED_EXPORTERS 的内容由以下两个字典的内容合并而成。

（1）默认配置文件中的 FEED_EXPORTERS_BASE。

（2）用户配置文件中的 FEED_EXPORTERS。

前者包含内部支持的导出数据格式，后者包含用户自定义的导出数据格式。以下是 Scrapy 源码中定义的 FEED_EXPORTERS_BASE，它位于 scrapy.settings.default_settings 模块。

```
FEED_EXPORTERS_BASE = {
```

```
'json': 'scrapy.contrib.exporter.JsonItemExporter',
'jsonlines': 'scrapy.contrib.exporter.JsonLinesItemExporter',
'csv': 'scrapy.contrib.exporter.CsvItemExporter',
'xml': 'scrapy.contrib.exporter.XmlItemExporter',
'marshal': 'scrapy.contrib.exporter.MarshalItemExporter',

}
```

如果用户添加新的导出格式（即实现了新的 Exporter），则可在配置文件 settings.py 中定义
FEED_EXPORTERS，代码如下。

```
FEED_EXPORTERS = {'excel': 'my_project.my_exporters.ExcelItemExporter'}
```

另外，指定导出文件路径时，还可以使用 %(name)s 和 %(time)s 两个特殊变量。

（1）%(name)s：会被替换为 Spider 的名称。

（2）%(time)s：会被替换为文件创建时间。

下面看一个例子，假设一个项目中有爬取军事信息、财经信息，两个 Spider 分别命名为 'military'
和 'finance'。对于任意 Spider 的任意一次爬取，都可以使用 'export_data/%(name)s/%(time)s.csv' 作为
导出路径，Scrapy 爬虫会依据 Spider 的名称和爬取的时间点创建导出文件，代码如下。

```
scrapy crawl military -o 'export_data/%(name)s/%(time)s.csv'
scrapy crawl military -o 'export_data/%(name)s/%(time)s.csv'

scrapy crawl finance -o 'export_data/%(name)s/%(time)s.csv'
```

使用 tree 命令查看目录，代码如下。

```
$ tree ./export_data/
./export_data/
├── finance
│   └── 2019-01-17T11-20-42.csv
└── military
    ├── 2019-01-17T11-20-18.csv
    └── 2019-01-17T11-22-14.csv

2 directories, 3 files
```

这样就可以方便地导出数据，有名称，有时间，看起来也很直观。

使用命令行参数指定如何导出数据很方便，但缺点是命令行参数只能指定导出文件路径及导出
数据格式，并且每次都在命令行中输入很长的参数，很容易出错，使用配置文件可以弥补这些不足。

2. 通过配置文件指定

配置输出的设定如下。

（1）FEED_URI：默认为 None，输出 Feed 的 URI 可以是本地的路径，也可以是 FTP 和 S3 等。
为了启用 Feed 输出，该设定是必须的。

（2）FEED_FORMAT：默认为 None，输出 Feed 的序列化格式。6 种类型都支持，也可以自定义。

（3）FEED _EXPORT_ENCODING：默认为 None，用于 Feed 的编码。如果未设置或设置为 None，则它将使用 UTF-8 用于除 JSON 输出外的所有内容。

（4）FEED _EXPORT_FIELDS：默认为 None，要导出的字段列表，可选。使用 FEED_ EXPORT_FIELDS 选项定义要导出的字段及其顺序。当 FEED_EXPORT_FIELDS 为空或无（默认）时，Scrapy 使用 Item 爬虫正在产生的 dicts 或子类中定义的字段。如果导出器需要一组固定的字段（这是 CSV 导出格式的情况）并且 FEED_EXPORT_FIELDS 为空或无，则 Scrapy 会尝试从导出的数据中推断字段名称——目前它使用第一个项目中的字段名称。

（5）FEED_EXPORT_INDENT：默认为 0，用于在每个级别上缩进输出的空间量。如果是非负整数，则数组元素和对象成员将使用该缩进级别进行打印。缩进级别（默认值）或负数将把每个项目放在一个新行上。选择最紧凑的表示。

（6）FEED_STORE_EMPTY：默认为 False，是否输出没有 Item 的空 Feed。

（7）FEED_STORAGES：默认为 {}，包含项目支持的其他 Feed 存储后端的 dict。键是 URI 方案，值是存储类的路径。

（8）FEED_STORAGES_BASE：默认值如下。

```
{
    '': 'scrapy.extensions.feedexport.FileFeedStorage',
    'file': 'scrapy.extensions.feedexport.FileFeedStorage',
    'stdout': 'scrapy.extensions.feedexport.StdoutFeedStorage',
    's3': 'scrapy.extensions.feedexport.S3FeedStorage',
    'ftp': 'scrapy.extensions.feedexport.FTPFeedStorage',
}
```

包含 Scrapy 支持的内置 Feed 存储后端的 dict。可以通过分配其中 None 的 URI 方案来禁用任何这些后端。例如，要禁用内置 FTP 存储后端（无须替换），将其放入 FEED_STORAGES，代码如下。

```
FEED_STORAGES = {
    'ftp': None,
}
```

（9）FEED_EXPORTERS：默认为 {}，包含项目支持的其他导出器的 dict。键是序列化格式，值是 Item 导出器类的路径。

（10）FEED_EXPORTERS_BASE：默认值如下。

```
{
    'json': 'scrapy.exporters.JsonItemExporter',
    'jsonlines': 'scrapy.exporters.JsonLinesItemExporter',
    'jl': 'scrapy.exporters.JsonLinesItemExporter',
```

```
    'csv': 'scrapy.exporters.CsvItemExporter',
    'xml': 'scrapy.exporters.XmlItemExporter',
    'marshal': 'scrapy.exporters.MarshalItemExporter',
    'pickle': 'scrapy.exporters.PickleItemExporter',
}
```

包含 Scrapy 支持的内置 Feed 导出器的 dict。可以通过分配其中 None 的序列化格式来禁用任何这些导出器。例如，要禁用内置 CSV 导出器（无须替换），将其放入 FEED_EXPORTERS，代码如下。

```
FEED_EXPORTERS = {
    'csv': None,
}
```

下面看一个例子，在项目的 settings.py 中加入一些设置，如图 11-18 所示。

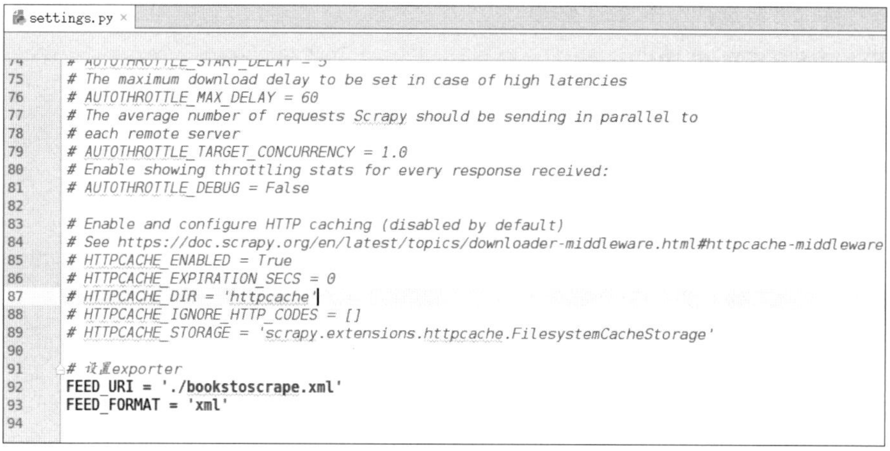

图11-18　settings.py的配置信息

运行爬虫，代码如下。

```
scrapy crawl bookstoscrape
```

使用 tree 命令查看目录，代码如下。

```
$ tree ./spider_04_books/
./spider_04_books/
├── bookstoscrape.csv
├── bookstoscrape.data
├── bookstoscrape.json
├── bookstoscrape.xml
......
```

发现已经生成了 bookstoscrape.xml 文件，使用配置文件的指定，并没有直接使用参数的方式，这样也能导出文件。

426

现在，已经了解了导出的格式，是上面提到的 6 种，在某些需求下，如需要导出 Excel 格式或
PDF 格式，那么需要添加新的导出数据格式，此时需要实现新的 Exporter 类。下面先参考 Scrapy 内
部的 Exporter 类是如何实现的，然后自行实现一个 Exporter。

为了使用 ItemExporter，必须对 ItemExporter 及其参数实例化。每个 ItemExporter 需要不同的
参数。在实例化了 Exporter 之后，需要完成如下 3 个步骤。

（1）调用 start_exporting() 方法以标识 exporting 过程的开始。

（2）对要导出的每个项目调用 export_item() 方法。

（3）最后调用 finish_exporting() 方法表示 exporting 过程的结束。

这里，可以看到一个 Item Pipeline，它使用 ItemExporter 导出 Items 到不同的文件，代码如下。

```
from scrapy import signals
from scrapy.contrib.exporter import XmlItemExporter

class XmlExportPipeline(object):

    def __init__(self):
        self.files = {}
    @classmethod
    def from_crawler(cls, crawler):
        pipeline = cls()
        crawler.signals.connect(pipeline.spider_opened, signals.spider_
opened)
        crawler.signals.connect(pipeline.spider_closed, signals.spider_
closed)
        return pipeline

    def spider_opened(self, spider):
        file = open('%s_products.xml' % spider.name, 'w+b')
        self.files[spider] = file
        self.exporter = XmlItemExporter(file)
        self.exporter.start_exporting()

    def spider_closed(self, spider):
        self.exporter.finish_exporting()
        file = self.files.pop(spider)
        file.close()

    def process_item(self, item, spider):
        self.exporter.export_item(item)
        return item
```

还需要了解序列化 item fields。默认情况下，该字段值将不变地传递到序列化库，如何对其进
行序列化的决定被委托给每一个特定的序列化库。

但是，可以自定义每个字段值如何序列化在它被传递到序列化库中之前。

427

有以下两种方法可以自定义一个字段如何被序列化。

（1）在 Field 类中声明一个 Serializer。

可以在 Fieldmetadata 声明一个 Serializer。该 Serializer 必须可调用，并返回它的序列化形式，代码如下。

```
import scrapy

def serialize_price(value):
    return '$ %s' % str(value)


class Product(scrapy.Item):
    name = scrapy.Field()
    price = scrapy.Field(serializer=serialize_price)
```

（2）覆盖 serialize_field() 方法。

可以覆盖 serialize_field() 方法来自定义如何输出数据，在自定义代码后确保调用父类的 serialize_field() 方法，代码如下。

```
from scrapy.contrib.exporter import XmlItemExporter

class ProductXmlExporter(XmlItemExporter):

    def serialize_field(self, field, name, value):
        if field == 'price':
            return '$ %s' % str(value)
        return super(Product, self).serialize_field(field, name, value)
```

下面了解一下 Scrapy 内置的 ItemExporters 类的 API。

BaseItemExporter 的构造方法如下。

```
class scrapy.exporters.BaseItemExporter(fields_to_export=None, export_
empty_fields=False, encoding='utf-8', indent=0)
```

这是一个对所有 ItemExporters 的父类。它对所有 ItemExporters 提供基本属性，如定义 export 什么 fields，是否 export 空 fields，或者是否进行编码。

可以在构造器中设置它们不同的属性值：fields_to_export，export_empty_fields，encoding。

BaseItemExporter 的属性和方法如表 11-17 所示。

表11-17 BaseItemExporter的属性和方法

编号	属性和方法	描述
1	export_item(item)	输出给定item。此方法必须在子类中实现

编号	属性和方法	描述
2	serialize_field(field, name, value)	返回给定field的序列化值。可以覆盖此方法来控制序列化或输出指定的field 默认情况下,此方法寻找一个serializer在item field 中声明并返回它的值。如果没有发现serializer,则值不会改变,除非使用unicode值并编码到str,编码可以在 encoding 属性中声明 参数: field(Field 对象)——被序列化的字段 name(str)——被序列化字段的名称 value——被序列化字段的赋值
3	start_exporting()	表示exporting过程的开始。一些exporters用于产生需要的头元素(如XmlItemExporter)。在实现exporting item前必须调用此方法
4	finish_exporting()	表示exporting过程的结束。一些exporters用于产生需要的尾元素(如XmlItemExporter)。在完成exporting item后必须调用此方法
5	export_empty_fields	是否在输出数据中包含为空的item fields。默认值为False。一些exporters(如CsvItemExporter)会忽略此属性并输出所有fields
6	fields_to_export	列出export什么fields值,None表示export所有fields。默认值为None 一些exporters(如CsvItemExporter)按照定义在属性中fields的次序依次输出
7	encoding	encoding属性将用于编码unicode值(仅用于序列化字符串)。其他值类型将不变地传递到指定的序列化库
8	indent	用于在每个级别上缩进输出的空间量。默认为0 indent=None:选择最紧凑的表示,同一行中的所有项目没有缩进 indent<=0:每个项目都在其自己的行上,没有缩进 indent>0:每个项目在其自己的行上,使用提供的数值缩进

另外,XmlItemExporter、CsvItemExporter、PickleItemExporter、PprintItemExporter、JsonItemExporter、JsonLinesItemExporter 都继承了 BaseItemExporter,这里就不再阐述了。

下面参照 JsonItemExporter 的源码,在 11.2 节中的项目的基础上实现一个能将数据以 Excel 格式导出的 Exporter,共有以下 3 个步骤。

(1)自定义导出 exporters 方法,代码如下。

```python
# -*- coding: utf-8 -*-

from scrapy.exporters import BaseItemExporter
import xlwt


class ExcelItemExporter(BaseItemExporter):
    """
    导出为Excel
    在执行命令中指定输出格式为Excel
    e.g. scrapy crawl -t excel -o bookstoscrape.xls
    """

    def __init__(self, file, **kwargs):
        self._configure(kwargs)
        self.file = file
        self.wbook = xlwt.Workbook(encoding='utf-8')
        self.wsheet = self.wbook.add_sheet('scrapy')
        self._headers_not_written = True
        self.fields_to_export = list()
        self.row = 0

    def finish_exporting(self):
        self.wbook.save(self.file)

    def export_item(self, item):
        if self._headers_not_written:
            self._headers_not_written = False
            self._write_headers_and_set_fields_to_export(item)

        fields = self._get_serialized_fields(item)
        for col, v in enumerate(x for _, x in fields):
            print(self.row, col, str(v))
            self.wsheet.write(self.row, col, str(v))
        self.row += 1

    def _write_headers_and_set_fields_to_export(self, item):
        if not self.fields_to_export:
            if isinstance(item, dict):
                self.fields_to_export = list(item.keys())
            else:
                self.fields_to_export = list(item.fields.keys())
        for column, v in enumerate(self.fields_to_export):
            self.wsheet.write(self.row, column, v)
        self.row += 1
```

> 提示
>
> xlwt 模块需要单独安装，pip 命令为 pip install xlwt。

这里使用第三方库 xlwt 将数据写入 Excel 文件中。在构造方法中创建 Workbook 对象和 Worksheet 对象，并初始化用来记录写入行坐标的 self.row。在 export_item() 方法中判断是否存在第一行字段声明，若不存在，则调用 _write_headers_and_set_fields_to_export() 方法，根据 item 的属性名写入第一行。在 export_item() 方法中调用基类的 _get_serialized_fields() 方法，获得 item 所有字段的迭代器，然后调用 self.wsheet.write() 方法将各字段写入 Excel 表格。finish_exporting() 方法在所有数据都被写入 Excel 表格后被调用，在该方法中调用 self.wbook.save() 方法将 Excel 表格写入 Excel 文件。

（2）将自定义方法添加至配置文件中。

完成 ExcelItemExporter 后，在配置文件 settings.py 中添加配置信息，代码如下。

```
FEED_EXPORTERS = {'excel': 'spider_04_books.my_exporters.
ExcelItemExporter'}
```

参数说明：spider_04_books 是项目名称；my_exporters 是文件名；ExcelItemExporter 是自定义类名。

（3）运行爬虫，声明导出格式为自定义格式。

运行爬虫，导出数据，代码如下。

```
scrapy crawl bookstoscrape -t excel -o bookstoscrape.xls
```

打开对应的 Excel 查看，如图 11-19 所示。

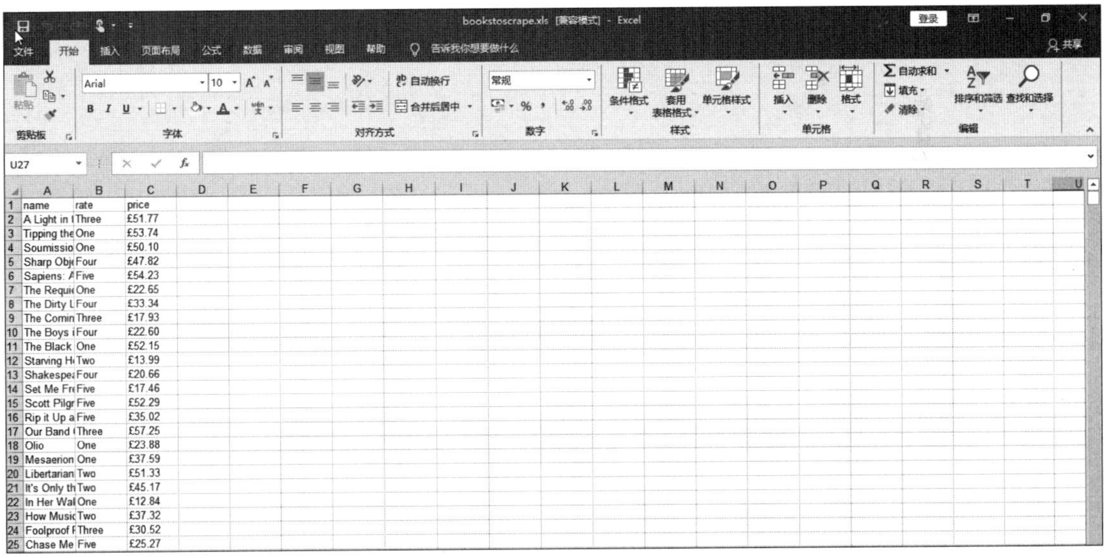

图11-19　查看结果

至此，已经成功地使用 ExcelItemExporter 将爬取到的数据存入了 Excel 文件中。

11.5 模拟登录

在 11.1~11.4 节中已经了解了如何使用 Scrapy 爬网站数据信息，这些网站都是不需要登录就可以访问的。但是现在很多网站需要登录后，才可以获取有价值的信息，在爬取这类网站时，爬虫需要先进行登录，再进行爬取。本节就来学习 Scrapy 模拟登录网站的方法。

11.5.1 流程分析

在实现爬虫登录后爬取信息之前，需要了解网站登录及访问登录后的页面。

这里有以下两个网址。

（1）登录页面，如图 11-20 所示。

图11-20　登录页面

（2）个人信息页面，如图 11-21 所示。

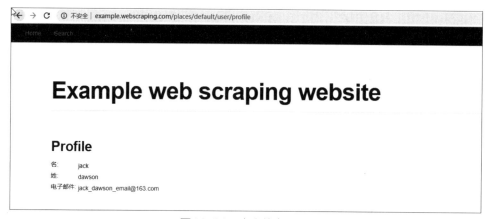

图11-21　个人信息页面

只有登录后，才能访问个人信息页面。下面介绍这个过程是如何实现的。

1. 登录

在登录页面中，使用 Chrome 浏览器的 Network 监听，在页面的表单中输入账号和密码，如图 11-22 所示。

图11-22　监听

也可以通过 Elements 查看对应的 Form 表单及 Form 表单的参数，如图 11-23 所示。

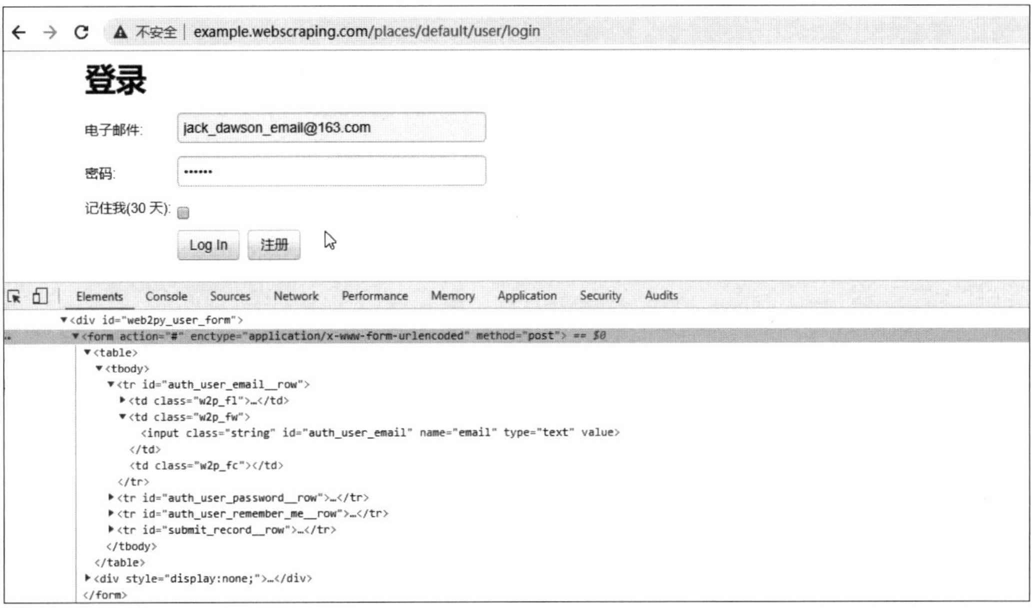

图11-23　查看Form表单

在单击【Log In】按钮后，观察 Network 的变化，如图 11-24 所示。

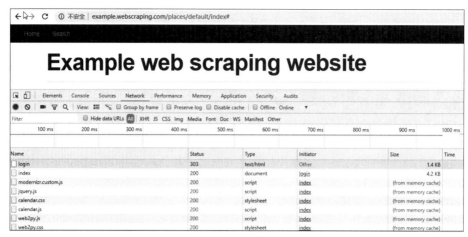

图11-24　登录

首先分析第一个请求 login，单击左侧的 Name 下的 login，然后单击右侧 Request Headers 右面的 view parsed 查看详细信息，如图 11-25 所示。

图11-25　Request信息

Request Headers 是客户端浏览器向服务器发送的请求行和请求头信息，其中 Form Data 是这次请求客户端发送给服务器端的参数，如图 11-26 所示。

图11-26　Form Data

Form Data 参数的描述如表 11-18 所示。

表11-18　Form Data参数的描述

编号	参数	描述
1	email: jack_dawson_email@163.com	电子邮件

续表

编号	参数	描述
2	password: 123abc	密码
3	_next: /places/default/index	登录后要访问的网站
4	_formkey: edb80ee8-3165-4104-afdb-f26af51f891f	用来防止跨站请求伪造（CSRF）
5	_formname: login	功能，如有login和register

提示　　这里的参数来自于 HTML 的 Form 表单，这里不做过多阐述，读者可以自行查阅相关资料。

下面看一下对应的 Response 信息，如图 11-27 所示。

图11-27　Response信息

Set-Cookie 是这次登录请求对应的响应，写在本地浏览器的 Cookie 中。

2. 访问登录后的页面

下面访问个人信息页面，使用 Network 监听查看请求，如图 11-28 所示。

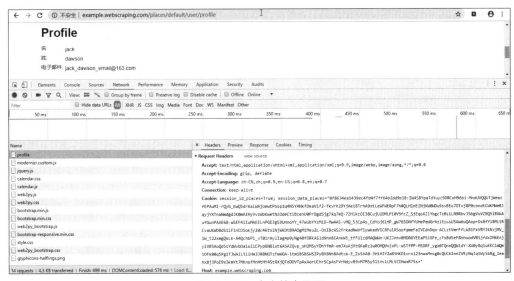

图11-28　个人信息页面

在图 11-28 中发现这次访问个人信息页面时,把上次登录对应的响应写到客户端的 Cookie 信息,又发送给了服务器,服务器验证通过后,正常响应个人信息页面。

如果把 Cookie 删除,那么再次访问个人信息页面会出现什么情况呢?

单击如图 11-29 中的感叹号图标,查看后,完成删除本域名下对应的 Cookie。

① 不安全 | example.webscraping.com/places/default/user/profile

图11-29　查看并删除Cookie

删除后,再次访问个人信息页面,使用 Network 监听查看请求,如图 11-30 所示。

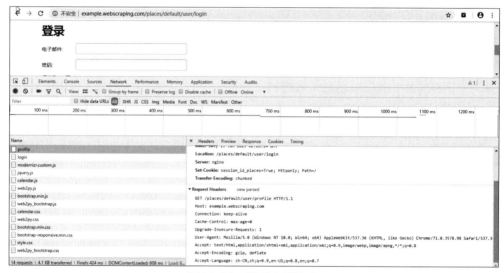

图11-30　监听查看请求

在图 11-30 中,Request Headers 中没有对应的 Cookie,客户端没有向服务器端发送登录后的 Cookie。

使用 Network 监听查看响应,如图 11-31 所示。

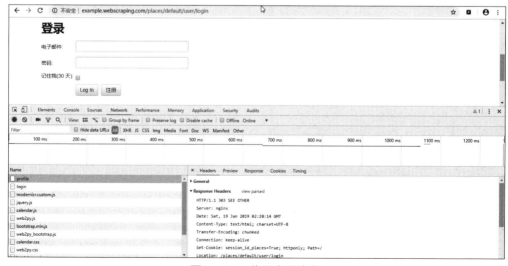

图11-31　监听查看响应

在图 11-31 中，Response Headers 的响应码是 303，就是重定向到了 Location 对应的 URL 中，也就是图中的登录页面。

> **提示**　图 11-31 中的 URL 已经改变了，这是重定向。

3. 总结

模拟登录的总结如下。

（1）登录时，客户端向服务器发送对应的参数，如果参数都正确，则登录成功，服务器向客户端响应，同时把对应的 Cookie 写到浏览器客户端中。

（2）访问登录后页面，客户端将本域名下对应的 Cookie 全部发送给服务器，服务器接收后获取 Cookie 进行登录判断，如果发来的 Cookie 有之前登录成功后正确写入的 Cookie，则服务器判断用户已经登录成功，响应正常的页面，否则服务器判断用户没有登录，重定向到登录页面，让用户重新登录。

11.5.2　直接携带Cookie登录

在 11.5.1 小节的流程分析中，已经了解访问登录后的页面，需要携带对应的 Cookie，服务器判断通过后可以成功访问。

下面看一个例子，Scrapy 不完成登录，而是直接携带 Cookie，爬取登录后的页面信息，代码如下。

```
# -*- coding: utf-8 -*-
import scrapy
from spider_05_login.items import UserItem


class Login1Spider(scrapy.Spider):
    name = 'login1'
    allowed_domains = ['example.webscraping.com']
    start_urls = ['http://example.webscraping.com/places/default/user/
profile']

    def start_requests(self):
        """重写start_requests()方法"""

        # 处理Cookie
        cookie_str = 'session_id_places=True;session_data_places="bf1200
804d30d63d9361328a3264d001:p6Mxa1TcOAnmjEbPA7HVEnyqYhTe4Yo5rJatsc2LQCAq
78cCwIChQAoU8K7UEKvXFc_j4tzJREnyvaIr5ZO7FN0uehcYAs0MYFHOByZwitlCuW3sCGMj
5ZngkE0fzXH_HPCJ6vOnAsL3QxJVjPmbAUALCG7C93XfknVkQ8F0fVajn_ol8Wb3XkptGLa
Yo5wWw2lnyDV2UyWTB9iec1rKBK2zy5zn9m09YU-ulvrLkt5LJo7XuomPALJiVupsE77Ob
```

```
RRnfZEjq5NctK9MXxKo_Agq9sbCGm7k5Y2fvGwAxmwaBC4rdgNbpvcp7v8ke3CZaiJtlVJv
WymqkLEfWUBPohFxeD-4Yp8p-x-7FOTmd2vJzv_mRgGJ3aN-FRXKjUwpt SLspwyLy_yx4yF
nX6IdAWKOFihNvoRjRF5ZSPxX2QjMiz662CaBfp17XIfa-UusfmYso8u_DQN6VdmYLhZL4f
htKUWeGU502PfWgW_NbFgvdnfYy_3zJeT2QVlfTmtGwmL-6SQ-F9BR3Wfd2rw0o8D8GSVfj
ICse2iIDzK7Dx2Ox4HoleBgahJtlJJIdcJFsrqbq0kup6MH5FVEBoi68XkZxZFHMXyllsAu
6OpjUxxIyTLnX27yyQl3Dj5Rbv-BKKul32fC37UWPbL42MRy9x0m0r7cK9uYiVm38BrsEnY
qjrsVAOWoydl12xJd8IFsTPVZBWzjRdlYnHa3FPCZt_-R9mzpVdA6drtKcpKF9Zx_aCVrn-
MJP9oxM3tX2hnRQnuHLxS3UtcrM5K2DfOap4RFwEDpjE8jxiIHeaVe_whYefEUvGcwfSF_IN
w1s_DV5KkjGxxjtxU0kz95BGGNNbc647bKZM4CxGyP0EjchttR05-7bUnBw6PSqNXuWoUw61h
3PSgY22IzFfFDmHONveTlzlh8CvH7Ib0I13ZLNWncjINEVjkc9X-OPUtLbl7Qs4eDDb5pf-
aRcJhyEaBmBXj-TQP1K1ac_7LPp9BC0Os="'
        cookies = {}
        for i in cookie_str.split(';'):
            name, value = i.split("=", maxsplit=1)
            cookies[name] = value

        # 构造新的请求对象并返回
        yield scrapy.Request(
            self.start_urls[0],
            callback=self.parse,
            cookies=cookies
        )

    def parse(self, response):
        """处理请求"""

        # 构造Item对象
        item = UserItem()
        item['first_name'] = response.xpath('//tr[@id="auth_user_first_name__
row"]/td[2]/text()').extract_first()
        item['last_name'] = response.xpath('//tr[@id="auth_user_last_name__
row"]/td[2]/text()').extract_first()
        item['email'] = response.xpath('//tr[@id="auth_user_email__row"]/
td[2]/text()').extract_first()

        # 返回Item对象
        yield item
```

解释上面的代码如下。

（1）重写了 start_requests() 方法，爬虫开始时，先调用此方法。

（2）cookie_str 是在浏览器中通过 Network 监听获取的字符串。

（3）scrapy.Request 的参数 cookies 是一个字典类型。

> 提示
> Scrapy 中 Cookie 不能够放在 headers 中，在构造请求时有专门的 cookies 参数，能够接受字典形式的 coookie。

运行爬虫，代码如下。

```
scrapy crawl login1 -o export_data/login1.csv
```

查看 CSV 文件，代码如下。

```
$ cat ./export_data/login1.csv -n
1    last_name,email,first_name
2    dawson,jack_dawson_email@163.com,jack
```

目前数据已经爬取成功。

需要注意的是，因为 Cookie 是有过期时间的，所以直接携带 Cookie 登录可以应用到如下场景。

（1）Cookie 过期时间很长，常见于一些不规范的网站。

（2）能在 Cookie 过期之前把所有的数据拿到。

（3）配合其他程序使用，如使用 Selenium 把登录之后的 Cookie 获取保存到本地，然后在 Scrapy 发送请求之前先读取本地 Cookie。

11.5.3　发送post请求登录

通过流程分析，已经了解登录的实质就是向对应的 URL 发送请求（一般是 post）并传递参数。Scrapy 提 供 了 FormRequest 专 门 用 来 向 URL 携 带 参 数 发 送 post 请 求。FormRequest 继 承 了 Request，并扩展了一个参数 formdata，它是一个字典，将登录需要的参数传入即可。

下面看一个例子，Scrapy 发送 post 请求登录成功后，爬取登录后的页面信息，代码如下。

```
# -*- coding: utf-8 -*-
import scrapy
from spider_05_login.items import UserItem


class Login1Spider(scrapy.Spider):
    """爬虫类"""

    name = 'login2'
    allowed_domains = ['example.webscraping.com']
    start_urls = ['http://example.webscraping.com/places/default/user/
login']
    profile_url = 'http://example.webscraping.com/places/default/user/
profile'

    def parse(self, response):
        """处理start_urls请求"""

        # 准备post参数

        formdata = {
            'email': 'jack_dawson_email@163.com',
            'password': '123abc',
```

```
            '_formkey': response.xpath('//input[@name="_formkey"]/@value').
extract_first(),
            '_formname': response.xpath('//input[@name="_form name"]/
@value').extract_first(),
            '_next': response.xpath('//input[@name="_next"]/@val ue').
extract_first(),
        }

        # 构造新的请求对象并返回
        yield scrapy.FormRequest(
            url=self.start_urls[0],
            formdata=formdata,
            callback=self.parse_login,
        )

    def parse_login(self, response):
        """处理请求-登录后的跳转"""

        # 构造新的请求对象并返回
        yield scrapy.Request(
            url=self.profile_url,
            callback=self.parse_profile,
        )

    def parse_profile(self, response):
        """处理请求-个人信息"""

        # 构造Item对象
        item = UserItem()
        item['first_name'] = response.xpath('//tr[@id="auth_user_first_name__
row"]/td[2]/text()').extract_first()
        item['last_name'] = response.xpath('//tr[@id="auth_user_last_name__
row"]/td[2]/text()').extract_first()
        item['email'] = response.xpath('//tr[@id="auth_user_email__row"]/
td[2]/text()').extract_first()

        # 返回Item对象
        yield item
```

解释上面的代码如下。

（1）爬虫开始时，先调用 parse() 方法，获取参数 _formkey、_formname 和 _next，特别是
_formkey，因为它每次都是不同的，所以访问 login 页面先获取这些参数。

（2）向 Form 表单中的 Action 对应 URL 发送参数，发现 Action 中只有一个 #，表示还是向当
前 URL 也就是上一步的 URL 发送请求，不过这次是 post 请求。构造 FormRequest 对象，传递好参
数，发送请求。

（3）上一步请求对应的响应是跳转到 Index 页面，而需要访问 Profile 页面，所以再构造一个

新的请求访问 Profile。

（4）在 Profile 页面中爬取需要的信息。

运行爬虫，代码如下。

```
scrapy crawl login2 -o export_data/login2.csv
```

查看 CSV 文件，代码如下。

```
$ cat ./export_data/login2.csv -n
1     last_name,email,first_name
2     dawson,jack_dawson_email@163.com,jack
```

目前数据已经爬取成功。

那么如何知道 Cookie 确实是在不同的解析函数中传递呢？

可以在 settings.py 中配置，代码如下。

```
# Disable cookies (enabled by default)
# COOKIES_ENABLED = False
```

这样就可以像真实浏览器那样保证 Cookie 确实是在不同的解析函数中传递。

如果需要查看对应的日志信息，则可以添加设置，代码如下。

```
COOKIES_DEBUG = True
```

重新运行爬虫，部分日志信息如下。

```
$ scrapy crawl login2 -o export_data/login2.csv
2019-01-19 13:43:04 [scrapy.utils.log] INFO: Scrapy 1.5.1 started (bot:
spider_05_login)
2019-01-19 13:43:04 [scrapy.extensions.telnet] DEBUG: Telnet console
listening on 127.0.0.1:6023
…<省略中间部分输出>…
2019-01-19 13:43:04 [scrapy.core.engine] DEBUG: Crawled (200) <GET
http://example.webscraping.com/robots.txt> (referer: None)
2019-01-19 13:43:05 [scrapy.downloadermiddlewares.cookies] DEBUG: Received
cookies from: <200 http://example.webscraping.com/places/default/user/
login>
Set-Cookie: session_id_places=True; httponly; Path=/

Set-Cookie: session_data_places="7f18cdd0ce2f168bb787c142db58b21c:CCsh7
69QMcjhdOJjsKU5mrdBPvGGwbRJkqqdex7rrBR7z0N2taz4o75MIHj7JU5sVfAbRr4AI0s4
pFLq-ur7ZqPWGmQ13myfW3S8dgVARPBayDXtfugRMx4-swy1Lo4L_4FPSo-hh8HoKlkzdIQ
Hez3FFFj5xe372vSqkHWnuJTMSYEeXZZ9Z3sqNvBIkI1MMHgpSpYLHf1cFWEmbcpjxiQ4ZQ
Nc8NR_EYZOmJzITKEjvDtNSic3vyiSYkPfo5hrs1_-5msk0RhPLmGffuuOoQnh95vKu-Yyw
Usgz8MP4_hp-pzRZXuHOLWWxuJ4-aqYM8umWNkpQcOM1GDGCxitSiLzlbBvOWI8uE6Dw_u1
sRWfm23F-rFeuBGSrvOTWZ9ayo9UdoG0bYpZxEiAfHsJbQ=="; Path=/

2019-01-19 13:43:05 [scrapy.core.engine] DEBUG: Crawled (200) <GET
```

http://example.webscraping.com/places/default/user/login> (referer: None)
2019-01-19 13:43:05 [scrapy.downloadermiddlewares.cookies] DEBUG: Sending
cookies to: <POST http://example.webscraping.com/places/default/user/login>
Cookie: session_data_places="7f18cdd0ce2f168bb787c142db58b21c:CCsh769QMcj
hdOJjsKU5mrdBPvGGwbRJkqqdex7rrBR7z0N2taz4o75MIHj7JU5sVfAbRr4AI0s4pFLq-ur7
ZqPWGmQ13myfW3S8dgVARPBayDXtfugRMx4-swy1Lo4L_4FP So-hh8HoKlkzdIQHez3FFFj
5xe372vSqkHWnuJTMSYEeXZZ9Z3sqNvBIkI1MMHgpSpYLHf1cFWEmbcpjxiQ4ZQNc8NR_EYZ
OmJzITKEjvDtNSic3vyiSYkPfo5hrs1_-5msk0RhPLmGffuuOoQnh95vKu-YywUsgz8MP4_
hp-pzRZXuHOLWWxuJ4-aqYM8umWNkpQcOM1GDGCxitSiLzlbBvOWI8uE6Dw_u1sRWfm23F-
rFeuBGSrvOTWZ9ayo9UdoG0bYpZxEiAfHsJbQ=="; session_id_places=True
2019-01-19 13:43:05 [scrapy.downloadermiddlewares.cookies] DEBUG: Received
cookies from: <303 http://example.webscraping.com/places/default/user/
login>
Set-Cookie: session_id_places=True; httponly; Path=/

Set-Cookie: session_data_places="aaa7310b7453507082fa8f1cb6273b20:NM41X
0VxTMTaDd7h1Wp48vLFsedopU_VEYnCaM3RTTQsvUaZqIN_IvZB1lwt0IUq6Wz725B1ixSi-
a3opc9WiwL6Ie7ysAmHgQRB0Tkq4JLoheEzgplGSvVi5hlN7ldhoa2jW9CEB0WjJA_xXlGp
eRjS00XMjYrbYe7EMYPW1_Lo9svA5S1Nzc5vn_6_RQB1Ox17_6mlSNjJYxZe2k4a6vPX6MG
w0ao91DlXWyir32oEu2lT4He2R5i4BWY0_sPo3EiskmsXxV02bQRgo8qJuM2gpoTHYU3HRRYY
oMKpCfs6oHi6zbg76gLJt5rv3DfwajQxu1l1rMlBcMUOTy8_x0b3C9JSNdbfBr4dwE31hFRFJ
1OQusYAdApJGtGuDR_BIhWj4ykjtqHLGmaICP5fC3NKZryEb8WTQFL-b84yRSLdQb4KZlX_
dkHSHtumYzWJoN2teu-IPTgcxe3E3s9rUS2cvhUA2ajtMumJTKgVfyBknnp_UDOYXzj1d9W
Va2Q6iisMnJLcgyxfdTRN3zYsXVdC8RY4Yo_ixYwJ4QgoWd7KxSK0-Sr8HRFuW3MkJyB8Oe
uGvWVGhEu_lebtD1D8ksIbRTGS8D0B6bYOtxvB2hIzXqTKUSjrq7jfyI3SPNiV-K8Fmmltq
zRpw44V4vb2ObZYJ80B0aavHAn4sk2zkmyuK_2kRfPZcmJYD51dmOII22iUaPTKffI6mp_l
x9XiUaigzISKQljqlH1O6-WF3telWlyb-BrDVYN2ru0Lko2fUb3W3PJOficH4UvaWtlzxo3X
7Sxqv3wZwu0P4vBUzVcmCQ8s3H1kr8E68CrKqcj5iX_mPdKy5vLawajXTYTX8rrX-kikntK
7IJH9aXpMymo_BLtKS6V3xbUo2b7lWnks7H-nIp1uf6DsggD1bUwdktmn6Wk1_TGCLObkzdY
o27Ejz6UfLw9ElI2_5H9RwCGCgElRXxed6-wkdfIVSupIjons8dwyvaT2_wrHMJYdIAnFRN
vbCleVrrwInS7h8q3PbNqABWwWmx_nPyCukNuzldQ=="; Path=/

2019-01-19 13:43:05 [scrapy.downloadermiddlewares.redirect] DEBUG:
Redirecting (303) to <GET http://example.webscraping.com/places/default/
index> from <POST http://example.webscraping.com/places/default/user/
login>
2019-01-19 13:43:05 [scrapy.downloadermiddlewares.cookies] DEBUG: Sending
cookies to: <GET http://example.webscraping.com/places/default/index>
Cookie: session_data_places="aaa7310b7453507082fa8f1cb6273b20:NM41X0VxT
MTaDd7h1Wp48vLFsedopU_VEYnCaM3RTTQsvUaZqIN_IvZB1lwt0IUq6Wz725B1ix Si-a3o
pc9WiwL6Ie7ysAmHgQRB0Tkq4JLoheEzgplGSvVi5hlN7ldhoa2jW9CEB0WjJA_xXlGpeRj
S00XMjYrbYe7EMYPW1_Lo9svA5S1Nzc5vn_6_RQB1Ox17_6mlSNjJYxZe2k4a6vPX6MGw0a
o91DlXWyir32oEu2lT4He2R5i4BWY0_sPo3EiskmsXxV02bQRgo8qJuM2gpoTHYU3HRRYo
MKpCfs6oHi6zbg76gLJt5rv3DfwajQxu1l1rMlBcMUOTy8_x0b3C9JSNdbfBr4dwE31hFRF
J1OQusYAdApJGtGuDR_BIhWj4ykjtqHLGmaICP5fC3NKZryEb8WTQFL-b84yRSLdQb4KZlX_
dkHSHtumYzWJoN2teu-IPTgcxe3E3s9rUS2cvhUA2ajtMumJTKgVfyBknnp_UDOYXzj1d9W
Va2Q6iisMnJLcgyxfdTRN3zYsXVdC8RY4Yo_ixYwJ4QgoWd7KxSK0-Sr8HRFuW3MkJyB8Oe
uGvWVGhEu_lebtD1D8ksIbRTGS8D0B6bYOtxvB2hIzXqTK USjrq7jfyI3SPNiV-K8Fmmltq
zRpw44V4vb2ObZYJ80B0aavHAn4sk2zkmyuK_2kRfPZcmJYD51dmOII22iUaPTKffI6mp_lx

9XiUaigzISKqljqlH1O6-WF3telWlyb-BrDVYN2ru0Lko2fUb3W3PJOficH4UvaWtlzxo3X7
Sxqv3wZwu0P4vBUzVcmCQ8s3H1kr8E68CrKqcj5iX_mPdKy5vLawajXTYTX8rrX-kikntK7I
JH9aXpMymo_BLtKS6V3xbUo2b7lWnks7H-nIp1uf6DsggD1bUwdktmn6Wk1TGCLObkzdYo2
7Ejz6UfLw9ElI2_5H9RwCGCgElRXxed6-wkdfIVSupIjons8dwyvaT2_wrHMJYdIAnFRNvbC
leVrrwInS7h8q3PbNqABWwWmx_nPyCukNuzldQ=="; session_id_places=True

2019-01-19 13:43:06 [scrapy.downloadermiddlewares.cookies] DEBUG: Received
cookies from: <200 http://example.webscraping.com/places/default/index>
Set-Cookie: session_id_places=True; httponly; Path=/

Set-Cookie: session_data_places="f45288c8f4afeb429ba54afbedb3ff9c:Tv-Mx
FyEw6AGQGlj6G-QH4hmPKTO505dg6ETCycVTEsEeJ2e0LefhJih1LSTIPeoJTHA_73hojFl
5JDSpT-Loqsk_379qvjhf0ia4fSeKpT33fIK3t6cu-VacEMKqNJCxSfbujuJ3ll_a2rZeh9
QVlglbU1tsHThHOMkroc0LPG65G_jiN7yMKxc4gZUJnOdol4OV80go2QnJRPOPFkb0WGfgS-
2fWmrwW6nH3pWgtjzA6vmI25vPKxE9K_uSE8bYSaLADhkI-4r79BlYSJJSBGi7ZR2snaNugz
bJDcRP0BssQxZio5Z9KsyprjXNbjC_Q83iX-FT9EBaWWl1cUuvRCwwFrtrIl9gPL5tVuq6Uj
va_fkYJIe8jrSLIQpFB2n5WrdyR0OMAXlC8Vuuz1z16aAmC8psc76gMCoSQzPB18nuRpYRHH
TeFhOMuEOu1b36HRe55kHw1VMlY1DnejzDho0D703BGhPqtP0e8A3crVDh67KnO3_rLIZNZv
ccCFqnJKg8l3ns7Z_lUZ5MDg6ScbIu_w0pzAumZM-0XRDd7_jSiILEUitMRht7Y-cLxIcSrId
Hf8y0Ks9xL7hDuLWXvlE604ryCUGEm3---6ZLY1Z0AcecIG-6G_9Czrtp1xbzJE-rL5ucaeI
zAET1tvdRPRiyvlxfo_H-Jn6ZhbaeLLnnJr2l6qXUZ2JRjstzLI7thfgenG4eZgt5zGbrpC
nwWJXY0w7Ncd8pEF361ZQjzauyuBdjEbU1h462bXFdy4smjIkYu1wyjdMgSXS6ghAvqGcQp
6tnYkrULqXTPLNFHWwHnPrQx1HdZGuAPi9BzVO0oJWeIFTl2AbCcczduxIiFX-_A0funqT6
A3aDHQ77_Tx2-aiIyN26TOsCGWvN16JQbqGOw7llXqkE9XevThxJvYg=="; Path=/

2019-01-19 13:43:06 [scrapy.core.engine] DEBUG: Crawled (200) <GET
http://example.webscraping.com/places/default/index> (referer: http://
example.webscraping.com/places/default/user/login)
2019-01-19 13:43:06 [scrapy.downloadermiddlewares.cookies] DEBUG: Sending
cookies to: <GET http://example.webscraping.com/places/default/user/
profile>
Cookie: session_data_places="f45288c8f4afeb429ba54afbedb3ff9c:Tv-MxFyEw
6AGQGlj6G-QH4hmPKTO505dg6ETCycVTEsEeJ2e0LefhJih1LSTIPeoJTHA_73hojFl5JDS
pT-Loqsk_379qvjhf0ia4fSeKpT33fIK3t6cu-VacEMKqNJCxSfbujuJ3ll_a2rZeh9QVlg
lbU1tsHThHOMkroc0LPG65G_jiN7yMKxc4gZUJnOdol4OV80go2QnJRPOPFk_b0WGfgS-2fW
mrwW6nH3pWgtjzA6vmI25vPKxE9KuSE8bYSaLADhkI-4r79BlYSJJSBGi7ZR2snaNugzbJDc
RP0BssQxZio5Z9KsyprjXNbjCQ83iX-FT9EBaWWl1cUuvRCwwFrtrIl9gPL5tVuq6Ujva_fkY
JIe8jrSLIQpFB2n5WrdyR0OMAXlC8Vuuz1z16aAmC8psc76gMCoSQzPB18nuRpYRHHTeFhO
MuEOu1b36HRe55kHw1VMlY1DnejzDho0D703BGhPqtP0e8A3crVDh67KnO3_rLIZNZvccCF
qnJKg8l3ns7Z_lUZ5MDg6ScbIu_w0pzAumZM-0XRDd7_jSiILEUitMRht7Y-cLxIcSrIdHf
8y0Ks9xL7hDuLWXvlE604ryCUGEm3---6ZLY1Z0AcecIG-6G_9Czrtp1xbzJE-rL5ucaeIz
AET1tvdRPRiyvlxfo_H-Jn6ZhbaeLLnnJr2l6qXUZ2JRjstzLI7thfgenG4eZgt5zGbrpCn
wWJXY0w7Ncd8pEF361ZQjzauyuBdjEbU1h462bXFdy4smjIkYu1wyjdMgSXS6ghAvqGcQp6
tnYkrULqXTPLNFHWwHnPrQx1HdZGuAPi9BzVO0oJWeIFTl2AbCcczduxIiFX-_A0funqT6A
3aDHQ77_Tx2-aiIyN26TOsCGWvN16JQbqGOw7llXqkE9XevThxJvYg=="; session_id_
places=True

2019-01-19 13:43:06 [scrapy.downloadermiddlewares.cookies] DEBUG: Received
cookies from: <200 http://example.webscraping.com/places/default/user/

```
profile>
Set-Cookie: session_id_places=True; httponly; Path=/

Set-Cookie: session_data_places="53470bf4ed5ffb4b02419df96ea48054:H-11F
vfAWxlObTeUlSuRVr1X2jaIrJ9IDoDnAVnH_je7goOydi-hpf0FwvNXlkJVDIp7FqctOJYl
xLsgpTwOOPoHX_sDR4Cg-Q8INdfaY0j-YBUZGpks-VpkjFH-CICedWwyTeN5M7QhiDbm-K2
M3GNZvKU8kJ-8R_4aspFPiu7lb2d483wnw3sO9ZCDc56UJb_bq0LjNjJQYpbcQjECT5tdQr
TIAKXysyxWdT9Mk319vEfUff-NgV5mjK93uuBo5PuT2oNAO4zcf1pbVio3cIpiCwb-Zn4rZ_
xe8zAjVfaDYp66LQBWCL8F7U1IdJFU8fYx0FOSsCFXlzcNhWatWZkIkXN-x8YNdw5kfL6zg
d_aiUmaLQD5mGUyYEN9fS1bLi0YU3fg0NBu1UKs_rKvdAvXZ0DQYsoiSPOb4m3188NJ_lwN4
x8956RWSUlKyDyrMLF2CAyGjI85-7rXucy-5VPHVZXIsaRMv_iHq8pmUzVnlP5QRyTNsQ7ZMTG
lwMd1Gf-1S08qzCWDTpVVqwLRTpk4KlaEyxpz-gpFIKX85ptYWOy2_uaHEGrh7lQ9zQa8ad
BF9OlYqsxscDJf8R4FGkoMJwv1js7j88QafCBinam63eOjTogaMI0FkHO3pFe3l1j-6EJ20
16YiFCSKVcPayoFQ-nIOEHyNOAzDoyDOuZW4vGGKupbWCHf-Q_klPgbhfu0iGBzAMvygwTQzv
I3v3A-ih97aJ5PQ6XyYoOHamINWTIl5NcU2NIUV-rtz41QjbFzcjQ0tBdvWRrzancJYiclT
L-tDVmDbtSoLgskM19upn_PaSJB8WD7FBBtz7S5xR0l3lgQokkR0Rf0x1T07RhCsA9FuWgUl
ElAXmw6FSSHN3Is0F7kf5zKplMytQz2nddmOMctrAHcUQLIRQJER4bnLGbHZLg4FZ3gLfbmeE
lEEEslsIgh0S1zfzTI1Qt5Y3dxb25SjLisZsIGpTKAcOwwZOzITZrCoz-JxGxrolc="; Path=/

2019-01-19 13:43:06 [scrapy.core.engine] DEBUG: Crawled (200) <GET
http://example.webscraping.com/places/default/user/profile> (referer:
http://example.webscraping.com/places/default/index)
2019-01-19 13:43:06 [scrapy.core.scraper] DEBUG: Scraped from <200
http://example.webscraping.com/places/default/user/profile>
{'email': 'jack_dawson_email@163.com',
 'first_name': 'jack',
 'last_name': 'dawson'}
···<省略中间部分输出>···
2019-01-19 13:43:06 [scrapy.core.engine] INFO: Spider closed (finished)
```

通过打印日志，可以看出 Cookie 的传递。

这里还有一个问题，看下面的代码。

```
# 准备post参数
formdata = {
    'email': 'jack_dawson_email@163.com',
    'password': '123abc',
    '_formkey': response.xpath('//input[@name="_formkey"]/@value').extract_
first(),

    '_formname': response.xpath('//input[@name="_formname"]/@value').
extract_first(),
    '_next': response.xpath('//input[@name="_next"]/@value').extract_
first(),
}

# 构造新的请求对象并返回
yield scrapy.FormRequest(
    url=self.start_urls[0],
```

```
            formdata=formdata,
            callback=self.parse_login,
)
```

在准备 post 参数和构造请求时，前两个参数是用户需要填入的值，后 3 个参数是登录 Form 表单中隐藏域的值。URL 其实是 Form 表单 action 的值，其实隐藏域参数和 URL 都是从对应的 Form 中提取的。那么能不能自动提取呢？

scrapy.FormRequest.from_response 就提供了这样的功能，代码改写如下。

```
# -*- coding: utf-8 -*-
import scrapy
from spider_05_login.items import UserItem


class Login1Spider(scrapy.Spider):
    """爬虫类"""

    name = 'login3'
    allowed_domains = ['example.webscraping.com']
    start_urls = ['http://example.webscraping.com/places/default/user/
login']
    profile_url = 'http://example.webscraping.com/places/default/user/
profile'

    def parse(self, response):
        """处理start_urls请求"""

        # 准备post参数
        formdata = {
            'email': 'jack_dawson_email@163.com',
            'password': '123abc',
        }

        # 构造新的请求对象并返回
        yield scrapy.FormRequest.from_response(
            response=response,
            # formxpath='//div[@id="web2py_user_form"]/form',
            formdata=formdata,
            callback=self.parse_login,
        )

    def parse_login(self, response):
        """处理请求-登录后的跳转"""

        # 构造新的请求对象并返回
        yield scrapy.Request(
            url=self.profile_url,
            callback=self.parse_profile,
```

```
    )

def parse_profile(self, response):
    """处理请求-个人信息"""

    # 构造Item对象
    item = UserItem()
    item['first_name'] = response.xpath('//tr[@id="auth_user_first_name__
row"]/td[2]/text()').extract_first()
    item['last_name'] = response.xpath('//tr[@id="auth_user_last_name__
row"]/td[2]/text()').extract_first()
    item['email'] = response.xpath('//tr[@id="auth_user_email__row"]/
td[2]/text()').extract_first()

    # 返回Item对象
    yield item
```

解释上面的代码如下。

（1）scrapy.FormRequest.from_response 的参数 response，传入 Response 对象，自动解析，当前页只有一个 Form 表单时，将会自动定位，找到 Form 表单中的隐藏域的键值对和 Action 中的 URL。

（2）如果 response 中有多个表单，则可以通过 XPath 来定位 Form 表单。

（3）在使用时 Formdata 只需要传入在 Web 页面需要输入的 email 和 password。

11.6 中间件

在 11.1~11.5 节中已经了解了 Scrapy 框架的基本功能，其也可以完成爬取数据和保存数据。Scrapy 框架分为很多模块，中间件就是一个非常重要的模块。

中间件是 Scrapy 中的一个核心概念。使用中间件可以在爬虫的请求发起之前或请求返回之后对数据进行定制化修改，从而开发出适应不同情况的爬虫。

中间件这个中文名称和中间人只有一字之差。它们做的事情确实也非常相似。中间件和中间人都能在中途劫持数据，做一些修改再把数据传递出去。不同点在于，中间件是开发者主动加进去的组件，而中间人是被动的，一般是恶意地加进去的环节。中间件主要用来辅助开发，而中间人却多被用来进行数据的窃取、伪造，甚至攻击。

11.6.1 介绍

查看 Scrapy 架构，如图 11-32 所示。

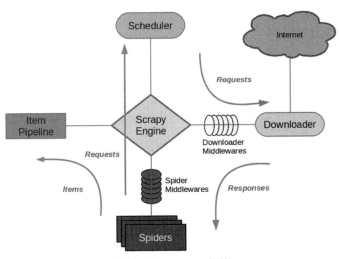

图11-32　Scrapy架构

从图 11-32 中可以看出，在 Scrapy 中有两种中间件：下载中间件（Downloader Middleware）和爬虫中间件（Spider Middleware）。

（1）Downloader Middleware。

Downloader 中间件是处于引擎（Engine）和下载器（Downloader）之间的一层组件，可以有多个下载中间件被加载运行。

当引擎传递请求给下载器的过程中，下载中间件可以对请求进行处理（如增加 http header 信息，增加 proxy 信息等）。

在下载器完成 HTTP 请求，传递响应给引擎的过程中，下载中间件可以对响应进行处理（如进行 gzip 的解压等）。

（2）Spider Middlewares。

Spider 中间件是介入到 Scrapy 的 Spider 处理机制的钩子框架，可以添加代码来处理发送给 Spiders 的 Response 及 Spider 产生的 Item 和 Request。

当 Spider 传递请求和 Item 给引擎的过程中，Spider 中间件可以对其进行处理（如过滤出 URL 长度比 URLLENGTH_LIMIT 的 Request）。

当引擎传递响应给 Spider 的过程中，爬虫中间件可以对响应进行过滤（如过滤出所有失败 / 错误的 HTTP Response）。

能在中间件中实现的功能，都能直接把代码写到爬虫中实现。使用中间件的好处在于，它可以把数据爬取和其他操作分开。在爬虫的代码中专心写数据爬取的代码；在中间件中专心写突破反爬虫、登录、重试和渲染 Ajax 等操作。

对团队来说，这种写法能实现多人同时开发，提高开发效率；对个人来说，写爬虫时不用考虑反爬虫、登录、验证码和异步加载等操作。另外，写中间件时不用考虑数据怎样提取。一段时间只做一件事，思路更清晰。

下面介绍这两种中间件。

11.6.2　下载中间件

下载中间件是介于 Scrapy 的 Request、Response 处理的钩子框架，是用于全局修改 Scrapy Request 和 Response 的一个轻量、底层的系统。一般用来更换代理 IP、更换 Cookies 和更换 User-Agent 等。

1. 编写下载中间件

编写下载中间件十分简单。每个中间件组件是一个定义了以下一个或多个方法的 Python 类，如表 11-19 所示。

表11-19　下载中间件方法

编号	方法	描述
1	process_request(request, spider)	当每个request通过下载中间件时，该方法被调用 process_request()必须返回其中之一：返回None、返回一个Response对象、返回一个Request对象或抛出一个IgnoreRequest异常 如果其返回None，则Scrapy将继续处理该request，执行其他的中间件的相应方法，直到合适的下载器处理函数（download handler）被调用，该request被执行（其response被下载） 如果其返回一个Response对象，则Scrapy将不会调用任何其他的process_request()或process_exception()方法，或者相应地下载函数；其将返回该response。已安装的中间件的process_response()方法则会在每个response返回时被调用 如果其返回一个Request对象，则Scrapy将则停止调用process_request()方法并重新调度返回的request。当新返回的request被执行后，相应的中间件链将会根据下载的response被调用 如果其抛出一个IgnoreRequest异常，则安装的下载中间件的process_exception()方法会被调用。如果没有任何一个方法处理该异常，则request的errback（Request.errback）方法会被调用。如果没有代码处理抛出的异常，则该异常被忽略且不记录（不同于其他异常那样） 参数： request（Request对象）——处理的request spider（Spider对象）——该request对应的spider

续表

编号	方法	描述
2	process_response(request, response, spider)	process_request()必须返回其中之一：抛出返回一个Response对象、返回一个Request对象或抛出一个IgnoreRequest异常 如果其返回一个Response对象（可以与传入的response相同，也可以是全新的对象），则该response会被在链中的其他中间件的process_response()方法处理 如果其返回一个Request对象，则中间件链停止，返回的request会被重新调度下载。处理类似于process_request()返回request所做的那样 如果其抛出一个IgnoreRequest异常，则调用request的errback（Request.errback）。如果没有代码处理抛出的异常，则该异常被忽略且不记录（不同于其他异常那样） 参数： request（Request对象）——response所对应的request response（Response对象）——被处理的response spider（Spider对象）——response所对应的spider
3	process_exception(request, exception, spider)	当下载处理器(download handler)或process_request()（下载中间件）抛出异常（包括IgnoreRequest异常）时，Scrapy调用process_exception() process_exception()应返回其中之一：返回None、一个Response对象或一个Request对象 如果其返回None，则Scrapy将会继续处理该异常，然后调用已安装的其他中间件的process_exception()方法，直到所有中间件都被调用完毕，则调用默认的异常处理 如果其返回一个Response对象，则已安装的中间件链的process_response()方法被调用。Scrapy将不会调用任何其他中间件的process_exception()方法 如果其返回一个Request对象，则返回的request将会被重新调用下载。这将停止中间件的process_exception()方法执行，就如返回一个response的那样 参数： request（Request对象）——产生异常的request exception（Exception对象）——抛出的异常 spider（Spider对象）——request对应的spider

2. 激活下载中间件

要激活下载中间件组件，就需要将其加入到 settings.py 中的 DOWNLOADER_MIDDLEWARES 设置中。该设置是一个字典（dict），键为中间件类的路径，值为其中间件的顺序，代码如下。

```
DOWNLOADER_MIDDLEWARES = {
    'myproject.middlewares.CustomDownloaderMiddleware': 543,
}
```

分配给每个类的整型值，确定了它们运行的顺序：数字从低到高的顺序，通过中间件，通常将这些数字定义在 0~1000 范围内。

如果想禁止内置的（在 DOWNLOADER_MIDDLEWARES_BASE 中设置并默认启用的）中间件，就必须在项目的 DOWNLOADER_MIDDLEWARES 设置中定义该中间件，并将其值赋为 None。如果想要关闭 User-Agent 中间件，则设置代码如下。

```
DOWNLOADER_MIDDLEWARES = {
    'myproject.middlewares.CustomDownloaderMiddleware': 543,
    'scrapy.contrib.downloadermiddleware.useragent.UserAgentMiddleware':
None,
}
```

3. 实例1：代理中间件

在爬虫开发中，更换代理 IP 是常见的情况，有时甚至每一次访问都需要随机选择一个代理 IP 来进行。

中间件本身是一个 Python 的类，只要爬虫每次访问网站之前都先"经过"这个类，它就能给请求换新的代理 IP，这样就能实现动态改变代理。

在创建一个 Scrapy 工程以后，工程文件夹下会有一个 middlewares.py 文件，打开以后其内容如图 11-33 所示。

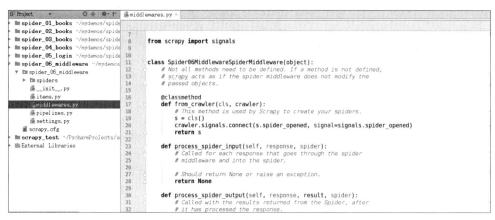

图11-33　middlewares.py

Scrapy 自动生成的这个文件名称为 middlewares.py，名称后面的 s 表示复数，说明这个文件中可以放很多个中间件。下面先来创建一个自动更换代理 IP 的中间件。

（1）在 middlewares.py 中添加下面一段代码。

```
class ProxyMiddleware(object):
    """代理中间件"""

    def process_request(self, request, spider):
        proxy = random.choice(settings['PROXIES'])
```

```
       request.meta['proxy'] = proxy
```

要修改请求的代理，就需要在请求的 meta 中设置一个 key 为 proxy，value 为代理 IP 的项。

（2）打开 settings.py，首先添加几个代理 IP。

```
PROXIES = [
    'https://114.217.243.25:8118',
    'https://125.37.175.233:8118',
    'http://1.85.116.218:8118',
]
```

需要注意的是，代理 IP 是有类型的，需要先看清楚是 HTTP 型的代理 IP 还是 HTTPS 型的代理 IP。如果用错了，就会导致无法访问。

上面提供的并不是真实数据。真实情况是，代理 IP 可以从代理商处购买，一般会有通过一个 URL 每次动态获取一个高匿的 IP，那样使用起来更加方便、高效。代理 IP 也可以从一些代理商处免费获取，但是质量一般无法保证。

（3）打开 settings.py，配置激活中间件。

```
DOWNLOADER_MIDDLEWARES = {
    'spider_06_middleware.middlewares.ProxyMiddleware': 543,
}
```

（4）运行爬虫测试。

```
scrapy crawl bookstoscrape -o bookstoscrape.csv
```

这里可以使用之前的爬虫进行测试。需要用户提供正确的代理 IP，爬虫才可以正常爬取。

代理中间件的可用代理列表不一定非要写在 settings.py 中，也可以将它们写到数据库或 Redis 中。一个可行的自动更换代理的爬虫系统，应该有如下 3 个功能。

（1）有一个小爬虫 ProxySpider 去各大代理网站爬取免费代理并验证，将可以使用的代理 IP 保存到数据库中。

（2）在 ProxyMiddlerware 的 process_request 中，每次从数据库中随机选择一条代理 IP 地址使用。

（3）周期性验证数据库中的无效代理，及时将其删除。

由于免费代理极其容易失效，因此如果有一定的开发预算，那么建议购买专业代理机构的代理服务，高速而稳定。

4. 实例2：UA中间件

开发 UA 中间件与开发代理中间件几乎一样，它也是从 settings.py 配置好的 UA 列表中随机选择一项，加入到请求头中。

（1）在 middlewares.py 中添加下面一段代码。

```
class UAMiddleware(object):
    """UA中间件"""

    def process_request(self, request, spider):
        ua = random.choice(settings['USER_AGENT_LIST'])
        request.headers['User-Agent'] = ua
```

要修改请求的 User-Agent，就需要在请求的 headers 中设置一个 key 为 User-Agent，value 为随机获取到的 UA 的项。

（2）打开 settings.py，首先添加常用的 UA。

```
USER_AGENT_LIST = [
    "Mozilla/5.0 (Windows NT 10.0; WOW64) AppleWebKit/537.36 (KHTML,
like Gecko) Chrome/45.0.2454.101 Safari/537.36",
    "Dalvik/1.6.0 (Linux; U; Android 4.2.1; 2013022 MIUI/JHACNBL30.0)",
    "Mozilla/5.0 (Linux; U; Android 4.4.2; zh-cn; HUAWEI MT7-TL00
Build/HuaweiMT7-TL00) AppleWebKit/533.1 (KHTML, like Gecko) Version/4.0
Mobile Safari/533.1",
    "AndroidDownloadManager",
    "Apache-HttpClient/UNAVAILABLE (java 1.4)",
    "Dalvik/1.6.0 (Linux; U; Android 4.3; SM-N7508V Build/JLS36C)",
    "Android50-AndroidPhone-8000-76-0-Statistics-wifi",
    "Dalvik/1.6.0 (Linux; U; Android 4.4.4; MI 3 MIUI/V7.2.1.0.KXCCNDA)",
    "Dalvik/1.6.0 (Linux; U; Android 4.4.2; Lenovo A3800-d Build/
LenovoA3800-d)",
    "Lite 1.0 ( http://litesuits.com )",
    "Mozilla/4.0 (compatible; MSIE 8.0; Windows NT 5.1; Trident/4.0;
.NET4.0C; .NET4.0E; .NET CLR 2.0.50727)",
    "Mozilla/5.0 (Windows NT 6.1) AppleWebKit/537.36 (KHTML, like
Gecko) Chrome/38.0.2125.122 Safari/537.36 SE 2.X MetaSr 1.0",
    "Mozilla/5.0 (Linux; U; Android 4.1.1; zh-cn; HTC T528t Build/
JRO03H) AppleWebKit/534.30 (KHTML, like Gecko) Version/4.0 Mobile
Safari/534.30; 360browser(securitypay,securityinstalled); 360(android,
uppayplugin); 360 Aphone Browser (2.0.4)",
]
```

比 IP 更好的是，UA 不会存在失效的问题，所以只要收集几十个 UA，就可以一直使用。

（3）打开 settings.py，配置激活中间件。

```
DOWNLOADER_MIDDLEWARES = {
    # 'spider_06_middleware.middlewares.ProxyMiddleware': 543,
    'spider_06_middleware.middlewares.UAMiddleware': 544,
}
```

（4）运行爬虫测试。

```
scrapy crawl bookstoscrape -o bookstoscrape.csv
```

这里可以使用之前的爬虫进行测试。

5. 实例3：Cookie中间件

对于需要登录的网站，可以使用 Cookies 来保持登录状态。那么如果单独写一个小程序，用 Selenium 持续不断地用不同的账号登录网站，就可以得到很多不同的 Cookies。由于 Cookies 本质上就是一段文本，因此可以把这段文本放在 Redis 中。这样，当 Scrapy 爬虫请求网页时，可以从 Redis 中读取 Cookies 并给爬虫换上。这样爬虫就可以一直保持登录状态。

以之前访问的 webscraping 网站为例。

（1）在 middlewares.py 中添加下面一段代码。

```python
class CookieMiddleware(object):
    """Cookie中间件"""

    def __init__(self):

        """获取Redis的链接客户端"""
        self.client = redis.StrictRedis()

    def process_request(self, request, spider):
        """从Redis中获取Cookie信息"""

        if spider.name == 'login':
            cookies = json.loads(self.client.lpop('cookies').decode())
            request.cookies = cookies
```

一个请求经过这个中间件，就会从 Redis 中获取一个可用的 Cookie 并设置到当前请求中。这样就不用在 Spider 中设置 Cookie 了。Spider 的代码简化如下。

```python
import scrapy
from spider_06_middleware.items import UserItem


class Login1Spider(scrapy.Spider):
    """爬虫类"""

    name = 'login'
    allowed_domains = ['example.webscraping.com']
    start_urls = ['http://example.webscraping.com/places/default/user/
profile']

    def parse(self, response):
        """处理请求"""

        # 构造Item对象
        item = UserItem()
        item['first_name'] = response.xpath('//tr[@id="auth_user_first_name__
```

```
row"]/td[2]/text()').extract_first()
        item['last_name'] = response.xpath('//tr[@id="auth_user_last_name__
row"]/td[2]/text()').extract_first()
        item['email'] = response.xpath('//tr[@id="auth_user_email__row"]/
td[2]/text()').extract_first()

        # 返回Item对象
        yield item
```

（2）获取 Cookie。

怎样获取 Cookie 呢？可以开发一个小程序，如果有某网站的 200 个账号，那么单独写一个程序，持续不断地用 Selenium 和 ChromeDriver 或 Selenium 和 PhantomJS 登录，获取 Cookie，并将 Cookie 存放到 Redis 中。爬虫每次访问都从 Redis 中读取一个新的 Cookie 来进行爬取，这样就大大降低了被网站发现或封锁的可能性。

这种方式不仅适用于登录，也适用于验证码的处理。这个功能可自行实现。

（3）打开 settings.py，添加 Cookie 中间件。

```
DOWNLOADER_MIDDLEWARES = {
    # 'spider_06_middleware.middlewares.ProxyMiddleware': 543,
    # 'spider_06_middleware.middlewares.UAMiddleware': 544,
    'spider_06_middleware.middlewares.CookieMiddleware': 545,
}
```

（4）运行爬虫测试。

```
scrapy crawl login -o login.csv
```

结果与之前相同。

下载中间件可以实现很多功能，如在出现异常时，会调用下载中间件的 process_exception(request, exception, spider) 方法，在这里可以处理异常，然后返回一个新的 Request 重新加入到 Request 队列中，重新进行爬取，这就完成了自动重试的功能。其他功能不再一一介绍。

11.6.3　爬虫中间件

Spider 中间件是介入到 Scrapy 的 Spider 处理机制的钩子框架，可以添加代码来处理发送给 Spiders 的 Response 及 Spider 产生的 Item 和 Request。

爬虫中间件的用法与下载中间件非常相似，只是它们的作用对象不同。下载中间件的作用对象是请求 Request 和返回 Response，爬虫中间件的作用对象是爬虫。

爬虫中间件一般用来记录日志，在爬虫中间件中可以处理爬虫本身的异常。

爬虫中间件会在以下几种情况下被调用。

（1）当运行到 yieldscrapy.Request() 或 yield item 时，爬虫中间件的 process_spider_output() 方法被调用。

（2）当爬虫本身的代码出现了 Exception 时，爬虫中间件的 process_spider_exception() 方法被调用。

（3）当爬虫中的某一个回调函数 parse_xxx() 被调用之前，爬虫中间件的 process_spider_input() 方法被调用。

（4）当运行到 start_requests() 时，爬虫中间件的 process_start_requests() 方法被调用。

1. 编写爬虫中间件

编写爬虫中间件十分简单。每个中间件组件是一个定义了以下一个或多个方法的 Python 类，如表 11-20 所示。

表11-20　爬虫中间件方法

编号	方法	描述
1	process_spider_input(response, spider)	当response通过spider中间件时，该方法被调用，处理该response process_spider_input()应返回None或抛出一个异常 如果其返回None，则Scrapy将会继续处理该response，调用所有其他的中间件直到spider处理该response 如果其抛出一个异常（exception），则Scrapy将不会调用任何其他中间件的process_spider_input()方法，并调用request的errback。errback的输出将会以另一个方向被重新输入到中间件链中，使用process_spider_output()方法来处理，当其抛出异常时，则调用process_spider_exception() 参数： response（Response对象）——被处理的response spider（Spider对象）——该response对应的spider
2	process_spider_output(response, result, spider)	当Spider处理response返回result时，该方法被调用 process_spider_output()必须返回包含Request或Item对象的可迭代对象（iterable） 参数： response（Response对象）——生成该输出的response result[包含Request或Item对象的可迭代对象（iterable）]——spider返回的r esult spider（Spider对象）——其结果被处理的spider

编号	方法	描述
3	process_spider_exception(response, exception, spider)	当spider或（其他spider中间件的）process_spider_input()抛出异常时，该方法被调用 process_spider_exception()要么返回None，要么返回一个包含Response或Item对象的可迭代对象（iterable） 如果其返回None，则Scrapy将继续处理该异常，调用中间件链中的其他中间件的process_spider_exception()方法，直到所有中间件都被调用，该异常到达引擎（异常将被记录并被忽略） 如果其返回一个可迭代对象，则中间件链的process_spider_output()方法被调用，其他的process_spider_exception()将不会被调用 参数： response（Response对象）——异常被抛出时被处理的response exception（Exception对象）——被抛出的异常 spider（Spider对象）——抛出该异常的spider
4	process_start_requests(start_requests, spider)	0.15新版功能 该方法以spider启动的request为参数被调用，执行的过程类似于process_spider_output()，只不过其没有相关联的response，并且必须返回request（不是item） 其接受一个可迭代的对象（start_requests参数）且必须返回另一个包含Request对象的可迭代对象 注解： 当在spider中间件实现该方法时，必须返回一个可迭代对象（类似于参数start_requests）且不要遍历所有的start_requests。该迭代器会很大（甚至是无限），进而导致内存溢出。Scrapy引擎在其具有能力处理start request时将会拉起request，因此start request迭代器会变得无限，而由其他参数来停止spider（例如，时间限制或item/page记数） 参数： start_requests（包含Request的可迭代对象）——start requests spider（Spider对象）——start requests所属的spider

2. 激活爬虫中间件

要启用Spider中间件，就需要将其加入到SPIDER_MIDDLEWARES设置中。该设置是一个字典，键为中间件的路径，值为中间件的顺序，代码如下。

```
SPIDER_MIDDLEWARES = {
    'myproject.middlewares.CustomSpiderMiddleware': 543,
}
```

分配给每个类的整型值，确定了它们运行的顺序：数字从低到高的顺序，通过中间件，通常将这些数字定义在 0~1000 范围内。

　　SPIDER_MIDDLEWARES 设置会与 Scrapy 定义的 SPIDER_MIDDLEWARES_BASE 设置合并（但不是覆盖），然后根据顺序进行排序，最后得到启用中间件的有序列表：第一个中间件是最靠近引擎的，最后一个中间件是最靠近 Spider 的。

　　关于如何分配中间件的顺序参见 SPIDER_MIDDLEWARES_BASE 设置，然后根据想要放置中间件的位置选择一个值。由于每个中间件执行不同的动作，中间件可能会依赖于之前（或之后）执行的中间件，因此顺序是很重要的。

　　如果想禁止内置的（在 SPIDER_MIDDLEWARES_BASE 中设置并默认启用的）中间件，就必须在项目的 SPIDER_MIDDLEWARES 设置中定义该中间件，并将其值赋为 None。例如，如果想要关闭 off-site 中间件，则设置代码如下。

```
SPIDER_MIDDLEWARES = {
    'myproject.middlewares.CustomSpiderMiddleware': 543,
    'scrapy.contrib.spidermiddleware.offsite.OffsiteMiddleware': None,
}
```

3. 实例：URL日志

　　在爬虫开发中，记录 URL 爬取的日志。

　　（1）在 middlewares.py 中添加下面一段代码。

```
import logging

logger = logging.getLogger(__name__)
class ExceptionCheckSpider(object):
    def process_spider_input(self, response, spider):
        logger.info(response.url)
```

　　设置日志对象，以 INFO 级别将 Response 对应的 URL 显示到控制台，当然也可以保存到文件中，这里是显示到控制台。

　　（2）爬虫运行后，默认显示的日志信息级别是 DEBUG，打开 settings.py，设置默认级别为INFO。

```
LOG_LEVEL = "INFO"
```

　　（3）打开 settings.py，添加日志中间件。

```
SPIDER_MIDDLEWARES = {
    'spider_06_middleware.middlewares.UrlLogSpider': 543,
}
```

　　（4）运行爬虫测试。

```
scrapy crawl bookstoscrape -o bookstoscrape.csv
```

这里可以使用之前的爬虫进行测试。

11.7 分布式

目前已经掌握了 Scrapy 爬虫的用法，但是这个框架是在一台机器上运行的，效率是有限的。如果能多台机器并发地完成爬虫，那么效率将会倍增。这就是分布式爬虫的优势。

下面介绍分布式爬虫的原理和 scrapy-redis 的使用。

11.7.1 分布式爬虫的原理

首先需要了解什么是分布式？大致来说，就是需要计算的数据量太大，任务太多，一台机器搞不定或效率极低，需要多台机器共同协作（而不是孤立地各做各的，所以需要通信），最后所有机器完成的任务汇总在一起，完成大量任务。

任务分割的方法如下。

（1）如果需要爬取的任务是确定的，那么这时可以人工地将任务划分成几个互不重复的子任务，交给多台机器多个脚本去跑，这样彼此之间不通信不交流，也不会有影响。

（2）还有一种情况，输入的待爬任务并不是固定不变的，而是实时变化的，这种情况下人工没办法以固定不变的逻辑去分割任务还能确保互相独立、互不干扰，最好就是把任务集中在一处，在各台机器能互相通信的前提下，互不干扰地完成任务。

分布式爬虫还有一个动机，就是以机器换速度。有的网站反爬措施很严格，必须要慢慢爬，否则稍微一快就被封，这种情况下只靠一台机器一个脚本的速度肯定是无法容忍的。

但是对于分布式爬虫，每一个机器的脚本都有不同的 IP 或账号 Cookie，都以很慢的速度在爬，当并行任务多了之后，总体上的速度就很可观。

1. 分布式爬虫的架构

在了解分布式爬虫之前，回顾一下 Scrapy 架构的流程，爬虫将需要发送的请求经引擎交给调度器，调度器将请求排序去重入队列，从请求队列中取出请求经引擎再传递给下载器。这里的队列是利用 deque 模块实现的。

Scrapy 现在只有一个调度器来操作这个任务请求队列。如果有 10 个调度器同时操作这一个任务队列，就对应 10 个下载器去下载。那么，理论上效率就可以提高 10 倍。

任务队列必须只有一个，这样才能保证这 10 个调度器共享请求队列，就不会造成一个调度器调用请求后，另一个调度器重复调用此请求的问题。这就是分布式爬虫的基本架构雏形。

2. 请求去重

怎样做到请求去重呢？判断依据是什么？

Scrapy 中有一个模块 dupefilters，源码如下。

```python
from __future__ import print_function
import os
import logging

from scrapy.utils.job import job_dir
from scrapy.utils.request import request_fingerprint


class BaseDupeFilter(object):

    @classmethod
    def from_settings(cls, settings):
        return cls()

    def request_seen(self, request):
        return False

    def open(self):  # can return deferred
        pass

    def close(self, reason):  # can return a deferred
        pass

    def log(self, request, spider):  # log that a request has been filtered
        pass


class RFPDupeFilter(BaseDupeFilter):
    """Request Fingerprint duplicates filter"""

    def __init__(self, path=None, debug=False):
        self.file = None
        self.fingerprints = set()
        self.logdupes = True
        self.debug = debug
        self.logger = logging.getLogger(__name__)
        if path:
            self.file = open(os.path.join(path, 'requests.seen'), 'a+')
            self.file.seek(0)
            self.fingerprints.update(x.rstrip() for x in self.file)

    @classmethod
    def from_settings(cls, settings):
        debug = settings.getbool('DUPEFILTER_DEBUG')
        return cls(job_dir(settings), debug)
```

```
def request_seen(self, request):
    fp = self.request_fingerprint(request)
    if fp in self.fingerprints:
        return True
    self.fingerprints.add(fp)
    if self.file:
        self.file.write(fp + os.linesep)

def request_fingerprint(self, request):
    return request_fingerprint(request)

def close(self, reason):
    if self.file:
        self.file.close()

def log(self, request, spider):
    if self.debug:
        msg = "Filtered duplicate request: %(request)s"
        self.logger.debug(msg, {'request': request}, extra={'spider':
spider})
    elif self.logdupes:
        msg = ("Filtered duplicate request: %(request)s"
               " - no more duplicates will be shown"
               " (see DUPEFILTER_DEBUG to show all duplicates)")
        self.logger.debug(msg, {'request': request}, extra={'spider':
spider})
        self.logdupes = False

    spider.crawler.stats.inc_value('dupefilter/filtered', spider=spider)
```

解释上面的代码如下。

request_seen() 方法的参数是 request，这个方法是判断一个 request 是否重复。如果重复，则返回值 True，否则将这个 request 加入队列。

判断依据是什么？在这个方法中，又调用了 request 模块中的 request_fingerprint() 方法，代码如下。

```
def request_fingerprint(request, include_headers=None):
    """
    Return the request fingerprint.

    The request fingerprint is a hash that uniquely identifies the resource
    the request points to. For example, take the following two urls:

    http://www.example.com/query?id=111&cat=222
    http://www.example.com/query?cat=222&id=111

    Even though those are two different URLs both point to the same resource
```

```
and are equivalent (ie. they should return the same response).

Another example are cookies used to store session ids. Suppose the
following page is only accesible to authenticated users:

http://www.example.com/members/offers.html

Lot of sites use a cookie to store the session id, which adds a random
component to the HTTP Request and thus should be ignored when calculating
the fingerprint.

For this reason, request headers are ignored by default when calculating
the fingeprint. If you want to include specific headers use the
include_headers argument, which is a list of Request headers to include.
"""
if include_headers:
    include_headers = tuple(to_bytes(h.lower())
                                    for h in sorted(include_headers))
cache = _fingerprint_cache.setdefault(request, {})
if include_headers not in cache:
    fp = hashlib.sha1()
    fp.update(to_bytes(request.method))
    fp.update(to_bytes(canonicalize_url(request.url)))
    fp.update(request.body or b'')
    if include_headers:
        for hdr in include_headers:
            if hdr in request.headers:
                fp.update(hdr)
                for v in request.headers.getlist(hdr):
                    fp.update(v)
    cache[include_headers] = fp.hexdigest()
return cache[include_headers]
```

解释上面的代码如下。

这个方法 request_fingerprint() 返回的是参数 request 对应的请求指纹。请求指纹由四部分组成：request.method、request.url、request.body 和 request.headers。

如果这四部分相同，指纹就相同。当然这里还有一些细节的处理。

（1）URL 的处理。

```
http://www.example.com/query?id=111&cat=222
http://www.example.com/query?cat=222&id=111
```

尽管这是两个不同的 URL，但它们都指向同一个资源，是等效的（即它们应返回相同的响应）。

（2）header 的处理。

先转换为小写，然后排序，再比较是否相同。

3. 维护请求队列

目前分布式爬虫的架构已经明白了，就是在多台机器上部署各自的调度器和下载器，来同时操作一份请求队列，相当于人多力量大。那么请求队列如何维护呢？应放在哪里呢？可以选择 Redis。

Redis 是一款基于内存的 NoSQL 数据库，简单、小巧、强大，本身支持分布式，在分布式爬虫中很好用。Redis 的安装与配置前面已经了解过了。

分布式通信中有一个 Master-Slave 模型：其中 Master 是核心，它来生产、调度任务；其他多个 Slave 从 Master 中读取任务并执行。可以简单地把 Master 理解成包工头，Slave 是搬砖工。

一个通用的模式是一个 Master 对应多个 Slave，Master 只负责写入任务，Slave 只负责读任务，二者同时进行，读写分离不容易出错。

当然也没必要非按这个模式来，也可以设置成 Master 和 Slave 都可以读写任务，只要自己能理解、控制程序逻辑即可。

Redis 中有好几种数据结构，其中简单的可以使用 set，用来存储互不重复的爬虫任务 URL；复杂的可以使用 zset，同时设置优先级。

首先 Master 程序源源不断地往 Redis 中写入互不重复的 URL，各个 Slave 每次随机从中抽取一个任务，一旦成功执行就删除该 URL，直到 Redis 中的任务已空。

4. 中断和恢复

爬虫在运行过程中，因为某些原因可能会导致中断。因为 Request 队列默认是存储到内存中的，程序停止，对应的内存被清空。爬虫再次运行，会重新爬取，造成数据的重复。

Scrapy 提供了中断和恢复采集的功能，可以解决上面的问题。原理是，在爬取时将已经爬取的 Request 保存到一个文件中，如果爬虫中断了，则重新运行爬虫时，先读取已经爬取的 Request 的记录文件，恢复到队列中。这样就不会造成重复爬取的问题了。

默认的 scrpay crawl spider 是不能暂停的，必须使用如下的方式。

```
scrapy crawl somespider -s JOBDIR=crawls/somespider-1
```

运行命令时使用上面的命令行代码即可，中途可以使用【Ctrl+C】组合键终止采集程序的运行。恢复时，运行上面的命令即可。其中 crawls/somespider-1 是一个保存采集列表状态的目录，可以自己指定，但是不要同时开多个爬虫程序使用同一个目录，这样会混乱的。

那么在分布式爬虫中，还需要考虑这个问题吗？

答案是不需要，因为本身 Request 信息是存储到数据库中的，爬虫中断了，Redis 数据库中依然存储着 Request 信息，下次爬虫再次运行，只需要去 Redis 数据库读取 Request 相关信息，就可以继续爬取。如果 Redis 数据库被清空，那么爬虫只能重新开始。

5. 实现架构

只需要按照之前的分析，就可以实现分布式架构。

（1）使用 Redis 存储队列。

（2）请求去重。

（3）重写 Scrapy 调度器操作请求，共享第（1）步的请求信息。

（4）中断和恢复。

（5）在多台机器上部署运行 Scrapy。

其实可以理解为：改进版的 Scrapy+Redis。

现在，这样的架构已经实现了，并发布了对应的 Python 包，就是 scrapy-redis，只需要下载安装，然后导入即可使用，代码如下。

```
pip install scrapy-redis
```

11.7.2 scrapy-redis源码分析

在 11.7.1 小节中已经了解了分布式爬虫的架构，并安装了 scrapy-redis 模块。下面分析下它的源码。目前源码在 GitHub 上托管，可以通过如下命令下载。

```
git clone https://github.com/rolando/scrapy-redis.git
```

核心源码的目录为 scrapy-redis/src/scrapy_redis/，使用 PyCharm 打开，如图 11-34 所示。

图11-34 scrapy-redis

下面分析一下它的源码信息。

1. connection.py

connection.py 的源码如下。

```
import six
from scrapy.utils.misc import load_object
from . import defaults
```

```
# Shortcut maps 'setting name' -> 'parmater name'
SETTINGS_PARAMS_MAP = {
    'REDIS_URL': 'url',
    'REDIS_HOST': 'host',
    'REDIS_PORT': 'port',
    'REDIS_ENCODING': 'encoding',
}

def get_redis_from_settings(settings):
    """Returns a redis client instance from given Scrapy settings object.

    This function uses ``get_client`` to instantiate the client and uses
    ``defaults.REDIS_PARAMS`` global as defaults values for the parameters.
    You can override them using the ``REDIS_PARAMS`` setting.

    Parameters
    ----------
    settings : Settings
        A scrapy settings object. See the supported settings below.

    Returns
    -------
    server
        Redis client instance.

    Other Parameters
    ----------------
    REDIS_URL : str, optional
        Server connection URL.
    REDIS_HOST : str, optional
        Server host.
    REDIS_PORT : str, optional
        Server port.
    REDIS_ENCODING : str, optional
        Data encoding.
    REDIS_PARAMS : dict, optional
        Additional client parameters.

    """
    params = defaults.REDIS_PARAMS.copy()
    params.update(settings.getdict('REDIS_PARAMS'))
    # XXX: Deprecate REDIS_* settings
    for source, dest in SETTINGS_PARAMS_MAP.items():
        val = settings.get(source)
        if val:
            params[dest] = val

    # Allow ``redis_cls`` to be a path to a class
```

```
    if isinstance(params.get('redis_cls'), six.string_types):
        params['redis_cls'] = load_object(params['redis_cls'])

    return get_redis(**params)


# Backwards compatible alias
from_settings = get_redis_from_settings


def get_redis(**kwargs):
    """Returns a redis client instance.

    Parameters
    ----------
    redis_cls : class, optional
        Defaults to ``redis.StrictRedis``.
    url : str, optional
        If given, ``redis_cls.from_url`` is used to instantiate the class.
    **kwargs
        Extra parameters to be passed to the ``redis_cls`` class.

    Returns
    -------
    server
        Redis client instance.

    """
    redis_cls = kwargs.pop('redis_cls', defaults.REDIS_CLS)
    url = kwargs.pop('url', None)
    if url:
        return redis_cls.from_url(url, **kwargs)
    else:
        return redis_cls(**kwargs)
```

本模块用于建立 Redis 连接，其中定义了以下 3 个内容。

（1）SETTINGS_PARAMS_MAP：用于将 Redis 参数名映射到 redis 库的参数名。

（2）get_redis_from_settings 函数：从 Scrapy 的 settings 对象获取连接参数并调用 get_redis 建立 Redis 连接。

（3）get_redis 函数：辅助函数，从传入参数建立 Redis 连接。

2. utils.py

utils.py 的源码如下。

```
import six


def bytes_to_str(s, encoding='utf-8'):
```

```
    """Returns a str if a bytes object is given."""
    if six.PY3 and isinstance(s, bytes):
        return s.decode(encoding)
    return s
```

本模块用于将字节序列转换为字符串。

模块内只有一个方法 bytes_to_str()，用于将字节序列转换为字符串，因为使用 redis 模块读取的字符数据都为 bytes，所以使用前需要解码为 str。

3. picklecompat.py

picklecompat.py 的源码如下。

```
try:
    import cPickle as pickle  # PY2
except ImportError:
    import pickle


def loads(s):
    return pickle.loads(s)


def dumps(obj):
    return pickle.dumps(obj, protocol=-1)
```

本模块用于序列化和反序列化，使用了 pickle 库。两个方法如下。

（1）dumps() 方法：实现了序列化。

（2）loads() 方法：实现了反序列化。

4. queue.py

queue.py 的源码如下。

```
from scrapy.utils.reqser import request_to_dict, request_from_dict

from . import picklecompat


class Base(object):
    """Per-spider base queue class"""

    def __init__(self, server, spider, key, serializer=None):
        """Initialize per-spider redis queue.

        Parameters
        ----------
        server : StrictRedis
            Redis client instance.
        spider : Spider
```

```
            Scrapy spider instance.
        key: str
            Redis key where to put and get messages.
        serializer : object
            Serializer object with ``loads`` and ``dumps`` methods.

        """
        if serializer is None:
            # Backward compatibility
            # TODO: deprecate pickle
            serializer = picklecompat
        if not hasattr(serializer, 'loads'):
            raise TypeError("serializer does not implement 'loads' function:
                            %r" % serializer)
        if not hasattr(serializer, 'dumps'):
            raise TypeError("serializer '%s' does not implement 'dumps'
                            function: %r" % serializer)

        self.server = server
        self.spider = spider
        self.key = key % {'spider': spider.name}
        self.serializer = serializer

    def _encode_request(self, request):
        """Encode a request object"""
        obj = request_to_dict(request, self.spider)
        return self.serializer.dumps(obj)

    def _decode_request(self, encoded_request):
        """Decode an request previously encoded"""
        obj = self.serializer.loads(encoded_request)
        return request_from_dict(obj, self.spider)

    def __len__(self):
        """Return the length of the queue"""
        raise NotImplementedError

    def push(self, request):
        """Push a request"""
        raise NotImplementedError

    def pop(self, timeout=0):
        """Pop a request"""
        raise NotImplementedError

    def clear(self):
        """Clear queue/stack"""
        self.server.delete(self.key)
```

```
class FifoQueue(Base):
    """Per-spider FIFO queue"""

    def __len__(self):
        """Return the length of the queue"""
        return self.server.llen(self.key)

    def push(self, request):
        """Push a request"""
        self.server.lpush(self.key, self._encode_request(request))

    def pop(self, timeout=0):
        """Pop a request"""
        if timeout > 0:
            data = self.server.brpop(self.key, timeout)
            if isinstance(data, tuple):
                data = data[1]
        else:
            data = self.server.rpop(self.key)
        if data:
            return self._decode_request(data)


class PriorityQueue(Base):
    """Per-spider priority queue abstraction using redis' sorted set"""

    def __len__(self):
        """Return the length of the queue"""
        return self.server.zcard(self.key)

    def push(self, request):
        """Push a request"""
        data = self._encode_request(request)
        score = -request.priority
        # We don't use zadd method as the order of
        # arguments change depending on
        # whether the class is Redis or StrictRedis,
        # and the option of using
        # kwargs only accepts strings, not bytes
        self.server.execute_command('ZADD', self.key, score, data)

    def pop(self, timeout=0):
        """
        Pop a request
        timeout not support in this queue class
        """
        # use atomic range/remove using multi/exec
```

```
        pipe = self.server.pipeline()
        pipe.multi()
        pipe.zrange(self.key, 0, 0).zremrangebyrank(self.key, 0, 0)
        results, count = pipe.execute()
        if results:
            return self._decode_request(results[0])


class LifoQueue(Base):
    """Per-spider LIFO queue."""

    def __len__(self):
        """Return the length of the stack"""
        return self.server.llen(self.key)

    def push(self, request):
        """Push a request"""
        self.server.lpush(self.key, self._encode_request(request))

    def pop(self, timeout=0):
        """Pop a request"""
        if timeout > 0:
            data = self.server.blpop(self.key, timeout)
            if isinstance(data, tuple):
                data = data[1]
        else:
            data = self.server.lpop(self.key)

        if data:
            return self._decode_request(data)


# TODO: Deprecate the use of these names
SpiderQueue = FifoQueue
SpiderStack = LifoQueue
SpiderPriorityQueue = PriorityQueue
```

本模块定义了 3 种队列（FifoQueue、PriorityQueue 和 LifoQueue）用于任务调度，具体如下。

（1）Base 类。

功能：爬取队列的实现，有 3 个队列实现，首先实现了一个 Base 类，提供基础方法和属性。

数据库无法存储 Requets 对象，所以先将 Request 序列化为字符串。

encode_request：将 Request 对象转化为存储对象。

decode_request：将 Request 反序列化转换为对象。

__len__、push、pop 需要子类来重写方法，所以直接抛出异常。

（2）FifoQueue 类。

重写了 __len__()、push()、pop() 方法，都是对 Redis 中的列表（List）操作，其中 self.server 就

是 Redis 连接对象。

__len__() 方法：获取列表的长度。

push() 方法：将 Requests 对象序列化后存储到列表中。

pop() 方法：调用的 rpop() 方法，从列表右侧取出数据，然后反序列化为 Request 对象。

Request 在列表中存取的顺序是左侧进、右侧出，有序的进出，先进先出（FIFO）。

（3）LifoQueue 类。

LifoQueue 与 FifoQueue 的区别是，在 pop() 方法中使用的是 lpop，也就是左侧出去。效果就是先进后出，后进先出（LIFO），类似于栈的操作，也称为 StackQueue。

（4）PriorityQueue 类。

这里使用 Redis 中的有序集合（zset），集合中的每个元素都可以设置一个分数，分数就代表优先级。

__len__() 方法：调用了 zcard() 操作返回有序集合的大小，也就是队列的长度。

push() 方法：调用了 zadd() 操作向集合中添加元素，这里的分数设置为 Request 优先级的相反数，分数低的会排在集合前面，优先级高的 Request 就会在集合最前面。

pop() 方法：调用了 zrange() 取出集合中的第一个元素，第一个元素就是优先级最高的 Request，然后调用 zremrangebyrank() 将这个元素删除。

该队列是默认使用的队列，默认使用有序集合来存储。

5. dupefilter.py

dupefilter.py 的源码如下。

```python
import logging
import time

from scrapy.dupefilters import BaseDupeFilter
from scrapy.utils.request import request_fingerprint

from . import defaults
from .connection import get_redis_from_settings


logger = logging.getLogger(__name__)


# TODO: Rename class to RedisDupeFilter
class RFPDupeFilter(BaseDupeFilter):
    """Redis-based request duplicates filter.

    This class can also be used with default Scrapy's scheduler.

    """
```

```python
    logger = logger

    def __init__(self, server, key, debug=False):
        """Initialize the duplicates filter.

        Parameters
        ----------
        server : redis.StrictRedis
            The redis server instance.
        key : str
            Redis key Where to store fingerprints.
        debug : bool, optional
            Whether to log filtered requests.

        """
        self.server = server
        self.key = key
        self.debug = debug
        self.logdupes = True

    @classmethod
    def from_settings(cls, settings):
        """Returns an instance from given settings.

        This uses by default the key ``dupefilter:<timestamp>``. When
        using the ``scrapy_redis.scheduler.Scheduler`` class,
        this method is not used as
        it needs to pass the spider name in the key.

        Parameters
        ----------
        settings : scrapy.settings.Settings

        Returns
        -------
        RFPDupeFilter
            A RFPDupeFilter instance.

        """
        server = get_redis_from_settings(settings)
        # XXX: This creates one-time key. needed to support to use this
        # class as standalone dupefilter with scrapy's default scheduler
        # if scrapy passes spider on open() method this wouldn't be needed
        # TODO: Use SCRAPY_JOB env as default and fallback to timestamp
        key = defaults.DUPEFILTER_KEY % {'timestamp': int(time.time())}
        debug = settings.getbool('DUPEFILTER_DEBUG')
        return cls(server, key=key, debug=debug)
```

471

```python
@classmethod
def from_crawler(cls, crawler):
    """Returns instance from crawler.

    Parameters
    ----------
    crawler : scrapy.crawler.Crawler

    Returns
    -------
    RFPDupeFilter
        Instance of RFPDupeFilter.

    """
    return cls.from_settings(crawler.settings)

def request_seen(self, request):
    """Returns True if request was already seen.

    Parameters
    ----------
    request : scrapy.http.Request

    Returns
    -------
    bool

    """
    fp = self.request_fingerprint(request)
    # This returns the number of values added, zero if already exists
    added = self.server.sadd(self.key, fp)
    return added == 0

def request_fingerprint(self, request):
    """Returns a fingerprint for a given request.

    Parameters
    ----------
    request : scrapy.http.Request

    Returns
    -------
    str

    """
    return request_fingerprint(request)

@classmethod
def from_spider(cls, spider):
```

```
        settings = spider.settings
        server = get_redis_from_settings(settings)
        dupefilter_key = settings.get("SCHEDULER_DUPEFILTER_KEY",
defaults.SCHEDULER_DUPEFILTER_KEY)
        key = dupefilter_key % {'spider': spider.name}
        debug = settings.getbool('DUPEFILTER_DEBUG')
        return cls(server, key=key, debug=debug)

    def close(self, reason=''):
        """Delete data on close. Called by Scrapy's scheduler.

        Parameters
        ----------
        reason : str, optional

        """
        self.clear()

    def clear(self):
        """Clears fingerprints data."""
        self.server.delete(self.key)

    def log(self, request, spider):
        """Logs given request.

        Parameters
        ----------
        request : scrapy.http.Request
        spider : scrapy.spiders.Spider

        """
        if self.debug:
            msg = "Filtered duplicate request: %(request)s"
            self.logger.debug(msg, {'request': request}, extra={'spider':
spider})
        elif self.logdupes:
            msg = ("Filtered duplicate request %(request)s"
                   " - no more duplicates will be shown"
                   " (see DUPEFILTER_DEBUG to show all duplicates)")
            self.logger.debug(msg, {'request': request}, extra={'spider':
spider})
            self.logdupes = False
```

本模块用于实现 request 去重。RFPDupeFilter 类继承来自 Scrapy 中的 BaseDupeFilter 类。

Scrapy 去重采用的是集合实现的，Scrapy 分布式中去重就要利用共享集合，采用 Redis 的集合数据结构。

request_seen() 方法与 Scrapy 中的 request_seen() 方法相似。这里的集合使用的是 server 对象的

sadd() 方法操作。Scrapy 中的集合是数据结构，这里换成了数据库的存储方式。

鉴别重复的方式还是使用指纹，指纹依靠 request_fingerprint() 方法来获取。获取指纹后直接向集合中添加指纹，添加成功返回 1，判断结果返回 False 就是不重复。

这里成功利用 Redis 的集合完成了指纹的记录和重复的验证。

6. scheduler.py

scheduler.py 的源码如下。

```python
import importlib
import six

from scrapy.utils.misc import load_object

from . import connection, defaults


# TODO: add SCRAPY_JOB support
class Scheduler(object):
    """Redis-based scheduler

    Settings
    --------
    SCHEDULER_PERSIST : bool (default: False)
        Whether to persist or clear redis queue.
    SCHEDULER_FLUSH_ON_START : bool (default: False)
        Whether to flush redis queue on start.
    SCHEDULER_IDLE_BEFORE_CLOSE : int (default: 0)
        How many seconds to wait before closing if no message is received.
    SCHEDULER_QUEUE_KEY : str
        Scheduler redis key.
    SCHEDULER_QUEUE_CLASS : str
        Scheduler queue class.
    SCHEDULER_DUPEFILTER_KEY : str
        Scheduler dupefilter redis key.
    SCHEDULER_DUPEFILTER_CLASS : str
        Scheduler dupefilter class.
    SCHEDULER_SERIALIZER : str
        Scheduler serializer.

    """

    def __init__(self, server,
                 persist=False,
                 flush_on_start=False,
                 queue_key=defaults.SCHEDULER_QUEUE_KEY,
                 queue_cls=defaults.SCHEDULER_QUEUE_CLASS,
                 dupefilter_key=defaults.SCHEDULER_DUPEFILTER_KEY,
                 dupefilter_cls=defaults.SCHEDULER_DUPEFILTER_CLASS,
```

```
                    idle_before_close=0,
                    serializer=None):
        """Initialize scheduler.

        Parameters
        ----------
        server : Redis
            The redis server instance.
        persist : bool
            Whether to flush requests when closing. Default is False.
        flush_on_start : bool
            Whether to flush requests on start. Default is False.
        queue_key : str
            Requests queue key.
        queue_cls : str
            Importable path to the queue class.
        dupefilter_key : str
            Duplicates filter key.
        dupefilter_cls : str
            Importable path to the dupefilter class.
        idle_before_close : int
            Timeout before giving up.

        """
        if idle_before_close < 0:
            raise TypeError("idle_before_close cannot be negative")

        self.server = server
        self.persist = persist
        self.flush_on_start = flush_on_start
        self.queue_key = queue_key
        self.queue_cls = queue_cls
        self.dupefilter_cls = dupefilter_cls
        self.dupefilter_key = dupefilter_key
        self.idle_before_close = idle_before_close
        self.serializer = serializer
        self.stats = None

    def __len__(self):
        return len(self.queue)

    @classmethod
    def from_settings(cls, settings):
        kwargs = {
            'persist': settings.getbool('SCHEDULER_PERSIST'),
            'flush_on_start': settings.getbool('SCHEDULER_FLUSH_ON_START'),
            'idle_before_close': settings.getint('SCHEDULER_IDLE_BEFORE_
CLOSE'),
        }
```

475

```
        # If these values are missing,
        # it means we want to use the defaults
        optional = {
            # TODO: Use custom prefixes for this settings to note that are
            # specific to scrapy-redis
            'queue_key': 'SCHEDULER_QUEUE_KEY',
            'queue_cls': 'SCHEDULER_QUEUE_CLASS',
            'dupefilter_key': 'SCHEDULER_DUPEFILTER_KEY',
            # We use the default setting name to keep compatibility
            'dupefilter_cls': 'DUPEFILTER_CLASS',
            'serializer': 'SCHEDULER_SERIALIZER',
        }
        for name, setting_name in optional.items():
            val = settings.get(setting_name)
            if val:
                kwargs[name] = val

        # Support serializer as a path to a module
        if isinstance(kwargs.get('serializer'), six.string_types):
            kwargs['serializer'] = importlib.import_module(kwargs['serializer'])
        server = connection.from_settings(settings)
        # Ensure the connection is working
        server.ping()
        return cls(server=server, **kwargs)

    @classmethod
    def from_crawler(cls, crawler):
        instance = cls.from_settings(crawler.settings)
        # FIXME: for now, stats are only supported from this constructor

        instance.stats = crawler.stats
        return instance

    def open(self, spider):
        self.spider = spider

        try:
            self.queue = load_object(self.queue_cls)(
                server=self.server,
                spider=spider,
                key=self.queue_key % {'spider': spider.name},
                serializer=self.serializer,
            )
        except TypeError as e:
            raise ValueError("Failed to instantiate queue class '%s': %s",
                             self.queue_cls, e)

        self.df = load_object(self.dupefilter_cls).from_spider(spider)
```

```
        if self.flush_on_start:
            self.flush()
        # notice if there are requests already in
        # the queue to resume the crawl
        if len(self.queue):
            spider.log("Resuming crawl (%d requests scheduled)" %
len(self.queue))

    def close(self, reason):
        if not self.persist:
            self.flush()

    def flush(self):
        self.df.clear()
        self.queue.clear()

    def enqueue_request(self, request):
        if not request.dont_filter and self.df.request_seen(request):
            self.df.log(request, self.spider)
            return False

        if self.stats:
            self.stats.inc_value('scheduler/enqueued/redis', spider=
self.spider)
        self.queue.push(request)
        return True

    def next_request(self):
        block_pop_timeout = self.idle_before_close
        request = self.queue.pop(block_pop_timeout)
        if request and self.stats:
            self.stats.inc_value('scheduler/dequeued/redis', spider=
self.spider)
        return request

    def has_pending_requests(self):
        return len(self) > 0
```

本模块实现了与 Redis 的交互进行任务管理调度。

这里实现了一个配合 Queue、Dupefilter 使用的调度器 Scheduler，可以指定一些配置在 Scrapy 中的 setting.py 文件中设置，具体如下。

（1）SCHEDULER_FLUSH_ON_START：是否在爬取开始时清空爬取队列。

（2）SCHEDULER_PERSIST：是否在爬取结束后保持爬取队列不清空。

其中实现如下两个核心存取方法。

（1）enqueue_request() 方法：向队列中添加 Request，核心操作就是调用 queue 的 push 操作，

还有一些统计和日志操作。

（2）next_request 方法 ()：从队列中取出 Request，核心操作就是调用 queue 的 pop 操作，如果队列中存在 Request，则取出；如果队列为空，爬取就会重新开始。

7. spiders.py

spiders.py 的源码如下。

```python
from scrapy import signals
from scrapy.exceptions import DontCloseSpider
from scrapy.spiders import Spider, CrawlSpider

from . import connection, defaults
from .utils import bytes_to_str


class RedisMixin(object):
    """Mixin class to implement reading urls from a redis queue."""
    redis_key = None
    redis_batch_size = None
    redis_encoding = None

    # Redis client placeholder
    server = None

    def start_requests(self):
        """Returns a batch of start requests from redis."""
        return self.next_requests()

    def setup_redis(self, crawler=None):
        """Setup redis connection and idle signal.

        This should be called after the spider has set its crawler object.
        """
        if self.server is not None:
            return

        if crawler is None:
            # We allow optional crawler argument to keep backwards
            # compatibility
            # XXX: Raise a deprecation warning
            crawler = getattr(self, 'crawler', None)

        if crawler is None:
            raise ValueError("crawler is required")

        settings = crawler.settings

        if self.redis_key is None:
            self.redis_key = settings.get(
```

```
                    'REDIS_START_URLS_KEY', defaults.START_URLS_KEY,
            )

        self.redis_key = self.redis_key % {'name': self.name}

        if not self.redis_key.strip():
            raise ValueError("redis_key must not be empty")

        if self.redis_batch_size is None:
            # TODO: Deprecate this setting (REDIS_START_URLS_BATCH_SIZE)
            self.redis_batch_size = settings.getint(
                'REDIS_START_URLS_BATCH_SIZE',
                settings.getint('CONCURRENT_REQUESTS'),
            )

        try:
            self.redis_batch_size = int(self.redis_batch_size)
        except (TypeError, ValueError):
            raise ValueError("redis_batch_size must be an integer")

        if self.redis_encoding is None:
            self.redis_encoding = settings.get('REDIS_ENCODING', defaults.
REDIS_ENCODING)

        self.logger.info("Reading start URLs from redis key '%(redis_
key)s' "
                         "(batch size: %(redis_batch_size)s, encoding:
%(redis_encoding)s",
                         self.__dict__)

        self.server = connection.from_settings(crawler.settings)
        # The idle signal is called when the spider has no requests left,
        # that's when we will schedule new requests from redis queue
        crawler.signals.connect(self.spider_idle, signal=signals.spider_
idle)

    def next_requests(self):
        """Returns a request to be scheduled or none."""
        use_set = self.settings.getbool('REDIS_START_URLS_AS_SET',
defaults.START_URLS_AS_SET)
        fetch_one = self.server.spop if use_set else self.server.lpop
        # XXX: Do we need to use a timeout here
        found = 0
        # TODO: Use redis pipeline execution
        while found < self.redis_batch_size:
            data = fetch_one(self.redis_key)
            if not data:
                # Queue empty
                break
```

```
                req = self.make_request_from_data(data)
                if req:
                    yield req
                    found += 1
                else:
                    self.logger.debug("Request not made from data: %r", data)

        if found:
            self.logger.debug("Read %s requests from '%s'", found, self.
redis_key)

    def make_request_from_data(self, data):
        """Returns a Request instance from data coming from Redis.

        By default, ``data`` is an encoded URL. You can override this
        method to provide your own message decoding.

        Parameters
        ----------
        data : bytes
            Message from redis.

        """
        url = bytes_to_str(data, self.redis_encoding)
        return self.make_requests_from_url(url)

    def schedule_next_requests(self):
        """Schedules a request if available"""
        # TODO: While there is capacity, schedule a batch of redis requests
        for req in self.next_requests():
            self.crawler.engine.crawl(req, spider=self)

    def spider_idle(self):
        """Schedules a request if available, otherwise waits."""
        # XXX: Handle a sentinel to close the spider
        self.schedule_next_requests()
        raise DontCloseSpider


class RedisSpider(RedisMixin, Spider):
    """Spider that reads urls from redis queue when idle.

    Attributes
    ----------
    redis_key : str (default: REDIS_START_URLS_KEY)
        Redis key where to fetch start URLs from..
    redis_batch_size : int (default: CONCURRENT_REQUESTS)
        Number of messages to fetch from redis on each attempt.
    redis_encoding : str (default: REDIS_ENCODING)
```

```
        Encoding to use when decoding messages from redis queue.

    Settings
    --------
    REDIS_START_URLS_KEY : str (default: "<spider.name>:start_urls")
        Default Redis key where to fetch start URLs from..
    REDIS_START_URLS_BATCH_SIZE : int (deprecated by CONCURRENT_REQUESTS)
        Default number of messages to fetch from redis on each attempt.
    REDIS_START_URLS_AS_SET : bool (default: False)
        Use SET operations to retrieve messages from the redis queue.
        If False,the messages are retrieve using the LPOP command.
    REDIS_ENCODING : str (default: "utf-8")
        Default encoding to use when decoding messages from redis queue.


    """

    @classmethod
    def from_crawler(self, crawler, *args, **kwargs):
        obj = super(RedisSpider, self).from_crawler(crawler, *args,
**kwargs)
        obj.setup_redis(crawler)
        return obj


class RedisCrawlSpider(RedisMixin, CrawlSpider):
    """Spider that reads urls from redis queue when idle.

    Attributes
    ----------
    redis_key : str (default: REDIS_START_URLS_KEY)
        Redis key where to fetch start URLs from..
    redis_batch_size : int (default: CONCURRENT_REQUESTS)
        Number of messages to fetch from redis on each attempt.
    redis_encoding : str (default: REDIS_ENCODING)
        Encoding to use when decoding messages from redis queue.

    Settings
    --------
    REDIS_START_URLS_KEY : str (default: "<spider.name>:start_urls")
        Default Redis key where to fetch start URLs from..
    REDIS_START_URLS_BATCH_SIZE : int (deprecated by CONCURRENT_REQUESTS)
        Default number of messages to fetch from redis on each attempt.
    REDIS_START_URLS_AS_SET : bool (default: True)
        Use SET operations to retrieve messages from the redis queue.
    REDIS_ENCODING : str (default: "utf-8")
        Default encoding to use when decoding messages from redis queue.
```

```
    """

    @classmethod
    def from_crawler(self, crawler, *args, **kwargs):
        obj = super(RedisCrawlSpider, self).from_crawler(crawler, *args,
**kwargs)
        obj.setup_redis(crawler)
        return obj
```

本模块用于赋予 Scrapy Spiders 远程调度。

本模块定义了 RedisMixin 类用于从 Redis 服务器读取 URL 构造为 Request，同时绑定了 idle 信号实现本地空闲时再次从 Redis 调度任务继续爬取。

RedisMixin 类的一些方法如下。

（1）setup_redis()：建立 Redis 连接并绑定 idle 信号。

（2）spider_idle()：idle 信号处理，这里调用 schedule_next_requests 完成从 Redis 调度。

（3）schedule_next_requests()：调用 next_requests 从 Redis 获取 URL 包装为 HttpRequest。

（4）start_requests()：重写了 Spider 的 start_requests() 函数，直接调用 next_requests 从 Redis 取任务。

RedisSpider(RedisMixin, Spiser) 类：多继承，用 RedisMixin 调度功能覆盖 Spider 原生。

RedisSpider(RedisMixin, CrawlSpiser) 类：多继承，用 RedisMixin 调度功能覆盖 CrawlSpider 原生。

8. pipelines.py

pipelines.py 的源码如下。

```
from scrapy.utils.misc import load_object
from scrapy.utils.serialize import ScrapyJSONEncoder
from twisted.internet.threads import deferToThread

from . import connection, defaults


default_serialize = ScrapyJSONEncoder().encode


class RedisPipeline(object):
    """Pushes serialized item into a redis list/queue

    Settings
    --------
    REDIS_ITEMS_KEY : str
        Redis key where to store items.
    REDIS_ITEMS_SERIALIZER : str
        Object path to serializer function.

    """
```

```python
def __init__(self, server,
             key=defaults.PIPELINE_KEY,
             serialize_func=default_serialize):
    """Initialize pipeline.

    Parameters
    ----------
    server : StrictRedis
        Redis client instance.
    key : str
        Redis key where to store items.
    serialize_func : callable
        Items serializer function.

    """
    self.server = server
    self.key = key
    self.serialize = serialize_func

@classmethod
def from_settings(cls, settings):
    params = {
        'server': connection.from_settings(settings),
    }
    if settings.get('REDIS_ITEMS_KEY'):
        params['key'] = settings['REDIS_ITEMS_KEY']
    if settings.get('REDIS_ITEMS_SERIALIZER'):
        params['serialize_func'] = load_object(
            settings['REDIS_ITEMS_SERIALIZER']
        )

    return cls(**params)

@classmethod
def from_crawler(cls, crawler):
    return cls.from_settings(crawler.settings)

def process_item(self, item, spider):
    return deferToThread(self._process_item, item, spider)

def _process_item(self, item, spider):
    key = self.item_key(item, spider)
    data = self.serialize(item)
    self.server.rpush(key, data)
    return item

def item_key(self, item, spider):
    """Returns redis key based on given spider.
```

```
        Override this function to use a different key depending on the
        item and/or spider.

        """
        return self.key % {'spider': spider.name}
```

本模块用于默认数据收集存储。

scrapy-redis 默认提供的 Pipeline，将爬取的数据上传在 Reids 列表内，其中使用 Twisted 处理数据。它通过从 settings.py 中拿到配置的 REDIS_ITEMS_KEY 作为 key，把 Item 串行化之后存入 Redis 数据库对应的 value 中（这个 value 可以看出是一个 List，每个 Item 是这个 List 中的一个节点），这个 Pipeline 把提取出的 Item 存起来，主要是为了方便延后处理数据。

11.7.3　scrapy-redis项目

Clone 到的 scrapy-redis 源码中又自带一个 example-project 项目，这个项目包含 3 个 Spider，即 dmoz、myspider_redis 和 mycrawler_redis。

下面就自带的 3 个爬虫小程序及相关代码进行讲解说明。

1. settings.py

settings.py 的源码如下。

```
# Scrapy settings for example project
#
# For simplicity, this file contains only the most important settings by
# default. All the other settings are documented here
#
#     http://doc.scrapy.org/topics/settings.html
#

# Scrapy搜索Spider的模块列表，默认为[xxx.spiders]
SPIDER_MODULES = ['example.spiders']
# 使用genspider命令创建新Spider的模块，默认为'xxx.spiders'
NEWSPIDER_MODULE = 'example.spiders'

# 爬取的默认User-Agent，除非被覆盖
USER_AGENT = 'scrapy-redis (+https://github.com/rolando/scrapy-redis)'

# 确保所有爬虫通过Redis共享相同的重复过滤器
DUPEFILTER_CLASS = "scrapy_redis.dupefilter.RFPDupeFilter"
# 启用Redis中的存储请求队列调度
SCHEDULER = "scrapy_redis.scheduler.Scheduler"

# 配置持久化，允许暂停/恢复抓取
# 默认值False
```

```
# False: scrapy-redis会在爬取全部完成后清空爬取队列和去重指纹集合
# True: scrapy-redis会在爬取全部完成后不清空爬取队列和去重指纹集合
SCHEDULER_PERSIST = True

# 配置调度队列，默认为PriorityQueue
# SCHEDULER_QUEUE_CLASS = "scrapy_redis.queue.SpiderPriorityQueue"
# SCHEDULER_QUEUE_CLASS = "scrapy_redis.queue.SpiderQueue"
# SCHEDULER_QUEUE_CLASS = "scrapy_redis.queue.SpiderStack"


# 管道
# ExamplePipeline：Item设置两个字段值：日期和爬虫的名称
# RedisPipeline：将爬取的数据保存到Redis中
ITEM_PIPELINES = {
    'example.pipelines.ExamplePipeline': 300,
    'scrapy_redis.pipelines.RedisPipeline': 400,
}

# 设置日志的级别
LOG_LEVEL = 'DEBUG'

# Introduce an artifical delay to make use of parallelism. to speed up the
# crawl

# 下载延迟
# 下载器在下载同一个网站下一个页面前需要等待的时间,
# 该选项可以用来限制爬取速度，减轻服务器压力
DOWNLOAD_DELAY = 1


# Redis连接信息
REDIS_URL = 'redis://192.168.1.108:6379/0'


# 默认请求序列化程序是pickle
# 但它可以更改为具有加载和转储功能的任何模块
# SCHEDULER_SERIALIZER = 'scrapy_redis.picklecompat'
```

> **提示**　上面的中文是对应的注释，源文件中是没有的。

这里，还需要一个重要的设置，就是 Redis 的连接信息，一般用如下格式。

```
redis://[:passward)@host:port/db
```

参数介绍如下。

（1）password：密码，要以冒号开头，中括号代表此选项可选。

（2）host：Redis 的地址。

（3）port：运行端口号。

（4）db：数据库编号，其值默认为 0。

下面看一个例子。

```
REDIS_URL = redis://:tom@192.168.1.100:6379/1
```

也可以不设置 Redis 的连接信息，默认是连接到本地的 Redis。

```
REDIS_URL = redis://localhost:6379/0
```

2. pipelines.py

pipelines.py 的源码如下。

```
# Define your item pipelines here
#
# Don't forget to add your pipeline to the ITEM_PIPELINES setting
# See: http://doc.scrapy.org/topics/item-pipeline.html
from datetime import datetime

class ExamplePipeline(object):
    def process_item(self, item, spider):
        item["crawled"] = datetime.utcnow()
        item["spider"] = spider.name
        return item
```

管道 ExamplePipeline 是给 Item 的两个属性赋值，分别是爬取时间和爬虫的名称。

settings.py 文件管道的配置如下。

```
ITEM_PIPELINES = {
    'example.pipelines.ExamplePipeline': 300,
    'scrapy_redis.pipelines.RedisPipeline': 400,
}
```

第二个管道类 RedisPipeline 的代码如下。

```
from scrapy.utils.misc import load_object
from scrapy.utils.serialize import ScrapyJSONEncoder
from twisted.internet.threads import deferToThread

from . import connection, defaults


default_serialize = ScrapyJSONEncoder().encode


class RedisPipeline(object):
    """Pushes serialized item into a redis list/queue
```

```
Settings
--------
REDIS_ITEMS_KEY : str
    Redis key where to store items.
REDIS_ITEMS_SERIALIZER : str
    Object path to serializer function.

"""

def __init__(self, server,
             key=defaults.PIPELINE_KEY,
             serialize_func=default_serialize):
    """Initialize pipeline.

    Parameters
    ----------
    server : StrictRedis
        Redis client instance.
    key : str
        Redis key where to store items.
    serialize_func : callable
        Items serializer function.

    """
    self.server = server
    self.key = key
    self.serialize = serialize_func

@classmethod
def from_settings(cls, settings):
    params = {
        'server': connection.from_settings(settings),
    }
    if settings.get('REDIS_ITEMS_KEY'):
        params['key'] = settings['REDIS_ITEMS_KEY']
    if settings.get('REDIS_ITEMS_SERIALIZER'):
        params['serialize_func'] = load_object(
            settings['REDIS_ITEMS_SERIALIZER']
        )

    return cls(**params)

@classmethod
def from_crawler(cls, crawler):
    return cls.from_settings(crawler.settings)

def process_item(self, item, spider):
    return deferToThread(self._process_item, item, spider)
```

487

```
def _process_item(self, item, spider):
    key = self.item_key(item, spider)
    data = self.serialize(item)
    self.server.rpush(key, data)
    return item

def item_key(self, item, spider):
    """Returns redis key based on given spider.

    Override this function to use a different key depending on the
    item and/or spider.

    """
    return self.key % {'spider': spider.name}
```

管道 RedisPipeline 是将爬取的 Item 存入到 Redis 数据库中。

3. items.py

items.py 的源码如下。

```
# Define here the models for your scraped items
#
# See documentation in:
# http://doc.scrapy.org/topics/items.html

from scrapy.item import Item, Field
from scrapy.loader import ItemLoader
from scrapy.loader.processors import MapCompose, TakeFirst, Join


class ExampleItem(Item):
    name = Field()
    description = Field()
    link = Field()
    crawled = Field()
    spider = Field()
    url = Field()


class ExampleLoader(ItemLoader):
    default_item_class = ExampleItem
    default_input_processor = MapCompose(lambda s: s.strip())
    default_output_processor = TakeFirst()
    description_out = Join()
```

Item 类是定义要爬取数据信息的字段。

4. 项目1: dmoz

dmoz 爬虫继承的是 CrawlSpider, 用来说明 Redis 的持续性, 第一次运行 dmoz 爬虫, 然后使用【Ctrl+C】组合键停掉之后，再运行 dmoz 爬虫，之前的爬取记录是保留在 Redis 中的。

分析起来，其实这就是一个 scrapy-redis 版 CrawlSpider 类，需要设置 Rule 规则，以及 callback 不能写 parse() 方法。

Spider 的源码如下。

```python
from scrapy.linkextractors import LinkExtractor
from scrapy.spiders import CrawlSpider, Rule


class DmozSpider(CrawlSpider):
    """Follow categories and extract links."""
    name = 'dmoz'
    allowed_domains = ['dmoz.org']
    start_urls = ['http://www.dmoz.org/']
    # allowed_domains = ['dmoztools.net']
    # start_urls = ['http://dmoztools.net/']

    rules = [
        Rule(LinkExtractor(
            restrict_css=('.top-cat', '.sub-cat', '.cat-item')
        ), callback='parse_directory', follow=True),
    ]

    def parse_directory(self, response):
        for div in response.css('.title-and-desc'):
            yield {
                'name': div.css('.site-title::text').extract_first(),
                'description': div.css('.site-descr::text').extract_
first().strip(),
                'link': div.css('a::attr(href)').extract_first(),
            }
```

解释上面的代码如下。

（1）这是一个 CrawlSpider，通过 Rule 提取链接，并继续跟进子页面，同时设定爬取具体信息的回调函数。

（2）因为 dmoz.org 网站已经停止更新，可以使用 http://dmoztools.net/ 代替。

运行此爬虫，大约 20 秒后，使用【Ctrl+C】组合键结束，部分代码如下。

```
$ scrapy crawl dmoz
2019-01-22 10:32:54 [scrapy.utils.log] INFO: Scrapy 1.5.1 started (bot:
scrapybot)
2019-01-22 10:32:54 [scrapy.utils.log] INFO: Versions: lxml 4.3.0.0,
libxml2 2.9.9, cssselect 1.0.3, parsel 1.5.1, w3lib 1.20.0, Twisted
18.9.0, Python 3.5.1+ (default, Mar 30 2016, 22:46:26) - [GCC 5.3.1
20160330], pyOpenSSL 18.0.0 (OpenSSL 1.1.0j  20 Nov 2018), cryptography
2.4.2, Platform Linux-4.4.0-21-generic-x86_64-with-Ubuntu-16.04-xenial
```

```
2019-01-22 10:32:54 [scrapy.crawler] INFO: Overridden settings:
{'SCHEDULER': 'scrapy_redis.scheduler.Scheduler', 'DUPEFILTER_CLASS':
'scrapy_redis.dupefilter.RFPDupeFilter', 'DOWNLOAD_DELAY': 1, 'USER_
AGENT': 'scrapy-redis (+https://github.com/rolando/scrapy-redis)',
'NEWSPIDER_MODULE': 'example.spiders', 'SPIDER_MODULES': ['example.
spiders']}
2019-01-22 10:32:54 [scrapy.middleware] INFO: Enabled extensions:
['scrapy.extensions.telnet.TelnetConsole',
 'scrapy.extensions.memusage.MemoryUsage',
 'scrapy.extensions.corestats.CoreStats',
 'scrapy.extensions.logstats.LogStats']
2019-01-22 10:32:54 [scrapy.middleware] INFO: Enabled downloader middlewares:
['scrapy.downloadermiddlewares.httpauth.HttpAuthMiddleware',
 'scrapy.downloadermiddlewares.downloadtimeout.DownloadTimeoutMiddleware',
 'scrapy.downloadermiddlewares.defaultheaders.DefaultHeadersMiddleware',
 'scrapy.downloadermiddlewares.useragent.UserAgentMiddleware',
 'scrapy.downloadermiddlewares.retry.RetryMiddleware',
 'scrapy.downloadermiddlewares.redirect.MetaRefreshMiddleware',
 'scrapy.downloadermiddlewares.httpcompression.HttpCompressionMiddleware',
 'scrapy.downloadermiddlewares.redirect.RedirectMiddleware',
 'scrapy.downloadermiddlewares.cookies.CookiesMiddleware',
 'scrapy.downloadermiddlewares.httpproxy.HttpProxyMiddleware',
 'scrapy.downloadermiddlewares.stats.DownloaderStats']
2019-01-22 10:32:54 [scrapy.middleware] INFO: Enabled spider middlewares:
['scrapy.spidermiddlewares.httperror.HttpErrorMiddleware',
 'scrapy.spidermiddlewares.offsite.OffsiteMiddleware',
 'scrapy.spidermiddlewares.referer.RefererMiddleware',
 'scrapy.spidermiddlewares.urllength.UrlLengthMiddleware',
 'scrapy.spidermiddlewares.depth.DepthMiddleware']
2019-01-22 10:32:54 [scrapy.middleware] INFO: Enabled item pipelines:
['example.pipelines.ExamplePipeline', 'scrapy_redis.pipelines.RedisPipeline']
2019-01-22 10:32:54 [scrapy.core.engine] INFO: Spider opened
2019-01-22 10:32:54 [scrapy.extensions.logstats] INFO: Crawled 0 pages
(at 0 pages/min), scraped 0 items (at 0 items/min)
2019-01-22 10:32:54 [scrapy.extensions.telnet] DEBUG: Telnet console
listening on 127.0.0.1:6023
2019-01-22 10:32:55 [scrapy.core.engine] DEBUG: Crawled (200) <GET
http://dmoztools.net/> (referer: None)
2019-01-22 10:32:56 [scrapy.core.engine] DEBUG: Crawled (200) <GET
http://dmoztools.net/Arts/> (referer: http://dmoztools.net/)
2019-01-22 10:32:57 [scrapy_redis.dupefilter] DEBUG: Filtered duplicate
request <GET http://dmoztools.net/Arts/Movies/> - no more duplicates
will be shown (see DUPEFILTER_DEBUG to show all duplicates)
2019-01-22 10:32:58 [scrapy.core.engine] DEBUG: Crawled (200) <GET
http://dmoztools.net/Home/> (referer: http://dmoztools.net/)
2019-01-22 10:32:59 [scrapy.core.engine] DEBUG: Crawled (200) <GET
http://dmoztools.net/News/> (referer: http://dmoztools.net/)
2019-01-22 10:32:59 [scrapy.core.scraper] DEBUG: Scraped from <200
http://dmoztools.net/News/>
```

{'link': 'http://feeds.abcnews.com/abcnews/topstories', 'spider': 'dmoz', 'description': 'Collection of news headlines.', 'crawled': datetime.datetime(2019, 1, 22, 2, 32, 59, 733973), 'name': 'ABC News: Top Stories'}
2019-01-22 10:32:59 [scrapy.core.scraper] DEBUG: Scraped from <200 http://dmoztools.net/News/>
{'link': 'http://abcnews.go.com/', 'spider': 'dmoz', 'description': 'Includes American and world news headlines, articles, chatrooms, message boards, news alerts, video and audio webcasts, shopping, and wireless news service. As well as ABC television show information and content.', 'crawled': datetime.datetime(2019, 1, 22, 2, 32, 59, 736036), 'name': 'ABCNews.com'}
2019-01-22 10:32:59 [scrapy.core.scraper] DEBUG: Scraped from <200 http://dmoztools.net/News/>
{'link': 'http://www.alarabiya.net/', 'spider': 'dmoz', 'description': 'Arabic-language news network. Breaking news and features along with videos, photo galleries and In-Focus sections on major news topics. (Arabic, English, Persian, Urdu)', 'crawled': datetime.datetime(2019, 1, 22, 2, 32, 59, 737053), 'name': 'Al Arabiya News Channel'}
2019-01-22 10:32:59 [scrapy.core.scraper] DEBUG: Scraped from <200 http://dmoztools.net/News/>
{'link': 'http://www.aljazeera.com/', 'spider': 'dmoz', 'description': 'English version of the Arabic-language news network. Breaking news and features plus background material including profiles and global reactions.', 'crawled': datetime.datetime(2019, 1, 22, 2, 32, 59, 737776), 'name': 'Aljazeera'}
2019-01-22 10:32:59 [scrapy.core.scraper] DEBUG: Scraped from <200 http://dmoztools.net/News/>
{'link': 'http://www.aol.com/news/', 'spider': 'dmoz', 'description': 'Breaking news from around the world and in-depth coverage of current issues.', 'crawled': datetime.datetime(2019, 1, 22, 2, 32, 59, 738496), 'name': 'AOL News'}
2019-01-22 10:32:59 [scrapy.core.scraper] DEBUG: Scraped from <200 http://dmoztools.net/News/>
{'link': 'http://hosted.ap.org/lineups/TOPHEADS-rss_2.0.xml?SITE=RANDOM&SECTION=HOME', 'spider': 'dmoz', 'description': 'Breaking news from the Associated Press.', 'crawled': datetime.datetime(2019, 1, 22, 2, 32, 59, 739106), 'name': 'AP: Top Headlines'}
2019-01-22 10:32:59 [scrapy.core.scraper] DEBUG: Scraped from <200 http://dmoztools.net/News/>
{'link': 'http://hosted.ap.org/dynamic/fronts/HOME?SITE=AP&SECTION=HOME', 'spider': 'dmoz', 'description': 'Wire service. Features breaking news and special reports.', 'crawled': datetime.datetime(2019, 1, 22, 2, 32, 59, 739716), 'name': 'Associated Press'}
2019-01-22 10:32:59 [scrapy.core.scraper] DEBUG: Scraped from <200 http://dmoztools.net/News/>
{'link': 'http://www.bbc.co.uk/news/', 'spider': 'dmoz', 'description': 'United Kingdom and international news headlines. Contains video and audio webcasts, forums, and in-depth articles.', 'crawled': datetime.

```
datetime(2019, 1, 22, 2, 32, 59, 740311), 'name': 'BBC News'}
2019-01-22 10:32:59 [scrapy.core.scraper] DEBUG: Scraped from <200
http://dmoztools.net/News/>
{'link': 'http://feeds.bbci.co.uk/news/rss.xml', 'spider': 'dmoz',
'description': 'United Kingdom and international news headlines.',
'crawled': datetime.datetime(2019, 1, 22, 2, 32, 59, 740884), 'name':
'BBC News'}
2019-01-22 10:32:59 [scrapy.core.scraper] DEBUG: Scraped from <200
http://dmoztools.net/News/>
{'link': 'http://feeds.bbci.co.uk/news/rss.xml?edition=int', 'spider':
'dmoz', 'description': 'Collection of International news headlines.',
'crawled': datetime.datetime(2019, 1, 22, 2, 32, 59, 741500), 'name':
'BBC News: News Front Page: World Edition'}
2019-01-22 10:32:59 [scrapy.core.scraper] DEBUG: Scraped from <200
http://dmoztools.net/News/>
{'link': 'https://www.c-span.org/', 'spider': 'dmoz', 'description':
'Coverage with videos and transcripts of Congress, politics, book and
American history. Includes online resources.', 'crawled': datetime.
datetime(2019, 1, 22, 2, 32, 59, 742067), 'name': 'C-SPAN'}
......
```

连接 Redis，查看目前的键值对，结果如下。

```
192.168.1.108:6379> keys *
1) "dmoz:items"
2) "dmoz:dupefilter"
3) "dmoz:requests"
```

解释上面的代码如下。

这里有以下 3 个键值对。

（1）dmoz:items：用来存储爬取的 Item 字符串信息。

（2）dmoz:dupefilter：用来存储抓取过的 URL 的指纹（使用哈希函数将 URL 运算后的结果）。

（3）dmoz:requests：用来存储提取到的 URL 封装成 Request 对象（序列化后的结果）。

再次运行爬虫，然后分析，可以发现爬虫并没有重新开始，而是接着上次的爬取继续。

也可以在多台机器上启动多个其他 Scrapy 抓取工具。

5. 项目2：mycrawler_redis

mycrawler_redis 爬虫继承了 RedisCrawlSpider，能够支持分布式的抓取。因为采用的是 CrawlSpider，所以需要遵守 Rule 规则，以及 callback 不能写 parse() 方法。

不再有 start_urls，取而代之的是 redis_key，scrapy-redis 将 key 从 Redis 中 pop 出来，成为请求的 URL 地址。

Spider 的源码如下。

```
from scrapy.spiders import Rule
from scrapy.linkextractors import LinkExtractor
```

```
from scrapy_redis.spiders import RedisCrawlSpider


class MyCrawler(RedisCrawlSpider):
    """Spider that reads urls from redis queue (myspider:start_urls)."""
    name = 'mycrawler_redis'

    # 注意redis_key的格式
    redis_key = 'mycrawler:start_urls'

    rules = (
        # follow all links
        Rule(LinkExtractor(), callback='parse_page', follow=True),
    )

    # 可选：等效于allowd_domains()，__init__()方法按规定格式写,
    # 使用时只需要修改super()中的类名参数即可
    def __init__(self, *args, **kwargs):
        # Dynamically define the allowed domains list
        domain = kwargs.pop('domain', '')
        self.allowed_domains = filter(None, domain.split(','))
        super(MyCrawler, self).__init__(*args, **kwargs)

    def parse_page(self, response):
        return {
            'name': response.css('title::text').extract_first(),
            'url': response.url,
        }
```

解释上面的代码如下。

（1）RedisCrawlSpider 类不需要写 allowd_domains 和 start_urls。scrapy-redis 将在构造方法 __init__() 中动态定义爬虫爬取域范围，一般直接写 allowd_domains。

（2）必须指定 redis_key，即启动爬虫的命令，参考格式为 redis_key='myspider:start_urls'。根据指定的格式，start_urls 将在 Master 端的 redis-cli 中 lpush 到 Redis 数据库中，RedisSpider 将在数据库中获取 start_urls。

这次依然爬取 http://dmoztools.net/ 网站，修改 Spider 代码如下。

```
from scrapy.spiders import Rule
from scrapy.linkextractors import LinkExtractor
from scrapy_redis.spiders import RedisCrawlSpider


class MyCrawler(RedisCrawlSpider):
    name = 'mycrawler_redis'
    allowed_domains = ['dmoztools.net']
```

```
redis_key = 'mycrawler:start_urls'

rules = (
    Rule(LinkExtractor(), callback='parse_page', follow=True),
)

def parse_page(self, response):
    return {
        'name': response.css('title::text').extract_first(),
        'url': response.url,
    }
```

这样看起来更加简洁直观。

运行爬虫，代码如下。

```
$ scrapy crawl mycrawler_redis
2019-01-22 12:49:05 [scrapy.utils.log] INFO: Scrapy 1.5.1 started (bot:
scrapybot)
2019-01-22 12:49:05 [scrapy.utils.log] INFO: Versions: lxml 4.3.0.0,
libxml2 2.9.9, cssselect 1.0.3, parsel 1.5.1, w3lib 1.20.0, Twisted
18.9.0, Python 3.5.1+ (default, Mar 30 2016, 22:46:26) - [GCC 5.3.1
20160330], pyOpenSSL 18.0.0 (OpenSSL 1.1.0j  20 Nov 2018), cryptography
2.4.2, Platform Linux-4.4.0-21-generic-x86_64-with-Ubuntu-16.04-xenial
2019-01-22 12:49:05 [scrapy.crawler] INFO: Overridden settings:
{'SCHEDULER': 'scrapy_redis.scheduler.Scheduler', 'SPIDER_MODULES':
['example.spiders'], 'DOWNLOAD_DELAY': 1, 'USER_AGENT': 'scrapy-redis
(+https://github.com/rolando/scrapy-redis)', 'DUPEFILTER_CLASS':
'scrapy_redis.dupefilter.RFPDupeFilter', 'NEWSPIDER_MODULE': 'example.
spiders'}
2019-01-22 12:49:05 [scrapy.middleware] INFO: Enabled extensions:
['scrapy.extensions.corestats.CoreStats',
 'scrapy.extensions.memusage.MemoryUsage',
 'scrapy.extensions.telnet.TelnetConsole',
 'scrapy.extensions.logstats.LogStats']
2019-01-22 12:49:05 [mycrawler_redis] INFO: Reading start URLs from
redis key 'mycrawler:start_urls' (batch size: 16, encoding: utf-8
2019-01-22 12:49:05 [scrapy.middleware] INFO: Enabled downloader middlewares:
['scrapy.downloadermiddlewares.httpauth.HttpAuthMiddleware',
 'scrapy.downloadermiddlewares.downloadtimeout.DownloadTimeoutMiddleware',
 'scrapy.downloadermiddlewares.defaultheaders.DefaultHeadersMiddleware',
 'scrapy.downloadermiddlewares.useragent.UserAgentMiddleware',
 'scrapy.downloadermiddlewares.retry.RetryMiddleware',
 'scrapy.downloadermiddlewares.redirect.MetaRefreshMiddleware',
 'scrapy.downloadermiddlewares.httpcompression.HttpCompressionMiddleware',
 'scrapy.downloadermiddlewares.redirect.RedirectMiddleware',
 'scrapy.downloadermiddlewares.cookies.CookiesMiddleware',
 'scrapy.downloadermiddlewares.httpproxy.HttpProxyMiddleware',
 'scrapy.downloadermiddlewares.stats.DownloaderStats']
```

```
2019-01-22 12:49:05 [scrapy.middleware] INFO: Enabled spider middlewares:
['scrapy.spidermiddlewares.httperror.HttpErrorMiddleware',
 'scrapy.spidermiddlewares.offsite.OffsiteMiddleware',
 'scrapy.spidermiddlewares.referer.RefererMiddleware',
 'scrapy.spidermiddlewares.urllength.UrlLengthMiddleware',
 'scrapy.spidermiddlewares.depth.DepthMiddleware']
2019-01-22 12:49:06 [scrapy.middleware] INFO: Enabled item pipelines:
['example.pipelines.ExamplePipeline', 'scrapy_redis.pipelines.
RedisPipeline']
2019-01-22 12:49:06 [scrapy.core.engine] INFO: Spider opened
2019-01-22 12:49:06 [scrapy.extensions.logstats] INFO: Crawled 0 pages
(at 0 pages/min), scraped 0 items (at 0 items/min)
2019-01-22 12:49:06 [scrapy.extensions.telnet] DEBUG: Telnet console
listening on 127.0.0.1:6023
2019-01-22 12:50:06 [scrapy.extensions.logstats] INFO: Crawled 0 pages
(at 0 pages/min), scraped 0 items (at 0 items/min)
```

这里显示爬取了 0 个 Page，0 个 Item。其实程序是要从 Redis 中获取 redis_key 对应存储的起始 URL。

连接 Redis，运行命令，结果如下。

```
192.168.1.108:6379> FLUSHALL
OK
192.168.1.108:6379> keys *
(empty list or set)
192.168.1.108:6379> lpush mycrawler:start_urls http://dmoztools.net/
(integer) 1
192.168.1.108:6379> keys *
(empty list or set)
```

解释上面的代码如下。

（1）清空当前数据库，避免对测试造成影响。

（2）查询信息验证。

（3）存入起始 URL。

（4）再次查询信息验证，上一步存储的信息，被爬虫获取到后，进行删除。避免重复爬取。

再次回到爬虫，代码变化如下。

```
2019-01-22 12:52:06 [scrapy.extensions.logstats] INFO: Crawled 0 pages
(at 0 pages/min), scraped 0 items (at 0 items/min)
2019-01-22 12:52:11 [mycrawler_redis] DEBUG: Read 1 requests from
'mycrawler:start_urls'
2019-01-22 12:52:11 [scrapy.core.engine] DEBUG: Crawled (200) <GET
http://dmoztools.net/> (referer: None)
2019-01-22 12:52:11 [scrapy.spidermiddlewares.offsite] DEBUG: Filtered
offsite request to 'www.resource-zone.com': <GET https://www.resource-
zone.com/>
```

```
2019-01-22 12:52:11 [scrapy.spidermiddlewares.offsite] DEBUG: Filtered
offsite request to 'twitter.com': <GET https://twitter.com/dmoz>
2019-01-22 12:52:11 [scrapy.spidermiddlewares.offsite] DEBUG: Filtered
offsite request to 'www.facebook.com': <GET http://www.facebook.com/dmoz>
2019-01-22 12:52:11 [scrapy.spidermiddlewares.offsite] DEBUG: Filtered
offsite request to 'www.twitter.com': <GET http://www.twitter.com/dmoz>
2019-01-22 12:52:12 [scrapy.core.engine] DEBUG: Crawled (200) <GET
http://dmoztools.net/> (referer: http://dmoztools.net/)
2019-01-22 12:52:12 [scrapy_redis.dupefilter] DEBUG: Filtered duplicate
request <GET http://dmoztools.net/> - no more duplicates will be shown
(see DUPEFILTER_DEBUG to show all duplicates)
2019-01-22 12:52:12 [scrapy.core.scraper] DEBUG: Scraped from <200
http://dmoztools.net/>
{'name': 'DMOZ - The Directory of the Web', 'crawled': datetime.
datetime(2019, 1, 22, 4, 52, 12, 929180), 'url': 'http://dmoztools.net/',
'spider': 'mycrawler_redis'}
2019-01-22 12:52:14 [scrapy.core.engine] DEBUG: Crawled (200) <GET
http://dmoztools.net/Arts/> (referer: http://dmoztools.net/)
2019-01-22 12:52:14 [scrapy.core.scraper] DEBUG: Scraped from <200
http://dmoztools.net/Arts/>
{'name': 'DMOZ - Arts', 'crawled': datetime.datetime(2019, 1, 22, 4,
52, 14, 300053), 'url': 'http://dmoztools.net/Arts/', 'spider':
'mycrawler_redis'}
2019-01-22 12:52:14 [scrapy.spidermiddlewares.offsite] DEBUG: Filtered
offsite request to 'www.britannica.com': <GET http://www.britannica.com/>
2019-01-22 12:52:14 [scrapy.spidermiddlewares.offsite] DEBUG: Filtered
offsite request to 'search.aol.com': <GET http://search.aol.com/aol/
search?query=Arts>
2019-01-22 12:52:14 [scrapy.spidermiddlewares.offsite] DEBUG: Filtered
offsite request to 'www.ask.com': <GET http://www.ask.com/web?q=Arts>
2019-01-22 12:52:14 [scrapy.spidermiddlewares.offsite] DEBUG: Filtered
offsite request to 'www.bing.com': <GET https://www.bing.com/
search?q=Arts>
2019-01-22 12:52:14 [scrapy.spidermiddlewares.offsite] DEBUG: Filtered
offsite request to 'duckduckgo.com': <GET https://duckduckgo.com/?q=Arts>
2019-01-22 12:52:14 [scrapy.spidermiddlewares.offsite] DEBUG: Filtered
offsite request to 'gigablast.com': <GET https://gigablast.com/
search?q=Arts>
2019-01-22 12:52:14 [scrapy.spidermiddlewares.offsite] DEBUG: Filtered
offsite request to 'www.google.com': <GET https://www.google.com/
search?q=Arts>
2019-01-22 12:52:14 [scrapy.spidermiddlewares.offsite] DEBUG: Filtered
offsite request to 'www.ixquick.com': <GET https://www.ixquick.com/do/
search/?q=Arts>
2019-01-22 12:52:14 [scrapy.spidermiddlewares.offsite] DEBUG: Filtered
offsite request to 'search.yahoo.com': <GET https://search.yahoo.com/
search?p=Arts>
2019-01-22 12:52:14 [scrapy.spidermiddlewares.offsite] DEBUG: Filtered
offsite request to 'www.yandex.com': <GET https://www.yandex.com/
```

```
yandsearch?text=Arts>
2019-01-22 12:52:14 [scrapy.spidermiddlewares.offsite] DEBUG: Filtered
offsite request to 'new.yippy.com': <GET http://new.yippy.com/
search?query=Arts>
2019-01-22 12:52:14 [scrapy.core.engine] DEBUG: Crawled (200) <GET
http://dmoztools.net/Arts/Music/> (referer: http://dmoztools.net/)
2019-01-22 12:52:15 [scrapy.core.scraper] DEBUG: Scraped from <200
http://dmoztools.net/Arts/Music/>
{'name': 'DMOZ - Arts: Music', 'crawled': datetime.datetime(2019, 1,
22, 4, 52, 15, 112731), 'url': 'http://dmoztools.net/Arts/Music/',
'spider': 'mycrawler_redis'}
2019-01-22 12:52:15 [scrapy.core.engine] DEBUG: Crawled (200) <GET
http://dmoztools.net/Business/> (referer: http://dmoztools.net/)
2019-01-22 12:52:15 [scrapy.core.scraper] DEBUG: Scraped from <200
http://dmoztools.net/Business/>
{'name': 'DMOZ - Business', 'crawled': datetime.datetime(2019, 1, 22,
4, 52, 15, 679554), 'url': 'http://dmoztools.net/Business/', 'spider':
'mycrawler_redis'}
2019-01-22 12:52:15 [scrapy.spidermiddlewares.offsite] DEBUG: Filtered
offsite request to 'www.consumersearch.com': <GET http://www.
consumersearch.com/>
2019-01-22 12:52:15 [scrapy.spidermiddlewares.offsite] DEBUG: Filtered
offsite request to 'www.xml.com': <GET http://www.xml.com/>
2019-01-22 12:52:15 [scrapy.spidermiddlewares.offsite] DEBUG: Filtered
offsite request to 'www.mp3.com': <GET http://www.mp3.com/>
2019-01-22 12:52:17 [scrapy.core.engine] DEBUG: Crawled (200) <GET
http://dmoztools.net/Arts/Movies/> (referer: http://dmoztools.net/)
2019-01-22 12:52:17 [scrapy.core.scraper] DEBUG: Scraped from <200
http://dmoztools.net/Arts/Movies/>
{'name': 'DMOZ - Arts: Movies', 'crawled': datetime.datetime(2019, 1,
22, 4, 52, 17, 294475), 'url': 'http://dmoztools.net/Arts/Movies/',
'spider': 'mycrawler_redis'}
2019-01-22 12:52:18 [scrapy.core.engine] DEBUG: Crawled (200) <GET
http://dmoztools.net/Business/Employment/> (referer: http://dmoztools.net/)
2019-01-22 12:52:18 [scrapy.core.scraper] DEBUG: Scraped from <200
http://dmoztools.net/Business/Employment/>
{'name': 'DMOZ - Business: Employment', 'crawled': datetime.datetime
(2019, 1, 22, 4, 52, 18, 459454), 'url': 'http://dmoztools.net/
Business/Employment/', 'spider': 'mycrawler_redis'}
2019-01-22 12:52:19 [scrapy.core.engine] DEBUG: Crawled (200) <GET
http://dmoztools.net/Arts/Television/> (referer: http://dmoztools.net/)
2019-01-22 12:52:19 [scrapy.core.scraper] DEBUG: Scraped from <200
http://dmoztools.net/Arts/Television/>
{'name': 'DMOZ - Arts: Television', 'crawled': datetime.datetime(2019,
1, 22, 4, 52, 19, 714688), 'url': 'http://dmoztools.net/Arts/Television/',
'spider': 'mycrawler_redis'}
2019-01-22 12:52:20 [scrapy.core.engine] DEBUG: Crawled (200) <GET
http://dmoztools.net/Business/Investing/> (referer: http://dmoztools.net/)
2019-01-22 12:52:21 [scrapy.core.scraper] DEBUG: Scraped from <200
```

http://dmoztools.net/Business/Investing/>
{'name': 'DMOZ - Business: Investing', 'crawled': datetime.datetime(2019, 1, 22, 4, 52, 21, 85045), 'url': 'http://dmoztools.net/Business/Investing/', 'spider': 'mycrawler_redis'}
2019-01-22 12:52:21 [scrapy.spidermiddlewares.offsite] DEBUG: Filtered offsite request to 'dmoz.org': <GET http://dmoz.org/Business/Financial_Services/Venture_Capital%22>
2019-01-22 12:52:22 [scrapy.core.engine] DEBUG: Crawled (200) <GET http://dmoztools.net/Business/Real_Estate/> (referer: http://dmoztools.net/)
2019-01-22 12:52:22 [scrapy.core.scraper] DEBUG: Scraped from <200 http://dmoztools.net/Business/Real_Estate/>
{'name': 'DMOZ - Business: Real Estate', 'crawled': datetime.datetime(2019, 1, 22, 4, 52, 22, 531198), 'url': 'http://dmoztools.net/Business/Real_Estate/', 'spider': 'mycrawler_redis'}
2019-01-22 12:52:23 [scrapy.core.engine] DEBUG: Crawled (404) <GET http://dmoztools.net/editors/> (referer: http://dmoztools.net/)
2019-01-22 12:52:23 [scrapy.spidermiddlewares.httperror] INFO: Ignoring response <404 http://dmoztools.net/editors/>: HTTP status code is not handled or not allowed
2019-01-22 12:52:24 [scrapy.core.engine] DEBUG: Crawled (200) <GET http://dmoztools.net/docs/en/about.html> (referer: http://dmoztools.net/)
2019-01-22 12:52:25 [scrapy.core.scraper] DEBUG: Scraped from <200 http://dmoztools.net/docs/en/about.html>
{'name': ' About DMOZ', 'crawled': datetime.datetime(2019, 1, 22, 4, 52, 25, 11468), 'url': 'http://dmoztools.net/docs/en/about.html', 'spider': 'mycrawler_redis'}
2019-01-22 12:52:25 [scrapy.core.engine] DEBUG: Crawled (200) <GET http://dmoztools.net/docs/en/searchguide.html> (referer: http://dmoztools.net/)
2019-01-22 12:52:26 [scrapy.core.scraper] DEBUG: Scraped from <200 http://dmoztools.net/docs/en/searchguide.html>
{'name': 'DMOZ - Search Guide', 'crawled': datetime.datetime(2019, 1, 22, 4, 52, 26, 63621), 'url': 'http://dmoztools.net/docs/en/searchguide.html', 'spider': 'mycrawler_redis'}
2019-01-22 12:52:27 [scrapy.core.engine] DEBUG: Crawled (200) <GET http://dmoztools.net/docs/en/help/helpmain.html> (referer: http://dmoztools.net/)
2019-01-22 12:52:27 [scrapy.core.scraper] DEBUG: Scraped from <200 http://dmoztools.net/docs/en/help/helpmain.html>
{'name': 'DMOZ - Help Central', 'crawled': datetime.datetime(2019, 1, 22, 4, 52, 27, 203599), 'url': 'http://dmoztools.net/docs/en/help/helpmain.html', 'spider': 'mycrawler_redis'}
2019-01-22 12:52:28 [scrapy.core.engine] DEBUG: Crawled (200) <GET http://dmoztools.net/docs/en/help/become.html> (referer: http://dmoztools.net/)
2019-01-22 12:52:28 [scrapy.core.scraper] DEBUG: Scraped from <200 http://dmoztools.net/docs/en/help/become.html>
{'name': 'DMOZ - Become an Editor', 'crawled': datetime.datetime(2019, 1, 22, 4, 52, 28, 265410), 'url': 'http://dmoztools.net/docs/en/help/become.html', 'spider': 'mycrawler_redis'}

从上述代码可以看出，爬虫爬取到了数据。

再回到 Redis，运行命令，结果如下。

```
192.168.1.108:6379> keys *
1) "mycrawler_redis:items"
2) "mycrawler_redis:requests"
3) "mycrawler_redis:dupefilter
```

再次验证，爬虫开始正常功能了。

也可以在多台机器上启动多个其他 Scrapy 抓取工具。例如，以两台机器为例说明运行流程。

（1）使用两台机器，一台是 Windows 10，一台是 Ubuntu，分别在两台机器上部署 Scrapy 来进行分布式抓取一个网站。

（2）Ubuntu 的 IP 地址为 192.168.1.108，用来作为 Redis 的 Master 端，Windows 10 的机器作为 Slave。

（3）Master 的爬虫运行时会把提取到的 URL 封装成 Request 放到 Redis 的数据库 "dmoz:Requests" 中，并且从该数据库中提取 Request 后下载网页，再把网页的内容存放到 Redis 的另一个数据库 "dmoz:items" 中。

（4）Slave 从 Master 的 Redis 中取出待抓取的 Request，下载完网页之后就把网页的内容发送回 Master 的 Redis。

（5）重复上面的第（3）和第（4）步，直到 Master 的 Redis 中的 "dmoz:Requests" 数据库为空，再把 Master 的 Redis 中的 "dmoz:items" 数据库写入到 MongoDB 中。

（6）Master 中的 Reids 还有一个数据库 "dmoz:dupefilter" 是用来存储抓取过的 URL 的指纹（使用哈希函数将 URL 运算后的结果），避免重复抓取。

> **提示** 上面的流程是将 Redis 部署在运行 Scrapy 代码的机器上。其实也可以部署到单独的服务器上，如果需要可以再加上主从复制，提高运行效率和数据的安全性。

6. 项目3：myspider_redis

myspider_redis 爬虫继承了 RedisSpider，能够支持分布式的抓取，采用的是 basicspider，需要写 parse() 函数。其次就是不再有 start_urls，取而代之的是 redis_key，scrapy-redis 将 key 从 Redis 中 pop 出来，成为请求的 URL 地址。

Spider 的源码如下。

```
from scrapy_redis.spiders import RedisSpider


class MySpider(RedisSpider):
    """Spider that reads urls from redis queue (myspider:start_urls)."""
```

```
name = 'myspider_redis'
redis_key = 'myspider:start_urls'

def __init__(self, *args, **kwargs):
    # Dynamically define the allowed domains list
    domain = kwargs.pop('domain', '')
    self.allowed_domains = filter(None, domain.split(','))
    super(MySpider, self).__init__(*args, **kwargs)

def parse(self, response):
    return {
        'name': response.css('title::text').extract_first(),
        'url': response.url,
    }
```

与项目 2 相似，直接修改 Spider，使用 http://dmoztools.net/ 网站，代码如下。

```
from scrapy_redis.spiders import RedisSpider


class MySpider(RedisSpider):
    name = 'myspider_redis'
    allowed_domains = ['dmoztools.net']
    redis_key = 'myspider:start_urls'

    def parse(self, response):
        return {
            'name': response.css('title::text').extract_first(),
            'url': response.url,
        }
```

下面的运行过程与项目 2 相似，这里就不再阐述了。

7. 总结

目前已经了解了这 3 个项目，那么如何选择呢？

（1）如果只是用到 Redis 的去重和保存功能，就选项目 1。

（2）如果要写分布式，则根据情况，选择项目 2、项目 3。

（3）通常情况下，会选择使用项目 2 的方式编写深度聚焦爬虫。

11.8 项目案例：爬新浪新闻

目前已经了解了 Scrapy 的各个模块的功能，并掌握了分布式爬虫的使用方法，下面通过一个项目案例来更好地理解这些知识点。

爬新浪新闻，并且将该数据存储到 Redis 中。

11.8.1　分析网站

访问新浪新闻网站，如图 11-35 所示。

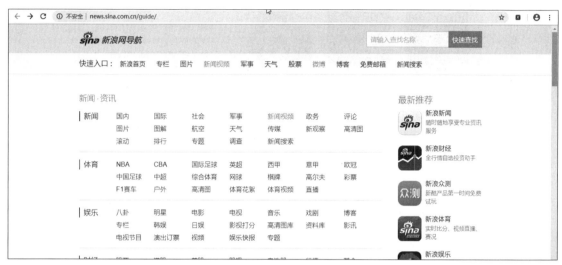

图11-35　新浪新闻网站

1. 提取信息

图 11-35 中新闻有大分类（如新闻）和小分类（如国内），如选择【国内】标签，如图 11-36 所示。

图11-36　新闻分类

这里可以提取 a 标签，作为三级标题，单击一条新闻，如图 11-37 所示。

图11-37　一条新闻信息

这里的信息都可以使用 XPath 进行提取，部分代码如下。

```
# 所有大分类的URL和标题
parentUrls = response.xpath('//div[@id="tab01"]/div/h3/a/@href').extract()
parentTitle = response.xpath('//div[@id="tab01"]/div/h3/a/text()').extract()

# 所有小分类的URL和标题
subUrls = response.xpath('//div[@id="tab01"]/div/ul/li/a/@href').extract()
subTitle = response.xpath('//div[@id="tab01"]/div/ul/li/a/text()').extract()

# 提取小分类中所有子链接
sonUrls = response.xpath('//a/@href').extract()

# 提取新闻的标题和内容
head = response.xpath('//h1[@id="main_title"]/text()')
content_list = response.xpath('//div[@id="artibody"]/p/text()').extract()
```

2. 保存信息

提取到需要的数据信息后，组成 Item 对象，然后保存到 Redis 中。

3. 总结

爬新浪新闻的思路如下。

（1）使用 scrapy-redis 框架。

（2）设置起始 URL。

（3）获取起始 URL 后，在响应中提取一级标题和二级标题等相关数据。

（4）向二级标题对应的 URL 发送请求，获取详情数据。

11.8.2 开始爬取

按照上面的思路实现代码即可。

本小节的具体实现代码请参考书中提供的资料（源码路径：ch11/11.8）。

1. 创建项目和爬虫类

运行如下的命令，创建项目和爬虫类。

```
scrapy startproject spider_sina
cd spider_sina
scrapy genspider sina sina.com.cn
```

2. items.py

在 items.py 中定义新闻信息的属性，代码如下。

```python
import scrapy


class SinanewsItem(scrapy.Item):
    # 大分类的标题和URL
    parentTitle = scrapy.Field()
    parentUrls = scrapy.Field()

    # 小分类的标题和子URL
    subTitle = scrapy.Field()
    subUrls = scrapy.Field()

    # 小分类目录存储路径
    subFilename = scrapy.Field()

    # 小分类下的子链接
    sonUrls = scrapy.Field()

    # 文章标题和内容
    head = scrapy.Field()
    content = scrapy.Field()
```

3. sina.py

在 sina.py 中完成爬虫类的逻辑代码，代码如下。

```python
import scrapy
from spider_sina.items import SinanewsItem
from scrapy_redis.spiders import RedisSpider


class SinaSpider(RedisSpider):
    name = "sina"
    redis_key = "sinaspider:start_urls"
```

```python
        allowed_domains = ['']


    def parse(self, response):
        items = []
        # 所有大分类的URL和标题
        parentUrls = response.xpath('//div[@id="tab01"]/div/h3/a/@href').
extract()
        parentTitle = response.xpath('//div[@id="tab01"]/div/h3/a/text()').
extract()

        # 所有小分类的URL和标题
        subUrls = response.xpath('//div[@id="tab01"]/div/ul/li/a/@href').
extract()
        subTitle = response.xpath('//div[@id="tab01"]/div/ul/li/a/text()').
extract()

        # 爬取所有大分类
        for i in range(0, len(parentTitle)):

            # 爬取所有小分类
            for j in range(0, len(subUrls)):
                item = SinanewsItem()

                # 保存大分类的title和URL
                item['parentTitle'] = parentTitle[i]
                item['parentUrls'] = parentUrls[i]

                # 检查小分类的URL是否以同类别大分类URL开头，如果是，则返回True
                # （sports.sina.com.cn和sports.sina.com.cn/nba）
                if_belong = subUrls[j].startswith(item['parentUrls'])

                # 如果属于本大分类，则将存储目录放在本大分类目录下
                if if_belong:
                    # 存储小分类URL、title和filename字段数据
                    item['subUrls'] = subUrls[j]
                    item['subTitle'] = subTitle[j]
                    items.append(item)

        # 发送每个小分类URL的Request请求，得到Response连同包含的meta数据
        # 一同交给回调函数second_parse方法处理
        for item in items:
            yield scrapy.Request(url=item['subUrls'], meta={'meta_1':
item}, callback=self.second_parse, dont_filter=True)

    # 对于返回的小分类的URL，再进行递归请求
    def second_parse(self, response):
```

```
    # 提取每次Response的meta数据
    meta_1 = response.meta['meta_1']

    # 取出小分类中所有子链接
    sonUrls = response.xpath('//a/@href').extract()

    items = []
    for i in range(0, len(sonUrls)):
        # 检查每个链接是否以大分类URL开头、以.shtml结尾，如果是，则返回True
        if_belong = sonUrls[i].endswith('.shtml') and sonUrls[i].
startswith(meta_1['parentUrls'])

        # 如果属于本大分类，则将获取字段值放在同一个Item下，以便于传输
        if if_belong:
            item = SinanewsItem()
            item['parentTitle'] = meta_1['parentTitle']
            item['parentUrls'] = meta_1['parentUrls']
            item['subUrls'] = meta_1['subUrls']
            item['subTitle'] = meta_1['subTitle']
            item['sonUrls'] = sonUrls[i]
            items.append(item)

    # 发送每个小分类下子链接URL的Request请求，得到Response后连同包含的meta数据
    # 一同交给回调函数detail_parse方法处理
    for item in items:
        yield scrapy.Request(url=item['sonUrls'], meta={'meta_2':
item}, callback=self.detail_parse, dont_filter=True)

# 数据解析方法，获取文章标题和内容
def detail_parse(self, response):
    item = response.meta['meta_2']
    content = ""
    head = response.xpath('//h1[@id="main_title"]/text()')
    content_list = response.xpath('//div[@id="artibody"]/p/text()').
extract()

    # 将p标签中的文本内容合并到一起
    for content_one in content_list:
        content += content_one

    item['head'] = head[0] if len(head) > 0 else "NULL"
    item['content'] = content

    yield item
```

4. settings.py

在 settings.py 中定义配置信息，代码如下。

```
BOT_NAME = 'spider_sina'
```

```
SPIDER_MODULES = ['spider_sina.spiders']
NEWSPIDER_MODULE = 'spider_sina.spiders'


# 使用scrapy-redis中的去重组件，不使用Scrapy默认的去重方式
DUPEFILTER_CLASS = "scrapy_redis.dupefilter.RFPDupeFilter"
# 使用scrapy-redis中的调度器组件，不使用默认的调度器
SCHEDULER = "scrapy_redis.scheduler.Scheduler"
# 允许暂停，Redis请求记录不丢失
SCHEDULER_PERSIST = True
# 默认的scrapy-redis请求队列形式（按优先级）
SCHEDULER_QUEUE_CLASS = "scrapy_redis.queue.SpiderPriorityQueue"
# 队列形式，请求先进先出
# SCHEDULER_QUEUE_CLASS = "scrapy_redis.queue.SpiderQueue"
# 栈形式，请求先进后出
# SCHEDULER_QUEUE_CLASS = "scrapy_redis.queue.SpiderStack"

# 只是将数据放到Redis数据库，不需要写pipelines文件
ITEM_PIPELINES = {
#     'Sina.pipelines.SinaPipeline': 300,
      'scrapy_redis.pipelines.RedisPipeline': 400,
}

# LOG_LEVEL = 'DEBUG'

# Introduce an artifical delay to make use of parallelism. to speed up the
# crawl
DOWNLOAD_DELAY = 1
# 指定数据库的主机IP
REDIS_HOST = "127.0.0.1"
# 指定数据库的端口号
REDIS_PORT = 6379
```

5. 运行爬虫

使用如下命令，运行爬虫。

```
$ scrapy crawl sina
2019-02-14 20:56:50 [scrapy.utils.log] INFO: Scrapy 1.5.1 started (bot:
spider_sina)
2019-02-14 20:56:50 [scrapy.utils.log] INFO: Versions: lxml 4.3.0.0,
libxml2 2.9.9, cssselect 1.0.3, parsel 1.5.1, w3lib 1.20.0, Twisted
18.9.0, Python 3.5.1+ (default, Mar 30 2016, 22:46:26) - [GCC 5.3.1
20160330], pyOpenSSL 18.0.0 (OpenSSL 1.1.0j  20 Nov 2018), cryptography
2.4.2, Platform Linux-4.4.0-21-generic-x86_64-with-Ubuntu-16.04-xenial
2019-02-14 20:56:50 [scrapy.crawler] INFO: Overridden settings:
{'SCHEDULER': 'scrapy_redis.scheduler.Scheduler', 'DOWNLOAD_DELAY': 1,
'BOT_NAME': 'spider_sina', 'SPIDER_MODULES': ['spider_sina.spiders'],
'NEWSPIDER_MODULE': 'spider_sina.spiders', 'DUPEFILTER_CLASS': 'scrapy_
```

```
redis.dupefilter.RFPDupeFilter'}
2019-02-14 20:56:50 [scrapy.middleware] INFO: Enabled extensions:
['scrapy.extensions.telnet.TelnetConsole',
 'scrapy.extensions.logstats.LogStats',
 'scrapy.extensions.corestats.CoreStats',
 'scrapy.extensions.memusage.MemoryUsage']
2019-02-14 20:56:50 [sina] INFO: Reading start URLs from redis key
'sinaspider:start_urls' (batch size: 16, encoding: utf-8
2019-02-14 20:56:50 [scrapy.middleware] INFO: Enabled downloader middlewares:
['scrapy.downloadermiddlewares.httpauth.HttpAuthMiddleware',
 'scrapy.downloadermiddlewares.downloadtimeout.DownloadTimeoutMiddleware',
 'scrapy.downloadermiddlewares.defaultheaders.DefaultHeadersMiddleware',
 'scrapy.downloadermiddlewares.useragent.UserAgentMiddleware',
 'scrapy.downloadermiddlewares.retry.RetryMiddleware',
 'scrapy.downloadermiddlewares.redirect.MetaRefreshMiddleware',
 'scrapy.downloadermiddlewares.httpcompression.HttpCompressionMiddleware',
 'scrapy.downloadermiddlewares.redirect.RedirectMiddleware',
 'scrapy.downloadermiddlewares.cookies.CookiesMiddleware',
 'scrapy.downloadermiddlewares.httpproxy.HttpProxyMiddleware',
 'scrapy.downloadermiddlewares.stats.DownloaderStats']
2019-02-14 20:56:50 [scrapy.middleware] INFO: Enabled spider middlewares:
['scrapy.spidermiddlewares.httperror.HttpErrorMiddleware',
 'scrapy.spidermiddlewares.offsite.OffsiteMiddleware',
 'scrapy.spidermiddlewares.referer.RefererMiddleware',
 'scrapy.spidermiddlewares.urllength.UrlLengthMiddleware',
 'scrapy.spidermiddlewares.depth.DepthMiddleware']
2019-02-14 20:56:50 [scrapy.middleware] INFO: Enabled item pipelines:
['scrapy_redis.pipelines.RedisPipeline']
2019-02-14 20:56:50 [scrapy.core.engine] INFO: Spider opened
2019-02-14 20:56:50 [scrapy.extensions.logstats] INFO: Crawled 0 pages
(at 0 pages/min), scraped 0 items (at 0 items/min)
2019-02-14 20:56:50 [scrapy.extensions.telnet] DEBUG: Telnet console
listening on 127.0.0.1:6023
```

从结果来看，程序处于等待状态，此时在 Redis 数据库端执行如下命令。

```
127.0.0.1:6379> lpush sinaspider:start_urls http://news.sina.com.cn/guide/
```

再查看爬虫，代码如下。

```
2019-02-14 20:59:20 [sina] DEBUG: Read 1 requests from 'sinaspider:
start_urls'
2019-02-14 20:59:20 [scrapy.core.engine] DEBUG: Crawled (200) <GET
http://news.sina.com.cn/guide/> (referer: None)
2019-02-14 20:59:20 [scrapy.core.engine] DEBUG: Crawled (200) <GET
http://sports.sina.com.cn/cba/> (referer: http://news.sina.com.cn/guide/)
2019-02-14 20:59:21 [scrapy.core.engine] DEBUG: Crawled (200) <GET
http://fo.sina.com.cn/zt/> (referer: http://news.sina.com.cn/guide/)
2019-02-14 20:59:21 [scrapy.core.engine] DEBUG: Crawled (200) <GET
http://sports.sina.com.cn/nba/> (referer: http://news.sina.com.cn/guide/)
```

```
2019-02-14 20:59:21 [scrapy.downloadermiddlewares.redirect] DEBUG:
Redirecting (302) to <GET https://news.sina.com.cn/china/> from <GET
http://news.sina.com.cn/china/>
2019-02-14 20:59:22 [scrapy.core.engine] DEBUG: Crawled (200) <GET
http://fo.sina.com.cn/veg/> (referer: http://news.sina.com.cn/guide/)
2019-02-14 20:59:22 [scrapy.core.engine] DEBUG: Crawled (200) <GET
http://news.sina.com.cn/zt/> (referer: http://news.sina.com.cn/guide/)
2019-02-14 20:59:22 [scrapy.core.engine] DEBUG: Crawled (200) <GET
http://sports.sina.com.cn/csl/> (referer: http://news.sina.com.cn/guide/)
2019-02-14 20:59:23 [scrapy.core.engine] DEBUG: Crawled (200) <GET
http://fo.sina.com.cn/zt/footprint/index.shtml> (referer: http://fo.sina.
com.cn/zt/)
2019-02-14 20:59:23 [scrapy.core.scraper] DEBUG: Scraped from <200
http://fo.sina.com.cn/zt/footprint/index.shtml>
{'content': '',
 'head': 'NULL',
 'parentTitle': '佛学',
 'parentUrls': 'http://fo.sina.com.cn/',
 'sonUrls': 'http://fo.sina.com.cn/zt/footprint/index.shtml',
 'subTitle': '专题',
 'subUrls': 'http://fo.sina.com.cn/zt/'}
2019-02-14 20:59:24 [scrapy.core.engine] DEBUG: Crawled (200) <GET
http://news.sina.com.cn/zl/> (referer: http://news.sina.com.cn/guide/)
2019-02-14 20:59:24 [scrapy.core.engine] DEBUG: Crawled (200) <GET
http://sports.sina.com.cn/tennis/> (referer: http://news.sina.com.cn/guide/)
2019-02-14 20:59:24 [scrapy.core.engine] DEBUG: Crawled (200) <GET
http://fo.sina.com.cn/zt/goodwoman/index.shtml> (referer: http://fo.sina.
com.cn/zt/)
2019-02-14 20:59:24 [scrapy.core.scraper] DEBUG: Scraped from <200
http://fo.sina.com.cn/zt/goodwoman/index.shtml>
{'content': '',
 'head': 'NULL',
 'parentTitle': '佛学',
 'parentUrls': 'http://fo.sina.com.cn/',
 'sonUrls': 'http://fo.sina.com.cn/zt/goodwoman/index.shtml',
 'subTitle': '专题',
 'subUrls': 'http://fo.sina.com.cn/zt/'}
2019-02-14 20:59:25 [scrapy.core.engine] DEBUG: Crawled (200) <GET
http://news.sina.com.cn/media/> (referer: http://news.sina.com.cn/guide/)
2019-02-14 20:59:25 [scrapy.core.engine] DEBUG: Crawled (200) <GET
http://sports.sina.com.cn/china/> (referer: http://news.sina.com.cn/guide/)
2019-02-14 20:59:25 [scrapy.core.engine] DEBUG: Crawled (200) <GET
http://fo.sina.com.cn/zt/lawinhome/index.shtml> (referer: http://fo.sina.
com.cn/zt/)
2019-02-14 20:59:25 [scrapy.core.scraper] DEBUG: Scraped from <200
http://fo.sina.com.cn/zt/lawinhome/index.shtml>
{'content': '',
 'head': 'NULL',
 'parentTitle': '佛学',
```

```
  'parentUrls': 'http://fo.sina.com.cn/',
  'sonUrls': 'http://fo.sina.com.cn/zt/lawinhome/index.shtml',
  'subTitle': '专题',
  'subUrls': 'http://fo.sina.com.cn/zt/'}
2019-02-14 20:59:26 [scrapy.downloadermiddlewares.redirect] DEBUG:
Redirecting (302) to <GET https://news.sina.com.cn/world/> from <GET
http://news.sina.com.cn/world/>
2019-02-14 20:59:27 [scrapy.core.engine] DEBUG: Crawled (200) <GET
http://sports.sina.com.cn/g/laliga/> (referer: http://news.sina.com.cn/
guide/)
2019-02-14 20:59:27 [scrapy.core.engine] DEBUG: Crawled (200) <GET
http://fo.sina.com.cn/zt/xydssddys/index.shtml> (referer: http://fo.sina.
com.cn/zt/)
2019-02-14 20:59:27 [scrapy.core.scraper] DEBUG: Scraped from <200
http://fo.sina.com.cn/zt/xydssddys/index.shtml>
{'content': '',
  'head': 'NULL',
  'parentTitle': '佛学',
  'parentUrls': 'http://fo.sina.com.cn/',
  'sonUrls': 'http://fo.sina.com.cn/zt/xydssddys/index.shtml',
  'subTitle': '专题',
  'subUrls': 'http://fo.sina.com.cn/zt/'}
2019-02-14 20:59:27 [scrapy.core.engine] DEBUG: Crawled (200) <GET
http://fo.sina.com.cn/2012-09-04/2149924.shtml> (referer: http://fo.sina.
com.cn/veg/)
2019-02-14 20:59:27 [scrapy.core.scraper] DEBUG: Scraped from <200
http://fo.sina.com.cn/2012-09-04/2149924.shtml>
{'content': '\u3000\u3000'
           '新浪佛学频道学佛心路栏目面向广大网友征稿，欢迎在家居士分享您的学佛历程
和心路感悟，也欢迎法师分享您的学佛出家心路，稿件内容围绕"我的学佛心路历程"这一主题撰
写，字数不限。\u3000\u3000'
           '大家可以通过微博私信'
           '或邮件的形式踊跃投稿(附件Txt，Word或博文链接均可)，入选稿件将呈现在
新浪佛学首页和频道学佛心路栏目。感谢大家热情支持！\u3000\u3000'
           '此外，也欢迎网友分享佛学读经感悟、寺院禅修、参访心得、原创素食等原创稿
件，单篇博文链接（需为新浪博客，稿件需原创，转载与抄袭者恕不推荐）、其余资料Txt或Word
版均可，可将电子书资料、博文链接发私信。',
  'head': 'NULL',
  'parentTitle': '佛学',
  'parentUrls': 'http://fo.sina.com.cn/',
  'sonUrls': 'http://fo.sina.com.cn/2012-09-04/2149924.shtml',
  'subTitle': '素食',
  'subUrls': 'http://fo.sina.com.cn/veg/'}
2019-02-14 20:59:28 [scrapy.core.engine] DEBUG: Crawled (200) <GET
http://news.sina.com.cn/hotnews/> (referer: http://news.sina.com.cn/guide/)
…<省略以下输出>…
```

回到 Redis 中，查看结果，代码如下。

```
127.0.0.1:6379> keys *
```

```
sina:items
sina:requests
```

这里"sina:items"存入的是爬取的数据。

> 提
> 示
>
> 为了提高爬虫的效率和避免封禁，可以使用代理 IP，请参照第 10 章。

11.9 本章小结

本章学习了 Scrapy 框架的相关知识，首先了解了 Scrapy 框架的原理和流程；然后介绍了 Scrapy 框架的各个核心模块，包括 Spider、Pipeline、Item 和 Middleware 等，并详细介绍了这些核心模块的使用并给出了一些案例；最后介绍了用于爬取数量较大的分布式爬虫，其再一次简化了爬虫的开发并提高了爬虫的效率。

11.10 实战练习

使用 Scrapy 分布式爬虫爬伯乐在线中的信息。

第12章

项目案例：爬校花网信息

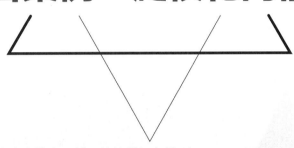

爬校花网校花的个人信息，并且将该数据存储到 MongoDB 中。

12.1 分析网站

访问校花网网站，如图 12-1 所示。

图12-1　校花网网站

1. 提取数据

任选一名人物并右击，在弹出的快捷菜单中选择【检查】选项，观察源码，如图 12-2 所示。

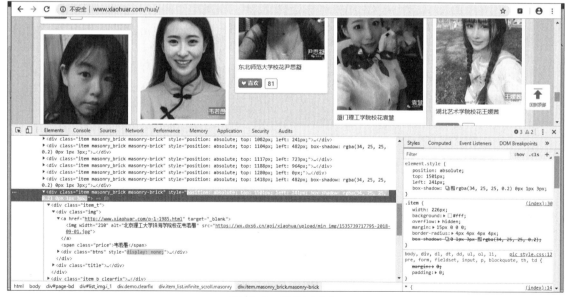

图12-2　检查HTML

这里的个人信息可以通过 XPath 进行获取，代码详见 12.2 节。

单击这个人物，进入详情页面，如图 12-3 所示。

图12-3　详情页

选中详细资料并右击，在弹出的快捷菜单中选择【检查】选项，观察源码，如图 12-4 所示。

图12-4　检查HTML

这里的详细资料信息可以通过 XPath 进行获取，代码详见 12.2 节。

2. 下一页的URL

如何提取下一页的信息，首先访问第一页，如图 12-5 所示。

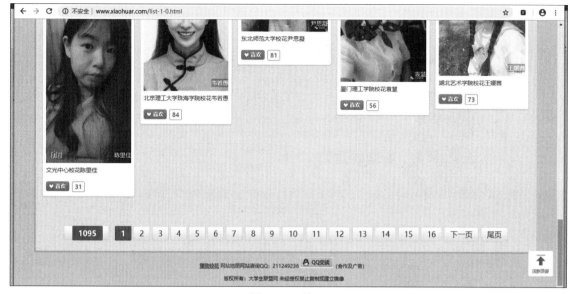

图12-5　首页

然后访问尾页，如图 12-6 所示。

图12-6　尾页

选中【下一页】按钮并右击，在弹出的快捷菜单中选择【检查】选项，这样可以每次都获取下一页的 URL，如图 12-7 所示。

图12-7　下一页的URL

爬取完当页信息后，再获取下一页的 URL 接着爬取。如果获取不到下一页的 URL，则表示已经到尾页了，爬虫结束。

3. 数据去重

个别数据有重复，如果重复，则数据不保存。这里使用 Scrapy 框架中的管道完成去重。

4. 数据保存

这里使用 Scrapy 框架中的管道将数据保存到 MongoDB 中。

5. 总结

爬校花网信息的思路如下。

（1）向起始 URL 发 get 请求得到响应。

（2）从（1）的响应中提取这一页所有的人物信息，在获取详情的 URL 后，返回一个新的 Request 对象。然后获取下一页的 URL 并判断，如果存在，则返回一个新的 Request 对象，否则不处理。

（3）处理回调函数。

（4）使用 Scrapy 框架中的管道完成去重并将数据保存到 MongoDB 中。

12.2 开始爬取

按照上面的思路实现代码即可。

本节的具体实现代码请参考书中提供的资料（源码路径：ch12/12.2）。

这个项目使用的是 Scrapy 框架。

1. 创建爬虫项目

运行如下命令，创建爬虫项目。

```
scrapy startproject spider_xiaohua
scrapy genspider xiaohuar xiaohur.com
```

基本结构，如图 12-8 所示。

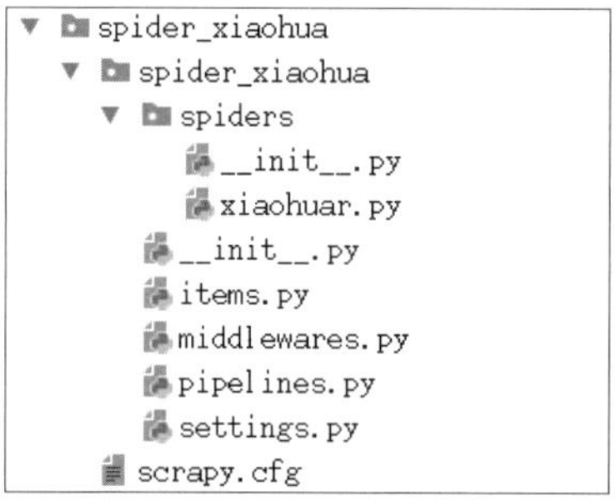

图12-8　基本结构

2. items.py

在 items.py 中定义校花数据的属性，包括姓名、学校、喜欢数、图片 URL 和详情，代码如下。

```
import scrapy

class XiaohuarItem(scrapy.Item):
    name = scrapy.Field()
    title = scrapy.Field()
    num = scrapy.Field()
    img_url = scrapy.Field()
    detail = scrapy.Field()
```

3. xiaohuar.py

在 xiaohuar.py 中完成爬虫类的逻辑代码，代码如下。

```
import scrapy
from spider_xiaohua.items import *


class XiaohuarSpider(scrapy.Spider):
    name = 'xiaohuar'
    allowed_domains = ['xiaohuar.com']
    start_urls = ["http://www.xiaohuar.com/hua/"]

    def parse(self, response):
        divs = response.xpath('//div[@class="item masonry_brick"]')
```

```
        for div in divs
            item = XiaohuarItem()

            item["name"] = div.xpath('.//span[@class="price"]/text()').
extract_first()
            item["title"] = div.xpath('.//div[@class="title"]/span/a/
text()').extract_first()
            item["num"] = div.xpath('.//div[@class="items_likes fl"]/em/
text()').extract_first()
            item["img_url"] = div.xpath('.//div[@class="img"]/a/img/
@src').extract_first()


            # 处理详情
            detail_url = div.xpath('.//div[@class="img"]/a/@href').extract_
first()
            if not detail_url.startswith("http"):
                detail_url = "http://www.xiaohuar.com"+detail_url
            # yield request  --->调度器
            yield scrapy.Request(url=detail_url, callback=self.parse_
detail, meta={"item": item})

        # 下一页
        next_url = response.xpath('//div[@id="page"]/div/a[contains(
text(), "下一页")]/@href').extract_first()
        if next_url:
            yield scrapy.Request(url=next_url, callback=self.parse)


    def parse_detail(self, response):
        item = response.meta["item"]
        item["detail"] = response.xpath('//div[@class="infocontent"]//
text()|//div[@class="content"]//text()').extract()
        yield item
```

这是核心的爬虫类，处理请求，从响应中提取数据。

4. pipelines.py

在 pipelines.py 中完成数据的处理，代码如下。

```
import pymongo
import re
import logging
import csv
from scrapy.exceptions import DropItem


logger = logging.getLogger(__name__)
```

```python
class XiaohuarPipeline_Content(object):
    """处理数据"""
    def process_item(self, item, spider):
        # 如果有多个Spider，则一般需要加判断，后面的管道也是如此
        if spider.name == "xiaohuar":
            item = self.process_content(item)
        return item

    def process_content(self, item):
        # 处理img_url
        img_url = item["img_url"]
        if not img_url.startswith("https"):
            img_url = "http://www.xiaohuar.com" + img_url
            item["img_url"] = img_url

        # 处理detail
        item["detail"] = "".join(item["detail"])
        item["detail"] = re.sub(r"\s*", "", item["detail"])
        if item["detail"] == "":
            item["detail"] = None

        return item


class XiaohuarPipeline_Duplicates(object):
    """去重
    1.如果有一个字段，则可以唯一表示，用set去重
    2.下面演示多个字段
    """
    def open_spider(self, spider):
        """爬虫开始调用一次"""
        self.client = pymongo.MongoClient()["mydb"]["xiaohuar"]

    def process_item(self, item, spider):
        if self.client.find_one(dict(item)):
        # if self.client.find_one({"name": item["name"]}):
            logger.warning("数据已存在: %s"(str(dict(item))))
            # 抛出异常，管道传递结束
            raise DropItem("重复数据: %s" % item)
        else:
            return item


class XiaohuarPipeline_Mongo(object):
    def open_spider(self, spider):
        self.client = pymongo.MongoClient()["mydb"]["xiaohuar"]
```

```
    def process_item(self, item, spider):
        self.client.insert(dict(item))
        return item

class XiaohuarPipeline_CSV(object):
    def open_spider(self, spider):
        """爬虫开始调用一次"""
        self.file = open("./files/xiaohuar.csv", "a", encoding="utf-8")
        self.csv_writer = csv.writer(self.file)

    def process_item(self, item, spider):
        self.csv_writer.writerow(dict(item).values())
        return item

    def close_spider(self, spider):
        """爬虫结束调用一次"""
        self.file.close()
```

管道 XiaohuarPipeline_Content：处理信息细节。

管道 XiaohuarPipeline_Duplicates：处理去重。

管道 XiaohuarPipeline_Mongo：将数据保存到 MongoDB 中。

管道 XiaohuarPipeline_CSV：将数据保存到 CSV 文件中。

5. settings.py

在 settings.py 中完成项目配置信息的代码，代码如下。

```
BOT_NAME = 'spider_xiaohua'
SPIDER_MODULES = ['spider_xiaohua.spiders']
NEWSPIDER_MODULE = 'spider_xiaohua.spiders'
USER_AGENT = 'Mozilla/5.0 (Windows NT 10.0; Win64; x64) AppleWebKit/
537.36 (KHTML, like Gecko) Chrome/67.0.3396.99 Safari/537.36'
ROBOTSTXT_OBEY = False
ITEM_PIPELINES = {
    'spider_xiaohua.pipelines.XiaohuarPipeline_Content': 100,
    'spider_xiaohua.pipelines.XiaohuarPipeline_Duplicates': 200,
    'spider_xiaohua.pipelines.XiaohuarPipeline_Mongo': 300,
}
```

这里设置文件，主要是 USER_AGENT 和 ITEM_PIPELINES 的设置。

6. 运行爬虫

使用如下命令，运行爬虫。

```
$ scrapy crawl xiaohuar
2019-02-15 13:36:29 [scrapy.utils.log] INFO: Scrapy 1.5.1 started (bot:
spider_xiaohua)
2019-02-15 13:36:29 [scrapy.utils.log] INFO: Versions: lxml 4.3.0.0,
```

```
libxml2 2.9.9, cssselect 1.0.3, parsel 1.5.1, w3lib 1.20.0, Twisted
18.9.0, Python 3.5.1+ (default, Mar 30 2016, 22:46:26) - [GCC 5.3.1
20160330], pyOpenSSL 18.0.0 (OpenSSL 1.1.0j  20 Nov 2018), cryptography
2.4.2, Platform Linux-4.4.0-21-generic-x86_64-with-Ubuntu-16.04-xenial
```
…<省略中间部分输出>…
```
2019-02-15 13:36:32 [scrapy.core.scraper] DEBUG: Scraped from <200
http://www.xiaohuar.com/p-1-2017.html>
{'detail': None,
 'img_url': 'https://www.dxsabc.com/api/xiaohua/upload/min_img/20190123/
20190123yA6WPNu6uk.jpg',
 'name': '史晓洁',
 'num': '12',
 'title': '南阳师范学院校花史晓洁'}
2019-02-15 13:36:32 [scrapy.core.engine] DEBUG: Crawled (200) <GET
http://www.xiaohuar.com/p-1-2024.html> (referer: http://www.xiaohuar.
com/hua/)
2019-02-15 13:36:32 [scrapy.core.scraper] DEBUG: Scraped from <200
http://www.xiaohuar.com/p-1-2016.html>
{'detail': '生日|8月25日♡□星座|处女座♡□学校|北京交通大学♡□身高|165cm♡□
体重|40kg♡□三围|84-58-87♡□所在地|北京♡□才艺|唱歌、跳舞♡□兴趣爱好|唱歌、跳
舞♡□校园影响力|☆☆☆来自于北京交通大学的高雅是老师眼中文静、乖巧的小姑娘。她单纯、
害羞，温柔又善良。所以老师和同学们都很喜欢她。',
 'img_url': 'http://www.xiaohuar.com/d/file/20190117/07a7e6bc4639ded4972
d0dc00bfc331b.jpg',
 'name': '高雅',
 'num': '41',
 'title': '北京交通大学校花高雅'}
2019-02-15 13:36:33 [scrapy.core.scraper] DEBUG: Scraped from <200
http://www.xiaohuar.com/p-1-2024.html>
{'detail': None,
 'img_url': 'https://www.dxsabc.com/api/xiaohua/upload/min_img/20190213/
20190213Y4DNwqoOaO.jpg',
 'name': '张君婉',
 'num': '1',
 'title': '上海外国语大学校花张君婉'}
2019-02-15 13:36:33 [scrapy.core.engine] DEBUG: Crawled (200) <GET
http://www.xiaohuar.com/p-1-2004.html> (referer: http://www.xiaohuar.
com/hua/)
2019-02-15 13:36:33 [scrapy.core.scraper] DEBUG: Scraped from <200
http://www.xiaohuar.com/p-1-2004.html>
{'detail': None,
 'img_url': 'https://wx.dxs6.cn/api/xiaohua/upload/min_img/20180913/
201809131vhKSH50t9.jpg',
 'name': '孙佳萌',
 'num': '56',
 'title': '河北医科大学校花孙佳萌'}
```
…<省略以下输出>…

登录 MongoDB，查看结果，代码如下。

```
> db.xiaohuar.find()
{ "_id" : ObjectId("5c664fe03066d69aacb70ef7"), "name" : "刘郁文",
"detail" : "刘郁文", "title" : "中国传媒大学校花刘郁文", "img_url" :
"https://wx.dxs6.cn/api/xiaohua/upload/min_img/20180909/20180909NgpOY4F
7jU.jpg", "num" : "216" }
{ "_id" : ObjectId("5c664fe03066d69aacb70ef8"), "name" : "史晓洁",
"detail" : null, "title" : "南阳师范学院校花史晓洁", "img_url" : "https://
www.dxsabc.com/api/xiaohua/upload/min_img/20190123/20190123yA6WPNu6uk.
jpg", "num" : "12" }
{ "_id" : ObjectId("5c664fe03066d69aacb70ef9"), "name" : "高雅",
"detail" : "生日|8月25日♡□星座|处女座♡□学校|北京交通大学♡□身高|165cm♡□
体重|40kg♡□三围|84-58-87♡□所在地|北京♡□才艺|唱歌、跳舞♡□兴趣爱好|唱歌、
跳舞♡□校园影响力|☆☆☆来自于北京交通大学的高雅是老师眼中文静、乖巧的小姑娘。她单纯、
害羞，温柔又善良。所以老师和同学们都很喜欢她。", "title" : "北京交通大学校花高雅",
"img_url" : "http://www.xiaohuar.com/d/file/20190117/07a7e6bc4639ded4972
d0dc00bfc331b.jpg", "num" : "41" }
{ "_id" : ObjectId("5c664fe13066d69aacb70efa"), "name" : "张君婉",
"detail" : null, "title" : "上海外国语大学校花张君婉", "img_url" :
"https://www.dxsabc.com/api/xiaohua/upload/min_img/20190213/20190213Y4D
NwqoOaO.jpg", "num" : "1" }
{ "_id" : ObjectId("5c664fe13066d69aacb70efb"), "name" : "孙佳萌",
"detail" : null, "title" : "河北医科大学校花孙佳萌", "img_url" : "https://
wx.dxs6.cn/api/xiaohua/upload/min_img/20180913/201809131vhKSH50t9.jpg",
"num" : "56" }
{ "_id" : ObjectId("5c664fe13066d69aacb70efc"), "name" : "余文丽",
"detail" : "唱歌，表演", "title" : "吉林大学珠海学院校花余文丽", "img_url" :
"https://www.dxsabc.com/api/xiaohua/upload/min_img/20190110/20190110
AdOgzcLVqR.jpg", "num" : "24" }
{ "_id" : ObjectId("5c664fe13066d69aacb70efd"), "name" : "胡诗雨",
"detail" : "生日|02月27日♡□星座|双鱼座♡□学校|河北美术学院♡□身高|170cm♡□
体重|50kg♡□兴趣爱好|K歌、旅游、游泳、摄影、跳舞♡□校园影响力|☆☆☆来自于河北美
术学院的胡诗雨小姐姐是一位从漫画里走出来的美少女吧！御姐身高的她却有着一张超可爱的脸，
圆嘟嘟的脸蛋、圆溜溜的大眼睛，立体的五官，这大概就是传说中的漫画脸了！擅长民乐、芭蕾、
民族舞的胡诗雨可是一位时尚博主呢，她自己有开美妆店，也经常会被美妆品牌邀请哟。开朗大方
的她积极向上，喜欢运动风，最喜欢的电影是星爷的《大话西游》。对于未来她有一个暖暖的心愿：
希望可以帮助更多的人。希望这位美少女可以实现自己的心愿", "title" : "河北美术学院校
花胡诗雨", "img_url" : "http://www.xiaohuar.com/d/file/20190131/28c623d42
f5e3812722c248097a711b6.jpg", "num" : "17" }
{ "_id" : ObjectId("5c664fe13066d69aacb70efe"), "name" : "浦樱",
"detail" : "出生日期: 1997.4.16 学校: 集美大学诚毅学院专业是动漫。星座: 白羊座 三围:
76.59.82 身高: 160cm 体重: 35kg 兴趣爱好: 拍照、打游戏、唱歌", "title" : "集美大学
校花浦樱", "img_url" : "http://www.xiaohuar.com/d/file/20180907/075025972
927c8e7541b09e272afe5cc.jpg", "num" : "514" }
{ "_id" : ObjectId("5c664fe23066d69aacb70f00"), "name" : "左宸怡",
"detail" : "左宸怡", "title" : "陕西科技大学校花左宸怡", "img_url" :
"https://www.dxsabc.com/api/xiaohua/upload/min_img/20181212/201812129Ai
```

vzrhzrl.jpg", "num" : "40" }
{ "_id" : ObjectId("5c664fe23066d69aacb70f01"), "name" : "邓雯",
"detail" : "游泳、跳舞、唱歌", "title" : "韶关市田家炳中学校花邓雯", "img_url":
"https://wx.dxs6.cn/api/xiaohua/upload/min_img/20181114/20181114D8Dmv5w
D9y.jpg", "num" : "37" }
{ "_id" : ObjectId("5c664fe23066d69aacb70f02"), "name" : "麦合丽娅",
"detail" : "新疆农业大学校花麦合丽娅", "title" : "新疆农业大学校花麦合丽娅",
"img_url" : "https://wx.dxs6.cn/api/xiaohua/upload/min_img/20180902/
20180902CaRp0619fu.jpg", "num" : "31" }
…<省略以下输出>…

【范例分析】

这个范例使用的是 Scrapy 框架，分析详情见 12.1 节。

第13章

项目案例：爬北京地区短租房信息

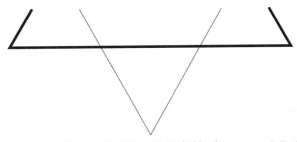

爬北京地区短租房的信息数据，并且将该数据存储到 MongoDB 中。

13.1 分析网站

访问小猪网网站，如图 13-1 所示。

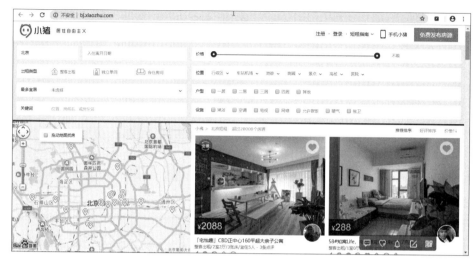

图13-1 小猪网网站

1. 获取详情URL

本次要爬取的信息在详情页面中，因此需要先爬取详情页面的网址链接，进而爬取需要的数据。

在第一个房源图片上右击，在弹出的快捷菜单中选择【检查】选项，观察源码，可以找到第一个房源详情页面的链接，分析得到 Selector 选择器的目标是"#page_list>ul>li:nth-child(1)>a"。同样的办法，得到第二个房源的链接 Selector 选择器的目标是"#page_list>ul>li:nth-child(2)>a"，第三个房源的链接 Selector 选择器的目标是"#page_list>ul>li:nth-child(3)>a"，可以使用"#page_list>ul>li>a"得到所有的超链接列表，再循环遍历得到每一个房源的链接。

2. 获取详情信息

进入详情信息页，如图 13-2 所示。

图13-2 详情页

在详情页中右击，在弹出的快捷菜单中选择【检查】选项，观察源码，分析得到标题的 Selector 为 "div.pho_info > h4"，同理可以获取得到其他选择器。

3. 下一页

手动浏览小猪短租网北京地区，往后翻页查看 URL 地址构造，发现第 2~4 页的 URL 地址，具体如下。

```
http://bj.xiaozhu.com/search-duanzufang-p2-0/
http://bj.xiaozhu.com/search-duanzufang-p3-0/
http://bj.xiaozhu.com/search-duanzufang-p4-0/
```

不难看出 URL 地址的规律，将 p 后面的数字改为 1（http://bj.xiaozhu.com/search-duanzufang-p1-0/），发现可以正常打开第一页，因此，只要修改 p 后面的数字就可以构造出待爬取的 13 页 URL。

4. 数据保存

提取的数据保存成字典格式，然后保存到 MongoDB 中。

5. 反反爬

经过测试，网站是有反爬的，如果速度过快，则会导致 IP 被封禁，所以这里使用了代理 IP。代码与之前类似，使用的是阿布云代理。

6. 总结

爬北京地区短租房信息的思路如下。

（1）提取所有页的 URL，使用线程池完成对应每个 URL 的任务。

（2）定义一个函数，处理每页的 URL 请求，提取详情页的 URL。

（3）向详情页的 URL 发送请求，获取响应，提取需要的数据。

（4）将每条数据保存到 MongoDB 中。

13.2 开始爬取

按照上面的思路实现代码即可。

本节的具体实现代码请参考书中提供的资料（源码路径：ch13/13.2）。

```
import requests
import time
import pymongo
from bs4 import BeautifulSoup
from fake_useragent import UserAgent
from concurrent.futures import ThreadPoolExecutor, wait, ALL_COMPLETED
```

```
ua = UserAgent()
client = pymongo.MongoClient('mongodb://localhost:27017/')['mydb']
['xiaozhu']
executor = ThreadPoolExecutor(max_workers=5)


def get_headers():
    headers = {
        "User-Agent": ua.random,
    }
    return headers


def get_proxies():
    # 代理服务器
    proxyHost = "http-dyn.abuyun.com"
    proxyPort = "9020"

    # 代理隧道验证信息
    proxyUser = "HO5AJ01D568BT1OD"
    proxyPass = "974535F20B2474E6"

    proxyMeta = "http://%(user)s:%(pass)s@%(host)s:%(port)s" % {
        "host": proxyHost,
        "port": proxyPort,
        "user": proxyUser,
        "pass": proxyPass,
    }
    proxies = {
        "http": proxyMeta,
        "https": proxyMeta,
    }
    return proxies


def judgementSex(class_name):
    # 判断性别
    if class_name == ['member_ico']:
        return '女'
    else:
        return '男'


def getLinks(url):
    print(url)
```

```
    # 获取详情页URL
    r = requests.get(url, headers=get_headers(), proxies=get_proxies())
    soup = BeautifulSoup(r.text, 'lxml')
    links = soup.select('#page_list > ul > li > a')
                            # links为URL列表（注意 ">" 两边都有空格，没有空格会出错）
    for link in links:
        href = link.get('href')
        getInfo(href)    # 循环出的URL依次调用getInfo()函数获取房源详细信息


def getInfo(url):
    # 获取房源详细信息
    r = requests.get(url, headers=get_headers(), proxies=get_proxies())
    soup = BeautifulSoup(r.text, 'lxml')
    titles = soup.select('div.pho_info > h4')
    addresses = soup.select('span.pr5')
    prices = soup.select('#pricePart > div.day_l > span')
    imgs = soup.select('#floatRightBox > div.js_box.clearfix > div.member_
pic > a > img')
    names = soup.select('#floatRightBox > div.js_box.clearfix > div.w_
240 > h6 > a')
    sexs = soup.select('#floatRightBox > div.js_box.clearfix > div.member_
pic > div')
    for title, address, price, img, name, sex in zip(titles, addresses,
prices, imgs, names, sexs):
        data = {
            'title': title.get_text().strip(),
            'address': address.get_text().strip(),
            'price': price.get_text(),
            'img': img.get('src'),
            'name': name.get_text(),
            'sex': judgementSex(sex.get('class')),
        }
        client.insert(data)


# 主函数
if __name__ == '__main__':
    print('****************爬虫开始****************')
    # 构造多页URL
    urls = ["http://bj.xiaozhu.com/search-duanzufang-p{}-0/".format(
number) for number in range(1, 14)]
    # 线程池
    all_task = [executor.submit(getLinks, url) for url in urls]
    # 主线程等待
    wait(all_task, return_when=ALL_COMPLETED)
    print('****************爬取结束****************')
```

【运行结果】

运行爬虫，结果如下。

```
*****************爬虫开始*****************
http://bj.xiaozhu.com/search-duanzufang-p1-0/
http://bj.xiaozhu.com/search-duanzufang-p2-0/
http://bj.xiaozhu.com/search-duanzufang-p3-0/
http://bj.xiaozhu.com/search-duanzufang-p4-0/
http://bj.xiaozhu.com/search-duanzufang-p5-0/
http://bj.xiaozhu.com/search-duanzufang-p6-0/
http://bj.xiaozhu.com/search-duanzufang-p7-0/
http://bj.xiaozhu.com/search-duanzufang-p8-0/
http://bj.xiaozhu.com/search-duanzufang-p9-0/
http://bj.xiaozhu.com/search-duanzufang-p10-0/
http://bj.xiaozhu.com/search-duanzufang-p11-0/
http://bj.xiaozhu.com/search-duanzufang-p12-0/
http://bj.xiaozhu.com/search-duanzufang-p13-0/
*****************爬取结束*****************
```

查看 MongoDB，结果如下。

```
> db.xiaozhu.find()
{ "_id" : ObjectId("5c665bd93066d6a3db69673c"), "address" : "北京市朝阳区
五里桥二街2号院 北京像素", "img" : "https://image.xiaozhustatic1.com/21/10,
0,59,7489,414,414,5c67fe7c.jpg", "price" : "298", "sex" : "男", "title" :
"北京地铁六号线草房站独立温馨一居室", "name" : "Carmen汤" }
{ "_id" : ObjectId("5c665bd93066d6a3db69673d"), "address" : "北京市丰台区
方庄蒲芳路GOGO新世代5号楼", "img" : "https://image.xiaozhustatic1.com/21/8,
0,28,11859,283,282,d33ccbc4.jpg", "price" : "349", "sex" : "男", "title" :
"蒲黄榆地铁5号14号线天安门天坛协和王府井", "name" : "孙圈圈" }
{ "_id" : ObjectId("5c665bda3066d6a3db69673e"), "address" : "北京市东城区
冠城名敦道", "img" : "https://image.xiaozhustatic1.com/21/10,0,17,8555,
364,363,e6dc707d.jpg", "price" : "550", "sex" : "女", "title" : "近天安门
国贸前门北京站同仁协和豪华套房小两居", "name" : "一修哥哥" }
{ "_id" : ObjectId("5c665bda3066d6a3db69673f"), "address" : "北京市朝阳区
望京悠乐汇C座", "img" : "https://image.xiaozhustatic1.com/21/7,0,53,10635,
414,414,e6ddc770.jpg", "price" : "418", "sex" : "女", "title" : "望京核心高层
无敌视野极客空间", "name" : "chinatonyli" }
{ "_id" : ObjectId("5c665bda3066d6a3db696740"), "address" : "北京市朝阳区
上线6号", "img" : "https://image.xiaozhustatic1.com/21/13,0,86,28427,260,
260,bcc2eec2.jpg", "price" : "330", "sex" : "女", "title" : "地铁六号线黄渠
常营二外传媒可做饭整租", "name" : "源岭" }
{ "_id" : ObjectId("5c665bda3066d6a3db696741"), "address" : "北京市朝阳区
酒仙桥路26号", "img" : "https://image.xiaozhustatic1.com/21/11,0,74,745,
414,415,3387cf8a.jpg", "price" : "468", "sex" : "男", "title" : "HolyNite
洁癖の福音情调室交通超赞", "name" : "HolyNite情调室" }
```

{ "_id" : ObjectId("5c665bda3066d6a3db696742"), "address" : "北京市海淀区玲珑路琨御府东区（慈寿寺地铁B口）...", "img" : "https://image.xiaozhustatic1.com/21/51,0,14,34759,329,329,3e20b725.jpg", "price" : "318", "sex" : "男", "title" : "五路居　首都大学　肿瘤医院豪华欧式公寓", "name" : "小柠檬味" }
{ "_id" : ObjectId("5c665bda3066d6a3db696743"), "address" : "北京市西城区丽水莲花小区", "img" : "https://image.xiaozhustatic1.com/21/13,0,71,7829,329,329,428c4b3a.jpg", "price" : "398", "sex" : "男", "title" : "北京西站边天安门广安门医院儿童医院大床房整租", "name" : "高兴他家" }
{ "_id" : ObjectId("5c665bdb3066d6a3db696744"), "address" : "北京市朝阳区青年路51号楼", "img" : "https://image.xiaozhustatic1.com/21/15,0,65,4906,372,372,97519f9d.jpg", "price" : "208", "sex" : "女", "title" : "【两味森林】超好找，地铁三分钟6层大悦城对面", "name" : "xzmiany" }
{ "_id" : ObjectId("5c665bde3066d6a3db696745"), "address" : "北京市朝阳区双井街道", "img" : "https://image.xiaozhustatic1.com/21/12,0,71,14641,329,329,d3fd6867.jpg", "price" : "398", "sex" : "女", "title" : "国贸CBD双井地铁7号线大郊亭清新自然风公寓", "name" : "iHOME国贸店" }
{ "_id" : ObjectId("5c665bdf3066d6a3db696746"), "address" : "北京市海淀区玲珑路八里庄北里", "img" : "https://image.xiaozhustatic1.com/21/51,0,78,5993,329,329,74025f10.jpg", "price" : "498", "sex" : "男", "title" : "慈寿寺北大肿瘤医院香山北海公园天安门王府井", "name" : "然之温馨小屋"}
{ "_id" : ObjectId("5c665bdf3066d6a3db696747"), "address" : "北京市海淀区八里庄街道北洼路地矿招待所", "img" : "https://image.xiaozhustatic1.com/21/9,0,99,9402,375,376,bf64391d.jpg", "price" : "468", "sex" : "男", "title" : "空总　304医院　西钓鱼台10号线200米", "name" : "王昱丁" }
{ "_id" : ObjectId("5c665be03066d6a3db696748"), "address" : "北京市朝阳区亚运村慧忠路亚奥观典", "img" : "https://image.xiaozhustatic1.com/21/11,0,76,13291,897,1155,2b0b37b8.jpg", "price" : "331", "sex" : "女", "title" : "独立高端公寓一居亚运村鸟巢北辰购物中心", "name" : "北京86公寓"}
{ "_id" : ObjectId("5c665be13066d6a3db696749"), "address" : "北京市海淀区四季青镇茶棚路北坞嘉园西里", "img" : "https://image.xiaozhustatic1.com/21/14,0,69,23035,329,329,8afc68a5.jpg", "price" : "798", "sex" : "女", "title" : "香山植物园　颐和园昆明湖清华北大小清新超暖房", "name" : "春风之家" }
{ "_id" : ObjectId("5c665be23066d6a3db69674a"), "address" : "北京市朝阳区沿海赛洛城406", "img" : "https://image.xiaozhustatic1.com/21/14,0,26,1676,266,267,8db99ecf.jpg", "price" : "418", "sex" : "男 ", "title" : "【享住】国贸地铁7号线百子湾大床超大loft", "name" : "伴夏_" }
{ "_id" : ObjectId("5c665be33066d6a3db69674b"), "address" : "北京市丰台区宋庄路", "img" : "https://image.xiaozhustatic1.com/21/17,0,36,19035,260,260,29bc11a2.jpg", "price" : "428", "sex" : "男", "title" : "北京站南站天安门南锣鼓巷后海5号10号线地铁", "name" : "暖心大姐" }
{ "_id" : ObjectId("5c665be43066d6a3db69674c"), "address" : "北京市朝阳区小营东路世纪村3区", "img" : "https://image.xiaozhustatic1.com/21/6,0,38,6108,320,321,9f905ab4.jpg", "price" : "488", "sex" : "男", "title" : "亚运村地铁15号线经济适用型舒适两居室", "name" : "裴迎至" }
{ "_id" : ObjectId("5c665be53066d6a3db69674d"), "address" : "北京市朝阳区曙光西里2号楼", "img" : "https://image.xiaozhustatic1.com/21/2,0,11,476,

```
360,360,1635a4a6.jpg", "price" : "499", "sex" : "女", "title" : "三元桥地
铁老国展旁经典两居", "name" : "linyilu7893" }
{ "_id" : ObjectId("5c665be53066d6a3db69674e"), "address" : "北京市丰台区
GOGO新世代", "img" : "https://image.xiaozhustatic1.com/21/11,0,35,14714,
260,260,dece28ee.jpg", "price" : "328", "sex" : "女", "title" : "蒲黄榆地
铁站楼上整租公寓，实锤打造另一个家", "name" : "心安归处" }
{ "_id" : ObjectId("5c665be63066d6a3db69674f"), "address" : "北京市东城区
新景家园东区", "img" : "https://image.xiaozhustatic1.com/21/8,0,54,7111,
375,376,87d5c518.jpg", "price" : "588", "sex" : "女", "title" : "崇 文门天
安门附近精致两居超大客厅同仁协和医院", "name" : "温暖的旅途" }
Type "it" for more
>
```

从结果来看，数据已经成功爬取。

【范例分析】

这个范例使用的是 requests 模块，分析详情见 13.1 节。

第14章

项目案例：爬简书专题信息

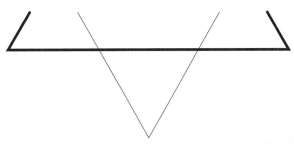

爬简书中的专题"@IT·互联网"中的文章数据，并且将该数据存储到 MongoDB 中。

14.1 分析网站

访问简书互联网专题的网站，如图 14-1 所示。

图14-1　简书互联网专题的网站

1. 分页

通过观察，可以发现网页中的文章并没有分页，而是通过下拉滚动条 JS 生成下一页。

通过 Network 监听发现每次拉到网页的最后都会多一条请求，仔细观察可以看出，它们之间存在着一定的规律，如图 14-2 所示。

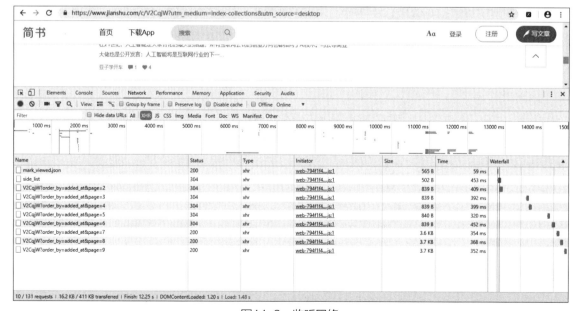

图14-2　监听网络

它们都是 https://www.jianshu.com/c/V2CqjW?order_by=added_at&page={} 这样的格式，改变的值只是 page 中的数字，这就是所需要的页码，可以访问链接验证。

现在已经取得所需要的链接，便可写出循环的代码，但是并不知道具体有多少页。这时，通过观察网页及网页源码，可以发现文章数量，如图 14-3 所示。

图14-3　文章数量

在专题下面有收录了多少篇文章的字样，只需要获取到共有多少篇文章再除以每页多少篇文章即可得出总页数。分析源码可以轻松找到，代码如下。

```python
def getPageNum():
    url = 'https://www.jianshu.com/c/V2CqjW?utm_medium=index-collections&utm_source=desktop'
    resp = requests.get(url, headers=get_headers)
    # 得到网页内容
    html_content = resp.text
    # 开始解析
    soup = BeautifulSoup(html_content, 'lxml')
    info = soup.select('.info')[0].text
    pagenumber = int(info[info.find('收录了'):].split()[0].lstrip('收录了').rstrip('篇文章'))
    a = len(soup.find_all('a', class_='title'))
    # 判断
    if pagenumber // a == 0:
        page = pagenumber // a
    else:
        page = pagenumber // a + 1
    return page
```

2. 提取信息

在页面中右击，在弹出的快捷菜单中选择【检查】选项，观察源码，查看标题 a 标签中的 href 属性，如图 14-4 所示。

图14-4　查看a标签

可以通过 BS4 进行获取，代码如下。

```
soup.find_all('a', class_='title')[i].attrs['href']
```

单击这条信息，进入详情页面，如图 14-5 所示。

图14-5　详情页

这样，获取 URL 之后，发送请求，获取详情页面的响应，然后通过 BS4 获取详情信息，代码如下。

```
news['标题'] = soupd.select('.title')[0].text
news['作者'] = soupd.select('.name')[0].text
news['时间'] = datetime.strptime(soupd.select('.publish-time')[0].text.
rstrip('*'), '%Y.%m.%d %H:%M')
news['字数'] = soupd.select('.wordage')[0].text.lstrip('字数')
news['内容'] = soupd.select('.show-content-free')[0].text.strip()
```

3. 数据保存

提取的数据保存成字典格式，然后保存到 MongoDB 中。

4. 总结

爬简书专题信息的思路如下。

（1）获取总页数。

（2）获取所有的分页 URL。

（3）提取每一页的详情 URL。

（4）获取详情 URL 中的详细信息。

（5）将每条数据保存到 MongoDB 中。

14.2 开始爬取

按照上面的思路实现代码即可。

本节的具体实现代码请参考书中提供的资料（源码路径：ch14/14.2）。

```
import requests
import pymongo
from bs4 import BeautifulSoup
from datetime import datetime
from fake_useragent import UserAgent

ua = UserAgent()
client = pymongo.MongoClient('mongodb://localhost:27017/')['mydb']
['jianshu']


def get_headers():
    headers = {
        "User-Agent": ua.random,
```

```
    }
    return headers


def writeNewsDetail(content):
    f = open('content.txt', 'a', encoding='utf-8')
    f.write(content)
    f.close()


def getNewsDetail(newsUrl):
    resd = requests.get(newsUrl, headers=get_headers())
    html_content = resd.text
    soupd = BeautifulSoup(html_content, 'lxml')

    news = {}
    news['标题'] = soupd.select('.title')[0].text
    news['作者'] = soupd.select('.name')[0].text
    news['时间'] = datetime.strptime(soupd.select('.publish-time')[0].
text.rstrip('*'), '%Y.%m.%d %H:%M')
    news['字数'] = soupd.select('.wordage')[0].text.lstrip('字数')
    news['内容'] = soupd.select('.show-content-free')[0].text.strip()
    news['链接'] = newsUrl
    client.insert(news)


def getListPage(pageUrl):
    res = requests.get(pageUrl, headers=get_headers())
    html_content = res.text
    soup = BeautifulSoup(html_content, 'lxml')

    for i in range(len(soup.find_all('a', class_='title'))):
        Url = soup.find_all('a', class_='title')[i].attrs['href']
        newsUrl = "https://www.jianshu.com" + Url
        getNewsDetail(newsUrl)


def getPageNum():
    url = 'https://www.jianshu.com/c/V2CqjW?utm_medium=index-collections&
utm_source=desktop'
    resp = requests.get(url, headers=get_headers())
    # 得到网页内容
    html_content = resp.text
    # 开始解析
    soup = BeautifulSoup(html_content, 'lxml')
    info = soup.select('.info')[0].text
    pagenumber = int(info[info.find('收录了'):].split()[0].lstrip('收录了').
```

```
rstrip('篇文章'))
    a = len(soup.find_all('a', class_='title'))
    # 判断
    if pagenumber // a == 0:
        page = pagenumber // a
    else:
        page = pagenumber // a + 1
    return page


if __name__ == '__main__':
    pageNum = getPageNum()
    for i in range(1, pageNum + 1):
        print('%s页爬取中...' % i)
        pageUrl = 'https://www.jianshu.com/c/V2CqjW?order_by=added_at&
page={}'.format(i)
        getListPage(pageUrl)
    print('爬虫结束...')
```

【运行结果】

运行爬虫，结果如下。

```
1页爬取中...
2页爬取中...
3页爬取中...
4页爬取中...
5页爬取中...
…<省略以下输出>…
```

查看 MongoDB，结果如下。

```
> db.jianshu.find()
{ "_id" : ObjectId("5c6756743066d6bb311aaf78"), "内容" : "简介：我不喜欢看
看投资技巧，就像不喜欢看鸡汤文一样，看时热血，看过就忘，我喜欢看故事，比如钢铁侠最近的
Dapp系列。首先我强烈推荐每一位币圈爱好者和Dapp爱好者看一看钢铁侠wdct11的《我与EOS
DAPP的亲密接触》系列文章，精彩、刺激、过瘾，像看小说，如果能从中学到一些一点半点，下
波牛市赚个10倍估计如探囊取物。看一下钢铁侠是投资dapp的思路：1.了解项目，独立分析\n
svn：找到了dice试玩了几把骰子游戏，顿时觉得我的机会来了，博彩是我的长项啊，专业玩过
很多年足彩和篮彩，对凯利公式各种变形了如指掌，我很快算出了挖矿成本价，就是抽水比率/返
奖比率。找到了dice觉得很好，一看newdex上面的价格dice已经翻了十倍了，众筹估值100万
eos，我看到那天已经是1000万eos估值了，感觉错失
…<省略中间部分输出>…
正好这两天看到busy上耿直老僧写的一篇文章《投资，不要和比你强很多的人玩……》：\n对于
我们小个体来说，不要去碰那些别人有绝对优势的项目，是相对稳妥的做法，比如你是一个Dapp
新手，你不要想着去里面套利了，因为里面很多人，资源，消息，经验都比你轻很多，等着你进去
被割。\n所以很多项目说是千人互割，前面进去的割后面进去的。\n我们根本不知道是在一个什
么样的环境，对手都是带着面具的杀手。我想起了一句话，山寨币本质是一个新韭菜给老韭菜送钱
的游戏，现在的熊市中一个又一个的热点，fomo3d、火牛、eosdapp、neoworld，可能本质上
```

是强者给更强的人送钱的游戏。钢铁侠文章目录：1.我与EOS DAPP的亲密接触（SVN）2.我与
EOS DAPP的亲密接触（POKER）3.我与EOS DAPP的亲密接触（TOP）4.我与EOS DAPP的亲密
接触（柚子红包）", "时间" : ISODate("2019-02-15T21:58:00Z"), "字数" :"4870",
"链接" : "https://www.jianshu.com/p/99ea6c9af8bf", "标题" : "从钢铁侠dapp
系列看投资", "作者" : "longbtc" }
…<省略以下输出>…

从结果来看，数据已经成功爬取。

【范例分析】

这个范例使用的是 requests 模块，分析详情见 14.1 节。

第15章

项目案例：爬QQ音乐歌曲

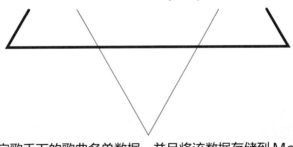

爬 QQ 音乐指定歌手下的歌曲名单数据，并且将该数据存储到 MongoDB 中。

15.1 分析网站

以周杰伦的歌曲为例，访问网站，如图 15-1 所示。

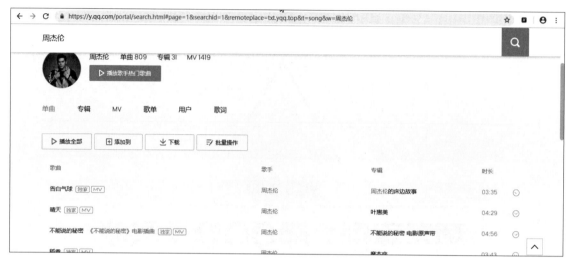

图15-1　QQ音乐周杰伦的歌曲

1. 找到数据

经过分析，搜索页面返回的数据包是一个右异步发送的请求得到的响应 JSON 数据，如图 15-2 所示。

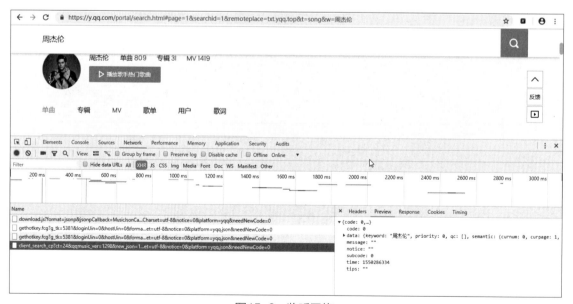

图15-2　监听网络

找到请求的 URL，代码如下。

```
https://c.y.qq.com/soso/fcgi-bin/client_search_cp?ct=24&qqmusic_ver=1298&
new_json=1&remoteplace=txt.yqq.song&searchid=55576400108804096&t=0&aggr=
1&cr=1&catZhida=1&lossless=0&flag_qc=0&p=1&n=20&w=%E5%91%A8%E6%9D%B0%E4%BC%A6&
g_tk=5381&loginUin=0&hostUin=0&format=json&inCharset=utf8&outCharset=
utf-8&notice=0&platform=yqq.json&needNewCode=0
```

p=1 表示页码第 1 页，w=%E5%91%A8%E6%9D%B0%E4%BC%A6 表示搜索的歌手名称 URL 编码之后的结果。

JSON 字符串部分数据如下。

```
list: [{action: {alert: 2, icons: 147324, msg: 14, switch: 17413891},…
},…]
0: {action: {alert: 2, icons: 147324, msg: 14, switch: 17413891},…}
1: {action: {alert: 2, icons: 147324, msg: 14, switch: 17413891},…}
2: {action: {alert: 2, icons: 147324, msg: 14, switch: 17413891},…}
3: {action: {alert: 2, icons: 147324, msg: 14, switch: 17413891},…}
4: {action: {alert: 2, icons: 147324, msg: 14, switch: 17413891},…}
5: {action: {alert: 2, icons: 147324, msg: 14, switch: 17413891},…}
6: {action: {alert: 2, icons: 147324, msg: 14, switch: 17413891},…}
7: {action: {alert: 2, icons: 147324, msg: 14, switch: 17413891},…}
8: {action: {alert: 2, icons: 147324, msg: 14, switch: 17413891},…}
9: {action: {alert: 2, icons: 147324, msg: 14, switch: 17413891},…}
10: {action: {alert: 2, icons: 147324, msg: 14, switch: 17413891},…}
11: {action: {alert: 2, icons: 147324, msg: 14, switch: 17413891},…}
12: {action: {alert: 2, icons: 147324, msg: 14, switch: 17413891},…}
13: {action: {alert: 2, icons: 147324, msg: 14, switch: 17413891},…}
14: {action: {alert: 2, icons: 147324, msg: 14, switch: 17413891},…}
15: {action: {alert: 2, icons: 147324, msg: 14, switch: 17413891},…}
16: {action: {alert: 2, icons: 147324, msg: 14, switch: 17413891},…}
17: {action: {alert: 2, icons: 147324, msg: 14, switch: 17413891},…}
18: {action: {alert: 2, icons: 147324, msg: 14, switch: 17413891},…}
19: {action: {alert: 2, icons: 147324, msg: 14, switch: 17413891},…}
```

2. 数据提取

将提取的 JSON 格式字符串转换为字典格式，通过键值对获取。

3. 数据保存

提取的数据保存成字典格式，然后保存到 MongoDB 中。

4. 总结

爬 QQ 音乐歌曲的思路如下。

（1）循环分页发送请求，获取响应数据。

（2）将响应数据转换为字典格式，提取需要的信息。

（3）根据是否提取到结果，判断是否结束循环。

（4）将每条数据保存到 MongoDB 中。

15.2 开始爬取

按照上面的思路实现代码即可。

本节的具体实现代码请参考书中提供的资料（源码路径：ch15/15.2）。

```
import requests
import pymongo

w = input('输入歌手:')
client = pymongo.MongoClient('mongodb://localhost:27017/')['mydb'][w]
i = 1
while True:
    print('%s页爬取中...' % i)
    url = 'https://c.y.qq.com/soso/fcgi-bin/client_search_cp?ct=24&
qqmusic_ver=1298&new_json=1&remoteplace=txt.yqq.song&searchid=
71285779863586018&t=0&aggr=1&cr=1&catZhida=1&lossless=0&flag_qc=0&p=
%s&n=20&w=%s&g_tk=5381&loginUin=0&hostUin=0&format=json&inCharset=utf8&
outCharset=utf-8&notice=0&platform=yqq.json&needNewCode=0' % (
    i, w)
    response = requests.get(url)
    song_list = response.json().get('data').get('song').get('list')
    if not song_list:
        break
    for song in song_list:
        item = {}
        item['song'] = song.get('name')
        item['album'] = song.get('album').get('name')
        client.insert(item)

    i += 1
print('爬虫结束...')
```

【运行结果】

运行爬虫，结果如下。

```
输入歌手：周杰伦
1页爬取中...
2页爬取中...
3页爬取中...
4页爬取中...
5页爬取中...
6页爬取中...
7页爬取中...
8页爬取中...
9页爬取中...
10页爬取中...
11页爬取中...
12页爬取中...
```

```
13页爬取中...
14页爬取中...
15页爬取中...
16页爬取中...
17页爬取中...
18页爬取中...
19页爬取中...
20页爬取中...
爬虫结束...
```

查看 MongoDB，结果如下。

```
> db['周杰伦'].find()
{ "_id" : ObjectId("5c6782913066d6c3adad4456"), "song" : "告白气球",
 "album" : "周杰伦的床边故事" }
{ "_id" : ObjectId("5c6782913066d6c3adad4457"), "song" : "晴天",
"album" : "叶惠美" }
{ "_id" : ObjectId("5c6782913066d6c3adad4458"), "song" : "不能说的秘密",
 "album" : "不能说的秘密 电影原声带" }
{ "_id" : ObjectId("5c6782913066d6c3adad4459"), "song" : "稻香",
"album" : "魔杰座" }
{ "_id" : ObjectId("5c6782913066d6c3adad445a"), "song" : "等你下课(with
杨瑞代)", "album" : "等你下课" }
{ "_id" : ObjectId("5c6782913066d6c3adad445b"), "song" : "七里香",
"album" : "七里香" }
{ "_id" : ObjectId("5c6782913066d6c3adad445c"), "song" : "一路向北",
 "album" : "J III MP3 Player" }
{ "_id" : ObjectId("5c6782913066d6c3adad445d"), "song" : "搁浅",
"album" : "七里香" }
{ "_id" : ObjectId("5c6782913066d6c3adad445e"), "song" : "青花瓷",
"album" : "我很忙" }
{ "_id" : ObjectId("5c6782913066d6c3adad445f"), "song" : "简单爱",
"album" : "范特西" }
{ "_id" : ObjectId("5c6782913066d6c3adad4460"), "song" : "夜曲",
"album" : "十一月的萧邦" }
{ "_id" : ObjectId("5c6782913066d6c3adad4461"), "song" : "安静",
"album" : "范特西" }
{ "_id" : ObjectId("5c6782913066d6c3adad4462"), "song" : "给我一首歌的时间",
"album" : "魔杰座" }
{ "_id" : ObjectId("5c6782913066d6c3adad4463"), "song" : "蒲公英的约定",
"album" : "我很忙" }
{ "_id" : ObjectId("5c6782913066d6c3adad4464"), "song" : "烟花易冷",
"album" : "跨时代" }
{ "_id" : ObjectId("5c6782913066d6c3adad4465"), "song" : "彩虹",
"album" : "我很忙" }
{ "_id" : ObjectId("5c6782913066d6c3adad4466"), "song" : "半岛铁盒",
"album" : "八度空间" }
{ "_id" : ObjectId("5c6782913066d6c3adad4467"), "song" : "听妈妈的话",
"album" : "依然范特西" }
{ "_id" : ObjectId("5c6782913066d6c3adad4468"), "song" : "以父之名",
```

```
"album" : "叶惠美" }
{ "_id" : ObjectId("5c6782913066d6c3adad4469"), "song" : "说好的幸福呢",
"album" : "魔杰座" }
Type "it" for more
>
```

从结果来看，数据已经成功爬取。

【范例分析】

这个范例使用的是 requests 模块，分析详情见 15.1 节。

第16章

项目案例：爬百度翻译

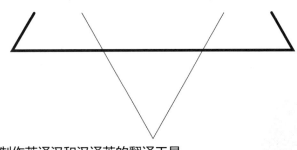

爬百度翻译，制作英译汉和汉译英的翻译工具。

16.1 分析网站

访问百度翻译网站，翻译一个词语，如图 16-1 所示。

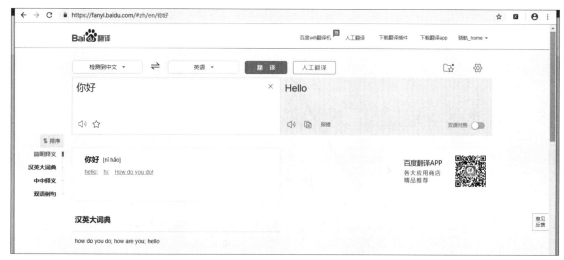

图16-1　百度翻译网站

1.找到数据

通过 Network 监听请求，观察并分析出翻译的数据是一个异步请求，如图 16-2 所示。

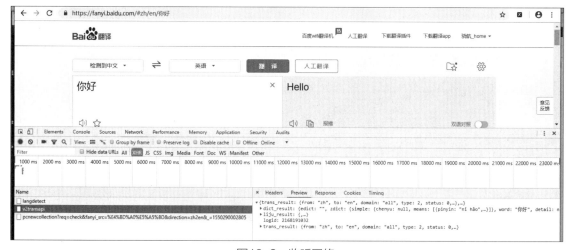

图16-2　监听网络

监听到 URL 的参数，如图 16-3 所示。

图16-3　URL的参数

参数的介绍如下。

（1）from：表示源文字的语言类型，如 zh 表示中文。

（2）to：表示目标文字的语言类型，如 en 表示英文。

（3）query：表示要翻译的源文字。

（4）transtype：这个值有 realtime 和 translang，经过测试不影响翻译结果，可以指定为 translang。

（5）sign：通过 JS 加密得到。

（6）token：在百度翻译页面响应内容中可以获取到。

2.提取数据

翻译对应的响应是一个 JSON 格式字符串，转换为字典格式后，可以获取翻译的结果。

（1）参数 1。这里的 from 参数是根据源文字判断的，经过监听网络请求，分析并找到判断源文字的请求，如图 16-4 所示。

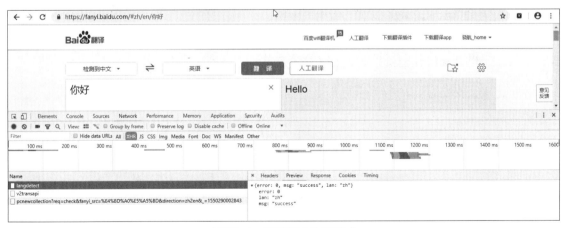

图16-4　判断源文字的请求

这个请求只有一个参数 query，如图 16-5 所示。

图16-5　请求参数

这里可以向 langdetect 发送请求在响应中获取，部分代码如下。

```
url = "https://fanyi.baidu.com/langdetect"
resp = requests.post(url=url, data=data, headers=headers)
content = resp.content.decode("utf-8")
content = json.loads(content)
from = content["lan"]
```

（2）参数2。这里 token 可以向百度翻译页面发送请求在响应中获取，部分代码如下。

```
url = "https://fanyi.baidu.com"
resp = requests.get(url=url, headers=headers)
content = resp.content.decode("utf-8")
gtk = re.findall(r"<script>window.bdstoken='';window.gtk='(.*?)';
</script>",content)[0]
token = re.findall(r"token: '(.*?)',",content)[0]
```

这里的 gtk 会在获取的 sign 参数中使用。

（3）参数3。这里的 sign 参数的获取相对困难，因为它是 JS 算法得到的，使用 Chrome 浏览器的 Search 搜索 v2transapi 相关的 JS，如图 16-6 所示。

图16-6　查看JS

单击查看详情，格式化显示 JS，如图 16-7 所示。

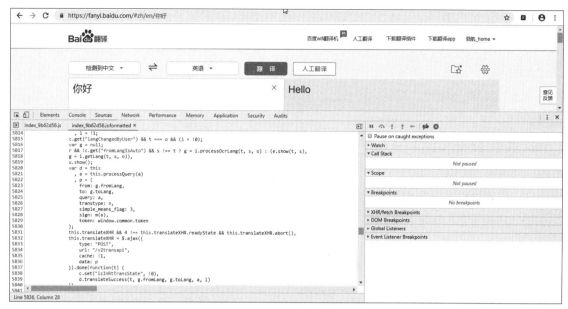

图16-7　格式化显示JS

这里通过 \$.ajax 发送了一个异步请求 v2transapi，参数 data 是 p，再通过 p 找到 sign，最后得到的 sign 是通过如下 e 函数计算得到的，参数就是要翻译的源文字，如这里的"你好"，如图 16-8 所示。

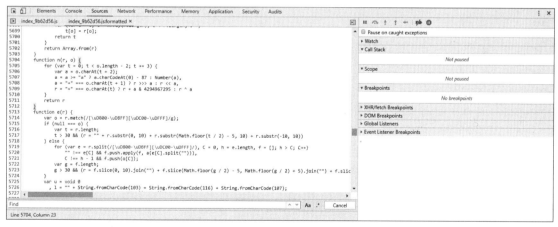

图16-8　分析JS

这里建议使用断点调试的方式，查看 JS 运行的过程。

Python 中有一个模块 execjs 可以运行 JS 文件，需要安装，代码如下。

```
pip install pyexecjs
```

将 JS 文件保存到本地，使用 execjs 运行就可以得到相应的结果，部分代码如下。

```
with open("./data/fanyi.js", "r", encoding="utf-8") as file:
```

```
    js = file.read()
    js = js.replace('u = null !== i ? i : (i = window[l] || "") || "";',
'u = "%s"' % gtk)
    cxt = execjs.compile(js)
    sign = cxt.call("e", query)
```

3.总结

爬百度翻译的思路如下。

（1）获取需要的参数。

（2）发送翻译的请求，传递参数，得到响应。

（3）从响应中获取翻译结果。

16.2 开始爬取

按照上面的思路实现代码即可。

本节的具体实现代码请参考书中提供的资料（源码路径：ch16/16.2）。

```
import requests
import execjs
import re
import json


def baidu_fanyi():
    query = input(">")
    url = "https://fanyi.baidu.com/v2transapi"
    sign, token = get_data(query)
    lang = get_lang(query)

    if lang == "zh":
        data = {
            "from": "zh",
            "to": "en",
            "query": query,
            "transtype": "translang",
            "simple_means_flag": "3",
            "sign": sign,
            "token": token,
        }
```

```python
        else:
            data = {
                "from": "en",
                "to": "zh",
                "query": query,
                "transtype": "translang",
                "simple_means_flag": "3",
                "sign": sign,
                "token": token,
            }

    headers = {
        "Accept": "*/*",
        "Accept-Encoding": "gzip, deflate, br",
        "Accept-Language": "zh-CN,zh; q=0.9",
        "Connection": "keep-alive",
        "Content-Length": "136",
        "Content-Type": "application/x-www-form-urlencoded; charset=
UTF-8",
        "Cookie": "BAIDUID=A0CB0FE1DB6D18809C712B5062BBAC6F:FG=1;
BIDUPSID=A0CB0FE1DB6D18809C712B5062BBAC6F; PSTM=1538210057; REALTIME_
TRANS_SWITCH=1; FANYI_WORD_SWITCH=1; HISTORY_SWITCH=1; SOUND_SPD_
SWITCH=1; SOUND_PREFER_SWITCH=1; Hm_lvt_afd111fa62852d1f37001d1f980b6800=
1539151103,1539251833; BDORZ=B490B5EBF6F3CD402E515D22BCDA1598; from_
lang_often=%5B%7B%22value%22%3A%22jp%22%2C%22text%22%3A%22u65E5%u8BED
%22%7D%2C%7B%22value%22%3A%22en%22%2C%22text%22%3A%22u82F1%u8BED%22%7D
%2C%7B%22value%22%3A%22zh%22%2C%22text%22%3A%22u4E2D%u6587%22%7D%5D;
delPer=0; H_PS_PSSID=1438_21082_27401_26350; locale=zh; Hm_lvt_64ecd82404c
51e03dc91cb9e8c025574=1541035594,1541036302,1541037057,1541040002; Hm_lpvt_
64ecd82404c51e03dc91cb9e8c025574=1541040002; to_lang_often=%5B%7B%22value
%22%3A%22zh%22%2C%22text%22%3A%22u4E2D%u6587%22%7D%2C%7B%22value%22%3A
%22en%22%2C%22text%22%3A%22u82F1%u8BED%22%7D%5D; PSINO=5; ZD_ENTRY=
baidu; pgv_pvi=4554512384; pgv_si=s8051585024",
        "Host": "fanyi.baidu.com",
        "Origin": "https://fanyi.baidu.com",
        "Referer": "https://fanyi.baidu.com/translate?aldtype=16047&
query=%E7%BE%8E%E5%A5%B3%0D%0A&keyfrom=baidu&smartresult=dict&lang=
auto2zh",
        "User-Agent": "Mozilla/5.0 (Windows NT 10.0; Win64; x64) AppleWebKit/
537.36 (KHTML, like Gecko) Chrome/67.0.3396.99 Safari/537.36",
        "X-Requested-With": "XMLHttpRequest",
    }
```

```
    resp = requests.post(url=url, data=data, headers=headers)
    content = resp.content.decode("utf-8")
    content = json.loads(content)
    print('翻译结果：', content["trans_result"]["data"][0]["dst"])


def get_data(query):
    url = "https://fanyi.baidu.com"
    headers = {
        "User-Agent": "Mozilla/5.0 (Windows NT 10.0; Win64; x64) AppleWebKit/
537.36 (KHTML, like Gecko) Chrome/67.0.3396.99 Safari/537.36",
        "Cookie": "BAIDUID=A0CB0FE1DB6D18809C712B5062BBAC6F:FG=1;
BIDUPSID=A0CB0FE1DB6D18809C712B5062BBAC6F; PSTM=1538210057; REALTIME_
TRANS_SWITCH=1; FANYI_WORD_SWITCH=1; HISTORY_SWITCH=1; SOUND_SPD_SWITCH=1;
SOUND_PREFER_SWITCH=1; Hm_lvt_afd111fa62852d1f37001d1f980b6800=1539151103,
1539251833;BDORZ=B490B5EBF6F3CD402E515D22BCDA1598; locale=zh; pgv_pvi=
4554512384; delPer=0; H_PS_PSSID=1438_21082_27401_26350; Hm_lvt_64ecd82
404c51e03dc91cb9e8c025574=1541036302,1541037057,1541040002,1541054643;
PSINO=5; Hm_lpvt_64ecd82404c51e03dc91cb9e8c025574=1541057937; to_lang_often=
%5B%7B%22value%22%3A%22en%22%2C%22text%22%3A%22%u82F1%u8BED%22%7D%2C
%7B%22value%22%3A%22zh%22%2C%22text%22%3A%22%u4E2D%u6587%22%7D%5D; from_
lang_often=%5B%7B%22value%22%3A%22jp%22%2C%22text%22%3A%22%u65E5%u8BED
%22%7D%2C%7B%22value%22%3A%22zh%22%2C%22text%22%3A%22%u4E2D%u6587%22%7D
%2C%7B%22value%22%3A%22en%22%2C%22text%22%3A%22%u82F1%u8BED%22%7D%5D"
    }

    resp = requests.get(url=url, headers=headers)
    content = resp.content.decode("utf-8")

    gtk = re.findall(r"<script>window.bdstoken = '';window.gtk = '(.*?)';
</script>", content)[0]
    token = re.findall(r"token: '(.*?)',", content)[0]

    # print(gtk)
    # print(token)
    with open("./files/fanyi.js", "r", encoding="utf-8") as file:
        js = file.read()
    js = js.replace('u = null !== i ? i : (i = window[l] || "") || "";',
'u = "%s"' % gtk)
    cxt = execjs.compile(js)
```

```
    sign = cxt.call("e", query)
    # print(query, sign)
    return sign, token



def get_lang(query):
    url = "https://fanyi.baidu.com/langdetect"
    headers = {
        "User-Agent": "Mozilla/5.0 (Windows NT 10.0; Win64; x64)AppleWebKit/
537.36 (KHTML, like Gecko) Chrome/67.0.3396.99 Safari/537.36",
        "Cookie": "BAIDUID=A0CB0FE1DB6D18809C712B5062BBAC6F:FG=1;
BIDUPSID=A0CB0FE1DB6D18809C712B5062BBAC6F; PSTM=1538210057; REALTIME_
TRANS_SWITCH=1; FANYI_WORD_SWITCH=1; HISTORY_SWITCH=1; SOUND_SPD_SWITCH=1;
SOUND_PREFER_SWITCH=1; Hm_lvt_afd111fa62852d1f37001d1f980b6800=
1539151103,1539251833; BDORZ=B490B5EBF6F3CD402E515D22BCDA1598;
locale=zh; pgv_pvi=4554512384; delPer=0; H_PS_PSSID=1438_21082_27401_
26350; Hm_lvt_64ecd82404c51e03dc91cb9e8c025574=1541036302,1541037057,
1541040002,1541054643; PSINO=5; Hm_lpvt_64ecd82404c51e03dc91cb9e8c025574=
1541057937; to_lang_often=%5B%7B%22value%22%3A%22en%22%2C%22text%22%3A
%22%u82F1%u8BED%22%7D%2C%7B%22value%22%3A%22zh%22%2C%22text%22%3A%22
%u4E2D%u6587%22%7D%5D; from_lang_often=%5B%7B%22value%22%3A%22jp%22%2C
%22text%22%3A%22%u65E5%u8BED%22%7D%2C%7B%22value%22%3A%22zh%22%2C%22text
%22%3A%22%u4E2D%u6587%22%7D%2C%7B%22value%22%3A%22en%22%2C%22text%22%3A
%22%u82F1%u8BED%22%7D%5D"
    }
    data = {
        "query": query
    }
    resp = requests.post(url=url, data=data, headers=headers)
    content = resp.content.decode("utf-8")
    content = json.loads(content)
    # print(content["lan"])
    return content["lan"]



if __name__ == '__main__':
    while True:
        baidu_fanyi()
        choice = input('是否继续(y/n)')
```

```
    if choice == 'n':
        break
```

【运行结果】

运行爬虫，结果如下。

```
>hello
翻译结果：  你好
是否继续(y/n)y
>你好
翻译结果：  Hello
是否继续(y/n)n
```

从结果来看，数据已经成功爬取。

【范例分析】

这个范例使用的是 requests 模块，分析详情见 16.1 节。

第17章

项目案例：爬百度地图API

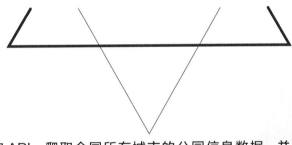

通过百度提取 API，爬取全国所有城市的公园信息数据，并且将该数据存储到 MongoDB 中。

17.1 分析网站

访问百度地图 API 官网，如图 17-1 所示。

图17-1　百度地图API官网

1. 获取AK

　　首先需要登录；然后选择【控制台】标签；最后选择【创建应用】选项，输入并选择一些应用的选项，如图 17-2 所示。

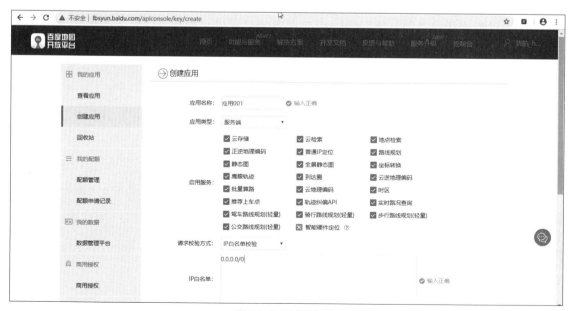

图17-2　创建应用

创建应用后，查看应用，如图 17-3 所示。

图17-3　查看应用

这里的 AK 是调用百度 API 的必选参数。

2. 查询接口

百度 API 有一个查询接口，具体如下。

```
http://api.map.baidu.com/place/v2/search?q=q&region=region&output=
json&ak=ak&scope=2&page_size=10&page_num=0
http://api.map.baidu.com/place/v2/detail?uid=uid&output=json&scope=
2&ak=ak
```

第 1 个 API 接口可以获取城市公园的一般信息。

第 2 个 API 接口可以获取城市公园的详细信息。

API 中的参数如下。

（1）q：检索的关键字。

（2）region：检索的区域（市级以上）。

（3）page_size：每一页的记录数量。

（4）page_num：分页页码。

（5）output：输出格式为 JSON/XML。

（6）ak：用户的访问密钥，可以在百度地图 API 平台上进行申请。

（7）uid：公园的编号。

例如，要查询河南省郑州市的公园信息（郑州市人民公园）。

（1）查询河南省，如图 17-4 所示。

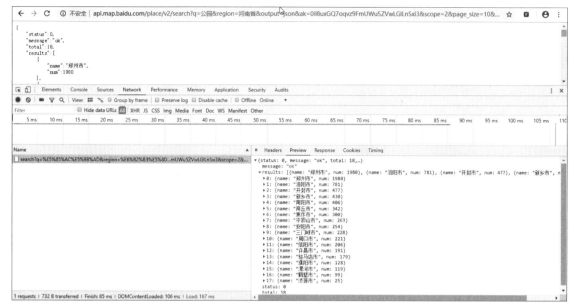

图17-4　查询河南省

（2）查询郑州市，如图 17-5 所示。

图17-5　查询郑州市

（3）查询郑州市人民公园，如图 17-6 所示。

图17-6　查询郑州市人民公园

3. 数据提取

API 返回的是 JSON 格式字符串，转换为字典格式，通过键值对获取。

4. 数据保存

提取的数据保存成字典格式，然后保存到 MongoDB 中。

5. 并发数

如果爬取过快或达到限定，则会被服务器禁止访问，如图 17-7 所示。

图17-7　禁止访问

同时会收到一封邮件，如图 17-8 所示。

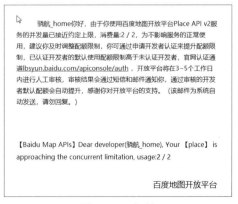

图17-8　邮件

遇到这种限定，可以去认证，提高并发量。在代码中可以通过重试来控制。

6. 总结

爬百度地图 API 的思路如下。

（1）向第 1 个 API 发送请求获取每个省份下所有的城市和公园数量，保存到 MongoDB 中。

（2）向第 1 个 API 发送请求获取所有的城市下公园的基本信息，保存到 MongoDB 中。

（3）向第 2 个 API 发送请求获取所有的城市下公园的详细信息，保存到 MongoDB 中。

17.2 开始爬取

按照上面的思路实现代码即可。

本节的具体实现代码请参考书中提供的资料（源码路径：ch17/17.2）。

步骤 1：向第 1 个 API 发送请求获取每个省份下所有的城市和公园数量，保存到 MongoDB 中。实现代码如下。

```python
import json, time
import random
import requests
from fake_useragent import UserAgent
from helper import MysqlHelper
from datetime import datetime
import pymongo

client = pymongo.MongoClient('mongodb://localhost:27017/')['mydb']
ua = UserAgent()

def get_headers():
    headers = {
        "User-Agent": ua.random,
    }
    return headers

def get_info(region, page_num=0):
    print(region)
    url = 'http://api.map.baidu.com/place/v2/search'
    params = {
        'q': '公园',
        'region': region,
        'scope': '2',
        'page_size': '20',
        'page_num': page_num,
        'output': 'json',
```

```
            'ak': 'Oil8uxGQ7oqvz9FmUWu5ZVwLGlLnSxi3',
    }
    r = requests.get(url=url, params=params, headers=get_headers())
return r.json()

def save_info_city():
    province_list = ['河北省', '山西省', '辽宁省', '吉林省', '黑龙江省',
    '江苏省', '浙江省', '安徽省', '福建省', '江西省','山东省', '河南省',
    '湖北省', '湖南省', '广东省', '海南省', '四川省', '贵州省', '云南省',
    '陕西省', '甘肃省', '青海省', '台湾省', '内蒙古自治区', '广西壮族自治区',
    '西藏自治区', '宁夏回族自治区', '新疆维吾尔自治区']

    for region in province_list:
        while True:
            info = get_info(region)
            if info.get('message') == 'ok':
                for eachcity in info['results']:
                    item = {}
                    item['city_name'] = eachcity['name']
                    item['park_num'] = eachcity['num']
                    client['city'].insert(item)
                break
            else:
                print('%s 查询失败...休眠2秒后...重试...' % region)
                time.sleep(2)

    six_city_list = ['北京市', '上海市', '重庆市', '天津市', '香港特别行政区',
    '澳门特别行政区']

    for region in six_city_list:
        while True:
            info = get_info(region)
            if info.get('message') == 'ok':
                item = {}
                item['city_name'] = region
                client['city'].insert(item)
                break
            else:
                print('%s 查询失败...休眠2秒后...重试...' % region)
                time.sleep(2)
if __name__ == '__main__':
    save_info_city()
```

【运行结果】

运行代码，结果如下。

河北省
山西省

辽宁省
吉林省
黑龙江省
江苏省
浙江省
安徽省
福建省
江西省
山东省
河南省
湖北省
湖南省
广东省
海南省
四川省
四川省　查询失败...休眠2秒后...重试...
四川省
四川省　查询失败...休眠2秒后...重试...
四川省
贵州省
贵州省　查询失败...休眠2秒后...重试...
贵州省
云南省
云南省　查询失败...休眠2秒后...重试...
云南省
陕西省
陕西省　查询失败...休眠2秒后...重试...
陕西省
甘肃省
甘肃省　查询失败...休眠2秒后...重试...
甘肃省
青海省
台湾省
内蒙古自治区
广西壮族自治区
西藏自治区
宁夏回族自治区
新疆维吾尔自治区
北京市
上海市
上海市　查询失败...休眠2秒后...重试...
上海市
重庆市
重庆市　查询失败...休眠2秒后...重试...
重庆市
重庆市　查询失败...休眠2秒后...重试...
重庆市
重庆市　查询失败...休眠2秒后...重试...
重庆市

```
重庆市　查询失败...休眠2秒后...重试...
重庆市
天津市
香港特别行政区
香港特别行政区　查询失败...休眠2秒后...重试...
香港特别行政区
香港特别行政区　查询失败...休眠2秒后...重试...
香港特别行政区
澳门特别行政区
```

登录 MongoDB，查看结果，代码如下。

```
> db.city.find()
{ "_id" : ObjectId("5c68da243066d6e097c6840a"), "park_num" : 1301,
"city_name" : "石家庄市" }
{ "_id" : ObjectId("5c68da243066d6e097c6840b"), "park_num" : 757,
"city_name" : "保定市" }
{ "_id" : ObjectId("5c68da243066d6e097c6840c"), "park_num" : 639,
"city_name" : "秦皇岛市" }
{ "_id" : ObjectId("5c68da243066d6e097c6840d"), "park_num" : 605,
"city_name" : "邢台市" }
{ "_id" : ObjectId("5c68da243066d6e097c6840e"), "park_num" : 592,
"city_name" : "唐山市" }
{ "_id" : ObjectId("5c68da243066d6e097c6840f"), "park_num" : 543,
"city_name" : "邯郸市" }
{ "_id" : ObjectId("5c68da243066d6e097c68410"), "park_num" : 377,
"city_name" : "沧州市" }
{ "_id" : ObjectId("5c68da243066d6e097c68411"), "park_num" : 355,
"city_name" : "廊坊市" }
{ "_id" : ObjectId("5c68da243066d6e097c68412"), "park_num" : 348,
"city_name" : "张家口市" }
{ "_id" : ObjectId("5c68da243066d6e097c68413"), "park_num" : 260,
"city_name" : "承德市" }
{ "_id" : ObjectId("5c68da243066d6e097c68414"), "park_num" : 179,
"city_name" : "衡水市" }
{ "_id" : ObjectId("5c68da243066d6e097c68415"), "park_num" : 787,
"city_name" : "太原市" }
{ "_id" : ObjectId("5c68da243066d6e097c68416"), "park_num" : 330,
"city_name" : "临汾市" }
{ "_id" : ObjectId("5c68da243066d6e097c68417"), "park_num" : 304,
"city_name" : "晋中市" }
{ "_id" : ObjectId("5c68da243066d6e097c68418"), "park_num" : 290,
"city_name" : "运城市" }
{ "_id" : ObjectId("5c68da243066d6e097c68419"), "park_num" : 284,
"city_name" : "长治市" }
{ "_id" : ObjectId("5c68da243066d6e097c6841a"), "park_num" : 269,
"city_name" : "大同市" }
{ "_id" : ObjectId("5c68da243066d6e097c6841b"), "park_num" : 185,
"city_name" : "晋城市" }
{ "_id" : ObjectId("5c68da243066d6e097c6841c"), "park_num" : 177,
```

```
"city_name" : "吕梁市" }
{ "_id" : ObjectId("5c68da243066d6e097c6841d"), "park_num" : 159,
"city_name" : "忻州市" }
Type "it" for more
>
…<省略以下输出>…
```

【范例分析】

（1）get_headers() 方法：每次获取一个随机的 User-Agent，用来伪装浏览器。

（2）get_info() 方法：发送请求，获取响应数据，返回的结果是一个字典格式。

（3）save_info_city() 方法：查询所有的省份和直辖市的信息，因为二者获取响应的结果不同，所以不能放在一个集合中。如果数据被限制访问，则休眠 2 秒后，再次使用。

步骤 2：向第 1 个 API 发送请求获取所有的城市下公园的基本信息，保存到 MongoDB 中。实现代码如下。

```
def save_info_park():
    helper = MysqlHelper(host='localhost', port=3306, db='python',
user='root', passwd='root')
    city_list = client['city'].find({}, {'city_name': 1, '_id': 0})
    for city in city_list:
        city = city['city_name']
        not_last_page = True
        page_num = 0
        while not_last_page:
            while True:
                print(city, page_num)
                info = get_info(city, page_num)
                if info.get('message') == 'ok':
                    break
                else:
                    print('%s-%s 查询失败...休眠2秒后...重试...' % (city, page_num))
                    time.sleep(2)
            if info.get('results'):
                for result in info.get('results'):
                    item = {}
                    item['name'] = result.get('name')
                    item['location_lat'] = result.get('location').get('lat')
                    item['location_lng'] = result.get('location').get('lng')
                    item['address'] = result.get('address')
                    item['street_id'] = result.get('street_id')
                    item['uid'] = result.get('uid')
                    client['park'].insert(item)

                page_num = page_num + 1
            else:
                not_last_page = False
```

```
if __name__ == '__main__':
    save_info_park()
```

【运行结果】

运行代码，结果如下。

```
石家庄市 0
石家庄市
石家庄市 1
石家庄市
石家庄市-1 查询失败...休眠2秒后...重试...
石家庄市 1
石家庄市
石家庄市 2
石家庄市
石家庄市-2 查询失败...休眠2秒后...重试...
石家庄市 2
石家庄市
石家庄市 3
石家庄市
石家庄市 4
石家庄市
石家庄市 5
石家庄市
石家庄市 6
石家庄市
石家庄市 7
石家庄市
石家庄市 8
石家庄市
石家庄市 9
石家庄市
石家庄市 10
石家庄市
石家庄市 11
石家庄市
保定市 0
保定市
保定市 1
保定市
保定市 2
保定市
保定市 3
保定市
保定市 4
保定市
保定市-4 查询失败...休眠2秒后...重试...
保定市 4
```

```
保定市
保定市-4  查询失败...休眠2秒后...重试...
保定市  4
保定市
保定市  5
保定市
保定市-5  查询失败...休眠2秒后...重试...
保定市  5
…<省略以下输出>…
```

登录 MongoDB，查看结果，代码如下。

```
> db.park.find()
{ "_id" : ObjectId("5c68dd7a3066d6e1531d2f31"), "location_lat" :
38.054387, "uid" : "1a98d2e772763d74eb56faab", "name" : "长安公园",
"location_lng" : 114.520743, "street_id" : "1a98d2e772763d74eb56faab",
"address" : "建设北大街13号" }
{ "_id" : ObjectId("5c68dd7a3066d6e1531d2f32"), "location_lat" :
38.009629, "uid" : "1da2ffd1c3c2bab0f8221354", "name" : "龙泉湖公园",
"location_lng : 114.357961, "street_id : null, "address" :
"韩庄支线北侧" }
{ "_id" : ObjectId("5c68dd7a3066d6e1531d2f33"), "location_lat" :
38.051492, "uid" : "606ab0d0766480290e3dda08", "name" : "和平公园",
"location_lng" : 114.471269, "street_id" : "606ab0d0766480290e3dda08",
"address" : "中山街道中山西路343号" }
{ "_id" : ObjectId("5c68dd7a3066d6e1531d2f34"), "location_lat" :
38.025776, "uid" : "0b1e12cb6931c7e7e856fad4", "name" : "世纪公园",
"location_lng" : 114.543635, "street_id" : "0b1e12cb6931c7e7e856fad4",
"address" : "石家庄市裕华区体育南大街267号" }
{ "_id" : ObjectId("5c68dd7a3066d6e1531d2f35"), "location_lat" :
38.044047, "uid" :"5ce2637d3c7fcc51ae31e56f", "name" : "裕西公园(裕华西路)",
"location_lng" : 114.422744, "street_id" : "5ce2637d3c7fcc51ae31e56f",
"address" : "河北省石家庄市桥西区中山西路698号" }
{ "_id" : ObjectId("5c68dd7a3066d6e1531d2f36"), "location_lat" :
38.118912, "uid" : "4fc3161a4b457caa3a13fd0b", "name" : "太平河公园",
"location_lng" : 114.548818, "street_id" : "4fc3161a4b457caa3a13fd0b",
"address" : "柳源路与翠屏东路交叉口西南100米" }
{ "_id" : ObjectId("5c68dd7a3066d6e1531d2f37"), "location_lat" :
38.112403, "uid" : "51fd37a48d769517b5147f83", "name" : "石家庄植物园",
"location_lng" : 114.388762, "street_id" : "51fd37a48d769517b5147f83",
"address" : "河北省石家庄市鹿泉区植物园街60号" }
{ "_id" : ObjectId("5c68dd7a3066d6e1531d2f38"), "location_lat" :
38.009878, "uid" : "3421c02e747369ecb04c497b", "name" : "体育公园",
"location_lng" : 114.547191, "street_id" : "3421c02e747369ecb04c497b",
"address" : "河北省石家庄市裕华区塔南路" }
{ "_id" : ObjectId("5c68dd7a3066d6e1531d2f39"), "location_lat" :
38.036332, "uid" : "bb1d38e4d74dd14d0c0a706a", "name" : "槐北公园",
"location_lng" : 114.572998, "street_id" : "bb1d38e4d74dd14d0c0a706a",
"address" : "石家庄市裕华区槐北路" }
{ "_id" : ObjectId("5c68dd7a3066d6e1531d2f3a"), "location_lat" :
```

38.025143, "uid" : "5211d219e267e1587dc8766a", "name" : "欧韵公园",
"location_lng" : 114.518231, "street_id" : "5211d219e267e1587dc8766a",
"address" : "石家庄市裕华区建设南大街" }
{ "_id" : ObjectId("5c68dd7a3066d6e1531d2f3b"), "location_lat" :
38.158106, "uid" : "6a9c1cfdf9f9afc1c4f025b8", "name" : "森林河趣那主题公园",
"location_lng" : 114.499846, "street_id" : "6a9c1cfdf9f9afc1c4f025b8",
"address" : "河北省石家庄市正定县中华北大街滹沱河景区云龙大桥河心岛西侧" }
{ "_id" : ObjectId("5c68dd7a3066d6e1531d2f3c"), "location_lat" :
38.015153, "uid" : "e6ee2fd2fcef96512a11d1b4", "name" : "石刻园",
"location_lng" : 114.457735, "street_id" : "e6ee2fd2fcef96512a11d1b4",
"address" : "新石南路332号" }
{ "_id" : ObjectId("5c68dd7a3066d6e1531d2f3d"), "location_lat" :
38.048693, "uid" : "b72a98fa0398be4894ec8468", "name" : "湿地公园",
"location_lng" : 114.397117, "street_id" : "b72a98fa0398be4894ec8468",
"address" : "西三环与翠屏山路交汇处,南水北调水渠西" }
{ "_id" : ObjectId("5c68dd7a3066d6e1531d2f3e"), "location_lat" :
38.02864, "uid" : "edceb06c4ee9f5dabd48425a", "name" : "时光公园",
"location_lng" : 114.436469, "street_id" : "edceb06c4ee9f5dabd48425a",
"address" : "时光街133号" }
{ "_id" : ObjectId("5c68dd7a3066d6e1531d2f3f"), "location_lat" :
38.10136, "uid" : "1cea15a9e26c11c507fef564", "name" : "石家庄市赵佗公园",
"location_lng" : 114.485559, "street_id" : "1cea15a9e26c11c507fef564",
"address" : "石家庄市新华区赵陵铺镇中华北大街与赵佗路交叉口" }
{ "_id" : ObjectId("5c68dd7a3066d6e1531d2f40"), "location_lat" :
38.025602, "uid" : "edd64ce1e4fedbec3ee23187", "name" : "元南公园",
"location_lng" : 114.501747, "street_id" : "edd64ce1e4fedbec3ee23187",
"address" : "石家庄市桥西区建胜路西端" }
{ "_id" : ObjectId("5c68dd7a3066d6e1531d2f41"), "location_lat" :
38.074729, "uid" : "101bc61b414196bac52ba1b4", "name" : "石家庄动物园",
"location_lng" : 114.314712, "street_id" : "101bc61b414196bac52ba1b4",
"address" : "河北省石家庄市鹿泉区观景大街与山前大道交叉口西南处" }
{ "_id" : ObjectId("5c68dd7a3066d6e1531d2f42"), "location_lat" :
38.043386, "uid" : "34e4850897a5a5fbd9d891b4", "name" : "平安公园",
"location_lng" : 114.508878, "street_id" : "34e4850897a5a5fbd9d891b4",
"address" : "石家庄市桥西区平安南大街27号" }
{ "_id" : ObjectId("5c68dd7a3066d6e1531d2f43"), "location_lat" :
37.995488, "uid" : "16b7f2c6780c5bcd5c0d026f", "name" : "天山公园",
"location_lng" : 114.622504, "street_id" : "16b7f2c6780c5bcd5c0d026f",
"address" : "石家庄市栾城区天山大街" }
{ "_id" : ObjectId("5c68dd7a3066d6e1531d2f44"), "location_lat" :
38.011076, "uid" : "2ad32cc3ec4f808c9d95de3b", "name" : "东环公园",
"location_lng" : 114.580846, "street_id" : "2ad32cc3ec4f808c9d95de3b",
"address" : "南二环东路与谈固东街交叉口北行" }
Type "it" for more
…<省略以下输出>…

【范例分析】

save_info_park() 方法: 首先获取所有的城市名称, 然后发送请求获取信息, 保存到 MongoDB

567

中。如果数据被限制访问，则休眠 2 秒后，再次使用。

步骤 3：向第 2 个 API 发送请求获取所有的城市下公园的详细信息，保存到 MongoDB 中。实现代码如下。

```python
def get_detail(uid):
    print(uid)
    url = 'http://api.map.baidu.com/place/v2/detail'
    params = {
        'uid': uid,
        'output': 'json',
        'scope': '2',
        'ak': '0il8uxGQ7oqvz9FmUWu5ZVwLGlLnSxi3',
    }
    r = requests.get(url=url, params=params, headers=get_headers())
return r.json()

def save_info_detail():
    helper = MysqlHelper(host='localhost', port=3306, db='python',
user='root', passwd='root')
    uid_list = client['park'].find({}, {'uid': 1, '_id': 0})
    for uid in uid_list:
        uid = uid['uid']
        while True:
            info = get_detail(uid)
            if info.get('message') == 'ok':
                break
            else:
                print('%s 查询失败...休眠2秒后...重试...' % (uid))
                time.sleep(2)
        if info.get('results'):
            for result in info.get('results'):
                item = result
                client['detail'].insert(item)

if __name__ == '__main__':
    save_info_detail()
```

【运行结果】

运行代码，结果如下。

```
1a98d2e772763d74eb56faab
1a98d2e772763d74eb56faab 查询失败...休眠2秒后...重试...
1a98d2e772763d74eb56faab
1a98d2e772763d74eb56faab 查询失败...休眠2秒后...重试...
1a98d2e772763d74eb56faab
1a98d2e772763d74eb56faab 查询失败...休眠2秒后...重试...
1a98d2e772763d74eb56faab
1da2ffd1c3c2bab0f8221354
```

```
1da2ffd1c3c2bab0f8221354    查询失败...休眠2秒后...重试...
1da2ffd1c3c2bab0f8221354
1da2ffd1c3c2bab0f8221354    查询失败...休眠2秒后...重试...
1da2ffd1c3c2bab0f8221354
606ab0d0766480290e3dda08
0b1e12cb6931c7e7e856fad4
5ce2637d3c7fcc51ae31e56f
4fc3161a4b457caa3a13fd0b
51fd37a48d769517b5147f83
3421c02e747369ecb04c497b
bb1d38e4d74dd14d0c0a706a
5211d219e267e1587dc8766a
6a9c1cfdf9f9afc1c4f025b8
e6ee2fd2fcef96512a11d1b4
…<省略以下输出>…
```

登录 MongoDB，查看结果，代码如下。

```
> db.detail.find()
{ "_id" : ObjectId("5c68e3e73066d6e2bc1a0c3a"), "address" :
"建设北大街13号", "location" : { "lat" : 38.05438677837, "lng" :
114.52074291985 }, "province" : "河北省", "telephone" :
"(0311)86048360", "detail_info" : { "scope_type" : "城市公园",
"navi_location" : { "lat" : 38.053362037567, "lng" : 114.52362396528 },
"detail_url" : "http://api.map.baidu.com/place/detail?uid=
1a98d2e772763d74eb56faab&output=html&source=placeapi_v2", "tag" :
"旅游景点;公园", "image_num" : "96", "type" : "scope", "comment_num" :
"109", "shop_hours" : "00:00-24:00", "content_tag" :
"亲子好去处;适合锻炼;适合散步;赏花;避暑胜地;夜景赞;适合拍照;情侣最爱;公园大;
收费合理;绿植繁茂;免费项目;文化氛围浓;位置优越;空气清新;景色优美;人气旺;环境不错;
交通便利;设施新全;游玩项目赞;停车方便;玩的开心;卫生干净;服务热情", "overall_rating" :
"4.3" }, "area" : "长安区", "street_id" : "1a98d2e772763d74eb56faab",
"uid" : "1a98d2e772763d74eb56faab", "name" : "长安公园", "city" :
"石家庄市", "detail" : 1 }
{ "_id" : ObjectId("5c68e3e73066d6e2bc1a0c3b"), "area" : "鹿泉区",
"location" : { "lat" : 38.009629012216, "lng" : 114.35796097838 },
"province" : "河北省", "uid" : "1da2ffd1c3c2bab0f8221354", "detail" : 1,
"name" : "龙泉湖公园", "detail_info" : { "content_tag" :
"亲子好去处;适合散步;公园大;收费合理;位置优越;设施新全;景色优美;环境不错;停车方便;
交通便利", "type" : "scope", "navi_location" : { "lat" : 38.004506412715,
"lng" : 114.35853203119 }, "detail_url" : "http://api.map.baidu.com/
place/detail?uid=1da2ffd1c3c2bab0f8221354&output=html&source=placeapi_v2",
"tag" : "旅游景点;公园", "image_num" : "53", "alias" : [ "" ], "comment_
num" : "23", "shop_hours" : "09:00-17:00", "overall_rating" : "4.6" },
"city" : "石家庄市", "address" : "韩庄支线北侧" }
{ "_id" : ObjectId("5c68e3e73066d6e2bc1a0c3c"), "address" :
"中山街道中山西路343号", "location" : { "lat" : 38.051492235457, "lng" :
114.47126892354 }, "province" : "河北省", "telephone" :
"(0311)67597209", "detail_info" : { "scope_type" : "公园广场",
"navi_location" : { "lat" : 38.049009036523, "lng" :
```

114.47160030845 }, "detail_url" : "http://api.map.baidu.com/place/
detail?uid=606ab0d0766480290e3dda08&output=html&source=placeapi_v2",
"overall_rating" : "4.4", "image_num" : "40", "type" : "scope",
"comment_num" : "16", "content_tag" : "亲子好去处;涨知识圣地;公园大;位置优越;
环境不错", "tag" : "旅游景点;公园" }, "area" : "桥西区", "street_id" :
"606ab0d0766480290e3dda08", "uid" : "606ab0d0766480290e3dda08",
"name" : "和平公园", "city" : "石家庄市", "detail" : 1 }
…<省略以下输出>…

【范例分析】

save_info_detail() 方法：首先获取所有的公园 uid，然后发送请求获取信息，保存到 MongoDB
中。如果数据被限制访问，则休眠 2 秒后，再次使用。

第18章

项目案例：爬360图片

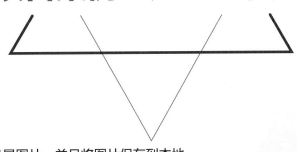

爬 360 旅游风景图片，并且将图片保存到本地。

18.1 分析网站

访问 360 图片网站，如图 18-1 所示。

图18-1　360图片网站

1. 分页

通过观察，可以发现网页中的图片并没有分页，而是通过下拉滚动条 JS 生成下一页。

通过 Network 监听发现每次拉到网页的最后都会多一条请求，仔细观察可以看出，它们之间存在着一定的规律，如图 18-2 所示。

图18-2　监听

它们都是 http://image.so.com/zj?ch=go&sn={}&listtype=new&temp=1 这样的格式，改变的值只是 sn 中的数字，这就是所需要的页码，可以访问链接验证。

现在已经取得所需要的链接，便可写出循环的代码，这里以查找前 10 页为例，代码如下。

```
for i in range(10):
    url = self.temp_url.format(self.num * 30)
```

2. 数据提取

返回的是 JSON 格式字符串，转换为字典格式，通过键值对获取图片的 URL，然后向这个 URL 发送请求，获取响应字节。

3. 数据保存

将图片返回的响应字节保存到本地。图片的名称不改变。

4. 总结

爬 360 图片的思路如下。

（1）循环准备分页 URL。

（2）分别向分页的 URL 发送请求，获取响应 JSON，提取所有的图片 URL。

（3）分别向图片的 URL 发送请求，获取响应字节并保存到本地。

18.2 开始爬取

按照上面的思路实现代码即可。

本节的具体实现代码请参考书中提供的资料（源码路径：ch18/18.2）。

```
from retry import retry
import requests
import json
import time
from fake_useragent import UserAgent


class ImgSpider:
    def __init__(self):
        """初始化参数"""

        ua = UserAgent()
```

```
        # 将要访问的URL {}是用于接受参数的，当前一次JSON数据有30条
        self.temp_url = "http://image.so.com/zj?ch=go&sn={}&listtype=
new&temp=1"
        self.headers = {
            "User-Agent": ua.random,
            "Referer": "http://s.360.cn/0kee/a.html",
            "Connection": "keep-alive",
        }
        self.num = 0
    def get_img_list(self, url):
        """获取存放图片URL的集合"""
        response = requests.get(url, headers=self.headers)
        html_str = response.content.decode()
        json_str = json.loads(html_str)
        img_str_list = json_str["list"]
        img_list = []
        for img_object in img_str_list:
            img_list.append(img_object["qhimg_url"])
        return img_list


    def save_img_list(self, img_list):
        """保存图片"""

        for img in img_list:
            self.save_img(img)
            # time.sleep(2)


    @retry(tries=3)
    def save_img(self, img):
        """对获取的图片URL进行下载并保存到本地"""
        content = requests.get(img).content
        with open("./data/" + img.split("/")[-1], "wb") as file:
            file.write(content)
        print(str(self.num) + "保存成功")
        self.num += 1


    def run(self):
        """实现主要逻辑"""

        for i in range(10):
```

```
                # 获取链接
                url = self.temp_url.format(self.num * 30)
                # 获取数据
                img_list = self.get_img_list(url)
                # 保存数据
                self.save_img_list(img_list)
                break

if __name__ == '__main__':
    img = ImgSpider()
    img.run()
```

【运行结果】

运行爬虫，结果如下。

```
第0张图片保存成功...
第1张图片保存成功...
第2张图片保存成功...
第3张图片保存成功...
第4张图片保存成功...
第5张图片保存成功...
第6张图片保存成功...
第7张图片保存成功...
第8张图片保存成功...
第9张图片保存成功...
第10张图片保存成功...
第11张图片保存成功...
第12张图片保存成功...
第13张图片保存成功...
...<省略以下输出>...
```

查看本地图片，结果如下。

```
ls ./data/
t0101bc5934a0f24496.jpg  t01388041a45aee56e1.jpg  t018790c86e27bc4c01.jpg
  t01aa63d968ee65a5c3.jpg  t01d604c9bce2b18c62.jpg
t0107fb55578a062843.jpg  t013b1d241effa05ab6.jpg  t0191c8627a98a684a6.jpg
  t01b4ff750cae438c5a.jpg  t01d887dd159577a87e.jpg
t010909cece5f8e9982.jpg  t013ca474bc715ae766.jpg  t01931f3fede2c6b03a.jpg
  t01b52f16508adab4bd.jpg  t01d8c656a859bcaf5e.jpg
t011c4860a95a36bd17.jpg  t014cae84604d1faa82.jpg  t019710f488f19a2840.jpg
```

```
  t01c1778a8a1c098def.jpg  t01d8f3a130704bb822.jpg
t011ed903a04d9cf633.jpg  t014e19b94d67c1a45e.jpg  t019830b8a92b05d3a7.jpg
  t01c3af0dd9ce5fed4f.jpg  t01daebb06cc3aa5668.jpg
…<省略以下输出>…
```

从结果来看，数据已经成功爬取。

【范例分析】

这个范例使用的是 requests 模块，分析详情见 18.1 节。

第19章

项目案例：爬当当网

爬当当网电子书畅销榜的信息数据，并且将该数据存储到 MongoDB 中。

19.1 分析网站

访问当当电子书网站，如图 19-1 所示。

图19-1　当当电子书网站

1.分页

分页的标签在网站底部，如图 19-2 所示。

图19-2　网站底部分页

通过多次单击翻页的标签，分析得到规律，它们都是 http://bang.dangdang.com/books/ebooks/98.01.00.00.00.00-month-2018-9-1-{} 这样的格式，最后的数字就是页码数，可以访问链接验证。

现在已经取得所需要的链接，便可写出循环的代码，共计 25 个 URL，代码如下。

```
for i in range(1, 26):
    url = 'http://bang.dangdang.com/books/ebooks/98.01.00.00.00.00-24hours-0-0-1-' + str(i)
```

2.数据提取

接下来分析每页的 HTML，发现包含图书信息的 HTML 在 ul 标签下，每本书的信息在 li 标签下，如图 19-3 所示。

图19-3　分页HTML

这里使用 BS4 进行数据的提取，代码如下。

```
content = requests.get(url, headers=get_headers(), proxies=get_proxies()).
content.decode('gbk')
soup = bs(content, 'lxml')
books = soup.find('ul', attrs={'class', 'bang_list clearfix bang_list_
mode'}).findAll('li')
for book in books:
    item = {}
    item['排名'] = int(book.div.string[0:-1])
    item['书名'] = book.find('div', attrs={'class': 'name'}).a.attrs
['title']

    num = book.select('.star a')[0].get_text()[0:-3]
    if num == '':
        num = 0
    else:
        num = int(num)
    item['评论数'] = num
```

```
item['作者'] = book.select('.publisher_info a')[0].attrs['title']
item['价格'] = float(book.select('.price p span')[0].get_text()[1:])
```

运行代码后，在某一页偶尔报错，分析发现是 JS 对部分数据进行了修改与反爬干扰。

这里需要将 JS 代码去掉，代码如下。

```
content = requests.get(url, headers=get_headers(), proxies=get_proxies()).
content.decode('gbk')
content = re.sub(r'<script.*?></script>', '', content, re.DOTALL)
```

这样就可以提取数据了。

3.数据保存

将提取的数据字典，保存到 MongoDB 中。

4.总结

爬当当网的思路如下。

（1）循环准备分页 URL。

（2）分别向分页的 URL 发送请求，获取响应，提取数据组成字典格式。

（3）将字典保存到 MongoDB 中。

19.2 开始爬取

按照上面的思路实现代码即可。

本节的具体实现代码请参考书中提供的资料（源码路径：ch19/19.2）。

```
import requests
import time
import pymongo
import re
from bs4 import BeautifulSoup as bs
from fake_useragent import UserAgent
from retry import retry


def get_headers():
    ua = UserAgent()
    headers = {
        "User-Agent": ua.random,
    }
```

```
    return headers


def get_proxies():
    # 代理服务器
    proxyHost = "http-dyn.abuyun.com"
    proxyPort = "9020"
    proxyUser = "HO5AJ01D568BT1OD"
    proxyPass = "974535F20B2474E6"
    proxyMeta = "http://%(user)s:%(pass)s@%(host)s:%(port)s" % {
        "host": proxyHost,
        "port": proxyPort,
        "user": proxyUser,
        "pass": proxyPass,
    }
    proxies = {
        "http": proxyMeta,
        "https": proxyMeta,
    }
    return proxies


@retry(tries=3)
def download(url):
    content = requests.get(url, headers=get_headers(), proxies=get_proxies()).
content.decode('gbk')
    content = re.sub(r'<script.*?></script>', '', content, re.DOTALL)
    soup = bs(content, 'lxml')
    books = soup.find('ul', attrs={'class', 'bang_list clearfix bang_list_
mode'}).findAll('li')
    for book in books:
        item = {}
        item['排名'] = int(book.div.string[0:-1])
        item['书名'] = book.find('div', attrs={'class': 'name'}).a.attrs
['title']
        num = book.select('.star a')[0].get_text()[0:-3]
        if num == '':
            num = 0
        else:
            num = int(num)
        item['评论数'] = num
        item['作者'] = book.select('.publisher_info a')[0].attrs['title']
```

```
        item['价格'] = float(book.select('.price p span')[0].get_text()[1:])
        client.insert(item)


if __name__ == '__main__':
    client = pymongo.MongoClient('mongodb://localhost:27017/')['mydb']
['dangdang']
    for i in range(1, 26):
        print('第%s页...' % i)
        url = 'http://bang.dangdang.com/books/ebooks/98.01.00.00.00.00-
24hours-0-0-1-' + str(i)
        download(url)
```

【运行结果】

运行爬虫，结果如下。

```
第1页...
第2页...
第3页...
第4页...
第5页...
第6页...
第7页...
第8页...
第9页...
第10页...
第11页...
第12页...
第13页...
第14页...
第15页...
第16页...
第17页...
第18页...
第19页...
第20页...
第21页...
第22页...
第23页...
第24页...
第25页...
```

登录 MongoDB，查看结果，代码如下。

```
> db.dangdang.count()
500
> db.dangdang.find()
{ "_id" : ObjectId("5c6922683066d6f34a545c75"), "评论数" : 203, "书名" :
"流浪地球 科幻电影原著小说", "价格" : 9.99, "排名" : 1, "作者" : "刘慈欣" }
{ "_id" : ObjectId("5c6922683066d6f34a545c76"), "评论数" : 32, "书名" :
"三体全集(全3册) 刘慈欣代表作", "价格" : 39.99, "排名" : 2, "作者" : "刘慈欣" }
{ "_id" : ObjectId("5c6922683066d6f34a545c77"), "评论数" : 1488, "书名" :
"复旦名师陈果：好的孤独", "价格" : 7.99, "排名" : 3, "作者" : "陈果" }
{ "_id" : ObjectId("5c6922683066d6f34a545c78"), "评论数" : 4, "书名" :
"性爱36技", "价格" : 4.88, "排名" : 4, "作者" : "深水泡泡鱼" }
{ "_id" : ObjectId("5c6922683066d6f34a545c79"), "评论数" : 46, "书名" :
"漫长的告别", "价格" : 6.99, "排名" : 5, "作者" : "（美）雷蒙德•钱德勒,
姚向辉（译）" }
{ "_id" : ObjectId("5c6922683066d6f34a545c7a"), "评论数" : 317, "书名" :
"厚黑学全集（足本典藏版）", "价格" : 0.99, "排名" : 6, "作者" : "李宗吾" }
{ "_id" : ObjectId("5c6922683066d6f34a545c7b"), "评论数" : 7868, "书名" :
"月亮与六便士(作家榜经典文库，4项大奖销量桂冠)", "价格" : 0.99, "排名" : 7,
"作者" : "毛姆" }
{ "_id" : ObjectId("5c6922683066d6f34a545c7c"), "评论数" : 7648, "书名" :
"这样跟孩子定规矩，孩子最不会抵触", "价格" : 3.99, "排名" : 8, "作者" :
"（美）乔治•M.卡帕卡" }
{ "_id" : ObjectId("5c6922683066d6f34a545c7d"), "评论数" : 7296, "书名" :
"走遍中国【精装本】", "价格" : 0.99, "排名" : 9, "作者" : "《图说天下•
国家地理系列》编委会" }
{ "_id" : ObjectId("5c6922683066d6f34a545c7e"), "评论数" : 1306, "书名" :
"原则", "价格" : 36.99, "排名" : 10, "作者" : "（美）瑞•达利欧" }
{ "_id" : ObjectId("5c6922683066d6f34a545c7f"), "评论数" : 6, "书名" :
"东宫", "价格" : 8.99, "排名" : 11, "作者" : "匪我思存" }
{ "_id" : ObjectId("5c6922683066d6f34a545c80"), "评论数" : 560, "书名" :
"墨菲定律", "价格" : 4.99, "排名" : 12, "作者" : "张文成" }
{ "_id" : ObjectId("5c6922683066d6f34a545c81"), "评论数" : 4273, "书名" :
"改变你的服装，改变你的生活", "价格" : 0.99, "排名" : 13, "作者" : "乔治•
布雷西亚" }
{ "_id" : ObjectId("5c6922683066d6f34a545c82"), "评论数" : 783, "书名" :
"习惯的力量(新版)", "价格" : 6, "排名" : 14, "作者" : "（美）查尔斯•都希格" }
{ "_id" : ObjectId("5c6922683066d6f34a545c83"), "评论数" : 17, "书名" :
"有话说 崔永元重磅新作", "价格" : 26, "排名" : 15, "作者" : "崔永元" }
{ "_id" : ObjectId("5c6922683066d6f34a545c84"), "评论数" : 11, "书名" :
"商务俄语教程", "价格" : 7.59, "排名" : 16, "作者" : "于春芳" }
{ "_id" : ObjectId("5c6922683066d6f34a545c85"), "评论数" : 278, "书名" :
"好的爱情：陈果的爱情哲学课", "价格" : 7.99, "排名" : 17, "作者" : "陈果" }
```

```
{ "_id" : ObjectId("5c6922683066d6f34a545c86"), "评论数" : 1005, "书名" :
"董卿：做一个有才情的女子", "价格" : 6.99, "排名" : 18, "作者" : "乔瑞玲" }
{ "_id" : ObjectId("5c6922683066d6f34a545c87"), "评论数" : 17, "书名" :
"流浪地球 科幻电影原著小说", "价格" : 6.99, "排名" : 19, "作者" : "刘慈欣" }
{ "_id" : ObjectId("5c6922683066d6f34a545c88"), "评论数" : 3715, "书名" :
"财务自由之路(7年内赚到你的第一个1000万)", "价格" : 7.99, "排名" : 20, "作者" :
"（德）博多•舍费尔 著,刘欢 译" }
Type "it" for more
>
…<省略以下输出>…
```

从结果来看，数据已经成功爬取。

【范例分析】

这个范例使用的是 requests 模块，分析详情见 19.1 节。

第20章

项目案例：爬唯品会

爬唯品会商品的信息数据，并且将该数据存储到 MongoDB 中。

20.1 分析网站

访问唯品会网站,如图 20-1 所示。

图20-1 唯品会网站

在搜索框中输入要搜索的内容,如连衣裙,如图 20-2 所示。

图20-2 输入搜索内容

1. 分页

通过多次单击翻页的标签，分析得到规律，它们都是 https://category.vip.com/suggest.php?keyword=
%E8%BF%9E%E8%A1%A3%E8%A3%99&page={}&count=50&suggestType=brand#catPerPos 这样的
格式，page 就是页码数，可以访问链接验证。

现在已经取得所需要的链接，便可写出循环的代码，共计 100 个 URL，代码如下。

```
for i in range(1, 101):
    url = "https://category.vip.com/suggest.php?keyword=%E8%BF%9E%E8%A1
%A3%E8%A3%99&page={}&count=50&suggestType=brand#catPerPos".format(i)
```

2. 数据提取

接下来分析每页的 HTML，发现包含商品信息的 HTML 在 class 属性为 "goods-inner J_item_
handle_height" 的 div 标签下，如图 20-3 所示。

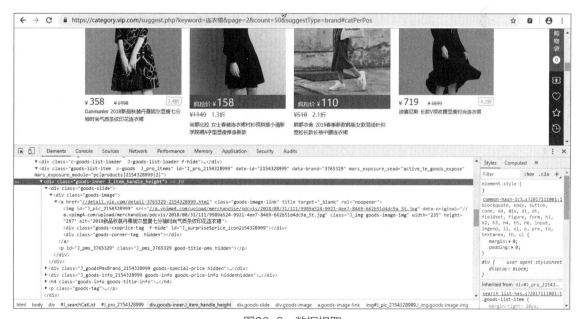

图20-3　数据提取

尝试通过 requests 发送第 1 页请求，获取响应数据，然后通过 XPath 进行获取，部分代码如下。

```
url = "https://category.vip.com/suggest.php?keyword=%E8%BF%9E%E8%A1%A3
%E8%A3%99&page=1&count=50&suggestType=brand#catPerPos"
html = requets.get(url, headers=headers).text
html = etree.HTML(html)
divs = html.xpath('//div[@class="goods-inner J_item_handle_height"]')
print(divs)
```

结果得到 [] 的列表。

经过分析发现，网站是通过 JS 动态加载生成的，这里选择使用 Selenium 和 Chrome 浏览器爬取解决这个问题，部分代码如下。

```
chrome_options = Options()
driver.get(url)
for i in range(1, 10):
    js = "var q=document.documentElement.scrollTop=" + str(500 * i)
    driver.execute_script(js)
html = driver.page_source
```

通过 Selenium 调用 Chrome 浏览器访问 URL，另外，执行 JS 保证当前页面加载完毕。

得到每页的 HMTL 之后，使用 XPath 进行提取，部分代码如下。

```
html = etree.HTML(html)
divs = html.xpath('//div[@class="goods-inner J_item_handle_height"]')
for div in divs:
    item = {}
    item["brand"] = div.xpath('.//h4[@class="goods-info goods-title-info"]/a/span/text()')[0]
    item["title"] = div.xpath('.//h4[@class="goods-info goods-title-info"]/a/@title')[0]
    item["img"] = "https:" + div.xpath('.//a[@class="goods-image-link"]/img/@src')[0]
    price = div.xpath('.//span[@class="title"]/text()')
    if price:
        price = price[0]
    else:
        price = div.xpath('.//span[@class="price"]/text()')[0]
    item["img"] = price
```

这样就可以提取到每个 Item 字典信息。

3. 数据保存

将提取的数据字典保存到 MongoDB 中。

4. 总结

爬唯品会的思路如下。

（1）循环准备分页 URL。

（2）分别向分页的 URL 发送请求，获取响应，提取数据组成字典格式。

（3）将字典保存到 MongoDB 中。

20.2 开始爬取

按照上面的思路实现代码即可。

本节的具体实现代码请参考书中提供的资料（源码路径：ch20/20.2）。

```python
import time
import pymongo
from selenium import webdriver
from selenium.webdriver.chrome.options import Options
from lxml import etree


def get_content(url):
    """获取每一页的HTML"""

    chrome_options = Options()
    chrome_options.add_argument('--headless')
    driver = webdriver.Chrome()
    driver.get(url)
    driver.maximize_window()
    time.sleep(5)
    # 逐渐滚动浏览器窗口，令Ajax逐渐加载
    for i in range(1, 10):
        # js = "var q=document.body.scrollTop=" + str(500 * i)  # PhantomJS
        js = "var q=document.documentElement.scrollTop=" + str(500 * i)
                                                            # 谷歌和火狐
        driver.execute_script(js)
        time.sleep(5)
    html = driver.page_source
    time.sleep(5)
    driver.quit()
    return html


def save_content(html):
    """提取数据，保存数据"""

    html = etree.HTML(html)
    divs = html.xpath('//div[@class="goods-inner J_item_handle_height"]')
    print(len(divs))
```

```
    for div in divs:
        item = {}
        item["brand"] = div.xpath('.//h4[@class="goods-info goods-title-
info"]/a/span/text()')[0]
        item["title"] = div.xpath('.//h4[@class="goods-info goods-title-
info"]/a/@title')[0]
        item["img"] = "https:" + div.xpath('.//a[@class="goods-image-
link"]/img/@src')[0]
        price = div.xpath('.//span[@class="title"]/text()')
        if price:
            price = price[0]
        else:
            price = div.xpath('.//span[@class="price"]/text()')[0]
        item["img"] = price
        client.insert(item)


if __name__ == "__main__":
    keyword = input("输入要搜索的商品: ")
    client = pymongo.MongoClient('mongodb://localhost:27017/')['mydb']
['wph']
    for i in range(1, 101):
        print('第%s页...' % i)
        url = "https://category.vip.com/suggest.php?keyword={}&page={}&
count=50&suggestType=brand#catPerPos".format(
            keyword, i)
        html = get_content(url)
        save_content(html)

    driver.quit()
```

【运行结果】

运行爬虫，结果如下。

```
第1页...
第2页...
第3页...
第4页...
第5页...
第6页...
第7页...
```

```
第8页...
第9页...
第10页...
...<省略以下输出>...
```

登录 MongoDB，查看结果，代码如下。

```
> db.wph.find()
{ "_id" : ObjectId("5c6972f83066d624a5dfd192"), "brand" : "格瑞吉奥",
 "img" : "https://a.vpimg4.com/upload/merchandise/pdcvis/103645/
2018/0619/48/0eda969c-79e2-4ef3-bbe9-d023a5bb08fd_5t.jpg", "price" : "99",
"title" : "2018秋季新款女款时尚圆领通勤雪纺七分袖开叉连衣裙" }
{ "_id" : ObjectId("5c6972f83066d624a5dfd193"), "brand" : "韩都衣舍",
"img" : "https://a.vpimg2.com/upload/merchandise/pdcvis/2019/01/23/113/
d2bb888e-0187-4ab6-be23-54f01925b2be_5t.jpg", "price" : "108", "title" :
"2018春季新款韩版女款学院风纯色宽松气质七分袖连衣裙" }
{ "_id" : ObjectId("5c6972f83066d624a5dfd194"), "brand" : "苏醒的乐园",
"img" : "https://a.vpimg3.com/upload/merchandise/pdcvop/00145885/
10020688/1403802776-8979818776401926144-8979818776401926146-50_5t.jpg",
"price" : "199", "title" : "2019春新款翻领通勤条纹衬衫连衣裙" }
{ "_id" : ObjectId("5c6972f83066d624a5dfd195"), "brand" : "哥弟",
"img" : "https://a.vpimg2.com/upload/merchandise/pdcvis/2019/01/31/69/
484fa7d0-0bc5-4d26-a3be-092b057b7746_5t.jpg", "price" : "399",
"title" : "气质纯色短袖修身显瘦洋装女连衣裙" }
{ "_id" : ObjectId("5c6972f83066d624a5dfd196"), "brand" : "梵希蔓",
"img" : "https://a.vpimg2.com/upload/merchandise/pdcvis/2019/01/14/198/
da67bd77-b4ce-4dd7-be02-9f684d6e9217_5t.jpg", "price" : "195",
"title": "19年春新品花边圆领蕾丝a字裙女优雅通勤纯色七分袖中长连衣裙" }
{ "_id" : ObjectId("5c6972f83066d624a5dfd197"), "brand" : "MSAY",
"img" : "https://a.vpimg3.com/upload/merchandise/pdcvis/2019/01/26/108/
62b4ed20-f443-4cf7-9497-89c012489cbe_5t.jpg", "price" : "268", "title":
"夏季新款设计感不规则条纹拼接显瘦系带蝴蝶结翻领收腰女士连衣裙" }
{ "_id" : ObjectId("5c6972f83066d624a5dfd198"), "brand" : "A21",
"img" : "https://a.vpimg4.com/upload/merchandise/pdcvis/2017/09/28/107/
932467d1-db3a-481d-ba05-e89241a19ecc.jpg", "price" : "69", "title" :
"A21 女士系带宽松圆领长袖连衣裙" }
{ "_id" : ObjectId("5c6972f83066d624a5dfd199"), "brand" : "敦奴",
"img" : "https://a.vpimg4.com/upload/merchandise/pdcvis/2018/06/21/48/
298f2fd9-43a2-4805-ae77-7c223f691054_5t.jpg", "price" : "268", "title" :
"时尚印花无袖连衣裙" }
{ "_id" : ObjectId("5c6972f83066d624a5dfd19a"), "brand" : "梵希蔓",
```

"img" : "https://shop.vipstatic.com/img/category/loading_222x281.gif",
"price" : "199", "title" : "春新品女装长袖松紧中腰压褶设计中长裙连衣裙" }
{ "_id" : ObjectId("5c6972f83066d624a5dfd19b"), "brand" : "尚都比拉",
"img" : "https://a.vpimg2.com/upload/merchandise/pdcvis/112613/2018/
1014/29/1ee158b3-19c4-422e-b00f-a35e485c4da3_5t.jpg", "price" : "177",
"title" : "提花喇叭袖显瘦遮肉雪纺减龄连衣裙长袖女知性优雅春新款" }
{ "_id" : ObjectId("5c6972f83066d624a5dfd19c"), "brand" : "韩都衣舍",
"img" : "https://a.vpimg2.com/upload/merchandise/pdcvis/2019/01/15/87/
2aa75a68-6eb9-47b4-a47d-2c4f7f597e85_5t.jpg", "price" : "150",
"title" : "2019春季新款韩版女款淑女风甜美气质碎花收腰长袖中腰连衣裙" }
{ "_id" : ObjectId("5c6972f83066d624a5dfd19d"), "brand" : "ZIMO",
"img" : "https://a.vpimg3.com/upload/merchandise/pdcvis/2017/03/14/33/
f81367cc-5822-40e9-b6c9-51b5dbc993ad.jpg", "price" : "176", "title" :
"简洁七分袖中长款连衣裙" }
{ "_id" : ObjectId("5c6972f83066d624a5dfd19e"), "brand" : "衣香丽影",
"img" : "https://a.vpimg3.com/upload/merchandise/pdcvis/2019/01/18/145/
97323ac2-0ded-4bca-8f99-55e1c99bf469_5t.jpg", "price" : "309",
"title" : "【2019春装新款】衣香丽影波点雪纺连衣裙中长款蛋糕裙" }
Type "it" for more
>
…<省略以下输出>…

从结果来看，数据已经成功爬取。

【范例分析】

这个范例使用的是 selenium 模块，分析详情见 20.1 节。

第21章

项目案例：爬智联招聘

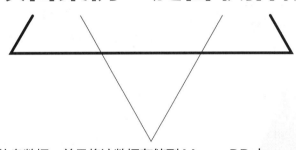

爬智联招聘的信息数据，并且将该数据存储到 MongoDB 中。

21.1 分析网站

访问智联招聘网站，如图 21-1 所示。

图21-1　智联招聘网站

城市选择"北京"，职位输入"python"，单击查询图标按钮，如图 21-2 所示。

图21-2　搜索职位

单击一条信息，进入详情页面，如图 21-3 所示。

图21-3　详情页

1. 分页

通过多次单击翻页的标签获取页码，分析得到规律，它们都是 https://fe-api.zhaopin.com/c/i/sou?start={}&pageSize=90&cityId=530&workExperience=-1&education= -1&companyType= -1&employmentType=-1&jobWelfareTag=-1&kw=python&kt=3&_v=0.08058338&x-zp-page-request-id=72005804df594b448fa3d761c0f2c2b2-1550468999202-868322 这样的格式，start 数字等于 (页码数 −1)*90，可以访问链接验证。

现在已经取得所需要的链接，便可写出循环的代码，共计 12 个 URL，代码如下。

```
for i in range(1, 13):
    url = "https://fe-api.zhaopin.com/c/i/sou?start={}&pageSize=90&cityId=530&workExperience=-1&education=-1&companyType=-1&employmentType=-1&jobWelfareTag=-1&kw=python&kt=3&_v=0.08058338&x-zp-page-request-id=72005804df594b448fa3d761c0f2c2b2-1550468999202-868322".format(i)
```

2. 数据提取

接下来分析 URL 返回的数据，通过 Network 监听发现返回的数据是一个 JSON 格式字符串，如图 21-4 所示。

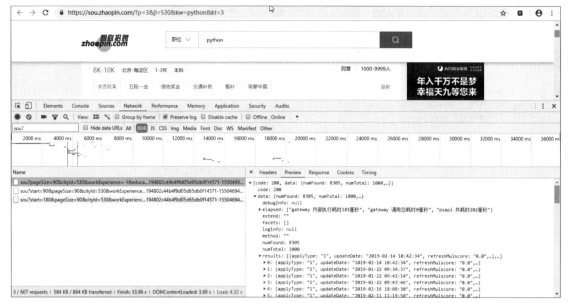

图21-4　监听网络

转换为字典格式进行提取，部分代码如下。

```
ret = response.json()
results = ret["data"]["results"]
for result in results:
      item = {}
      item["job_name"] = result["jobName"]
      item["company_name"] = result["company"]["name"]
      item["salary"] = result["salary"]
      pid = result["SOU_POSITION_ID"]
```

通过 pid 拼接得到详情页的 URL，发送请求，获取响应，提取职位信息，部分代码如下。

```
url = "https://jobs.zhaopin.com/{}.htm".format(pid)
response = requests.get(url=url, headers=get_headers(), proxies=get_
proxies(), verify=False)
html = response.text
html = etree.HTML(html)
info = html.xpath('//div[@class="pos-ul"]//text()')
info = "".join(info).replace("\n", "")
```

3. 数据保存

将提取的数据字典保存到 MongoDB 中。

4. 总结

爬智联招聘的思路如下。

（1）循环准备分页 URL。

（2）分别向分页的 URL 发送请求，获取响应，提取数据。

（3）向详情页发送请求，获取响应，提取数据。

（4）将数据组成字典，并将字典保存到 MongoDB 中。

21.2 开始爬取

按照上面的思路实现代码即可。

本节的具体实现代码请参考书中提供的资料（源码路径：ch21/21.2）。

```
import requests
import time
import pymongo
import random
from lxml import etree
from fake_useragent import UserAgent
from multiprocessing import Pool


def get_headers():
    ua = UserAgent()
    headers = {
        "User-Agent": ua.random,
    }
    return headers


def get_proxies():
    # 代理服务器
    proxyHost = "http-dyn.abuyun.com"
    proxyPort = "9020"
    proxyUser = "HO5AJ01D568BT1OD"
    proxyPass = "974535F20B2474E6"
    proxyMeta = "http://%(user)s:%(pass)s@%(host)s:%(port)s" % {
        "host": proxyHost,
        "port": proxyPort,
        "user": proxyUser,
```

```
        "pass": proxyPass,
    }
    proxies = {
        "http": proxyMeta,
        "https": proxyMeta,
    }
    return proxies


def get_page(page):
    print('第%s页...' % page)
    time.sleep(3)
    params = {
        '_v': '0.02177487',
        'cityId': '530',
        'companyType': '-1',
        'education': '-1',
        'employmentType': '-1',
        'jobWelfareTag': '-1',
        'kt': '3',
        'kw': kw,
        'pageSize': '90',
        'start': (page - 1) * 90,
        'workExperience': '-1',
        'x-zp-page-request-id': 'b32237309b6c4faca88c4ee224a1b587-
1550463965063-950081'
    }
    url = "https://fe-api.zhaopin.com/c/i/sou?"
    response = requests.get(url=url, params=params, headers=get_headers(),
proxies=get_proxies(), verify=False)
    ret = response.json()
    results = ret["data"]["results"]
    for result in results:
        item = {}
        item["job_name"] = result["jobName"]
        item["company_name"] = result["company"]["name"]
        item["salary"] = result["salary"]
        pid = result["SOU_POSITION_ID"]
        item["info"] = get_info(pid)
        client.insert(item)
```

```
def get_info(pid):
    time.sleep(3)
    url = "https://jobs.zhaopin.com/{}.htm".format(pid)
    response = requests.get(url=url, headers=get_headers(), proxies=
get_proxies(), verify=False)
    html = response.text
    # with open("./{}.html".format(pid), "w", encoding="utf-8") asfile:
    #       file.write(html)
    html = etree.HTML(html)
    info = html.xpath('//div[@class="pos-ul"]//text()')
    return "".join(info).replace("\n", "")


if __name__ == '__main__':
    kw = input("输入要搜索的招聘职位: ")
    client = pymongo.MongoClient('mongodb://localhost:27017/')['mydb']
['zlzp']
    pool = Pool(4)
    pool.map(get_page, [page for page in range(1, 13)])
```

【运行结果】

运行爬虫，结果如下。

```
第1页...
第2页...
第3页...
第4页...
第5页...
第6页...
第7页...
第8页...
...<省略以下输出>...
```

登录 MongoDB，查看结果，代码如下。

```
> db.zlzp.find()
{ "_id" : ObjectId("5c6a4c4d3066d65a63e3c502"), "job_name" : "java
开发工程师", "company_name" : "天九共享控股集团", "info" : "岗位职责:
1.根据业务需求与前端组协作开发并实现各产品功能; 2.参与后端研发中涉及到的技术框架选型
```

及相关实现；3.与数据组协作完成核心接口的定义、使用、测试并保证业务代码的运行效率；4.与测试组及运维组协作实现产品上线，并监控产品服务，及时处理线上异常；任职要求：1.5年及以上Java服务器端开发经验；2.精通J2EE相关技术，精通mybatis、spring MVC、SSH等开源主流技术框架；3.掌握MySQL数据库的开发、配置、管理、调试，熟练掌握SQL查询优化及存储过程编写；4.熟练使用svn、git、maven等版本管理工具；5.精通关系型数据库的使用，并了解NoSQL技术；6.熟悉分布式架构，了解一些分布式框架应用，熟悉高并发、负载均衡、消息队列；7.熟悉各种主流开源框架及应用，喜欢挑战与钻研新的技术实现；8.良好的沟通能力及解决问题的能力，良好的职业道德及敬业精神。", "salary" : "20K-25K" }

{ "_id" : ObjectId("5c6a4c4d3066d65a65e3c502"), "job_name" : "应用运维工程师", "company_name" : "北京瑞和世纪科技有限公司", "info" : "薪资面议
工作职责：1.负责项目中Linux/windows服务器系统的维护、监控和故障处理等日常工作。2.负责业务系统故障应急处置及特殊时期保障工作。3.对应用系统进行日常的例行维护及监控工作，对应用系统出现的问题进行定位、解决和优化。4.保障系统7*24小时稳定运行。任职资格：1.大学本科以上学历，计算机或相关专业毕业。2.熟悉Centos/aix/unix系统，熟悉shell/python/perl中至少一种脚本语言。3.具有较强的文档整理能力与沟通协调能力。", "salary" : "10K-15K" }
…<省略以下输出>…

从结果来看，数据已经成功爬取。

【范例分析】

如果网站需要登录，则可以配合 Cookie 池一起使用。

这个范例使用的是 requests 模块，分析详情见 21.1 节。